应用数理统计

杨振海　张忠占　主编

北京工业大学出版社

内容提要

本书主要介绍了数理统计学的基本知识，内容包括数理统计的基本概念、参数估计、假设检验、回归分析以及方差分析。在保持严谨叙述的同时，本书注重从直观上讲解数理统计的基本概念、基本结论，以便于读者尽快抓住这些内容的要旨。阅读本书时，读者需要具备基本的数学分析、线性代数和概率论的知识。为方便读者，本书在附录中列出了一些基本的概率论知识，以此作为不同背景的读者在阅读本书时的参考。

本书是为数学类专业的本科生编写的数理统计课程的教材，也可作为其他专业本科生或各类专业的研究生学习数理统计时的参考。

序 言

本书是作者多年来在数学类专业讲授数理统计课程的教学成果。北京工业大学数学类专业自20世纪70年代末开设数理统计课程以来，至今已有25年了。在此期间，数理统计课程组针对不同学生的特点、不同的学时和教学要求，注意总结经验，并积累了一些教学素材。虽然在当时曾经由北京工业大学出版社出版过一本数理统计的教材，但近年来，我国高等教育的形势发生了巨大的变化，高等教育逐步走向大众化。这对数理统计这样一门具有丰富应用特点背景的课程提出了新的要求。

随着高等教育向大众化的发展，学生的学习需求更加多样化。同时，由于素质教育的需要，一些高校专业课程的学时有所压缩。为此，我们本着打好基础、加强应用能力培养的精神，经过不断探索，在原来教材的基础上进行了重大的修订，逐渐形成了本书基本架构。在理论方面，本书既照顾到叙述的严谨，又尽量避免复杂的推演，力求把某些理论上比较难的证明放到选学内容；在应用方面，本书强调数理统计的概念和思想方法与现实问题的联系，重视从生活中通过一定的哲学抽象而产生统计思想的过程，并通过众多的例题和习题体现数理统计的应用。本书在每章后面均有一定数量的习题，并按各节的内容对应列出。个别稍有难度的习题前加了 * 号。

在读者具备了基本概率论相关知识的前提下，讲授本书大约需要72学时。其中基本的内容可以用60学时讲完，但不包括无偏检验、非参数检验、回归模型的选取与改进（章节标题前加了 * 号）等内容。本书出版前曾经作为讲义试用过3年。

在本书的写作过程中，得到了北京工业大学概率统计学科部多位老师的协助，并得到了北京工业大学出版基金的支持，在此一并致谢。由于作者水平所限，书中错讹之处在所难免，欢迎广大读者批评指正。

编　者

目　　录

第 1 章　数理统计的基本概念 …… 1

1.1　引言 …… 1

1.2　基本概念 …… 4

1.2.1　总体和样本 …… 4

1.2.2　参数空间和分布族 …… 6

1.2.3　统计量和抽样分布 …… 8

1.3　顺序统计量和经验分布函数 …… 10

1.4　χ^2分布、t 分布和 F 分布 …… 13

1.4.1　χ^2分布 …… 13

1.4.2　t 分布和 F 分布 …… 18

1.5　正态样本均值及方差的分布 …… 22

1.6　总体的直观描述 …… 25

1.6.1　图表法 …… 25

1.6.2　描述统计量 …… 31

习题 …… 34

第 2 章　参数估计 …… 38

2.1　参数估计问题 …… 38

2.2　矩的估计与矩法 …… 39

2.2.1　矩的估计 …… 39

2.2.2　参数估计的矩方法 …… 40

2.3　极大似然估计 …… 44

2.3.1　极大似然原理 …… 44

2.3.2　极大似然估计量的求法 …… 45

2.3.3　极大似然估计量的不变性 …… 49

2.4　无偏估计 …… 50

2.4.1　无偏估计量 …… 50

2.4.2　相对有效性 …… 53

2.5　一致最小方差无偏估计量 …… 57

2.5.1　一致最小方差无偏估计量的定义 …… 57

2.5.2　Cramér-Rao 不等式 …… 60

2.6 估计的大样本性质 …… 64
2.6.1 相合估计 …… 64
2.6.2 渐近正态性 …… 67
2.6.3 渐近相对效率与样本量的关系 …… 70
2.7 区间估计 …… 71
习题 …… 77
第3章 假设检验 …… 83
3.1 基本概念 …… 83
3.2 正态分布参数的检验 …… 90
3.2.1 正态分布均值的检验 …… 90
3.2.2 正态分布方差的检验 …… 92
3.2.3 两个正态总体的比较 …… 94
3.3 常见非正态总体参数的假设检验 …… 95
3.3.1 指数分布 …… 95
3.3.2 两点分布和二项分布 …… 96
3.3.3 Poisson 分布 …… 97
3.3.4 基于大样本理论的检验 …… 99
3.4 Neyman-Pearson 引理 …… 102
3.5 *无偏检验及一致最优无偏检验 …… 111
3.6 拟合优度检验 …… 119
3.6.1 图示法 …… 120
3.6.2 Pearson χ^2 检验 …… 126
3.6.3 EDF 型检验 …… 132
3.6.4 正态性检验 …… 137
3.7 *非参数检验 …… 141
3.7.1 符号检验 …… 141
3.7.2 Man-Whitney-Wilcoxon 秩和检验 …… 143
3.7.3 链检验 …… 146
习题 …… 147
第4章 回归分析 …… 154
4.1 回归模型 …… 154
4.2 简单线性模型 …… 159
4.2.1 简单线性模型的参数估计 …… 161
4.2.2 回归系数的假设检验 …… 168
4.2.3 预测 …… 173

4.3 模型检查 …… 177
4.3.1 有重复测量数据时的模型检查 …… 177
4.3.2 残差诊断 …… 181
4.4 *模型的选取与改进 …… 189
习题 …… 197
第5章 方差分析 …… 202
5.1 方差分析和试验设计的基本概念 …… 202
5.2 单因子试验的方差分析 …… 205
5.3 均值的多重比较 …… 210
5.3.1 均值的两两比较与 LSD 方法 …… 210
5.3.2 Tukey 方法 …… 213
5.3.3 Scheffé 方法 …… 215
5.4 两因子试验的方差分析 …… 218
5.4.1 两因子试验的数据 …… 218
5.4.2 统计模型 …… 219
5.4.3 两因子试验的方差分析 …… 221
习题 …… 225
附录A 概率论基础 …… 228
A.1 随机事件及其运算 …… 228
A.2 概率及其运算 …… 229
A.3 随机变量 …… 231
A.3.1 离散型随机变量 …… 232
A.3.2 连续型随机变量 …… 234
A.3.3 随机变量的分布函数及其性质 …… 235
A.4 多维随机变量 …… 237
A.4.1 二维随机变量及其分布 …… 237
A.4.2 边缘分布 …… 239
A.4.3 随机变量的独立性 …… 241
A.5 条件概率分布 …… 242
A.5.1 离散型随机变量的条件分布 …… 242
A.5.2 连续型随机变量的条件分布 …… 243
A.6 随机变量的函数及其分布 …… 244
A.7 随机变量的数字特征与特征函数 …… 247
A.7.1 随机变量的数学期望 …… 247
A.7.2 随机变量的方差及矩 …… 248

A.7.3 协方差与相关系数 …… 250
A.7.4 条件数学期望 …… 252
A.7.5 特征函数 …… 252
A.8 大数定律和中心极限定理 …… 255
附录 B 统计表 …… 257
B.1 标准正态分布函数的数值表 …… 257
B.2 χ^2 分布的上侧分位点表 …… 260
B.3 t 检验的临界值表$\left(t_f\left(\frac{\alpha}{2}\right)\right)$ …… 263
B.4 F 分布的上侧分位点表 …… 265
B.5 Shapiro-Wilk 检验：为计算检验统计量 W 而用的系数 a_k …… 277
B.6 Shapiro-Wilk 检验：检验统计量 W 的 α 分位数 …… 279
B.7 Mann-Whitney-Wilcoxon 检验临界值
$P\ (W_{m,n} \leqslant W_\alpha)\ = \alpha$ …… 280
B.8 链检验的临界值表 …… 283
B.9 极差 t 分布的分位点表 …… 284
参考文献 …… 286

第 1 章　数理统计的基本概念

1.1　引言

数理统计是一门以概率论作为工具，研究如何分析带有随机性影响的数据的学科，包括如何有效地收集数据、如何用适当的方法分析数据，并通过数据分析的结果认识所研究对象的性质或规律。为了进一步理解数理统计学科的研究范畴，考察下面几个例子。

例 1.1.1　某工厂生产一批灯泡共 M 只，其中有次品 m 只（假设寿命小于 1 000 h 的灯泡为次品）。一般来说 m 是未知的，因此次品率 $p = m/M$ 也未知。现在某销售单位要从工厂进货，购买这批灯泡，因而有必要了解该批灯泡的次品率 p。要确切知道 p，必须对这 M 只灯泡逐一进行寿命试验。这是不现实的，不仅因为这样做工作量巨大，同时也因为试验是破坏性的，即经过试验的灯泡已经不能再使用了。因此，一般只能从 M 只灯泡中抽出一部分，比如选 100 只灯泡进行寿命试验，测量出它们的寿命，然后根据这 100 只灯泡的寿命数据，对整批灯泡的次品率 p 进行估计。

更进一步，显然用于试验的灯泡越多，越能把 p 估计得准确。那么，在试验费用一定或给定估计精度的条件下，应该抽取多少只灯泡进行试验也是需要决定的问题。

例 1.1.2　某公司为提高糖化饲料中所含还原糖量，研究温度、时间、pH 值和投曲量对还原糖量的影响。根据经验，确定这 4 个因素在试验中的取值如表 1.1 所示。

这 4 个因素不同取值的搭配共有 $4\times4\times4\times2=128$ 种。因受实际情况限制，不能对每种搭配的生产条件都进行试验，要从全体 128 种搭配中挑出一部分作为试验性生产条件。这里，当然希望被选出的搭配条件具有代表性，最好还应便于分析试验结果。

表 1.1 4 个因素试验取值表

水 平	因 素			
	温度/℃	时间/h	pH 值	投曲量/(%)
1	15	12	7	5
2	20	24	6	10
3	25	36	5	—
4	30	48	4	—

例 1.1.3 在歌唱比赛中，有 10 名评委给歌手打分，并根据打分的结果确定歌手的水平。所得 10 个分数为 x_1，x_2，…，x_{10}。一般可以采用平均数 $\overline{x}=\left(\sum_{i=1}^{10} x_i\right)/10$ 作为这名歌手的水平的估计值，但也可采用去掉这 10 个分数中的最高分和最低分，然后求平均的方法，或采用去掉最小的 4 个分数和最大的 4 个分数，以剩下的 2 个分数的平均作为歌手得分的评分方法。这些方法是否具有合理性？在这些方法中，哪一种方法的效果更好些？这都是应研究解决的问题。

例 1.1.4 某公司希望了解潜在顾客对于某类产品的消费意向，为此进行调查。如何确定调查方案以及如何从调查所得到的数据理解顾客的消费偏好是调查成功的基础。

在以上这些例子中，解决问题的方法首先是采集数据。要了解 p，先得对 100 只灯泡进行寿命试验，得到 100 个寿命数据；要分析影响还原糖量的因素，必须先对几个因素的搭配做试验，获取在这些搭配的生产条件下的还原糖量；要确定歌手的水平，就要先给歌手打分；要了解顾客的消费意向，就要先进行调查，得到有关的数据。

为了达到解决问题的目的，采集数据时一般不能随意进行。比如，在例 1.1.1中，希望挑出来进行试验的灯泡要有代表性，因而随意拿一些灯泡进行试验的方法是不可取的。一个简单的原则是随机抽取，形象地说就是抓阄。另一方面，试验前应该依据试验的经费条件或精度要求确定出要抽取多少只灯泡。在例 1.1.2中，由于只挑选一部分生产条件做试验，希望在挑选出来的条件中各个因素的不同取值都能出现，并且具有可比较性。在例 1.1.4中，必须确定调查对象（如潜在顾客群是老年人群还是青年人群），调查时间和调查方式（如街头调查还是邮寄问卷），确保被调查到的人员在调查对象中具有代表性。

数据的采集方法和过程也影响到数据的分析方法，所以数据的采集应有利于数据的分析处理。采集数据的这些要求的重要性推动了人们在这个方面的研究，形成了诸如试验设计（针对类似于例 1.1.2的问题）、抽样调查（针对类似于例 1.1.4的问题）等统计学的分支。

采集到的数据是带有随机色彩的。在例 1.1.1 的问题中，用来采集寿命数据的 100 只灯泡其选取是随机的，这 100 只灯泡的寿命数据与另 100 只灯泡的寿命数据未必相同。因此，得到的这 100 个寿命数据是带有随机性的。另外，在寿命试验的过程中，由于环境因素的变化，比如电压的高低波动等也可能会影响灯泡的寿命，从而使得到的数据受到随机性的影响。由此可知，数据中包含的随机性至少有两方面的原因：一是由于在全部对象中选取一部分进行观察时，因代表性等方面的需要，采取了随机的方式；另一方面，在数据采集中，由于某些未加控制的因素或周围环境因素的偶然变化而使得到的数据带有随机性。

数据的获取过程就是概率论中所讨论的随机试验。在概率论中，用概率模型来刻画各种随机试验，在那里主要用模型来描述随机试验的特性。然而，在许多问题中，需要利用随机试验中得到的数据进一步对于模型中未知部分做出推断，甚至于需要用所得到的数据建立模型。比如，在例 1.1.1 中，如果采用独立重复的有放回随机抽样，就可以用二项分布模型 $B(100, p)$来描述该试验中次品数的分布规律，但这里的问题在于，需要先依据这 100 只灯泡的试验结果把次品率 p 估计出来。

为了基于这种带有随机性影响的数据进行合理地推断或预测，需要用概率论的方法对数据的获取过程进行尽可能精确的描述，建立模型，并在此基础上研究适当的统计推断方法，就所关心的问题作出尽可能精确、可靠的结论。不同的推断方法往往有不同的特点，比如在例 1.1.3 中，由于打分具有一定的随机性，x_1，x_2，…，x_{10}是一组带有随机性的数据，因此基于它们对歌手水平的推断也有随机性。一般说来，用同样一种推断方法，这 10 次打分的结果给出的估计值与另外 10 次打分结果给出的估计值会有一些不同。同时，不同的推断方法从数据中提取信息的方式不同：10 个分数平均的方法充分地利用了各个评委的意见，而去掉最高分和最低分的方法易于排除某个评委的特殊偏好，因此这些方法具有各自不同的性质。如何从试验的特点出发，找到适合的推断方法，是应该解决的重要问题。

以上这些问题，即如何合理有效地收集数据、如何用数据做出合理的推断，以及研究各种推断方法的性质都是数理统计所面临的任务。数理统计在收集数据或分析数据的工作中发挥着重要的作用，因此有着广泛的应用。数理统计在不同领域的应用，或者形成了具有特色的统计方法以至统计学分支

(如生物统计学)，或者形成了新的学科（如计量经济学和数量遗传学等)。因而数理统计学内容丰富，发展迅速。本书作为一本基础教材，主要论述数理统计的基本概念和一些基础知识，而不涉及深入的专门内容。

1.2 基本概念

1.2.1 总体和样本

通常，把所研究问题涉及到对象的全体称为**总体**，把总体中的每个元素称为**个体**。例 1.1.1 中，考察 100 000 只灯泡的质量，这 100 000 只灯泡的全体就是总体，而其中的每一只灯泡都是个体。又比如，要研究一群人的身高与体重，那么，这群人就是总体，这群人中的每一个人都是个体。

然而，在这些统计问题中，真正关心的并不是这些个体本身，而只是关心个体的某些指标及这些指标在总体中的分布。在身高与体重的例子中，这群人中具体某一个人是男是女，是年长还是年幼等都不是研究人员所关心的，这里仅仅关心他的身高 H 和体重 W，以及身高和体重这 2 个指标在这群人中的分布情况。常用 X（标量）或 $\boldsymbol{X}$（向量）来记这些指标，此例中 $\boldsymbol{X}=(H, W)^{\mathrm{T}}$（这里及以后 T 表示转置)。而例 1.1.1 中的指标 X 就是灯泡的质量（次品或合格品)。由于在数理统计中只关心指标 X，通常把所有个体指标 X 取值的全体与总体等同看待。若用 $X=0$ 表示合格品，$X=1$ 表示次品，那么例 1.1.1 中的总体就是由 $100\,000-m$ 个 0 和 m 个 1 组成的"集合"，这里 m 为这批灯泡中次品的个数。这个总体的表示有些臃肿。事实上，根据研究的目的，只要知道 X 取 0，1 两个值之一，以及取 1 的比例 p 就够了，而这恰是两点分布 $B(1, p)$ 所表示的，即从所有个体中随机抽取一个个体，其指标 X 的概率分布。由此，用 $B(1,p)$ 来表示产品品质指标 X 的总体。同样，在一群人身高与体重的问题中，总体也指这群人中指标 $\boldsymbol{X}=(H,W)^{\mathrm{T}}$ 取值的分布。这个分布表明了，身高 1.70 米以下、体重 60 公斤以下的人的比例有多大，身高 1.75 米以下、体重 61 公斤以下的人的比例有多大等所有这样的信息，以及身高和体重两个变量之间的关系。

总体的抽象含义是指**所感兴趣的指标及其取值的分布**，这个分布又称为**总体分布**。总体分布与对指标进行一次随机观测所对应的随机变量的概率分布相同，这里所说的随机观测的随机是指在进行观测时所有个体被观测到的可能性都一样。由于这个原因，本书对这二者不加区别。

总体（总体分布）是对客观研究对象的指标取值情况的数学描述。如 1.1 节中所说，数理统计的重要任务之一是通过对总体中个体的观测结果来推断总体的特性，达到了解总体的目的。在本书中，主要讨论一维总体。

通过观察或试验的方法，获得总体中一部分个体的指标 X 的取值，称之为**样本**。如检验 n 只灯泡是否为次品可得 n 个数据 x_1，x_2，…，x_n，它们的取值为 0 或 1。(x_1，x_2，…，x_n）就是灯泡质量指标总体的一个样本。对于具体某一次试验而言，抽取 n 个个体进行观测，得到的（x_1，x_2，…，x_n）是一组确定的数，但在另一次试验中可能得到另一组数。在实际问题中，利用观测到的数据（x_1，x_2，…，x_n）对于总体的某些未知特性进行推断，得到的是这些特性的具体的值，比如 100 个灯泡中若有 3 个次品，那么可以把这批灯泡的次品率估计为 3%。但在数理统计学研究中，讨论的问题侧重于一个推断方法的总体表现。换句话说，首先关注上面的 3%是怎么从数据中计算出来的，其次必须考虑这个方法的优良性。为此，需要考虑对于所有可能的观测或试验结果，这个算法得到结果的性质怎么样。这就涉及到观测结果的分布。因此，在研究统计方法时，把观测或试验的结果看成随机向量 $(X_1,X_2,\cdots,X_n)^{\mathrm{T}}$，这就是**样本的二重性**。今后，称一组具体的试验值 $(x_1,x_2,\cdots,x_n)^{\mathrm{T}}$ 为样本 $(X_1,X_2,\cdots,X_n)^{\mathrm{T}}$ 的**观察值**，而在提到样本时总是指作为随机向量的 $(X_1,X_2,\cdots,X_n)^{\mathrm{T}}$。$n$ 称为**样本大小**或**样本容量**。

样本作为随机向量有其概率分布，称其为**样本分布**。显然，样本分布取决于总体的性质和样本的获取方法。一种常见的样本是简单随机样本，它有两个特点：(1) 同分布，即样本的每个分量 X_i 都与总体 X 有相同的分布；(2) 独立性，即样本中的 n 个个体的选取是完全独立的，或者说 X_1，X_2，…，X_n是相互独立的随机变量。满足（1）和（2）的样本称为**简单随机样本**，简记为 $X_1, X_2, \cdots, X_n$ i.i.d. $X_1 \sim X$。若总体 X 的分布函数为 $F(x)$（或概率密度函数为 $f(x)$），也记做 $X_1 \sim F(x)$（或 $X_1 \sim f(x)$）。

在实施抽样时，要得到简单随机样本，需要保证以下两点：(1) 总体中每个个体都有同等可能性被选中作为样本中的个体；(2) 每一次抽取不改变下一次抽取的抽取环境，也不影响下一次抽取的抽取方式。由此，对于有限总体而言，需要进行有放回独立重复抽样。在实际问题中，当总体很大时，少量个体的抽取对于抽取环境的改变往往可以忽略，可用无放回独立重复抽样近似代替。

本书如不作特殊声明，所提到的样本都为简单随机样本。简单随机样本的样本分布可由总体分布完全确定。例如，若 $X_1,X_2,\cdots,X_n$ i.i.d. $X_1\sim f(x)$，则样本 $(X_1,\cdots,X_n)^{\mathrm{T}}$ 的联合分布由 $\prod_{i=1}^{n}f(x_i)$ 给出，这里 $f(x)$ 为概率密度函数（当 X 为连续型随机变量时）或概率函数（当 X 为离散型随机变量时）。

例 1.2.1 要估计一物体的质量 a，用天平将物体重复测量 n 次，结果记为 X_1，X_2，$\cdots$，X_n。假定各次测量是相互独立的，并且结果具有相同分布 $N(a,\sigma^2)$，试确定样本 $(X_1,X_2,\cdots,X_n)^{\mathrm{T}}$ 的分布。

解： 总体的概率分布为 $N(a,\sigma^2)$，概率密度为

$$f_1(x;a,\sigma^2)=\frac{1}{\sqrt{2\pi}\ \sigma}\exp\left(-\frac{(x-a)^2}{2\sigma^2}\right)$$

其中 a 为物体的质量，σ^2 反映天平的精度。故 $(X_1,X_2,\cdots,X_n)^{\mathrm{T}}$ 的概率密度为

$$\prod_{i=1}^{n}f_1(x_i;a;\sigma^2)=\prod_{i=1}^{n}\frac{1}{\sqrt{2\pi}\ \sigma}\exp\left(-\frac{(x_i-a)^2}{2\sigma^2}\right)$$
$$=\left(\frac{1}{\sqrt{2\pi}\ \sigma}\right)^n\exp\left(-\frac{1}{2\sigma^2}\sum_{i=1}^{n}(x_i-a)^2\right)$$

例 1.2.2 设某电子元件的寿命 X 服从指数分布 $\varepsilon(\lambda)$，其概率密度为

$$f_2(x,\lambda)=\begin{cases}\dfrac{1}{\lambda}\mathrm{e}^{-\frac{x}{\lambda}} & x>0\\ 0 & \text{其他}\end{cases}$$

其中 $\lambda>0$。今从一批产品中独立地抽取 n 件进行寿命试验可得寿命数据 $X_1,X_2,\cdots,X_n$，求样本 $(X_1,\cdots,X_n)^{\mathrm{T}}$ 的概率分布。

解： 依题意有 $X_1,X_2,\cdots,X_n$ i.i.d. $X_1\sim f_2(x,\lambda)$，故所求的概率密度为

$$\prod_{i=1}^{n}f_2(x_i;\lambda)=\begin{cases}\dfrac{1}{\lambda^n}\exp\left(-\dfrac{1}{\lambda}\sum\limits_{i=1}^{n}x_i\right) & x_1,x_2,\cdots,x_n>0\\ 0 & \text{其他}\end{cases}$$

1.2.2 参数空间和分布族

例 1.2.1 中总体分布中的 a 与 σ^2 是确定分布的常数，即这些常数的不同

$$P(X_1 = x) = \frac{\lambda^x}{x!}e^{-\lambda} \quad x = 0,1,2,\cdots$$

求 $T_n = \sum_{i=1}^{n} X_i$ 的抽样分布。

解： 先考虑 $n=2$ 的情形。

$$\begin{aligned} P(T_2 = x) &= P(X_1 + X_2 = x) \\ &= \sum_{x_1=0}^{x} P(X_1 = x_1, X_2 = x - x_1) \\ &= \sum_{x_1=0}^{x} \frac{\lambda x_1}{x_1!}e^{-\lambda} \frac{\lambda^{x-x_1}}{(x-x_1)!}e^{-\lambda} \\ &= \sum_{x_1=0}^{x} \frac{x!}{x_1!(x-x_1)!}\frac{\lambda^x}{x!}e^{-2\lambda} \\ &= \frac{\lambda^x}{x!}e^{-2\lambda}\sum_{x_1=0}^{x}\begin{pmatrix} x \\ x_1 \end{pmatrix} \\ &= \frac{(2\lambda)^x}{x!}e^{-2\lambda} \quad x = 0,1,2,\cdots \end{aligned}$$

故 $T_2 \sim P(2\lambda)$。重复以上过程可得

$$T_n \sim P(n\lambda)$$

例 1.2.5　设 $X_1, X_2, \cdots, X_n$ i.i.d. $X_1 \sim N(\mu, \sigma^2)$。求 $U = \sum_{i=1}^{n} a_k X_k$ 的抽样分布，其中 $a_1, a_2, \cdots, a_n$ 为常数。

解： X_1 的特征函数（见附录 A.7）为

$$\varphi_0(t) = \exp\left[i\mu t - \frac{1}{2}\sigma^2 t^2\right] \tag{1.2.1}$$

故 $a_k X_k$ 的特征函数为

$$\varphi_k(t) = E[e^{it(a_k X_k)}] = E[e^{i(a_k t)X_k}] = \varphi_0(a_k t)$$

由于 $a_1X_1, a_2X_2, \cdots, a_nX_n$ 相互独立，$U = \sum_{k=1}^{n} a_k X_k$ 的特征函数为

$$\begin{aligned} \varphi(t) &= \prod_{k=1}^{n} \varphi_k(t) = \prod_{k=1}^{n} \varphi_0(a_k t) \\ &= \exp\left[i\mu \sum_{k=1}^{n} a_k t - \frac{1}{2}\sigma^2 \sum_{k=1}^{n} a_k^2 t^2\right] \end{aligned}$$

对照式（1.2.1）知

$$U=\sum_{k=1}^{n}a_kX_k\sim N\left(\mu\sum_{k=1}^{n}a_k,\sigma^2\sum_{k=1}^{n}a_k^2\right)$$

一般来说，要确定一个统计量的抽样分布是不容易的。幸运的是，如在上面的例子中所看到的，对一些重要的特殊情形，已经有许多关于抽样分布的结论。有些统计量的抽样分布极为复杂，实用上经常采用形式较简单的近似分布或渐近分布。这时，中心极限定理是一种很好的工具。考虑统计量的渐近分布时，所研究的问题通常称为大样本问题。

1.3 顺序统计量和经验分布函数

定义 1.3.1 设 $X_1,X_2,\cdots,X_n$ 是抽自总体 X 的样本,将 $X_1,X_2,\cdots,X_n$ 按从小到大的顺序排列为

$$X_{(1)}\leqslant X_{(2)}\leqslant\cdots\leqslant X_{(n)}$$

称$(X_{(1)},X_{(2)},\cdots,X_{(n)})$为 $X_1,X_2,\cdots,X_n$ 的顺序统计量;称 $X_{(r)}$ 为第 r 个顺序统计量。

显见 $X_{(1)}=\min_{1\leqslant i\leqslant n}X_i$ 是样本观察值中的最小值，而 $X_{(n)}=\max_{1\leqslant i\leqslant n}X_i$ 是最大值。对第 r 个顺序统计量 $X_{(r)}$ 的分布有如下结论。

定理 1.3.1 设 $X_1,X_2,\cdots,X_n$ i.i.d. $X_1\sim F(x)$,$(X_{(1)},X_{(2)},\cdots,X_{(n)})$ 是其顺序统计量,则对 $1\leqslant r\leqslant n$ 有

$$P(X_{(r)}\leqslant x)=r\binom{n}{r}\int_0^{F(x)}t^{r-1}(1-t)^{n-r}\mathrm{d}t \tag{1.3.1}$$

若 $F(x)$ 具有密度 $f(x)$，则 $X_{(r)}$ 也有密度

$$f_{(r)}(x)=r\binom{n}{r}F^{r-1}(x)[1-F(x)]^{n-r}f(x) \tag{1.3.2}$$

证明:

$$\begin{aligned}P(X_{(r)}\leqslant x)&=P(X_1,X_2,\cdots,X_n\text{ 中至少有 }r\text{ 个小于等于 }x)\\&=\sum_{k=r}^{n}P(X_1,X_2,\cdots,X_n\text{ 中恰好有 }k\text{ 个小于等于 }x)\\&=\sum_{k=r}^{n}\binom{n}{k}[P(X_1\leqslant x)]^k[1-P(X_1\leqslant x)]^{n-k}\end{aligned}$$

$$= \sum_{k=r}^{n} \binom{n}{k} F^{k}(x)[1 - F(x)]^{n-k}$$

不难证明（见习题 1.3.1），对 $0 \leqslant x \leqslant 1$，$1 \leqslant r \leqslant n$ 有式

$$\sum_{k=r}^{n} \binom{n}{k} x^{k}(1-x)^{n-k} = r\binom{n}{r}\int_{0}^{x} t^{r-1}(1-t)^{n-r}\mathrm{d}t \tag{1.3.3}$$

故

$$P(X_{(r)} \leqslant x) = r\binom{n}{r}\int_{0}^{F(x)} t^{r-1}(1-t)^{n-r}\mathrm{d}t$$

当 $F(x)$ 有密度 $f(x)$ 时，对上式关于 x 求导可得 $X_{(r)}$ 的密度为

$$f_{(r)}(x) = \frac{\mathrm{d}}{\mathrm{d}x}P(X_{(r)} \leqslant x)$$

$$= r\binom{n}{r}[F(x)]^{r-1}[1 - F(x)]^{n-r}f(x)$$

证毕。

将 $r=1$ 或 $r=n$ 代入式（1.3.1）可得 $X_{(1)}$ 及 $X_{(n)}$ 的分布函数分别为

$$F_{(1)}(x) = 1 - [1 - F(x)]^{n} \tag{1.3.4}$$

$$F_{(n)}(x) = F^{n}(x) \tag{1.3.5}$$

由顺序统计量可以引入经验分布函数的概念。

定义 1.3.2　设 $X_1, X_2, \cdots, X_n$ i.i.d. $X_1 \sim F(x)$，对任意实数 x，定义

$$F_n(x) = \frac{1}{n}\sum_{i=1}^{n} I_{[X_i, +\infty)}(x) = \frac{1}{n}\{X_i : X_i \leqslant x, i = 1,2,\cdots,n\}^{\#} \tag{1.3.6}$$

称函数 $F_n(x)$ 为 $X_1, X_2, \cdots, X_n$ 的经验分布函数。

定义中，$A^{\#}$ 表示集合 A 中的元素个数。易见，经验分布函数也可写成

$$F_n(x) = \begin{cases} 1 & x \geqslant X_{(n)} \\ k/n & X_{(k)} \leqslant x < X_{(k+1)} \\ 0 & x < X_{(1)} \end{cases} \tag{1.3.7}$$

由式（1.3.7）看出，$F_n(x)$ 是样本值中不超过 x 的比例；同时也可看出它是一个单调非降并且右连续的阶梯函数，其跳跃点是样本的观察值，当 n 个观察值各不相同时，每个跳跃点的跳跃度都为 $1/n$。可以这样来理解 $F_n(x)$：首先 $F_n(x)$ 是对 $F(x)$ 的一种估计。由于 $F(x)$ 为随机事件 $\{X \leqslant x\}$ 发生的概率，对 X 观察 n 次，得到该事件发生的频率 $F_n(x)$。自然可以

用频率 $F_n(x)$ 作为概率 $F(x)$ 的估计。名字中的“经验”二字即指是由样本得到的。其次，$F_n(x)$ 具有分布函数的一切性质：非降，右连续，并且 $\lim\limits_{x\to-\infty}F_n(x)=0$, $\lim\limits_{x\to+\infty}F_n(x)=1$, 因而也可以把它视为一个分布函数，该分布函数所对应的分布在所有 n 个样本观测值上放置了同样的“概率”。

例 1.3.1　对二年级的 10 个孩子做阅读能力测试，分数如下：

$$95,86,78,90,62,73,89,92,84,76$$

求相应的经验分布函数。

解： 把样本观测值从小到大排列为

$$62,73,76,78,84,86,89,90,92,95$$

于是经验分布函数可以表示为表 1.2。其图像如图 1.1。

表 1.2　经验分布函数表

x	$(-\infty, 62)$	$[62, 73)$	$[73, 76)$	$[76, 78)$	$[78, 84)$	$[84, 86)$
$F_n(x)$	0	0.1	0.2	0.3	0.4	0.5
x	$[86, 89)$	$[89, 90)$	$[90, 92)$	$[92, 95)$	$[95, +\infty)$	
$F_n(x)$	0.6	0.7	0.8	0.9	1.0	

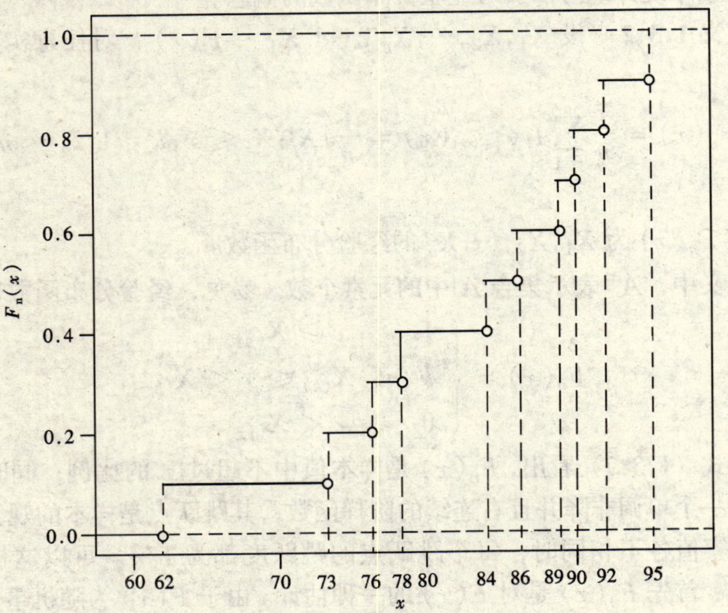

图 1.1　经验分布函数

定理 1.3.2　设 $X_1,X_2,\cdots,X_n$ i. i. d. $X_1 \sim F(x)$，$F_n(x)$ 为其经验分布函数。则对于任意实数 x，有

(1) $P(\lim\limits_{n\to+\infty} F_n(x) = F(x)) = 1$。

(2) $\lim\limits_{n\to+\infty} P\left[\dfrac{\sqrt{n}(F_n(x) - F(x))}{\sqrt{F(x)[1 - F(x)]}} \leqslant y\right] = \int_{-\infty}^{y} \varphi(u)\mathrm{d}u$，其中 $\varphi(u) = \dfrac{1}{\sqrt{2\pi}}\mathrm{e}^{-\frac{u^2}{2}}$ 为 $N(0,1)$ 的概率密度函数。

证明：对于给定的 x，记 $Y_i = I_{[X_i,+\infty)}(x)(i = 1,\cdots,n)$，则 $Y_1,\cdots,Y_n$ 独立同分布，$Y_1 \sim B(1,F(x))$。而 $F_n(x) = \sum\limits_{i=1}^{n} Y_i/n$，由强大数定律和中心极限定理即分别得到结论（1）和（2）。

定理 1.3.2 说明，对给定的 x，经验分布函数 $F_n(x)$ 概率为 1 地收敛于 $F(x)$。因此，只要 n 充分大，$F_n(x)$ 与 $F(x)$ 的差异就可很小。事实上，有更为深刻的结论，即 $F_n(x)$ 概率为 1 地关于 x 一致收敛于 $F(x)$。

定理 1.3.3　（Glivenko 定理）设 $X_1,X_2,\cdots,X_n$ i. i. d. $X_1 \sim F(x)$，$F_n(x)$ 为其经验分布函数，记 $D_n = \sup_{-\infty<x<+\infty}|F_n(x) - F(x)|$，则有

$$P(\lim_{n\to+\infty} D_n = 0) = 1$$

该定理的证明比较复杂[10]。

1.4　χ^2 分布、t 分布和 F 分布

本节给出在数理统计中占有重要地位的三大分布，即 χ^2 分布、t 分布和 F 分布。

1.4.1　χ^2 分布

定义 1.4.1　设 $X_1,X_2,\cdots,X_n$ i. i. d. $X_1 \sim N(0,1)$。令 $\xi = \sum\limits_{i=1}^{n} X_i^2$，则称 ξ 的分布为具有自由度 n 的 χ^2 分布，记做 $\xi \sim \chi^2(n)$。

定理 1.4.1　设 $\xi \sim \chi^2(n)$。则 ξ 的概率密度函数为

$$f(x)=\begin{cases}\dfrac{1}{2^{\frac{n}{2}}\Gamma\left(\dfrac{n}{2}\right)}e^{-\frac{x}{2}}x^{\frac{n}{2}-1} & x>0\\ 0 & x\leqslant 0\end{cases}$$

证明： 当 $x>0$ 时，依 $\chi^2(n)$ 的定义有

$$P(\xi\leqslant x)=P\left(\sum_{i=1}^{n}X_i^2\leqslant x\right)$$

$$=\int\cdots\int_{\sum\limits_{i=1}^{n}x_i^2\leqslant x}(2\pi)^{-\frac{n}{2}}\exp\left[-\frac{1}{2}\sum_{i=1}^{n}x_i^2\right]dx_1\cdots dx_n$$

作球坐标变换，

$$\begin{cases}x_1 = r\cos\theta_1\cos\theta_2\cdots\cos\theta_{n-1}\\ x_2 = r\cos\theta_1\cos\theta_2\cdots\sin\theta_{n-1}\\ \quad\vdots\\ x_n = r\sin\theta_1\end{cases}$$

其中 $-\dfrac{\pi}{2}\leqslant\theta_1$，$\theta_2$，…，$\theta_{n-2}\leqslant\dfrac{\pi}{2}$，$-\pi\leqslant\theta_{n-1}\leqslant\pi$。该变换的 Jacobi 行列式为

$$J_n(r,\theta_1,\theta_2,\cdots,\theta_{n-1})=\begin{vmatrix}\dfrac{\partial x_1}{\partial r} & \dfrac{\partial x_1}{\partial\theta_1} & \cdots & \dfrac{\partial x_1}{\partial\theta_{n-1}}\\ \dfrac{\partial x_2}{\partial r} & \dfrac{\partial x_2}{\partial\theta_1} & \cdots & \dfrac{\partial x_2}{\partial\theta_{n-1}}\\ \vdots & \vdots & & \vdots\\ \dfrac{\partial x_n}{\partial r} & \dfrac{\partial x_n}{\partial\theta_1} & \cdots & \dfrac{\partial x_n}{\partial\theta_{n-1}}\end{vmatrix}$$

$$=r^{n-1}D(\theta_1,\cdots,\theta_{n-1})$$

其中 $D(\theta_1,\cdots,\theta_{n-1})$ 只与 $\theta_1,\theta_2,\cdots,\theta_{n-1}$ 有关，与 r 无关。故

$$P(\xi\leqslant x)$$

$$=\int_0^{\sqrt{x}}\int_{-\frac{\pi}{2}}^{\frac{\pi}{2}}\cdots\int_{-\frac{\pi}{2}}^{\frac{\pi}{2}}\int_{-\pi}^{\pi}(2\pi)^{-\frac{n}{2}}e^{-\frac{r^2}{2}}r^{n-1}D(\theta_1,\theta_2,\cdots,\theta_{n-1})drd\theta_1\cdots d\theta_{n-1}$$

$$=C_n\int_0^{\sqrt{x}}e^{-\frac{r^2}{2}}r^{n-1}dr \tag{1.4.1}$$

其中 $C_n=\int_{-\frac{\pi}{2}}^{\frac{\pi}{2}}\cdots\int_{-\frac{\pi}{2}}^{\frac{\pi}{2}}\int_{-\pi}^{\pi}(2\pi)^{-\frac{n}{2}}D(\theta_1,\theta_2,\cdots,\theta_{n-1})d\theta_1\cdots d\theta_{n-1}$ 为常数。由

$P(\xi<+\infty)=1$，有

$$\begin{aligned}1&=C_n\int_0^{+\infty}\mathrm{e}^{-\frac{r^2}{2}}r^{n-1}\mathrm{d}r\\&=C_n\int_0^{+\infty}\mathrm{e}^{-t}2^{\frac{n}{2}-1}t^{\frac{n}{2}-1}\mathrm{d}t\text{（作变量替换 }r=\sqrt{2t}\text{）}\\&=C_n2^{\frac{n}{2}-1}\Gamma\left(\frac{n}{2}\right)\end{aligned}$$

故

$$C_n=1/\left[2^{\frac{n}{2}-1}\Gamma\left(\frac{n}{2}\right)\right]\tag{1.4.2}$$

代入式（1.4.1）得到当 $x>0$ 时 ξ 的分布函数。当 $x<0$ 时，易知

$$P(\xi\leqslant x)=P\left(\sum_{i=1}^{n}X_i^2\leqslant x\right)=0$$

由此即得 ξ 的概率密度：当 $x>0$ 时，

$$\begin{aligned}f(x)&=\frac{\mathrm{d}}{\mathrm{d}x}P(\xi\leqslant x)=C_n\mathrm{e}^{-\frac{x}{2}}x^{\frac{n-1}{2}}\frac{1}{2\sqrt{x}}\\&=\frac{1}{2^{\frac{n}{2}}\Gamma\left(\frac{n}{2}\right)}\mathrm{e}^{-\frac{x}{2}}x^{\frac{n}{2}-1}\end{aligned}$$

当 $x<0$ 时，$f(x)=0$。定理得证。

图 1.2 画出了几种不同自由度的 χ^2 分布的概率密度函数的图形。

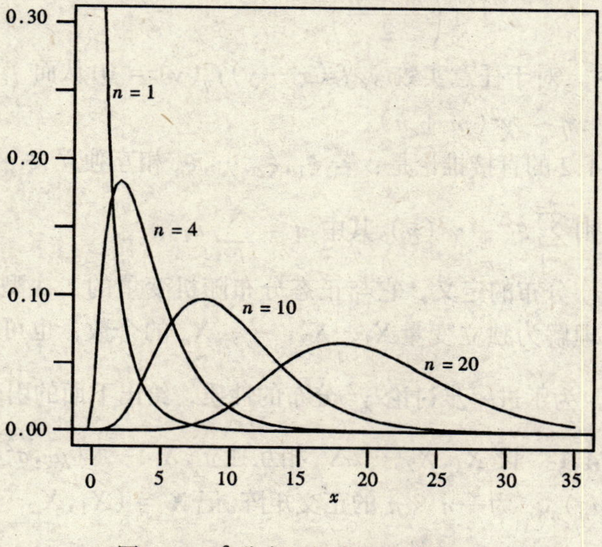

图 1.2　χ^2 分布的概率密度曲线

χ^2 分布有下面的重要性质。

定理 1.4.2 设 $\xi \sim \chi^2(m), \eta \sim \chi^2(n), \xi$ 与 η 相互独立,则有 $\xi + \eta \sim \chi^2(m+n)$。

证明: 由于 ξ 与 η 相互独立,其和 $\xi+\eta$ 的概率密度为

$$f_{\xi+\eta}(x) = \int_{-\infty}^{+\infty} f_\xi(x-y) f_\eta(y) \mathrm{d}y$$

其中 $f_\xi(x), f_\eta(x)$ 分别为 ξ 与 η 的概率密度。由定理 1.4.1,当 $x>0$ 时,

$$\begin{aligned}
f_{\xi+\eta}(x) &= \int_0^x \frac{1}{2^{\frac{m}{2}}\Gamma\left(\frac{m}{2}\right)} \mathrm{e}^{-\frac{x-y}{2}}(x-y)^{\frac{m}{2}-1} \frac{1}{2^{\frac{n}{2}}\Gamma\left(\frac{n}{2}\right)} \mathrm{e}^{-\frac{y}{2}} y^{\frac{n}{2}-1} \mathrm{d}y \\
&= \frac{1}{2^{\frac{m+n}{2}}\Gamma\left(\frac{m}{2}\right)\Gamma\left(\frac{n}{2}\right)} \mathrm{e}^{-\frac{x}{2}} \int_0^x (x-y)^{\frac{m}{2}-1} y^{\frac{n}{2}-1} \mathrm{d}y \\
&= \frac{1}{2^{\frac{m+n}{2}}\Gamma\left(\frac{m}{2}\right)\Gamma\left(\frac{n}{2}\right)} \mathrm{e}^{-\frac{x}{2}} x^{\frac{m+n}{2}-1} \int_0^1 (1-t)^{\frac{m}{2}-1} t^{\frac{n}{2}-1} \mathrm{d}t \\
&= \frac{1}{2^{\frac{m+n}{2}}\Gamma\left(\frac{m}{2}\right)\Gamma\left(\frac{n}{2}\right)} \mathrm{e}^{-\frac{x}{2}} x^{\frac{m+n}{2}-1} \frac{\Gamma\left(\frac{m}{2}\right)\Gamma\left(\frac{n}{2}\right)}{\Gamma\left(\frac{m+n}{2}\right)} \\
&= \frac{1}{2^{\frac{m+n}{2}}\Gamma\left(\frac{m+n}{2}\right)} \mathrm{e}^{-\frac{x}{2}} x^{\frac{m+n}{2}-1}
\end{aligned}$$

而当 $x \leqslant 0$ 时,对于任意实数 $y, f_\xi(x-y) f_\eta(y) = 0$,从而 $f_{\xi+\eta}(x) = 0$。这就证明了 $\xi + \eta \sim \chi^2(m+n)$。

定理 1.4.2 的直接推论是:若 $\xi_1, \xi_2, \cdots, \xi_n$ 相互独立,$\xi_i \sim \chi^2(n_i)(i = 1,2,\cdots,n)$,则 $\sum\limits_{i=1}^n \xi_i \sim \chi^2(n)$,其中 $n = \sum\limits_{i=1}^n n_i$。

由 $\chi^2(n)$ 分布的定义,它与正态分布随机变量的二次型密切相关。自由度 n 可以理解为独立变量 X_1, X_2, $\cdots$, X_n 的个数,也可解释为二次型 $\sum\limits_{i=1}^n X_i^2$ 的秩。为了进一步讨论 χ^2 分布的性质,给出下面的引理。

引理 1.4.1 设 $X_1, X_2, \cdots, X_n$ 相互独立,$X_i \sim N(\mu_i, \sigma^2)(i = 1,2,\cdots, n)$。$A = (a_{ij})_{n\times n}$ 为一 $n \times n$ 的正交矩阵。记 $\boldsymbol{X} = (X_1, X_2, \cdots, X_n)^{\mathrm{T}}$, $\boldsymbol{Y} = A\boldsymbol{X}$。则 $\boldsymbol{Y}$ 的分量 Y_1, Y_2, $\cdots$, Y_n 相互独立,且 $Y_i \sim N(\sum\limits_{k=1}^n a_{ik}\mu_k, \sigma^2)$。

证明： $\boldsymbol{X}=(X_1, X_2, \cdots, X_n)^{\mathrm{T}}$ 的联合概率密度为

$$f(x)=(2\pi\sigma^2)^{-\frac{n}{2}}\exp\left[-\frac{1}{2\sigma^2}\sum_{i=1}^{n}(x_i-\mu_i)^2\right]$$

从而 $\boldsymbol{Y}=(Y_1,Y_2,\cdots,Y_n)^{\mathrm{T}}$ 的联合概率密度为 $f(A^{-1}\boldsymbol{y})\,||\,A^{-1}\,||$，这里 $||\,A^{-1}\,||$ 为 A^{-1} 的行列式的绝对值。由于 A 为正交矩阵，$|\,A^{-1}\,|=1$。记 $\boldsymbol{\mu}=(\mu_1,\mu_2,\cdots,\mu_n)^{\mathrm{T}}$，则有 $\boldsymbol{Y}-A\boldsymbol{\mu}=A(\boldsymbol{X}-\boldsymbol{\mu})$。故 $\boldsymbol{X}-\boldsymbol{\mu}=A^{\mathrm{T}}(\boldsymbol{Y}-A\boldsymbol{\mu})$。于是，

$$\begin{aligned}\sum_{i=1}^{n}(X_i-\mu_i)^2&=(\boldsymbol{X}-\boldsymbol{\mu})^{\mathrm{T}}(\boldsymbol{X}-\boldsymbol{\mu})\\&=(\boldsymbol{Y}-A\boldsymbol{\mu})^{\mathrm{T}}AA^{\mathrm{T}}(\boldsymbol{Y}-A\boldsymbol{\mu})\\&=(\boldsymbol{Y}-A\boldsymbol{\mu})^{\mathrm{T}}(\boldsymbol{Y}-A\boldsymbol{\mu})\\&=\sum_{i=1}^{n}\Big(Y_i-\sum_{k=1}^{n}a_{ik}\mu_k\Big)^2\end{aligned}$$

从而 $\boldsymbol{Y}=(Y_1,Y_2,\cdots,Y_n)^{\mathrm{T}}$ 的联合概率密度为

$$(2\pi\sigma^2)^{-\frac{n}{2}}\exp\left[-\frac{1}{2\sigma^2}\sum_{i=1}^{n}\Big(y_i-\sum_{k=1}^{n}a_{ik}\mu_k\Big)^2\right]$$

由此可得 $Y_1,Y_2,\cdots,Y_n$ 相互独立，且 $Y_i\sim N\Big(\sum\limits_{k=1}^{n}a_{ik}\,\mu_k,\sigma^2\Big)$。引理证毕。

引理表明，相互独立且方差相等的正态随机变量经正交变换仍为相互独立的正态随机变量，且方差不变。

定理 1.4.3　（Cochran 定理）设 $X_1,X_2,\cdots,X_n$ i.i.d. $X_1\sim N(0,1)$，又设 $A_1,A_2,\cdots,A_k$ 为非负定的 $n\times n$ 阶矩阵。记 $\boldsymbol{X}=(X_1,X_2,\cdots,X_n)^{\mathrm{T}}$，$Q_i=\boldsymbol{X}^{\mathrm{T}}A_i\boldsymbol{X}(i=1,2,\cdots,k)$，$Q_1+Q_2+\cdots+Q_k=\sum\limits_{i=1}^{n}X_i^2$ 且 $\mathrm{rank}(A_i)=n_i(i=1,2,\cdots,k)$，则 $Q_1,Q_2,\cdots,Q_k$ 相互独立且分别有分布 $Q_i\sim\chi^2(n_i)$ 的充要条件为 $n=\sum\limits_{i=1}^{k}n_i$。

证明： 当 $Q_1,Q_2,\cdots,Q_k$ 相互独立且 $Q_i\sim\chi^2_{n_i}$ 时，由定理 1.4.2 可知 $Q_1+Q_2+\cdots+Q_k\sim\chi^2(\sum\limits_{i=1}^{k}n_i)$。另一方面，由 χ^2 分布定义

$$Q_1+Q_2+\cdots+Q_k=\sum_{i=1}^{n}X_i^2\sim\chi^2(n)$$

从而 $n=\sum\limits_{i=1}^{k}n_i$。

当 $n=\sum_{i=1}^{k} n_i$ 时，要证 $Q_1,Q_2,\cdots,Q_k$ 相互独立，且 $Q_i\sim\chi^2(n_i)$。由于 A_i 非负定且 $\operatorname{rank}(A_i)=n_i$，故存在 $n\times n_i$ 的矩阵 B_i 使

$$A_i=B_iB_i^{\mathrm{T}}\quad i=1,2,\cdots,k$$

记 $B=(B_1,B_2,\cdots,B_k)$，则 B 是一个 $n\times n$ 阶的方阵。作变换 $\boldsymbol{Y}=B^{\mathrm{T}}\boldsymbol{X}$，则有

$$\boldsymbol{Y}^{\mathrm{T}}\boldsymbol{Y}=\boldsymbol{X}^{\mathrm{T}}BB^{\mathrm{T}}\boldsymbol{X}=\boldsymbol{X}^{\mathrm{T}}\Big(\sum_{i=1}^{k}B_iB_i^{\mathrm{T}}\Big)\boldsymbol{X}=\sum_{i=1}^{k}\boldsymbol{X}^{\mathrm{T}}A_i\boldsymbol{X}=\sum_{i=1}^{k}Q_i=\sum_{i=1}^{n}X_i^2=\boldsymbol{X}^{\mathrm{T}}\boldsymbol{X}$$

可见 B 为正交矩阵。由引理 14.1 知 Y_1，Y_2，…，Y_n 相互独立，且 $Y_i\sim N(0,1)$。注意到

$$\begin{bmatrix}Y_{n_1+\cdots+n_{i-1}+1}\\ \vdots\\ Y_{n_1+\cdots+n_{i-1}+n_i}\end{bmatrix}=\boldsymbol{B}_i^{\mathrm{T}}\boldsymbol{X}$$

有

$$\begin{aligned}Q_i&=\boldsymbol{X}^{\mathrm{T}}A_i\boldsymbol{X}=\boldsymbol{X}^{\mathrm{T}}(B_iB_i^{\mathrm{T}})\boldsymbol{X}=(B_i^{\mathrm{T}}\boldsymbol{X})^{\mathrm{T}}(B_i^{\mathrm{T}}\boldsymbol{X})\\&=\sum_{j=n_1+\cdots+n_{i-1}+1}^{n_1+\cdots+n_i}Y_j^2\end{aligned}$$

故 $Q_i\sim\chi^2(n_i)(i=1,2,\cdots,k)$ 且 $Q_1,Q_2,\cdots,Q_k$ 相互独立，证毕。

1.4.2 *t* 分布和 *F* 分布

定义 1.4.2 设随机变量 X,Y 相互独立，$X\sim N(0,1)$，$Y\sim\chi^2(n)$。令 $\xi=\dfrac{X}{\sqrt{Y/n}}$，则 ξ 的分布称为具有自由度 n 的 t 分布，记做 $\xi\sim t(n)$。

定理 1.4.4 设 $\xi\sim t(n)$，则 ξ 的概率密度为

$$f(x)=\frac{\Gamma\left(\dfrac{n+1}{2}\right)}{\sqrt{n\pi}\,\Gamma\left(\dfrac{n}{2}\right)}\left(1+\frac{x^2}{n}\right)^{-\frac{n+1}{2}}\qquad -\infty<x<+\infty$$

证明： 以 $f_X(x)$，$f_Y(x)$ 分别记 X,Y 的概率密度函数，$F_Y(y)$ 为 Y 的分布函数。先求 $Z=\sqrt{Y/n}$ 的概率密度。因为

$$P(Z\leqslant x)=P(\sqrt{Y/n}\leqslant x)=P(Y\leqslant nx^2)=F_Y(nx^2)$$

所以 Z 的概率密度为

$$f_Z(x)=\frac{\mathrm{d}}{\mathrm{d}x}F_Y(nx^2)=2nxf_Y(nx^2)$$

$$=\begin{cases}\dfrac{n^{\frac{n}{2}}}{2^{\frac{n}{2}-1}\Gamma\left(\dfrac{n}{2}\right)}x^{n-1}\mathrm{e}^{-\frac{nx^2}{2}} & x>0\\ 0 & x\leqslant 0\end{cases}$$

由于 X 与 Z 相互独立，故 $(X,Z)^{\mathrm{T}}$ 的联合概率密度为 $f_X(x)f_Z(z)$。从而

$$P\left(\frac{X}{Z}\leqslant x\right)=\iint_{u/z\leqslant x}f_X(u)f_Z(z)\mathrm{d}u\mathrm{d}z$$

$$=\int_0^{+\infty}\mathrm{d}z\int_{-\infty}^{xz}f_X(u)f_Z(z)\mathrm{d}u$$

故 ξ 的概率密度函数为

$$f(x)=\frac{\mathrm{d}}{\mathrm{d}x}P\left(\frac{X}{Z}\leqslant x\right)$$

$$=\int_0^{+\infty}f_X(xz)f_Z(z)z\mathrm{d}z$$

$$=\frac{1}{\sqrt{2\pi}}\frac{n^{\frac{n}{2}}}{2^{\frac{n}{2}-1}\Gamma\left(\frac{n}{2}\right)}\int_0^{+\infty}\mathrm{e}^{-\frac{x^2z^2}{2}}z^{n-1}\mathrm{e}^{-\frac{nz^2}{2}}z\mathrm{d}z$$

$$=\frac{1}{\sqrt{2\pi}}\frac{n^{\frac{n}{2}}}{2^{\frac{n}{2}-1}\Gamma\left(\frac{n}{2}\right)}\int_0^{+\infty}z^n\mathrm{e}^{-\frac{(n+x^2)z^2}{2}}\mathrm{d}z$$

$$=\frac{1}{\sqrt{2\pi}}\frac{n^{\frac{n}{2}}}{2^{\frac{n}{2}-1}\Gamma\left(\frac{n}{2}\right)}\frac{1}{2\left(\frac{n}{2}+\frac{x^2}{2}\right)^{\frac{n+1}{2}}}\cdot$$

$$\int_0^{+\infty}\left[\left(\frac{n}{2}+\frac{x^2}{2}\right)z^2\right]^{\frac{n-1}{2}}\mathrm{e}^{-\frac{(n+x^2)z^2}{2}}\mathrm{d}\left[\left(\frac{n+x^2}{2}\right)z^2\right]$$

$$=\frac{1}{\sqrt{2\pi}}\frac{n^{\frac{n}{2}}}{2^{\frac{n}{2}-1}\Gamma\left(\frac{n}{2}\right)}\frac{1}{2\left(\frac{n}{2}\right)^{\frac{n+1}{2}}\left(1+\frac{x^2}{n}\right)^{\frac{n+1}{2}}}\int_0^{+\infty}s^{\frac{n-1}{2}}\mathrm{e}^{-s}\mathrm{d}s$$

$$=\frac{\Gamma\left(\frac{n+1}{2}\right)}{\sqrt{n\pi}\,\Gamma\left(\frac{n}{2}\right)}\left(1+\frac{x^2}{n}\right)^{-\frac{n+1}{2}}$$

定理证毕。

t 分布的概率密度函数关于原点对称，形状与正态分布的概率密度很相近。事实上，利用 Stirling 公式可以证明，当 $n \to +\infty$ 时，$t(n)$ 分布收敛于标准正态分布。t 分布与正态分布的一个重要区别是，在尾部 t 分布比标准正态分布有着更大的概率。图 1.3 给出 $t(2)$ 与 $N(0,1)$ 概率密度图形的比较，图 1.4 给出 $t(2)$ 与 $t(5)$ 密度图形的比较。

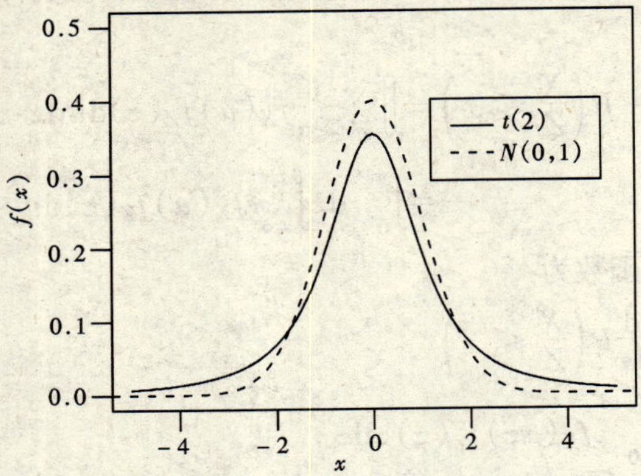

图 1.3　$t(2)$ 与 $N(0,1)$ 的比较

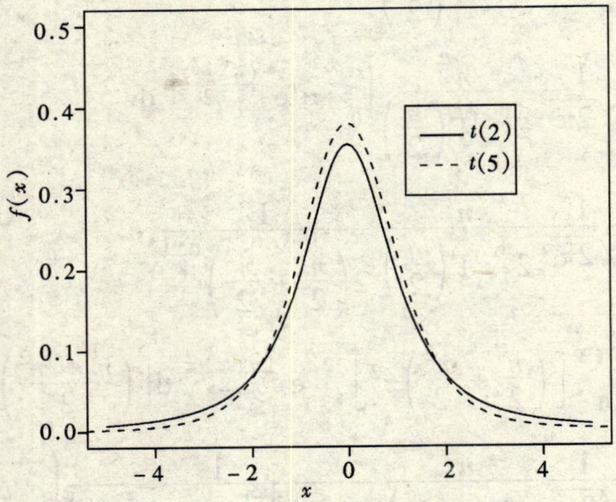

图 1.4　$t(2)$ 与 $t(5)$ 的比较

定义 1.4.3　设随机变量 X, Y 相互独立，$X \sim \chi^2(m)$，$Y \sim \chi^2(n)$，令 $\xi = \dfrac{X/m}{Y/n}$，则 ξ 的分布称为具有自由度 m 和 n 的 F 分布，记作 $\xi \sim F(m,n)$。

定理 1.4.5　设 $\xi \sim F(m,n)$，则 ξ 的概率密度函数为

$$f(x)=\begin{cases}\dfrac{\Gamma\left(\dfrac{m+n}{2}\right)}{\Gamma\left(\dfrac{m}{2}\right)\Gamma\left(\dfrac{n}{2}\right)}m^{\frac{m}{2}}n^{\frac{n}{2}}x^{\frac{m}{2}-1}(n+mx)^{-\frac{m+n}{2}} & x>0\\ 0 & x\leqslant 0\end{cases}$$

证明：仍然用 $F_X(x)$，$f_X(x)$ 分别表示 X 的分布函数和概率密度等等。先求 X/m 的密度。

$$P\left(\frac{X}{m}\leqslant x\right)=P(X\leqslant mx)=F_X(mx)$$

$$f_{X/m}(x)=\frac{\mathrm{d}}{\mathrm{d}x}F_X(mx)=mf_X(mx)$$

$$=\begin{cases}\dfrac{m^{\frac{m}{2}}}{2^{\frac{m}{2}}\Gamma\left(\dfrac{m}{2}\right)}x^{\frac{m}{2}-1}\mathrm{e}^{-\frac{mx}{2}} & x>0\\ 0 & x\leqslant 0\end{cases}$$

同理可得

$$f_{Y/n}(x)=\begin{cases}\dfrac{n^{\frac{n}{2}}}{2^{\frac{n}{2}}\Gamma\left(\dfrac{n}{2}\right)}x^{\frac{n}{2}-1}\mathrm{e}^{-\frac{nx}{2}} & x>0\\ 0 & x\leqslant 0\end{cases}$$

由独立随机变量商的概率密度公式知 $\xi=\dfrac{X/m}{Y/n}$ 的概率密度为：当 $x>0$ 时，

$$f(x)=\int_0^{+\infty}f_{X/m}(xz)f_{Y/n}(z)z\mathrm{d}z$$

$$=\frac{m^{\frac{m}{2}}n^{\frac{n}{2}}}{2^{\frac{m+n}{2}}\Gamma\left(\frac{m}{2}\right)\Gamma\left(\frac{n}{2}\right)}\int_0^{+\infty}(xz)^{\frac{m}{2}-1}\mathrm{e}^{-\frac{mxz}{2}}z^{\frac{n}{2}-1}\mathrm{e}^{-\frac{nz}{2}}z\mathrm{d}z$$

$$=\frac{m^{\frac{m}{2}}n^{\frac{n}{2}}}{2^{\frac{m+n}{2}}\Gamma\left(\frac{m}{2}\right)\Gamma\left(\frac{n}{2}\right)}\frac{x^{\frac{m}{2}-1}}{\left(\frac{mx}{2}+\frac{n}{2}\right)^{\frac{m+n}{2}}}\cdot$$

$$\int_0^{+\infty}\left[\left(\frac{n}{2}+\frac{mx}{2}\right)z\right]^{\frac{m+n}{2}-1}\mathrm{e}^{-\frac{n+mx}{2}z}\mathrm{d}\left[\frac{n+mx}{2}z\right]$$

$$=\frac{m^{\frac{m}{2}}n^{\frac{n}{2}}}{2^{\frac{m+n}{2}}\Gamma\left(\frac{m}{2}\right)\Gamma\left(\frac{n}{2}\right)}x^{\frac{m}{2}-1}(n+mx)^{-\frac{m+n}{2}}\int_0^{+\infty}s^{\frac{m+n}{2}-1}\mathrm{e}^{-s}\mathrm{d}s$$

$$= \frac{\Gamma\left(\frac{m+n}{2}\right)}{\Gamma\left(\frac{m}{2}\right)\Gamma\left(\frac{n}{2}\right)} m^{\frac{m}{2}} n^{\frac{n}{2}} x^{\frac{m}{2}-1}(n+mx)^{-\frac{m+n}{2}}$$

当 $x \leqslant 0$ 时，$f(x) = \int_0^{+\infty} f_{X/m}(xz) f_{Y/n}(z) z \mathrm{d}z = 0$，从而定理得证。

F 分布的概率密度函数图形如图 1.5 所示。易见若 $\xi \sim F(m,n)$，则 $1/\xi \sim F(n,m)$。这一性质在查 F 分布表时是有用的。

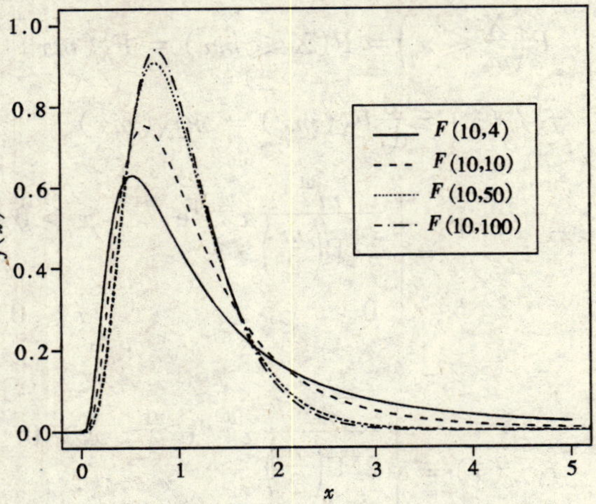

图 1.5 F 分布的概率密度曲线

1.5 正态样本均值及方差的分布

定理 1.5.1 设 $X_1, X_2, \cdots, X_n$ i.i.d. $X_1 \sim N(\mu, \sigma^2)$，$\overline{X} = \frac{1}{n}\sum_{i=1}^{n} X_i$，$s^2 = \frac{1}{n-1}\sum_{i=1}^{n}(X_i - \overline{X})^2$，则

(1) $\overline{X} \sim N(\mu, \sigma^2/n)$；

(2) $(n-1)s^2/\sigma^2 \sim \chi^2(n-1)$；

(3) $\overline{X}$ 与 s^2 相互独立。

证明： 记 $\boldsymbol{X} = (X_1, X_2, \cdots, X_n)^{\mathrm{T}}$，$\boldsymbol{Y} = (Y_1, Y_2, \cdots, Y_n)^{\mathrm{T}}$。取正交矩阵 $P = (p_{ij})_{n \times n}$，其第 1 行元素为 $p_{1j} = \frac{1}{\sqrt{n}}(j = 1, 2, \cdots, n)$。做正交变换 $\boldsymbol{Y}$

$= PX$，由引理 1.4.1 及 P 的取法可知：$Y_1, Y_2, \cdots, Y_n$ 相互独立；$Y_1 = \frac{1}{\sqrt{n}}\sum_{i=1}^{n} X_i = \sqrt{n}\overline{X}$ 且 $Y_1 \sim N(\sqrt{n}\mu, \sigma^2)$；$Y_i \sim N(0, \sigma^2)(i = 2,3,\cdots,n)$。从而

$$\overline{X} = \frac{1}{\sqrt{n}} Y_1 \sim N\left(\mu, \frac{\sigma^2}{n}\right)$$

$$\begin{aligned}\frac{(n-1)s^2}{\sigma^2} &= \frac{1}{\sigma^2}\sum_{i=1}^{n}(X_i - \overline{X})^2 = \frac{1}{\sigma^2}\left[\sum_{i=1}^{n} X_i^2 - n\overline{X}^2\right] \\ &= \frac{1}{\sigma^2}\left[\sum_{i=1}^{n} Y_i^2 - Y_1^2\right] = \sum_{i=2}^{n}\frac{Y_i^2}{\sigma^2}\end{aligned}$$

而 $Y_i/\sigma \sim N(0,1)(i = 2,\cdots,n)$，故 $(n-1)s^2/\sigma^2 \sim \chi^2(n-1)$。由于 $\overline{X}$ 只与 Y_1 有关，而 s^2 只与 $Y_2, Y_3, \cdots, Y_n$ 有关，又 $Y_1, Y_2, \cdots, Y_n$ 相互独立，从而 $\overline{X}$ 与 s^2 相互独立。证毕。

例 1.5.1　设 $X_1, X_2, \cdots, X_n$ i.i.d. $X_1 \sim N(\mu, \sigma^2)$，分别求 $T_1 = \frac{1}{\sigma^2}\sum_{i=1}^{n}(X_i - \mu)^2$ 和 $T_2 = \frac{\overline{X} - \mu}{\sqrt{s^2/n}}$ 的抽样分布。

解： 由条件知 $\frac{X_i - \mu}{\sigma} \sim N(0,1)(i = 1,2,\cdots,n)$。故 $T_1 = \sum_{i=1}^{n}\left(\frac{X_i - \mu}{\sigma}\right)^2 \sim \chi^2(n)$。由定理 1.5.1 知 $\overline{X} \sim N(\mu, \sigma^2/n)$，$(n-1)s^2/\sigma^2 \sim \chi^2(n-1)$，所以有 $\frac{\overline{X} - \mu}{\sqrt{\sigma^2/n}} \sim N(0,1)$，由此可知

$$T_2 = \frac{\overline{X} - \mu}{\sqrt{s^2/n}} = \frac{\overline{X} - \mu}{\sqrt{\sigma^2/n}} \Bigg/ \sqrt{\frac{(n-1)s^2}{(n-1)\sigma^2}} \sim t(n-1)$$

例 1.5.2　设 $X_1, X_2, \cdots, X_m$ i.i.d. $X_1 \sim N(\mu_1, \sigma_1^2)$，$Y_1, Y_2, \cdots, Y_n$ i.i.d. $Y_1 \sim N(\mu_2, \sigma_2^2)$，$(X_1, X_2, \cdots, X_m)$ 与 $(Y_1, Y_2, \cdots, Y_n)$ 相互独立，求 $T = \frac{s_1^2\sigma_2^2}{s_2^2\sigma_1^2}$ 的分布，其中 $s_1^2 = \frac{1}{m-1}\sum_{i=1}^{m}(X_i - \overline{X})^2$，$s_2^2 = \frac{1}{n-1}\sum_{i=1}^{n}(Y_i - \overline{Y})^2$。

解： 由定理 1.5.1 知

$$(m-1)s_1^2/\sigma_1^2 \sim \chi^2(m-1),\quad (n-1)s_2^2/\sigma_2^2 \sim \chi^2(n-1)$$

且二者相互独立，故

$$T = \frac{s_1^2\sigma_2^2}{s_2^2\sigma_1^2} = \frac{(m-1)s_1^2/\sigma_1^2}{m-1} \Bigg/ \frac{(n-1)s_2^2/\sigma_2^2}{n-1} \sim F(m-1, n-1)$$

例 1.5.3 设 $X_1,X_2,\cdots,X_n$ i.i.d. $X_1 \sim n(\mu,\sigma^2)$,又设 $X_{n+1} \sim N(\mu,\sigma^2)$ 且与 $X_1,X_2,\cdots,X_n$ 相互独立,$\overline{X}=\frac{1}{n}\sum_{i=1}^{n}X_i$,$s^2=\frac{1}{n-1}\sum_{i=1}^{n}(X_i-\overline{X})^2$,试求 $T=\sqrt{\frac{n}{n+1}}\frac{\overline{X}-X_{n+1}}{s}$ 的抽样分布。

解: 由定理 1.5.1 知

$$\overline{X} \sim N(\mu,\sigma^2/n),(n-1)s^2/\sigma^2 \sim \chi^2(n-1)$$

故

$$E(\overline{X}-X_{n+1})=E(\overline{X})-E(X_{n+1})=\mu-\mu=0$$

$$\mathrm{Var}(\overline{X}-X_{n+1})=\mathrm{Var}(\overline{X})+\mathrm{Var}(X_{n+1})=\frac{n+1}{n}\sigma^2$$

相互独立的正态变量的线性组合仍服从正态分布，知 $\overline{X}-X_{n+1} \sim N\left(0,\frac{n+1}{n}\sigma^2\right)$,从而 $\frac{\overline{X}-X_{n+1}}{\sqrt{\frac{n+1}{n}\sigma^2}} \sim N(0,1)$。故 $\frac{\overline{X}-X_{n+1}}{\sqrt{\frac{n+1}{n}\sigma^2}}\Big/\sqrt{\frac{(n-1)s^2}{(n-1)\sigma^2}} \sim t(n-1)$，即

$$\sqrt{\frac{n}{n+1}}\frac{\overline{X}-X_{n+1}}{s} \sim t(n-1)$$

最后，介绍一下分位点的概念，这一概念将在第 3 章及以后经常使用。设一个分布的分布函数为 $F(x)$,$\alpha \in (0,1)$ 为一个给定的数，定义 x_α

$$x_\alpha=\inf\{x:F(x) \geqslant 1-\alpha\}$$

称其为该分布的上 α 分位点。显然，由定义有 $F(x_\alpha) \geqslant 1-\alpha$ 且 $F(x_\alpha-0) \leqslant 1-\alpha$;对于连续型分布,有 $F(x_\alpha)=1-\alpha$ 。

为了便于应用，对于常见的分布已经计算出了分位点的表，如附录表 B.1 中的正态分布表。利用这些表，对于给定的 α，可以方便地查出相应的分位点。

例 1.5.4 标准正态分布 $N(0,1)$ 的上 α 分位点记为 u_α。例如,由附录中表B.1 可以查得 $u_{0.025}=1.96$。由于标准正态分布关于 0 对称,易见 $u_{0.975}=-u_{0.025}=-1.96$。更一般地,有 $u_{1-\alpha}=-u_\alpha$ 。对于一般的正态分布,可以利用与标准正态分布之间的关系,得到其分位点。参见习题 1.5 的第 1 题。

例 1.5.5 分布 $\chi^2(n)$ 的上 α 分位点记为 $\chi^2_\alpha(n)$;自由度为 n 的 t 分布 $t(n)$ 的上 α 分位点记为 $t_\alpha(n)$。与例 1.5.4 类似,有 $t_{1-\alpha}(n)=-t_\alpha(n)$。

例 1.5.6 自由度为 m 和 n 的 F 分布 $F(m,n)$ 的上 α 分位点记为 $F_\alpha(m,n)$,它与自由度 m 和 n 有关。由 F 分布的性质，有

$$F_{1-\alpha}(n,m) = F_{\alpha}^{-1}(m,n)$$

这一性质可用于查 F 分布表。

1.6　总体的直观描述

在实际问题中，人们往往首先通过对总体的观测得到样本观测值，然后通过这些观测值对于未知的总体分布进行初步的直观分析，再进一步利用这些分析得到的信息选取深入的统计分析方法。本节讨论常见的利用样本观测值对总体进行直观描述的方法。

1.6.1　图表法

1. 列表法

列表是最为人们所熟悉的汇总数据的方法。然而，在汇总数据时，为了显示总体的各个方面的性质，有时需要从多个角度列表。

例 1.6.1　2005 年初的调查表明，收入与受教育水平是正相关的。假设某公司员工的收入如表 1.3 所示。

表 1.3　职工收入表

编　号	文化程度	工作性质	工作年限	年收入/万元
1	本　科	技　术	6	4.2
2	专　科	管　理	12	5.5
3	研究生	技　术	4	4.8
4	职业高中	工　程	5	2.4
5	本　科	工　程	2	3.2
⋮	⋮	⋮	⋮	⋮

对于表 1.3 中的数据，可以不同的方式汇总。比如，按文化程度和工作年限分类，计算每一类的平均收入，假定结果为表 1.4 所示。

表 1.4　按文化程度、工作年限分类表

文化程度	工　作　年　限			
	(0，3]	(3，6]	(6，9]	9 年以上
研究生	2.8	3.6	4.8	5.6
本　科	2.5	3.3	3.8	4.2
专　科	2.0	2.2	2.8	3.1
职业高中	2.0	2.4	2.6	2.8

从表 1.4 可以看出文化程度和工作经验对于收入的影响：不同学历影响收入的初始水平，同时随工作经历的延长，收入的增长速度也不同，见图 1.6。由此可见，恰当的数据汇总方法对于表现数据中所包含的信息是十分重要的。

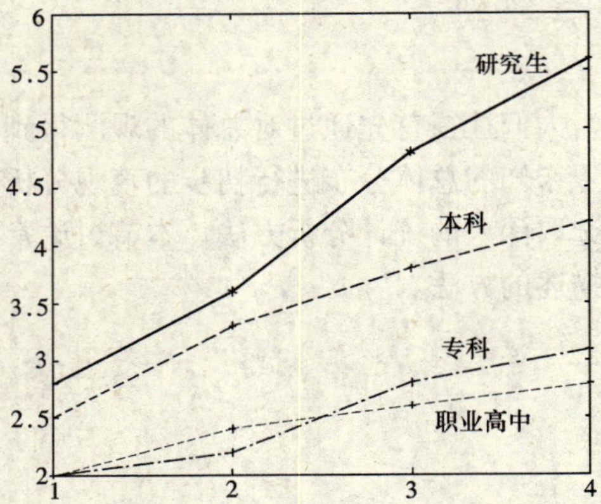

图 1.6 文化程度和工作经历对工资的影响

2. 直方图和茎叶图

这是利用观测样本对一元总体（即单个变量）的描述方法。为了解总体的基本特征，往往对总体分布是“什么样子”感兴趣。为此，首先区分总体分布的几种形态。

一个分布称为**对称**的，如果存在一个常数 μ，使得该分布的分布函数 $F(x)$ 满足 $F(x+\mu)=1-F(-(x-\mu)-0)$。此时，称 μ 为其**对称中心**。一个分布称为**左偏**的，如果其偏度系数小于 0；否则，如果其偏度系数大于 0，就称为**右偏**的。如果分布的概率密度函数（或概率函数）只有一个极大值点，称其为**单峰**的；如果有多个极大值点，就称为**多峰**的。许多多峰分布都是由多个分布混合而成的。图 1.7 给出几种典型的概率密度函数图像。

当样本量比较大时，可以把变量的取值范围划分成若干区间，计算观测值中落入每个区间的频率，列成表格并画出**直方图**，用来推测总体分布的形状。具体步骤参见下面的例子。

例 1.6.2 表 1.5 是 1990 年美国南、北和西部 90 个大城市的暴力犯罪率（每 100 000 居民中暴力犯罪的数量）[11]。画出这些数据的直方图。

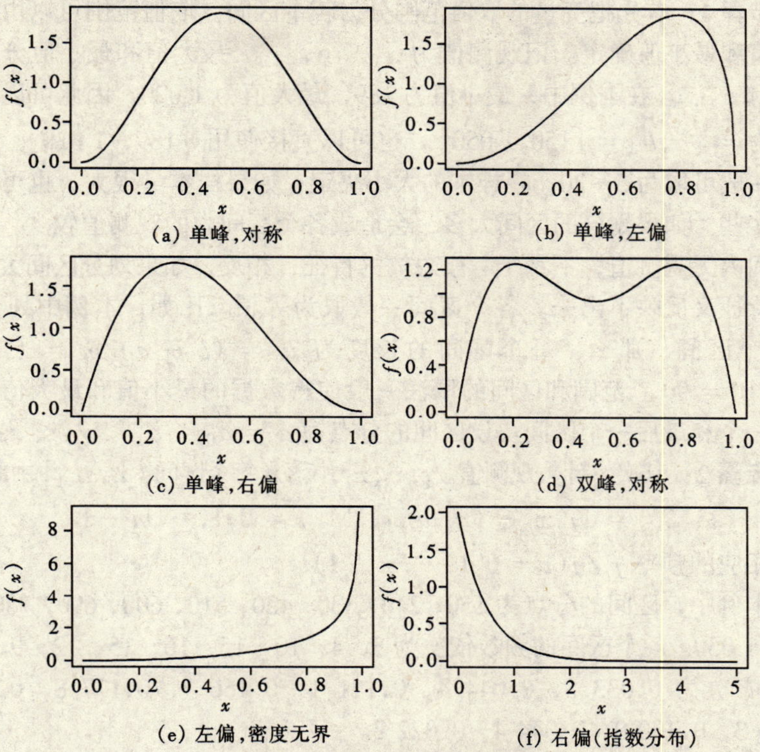

(a) 单峰，对称　(b) 单峰，左偏　(c) 单峰，右偏　(d) 双峰，对称　(e) 左偏，密度无界　(f) 右偏（指数分布）

图 1.7　各种概率密度曲线

表 1.5　暴力犯罪数据表

南部			北部			西部		
876	578	718	189	661	877	570	928	516
388	562	971	563	647	447	885	751	561
698	298	673	336	526	624	1020	592	814
537	642	856	605	496	296	843	466	498
376	508	529	628	481	224	562	739	562
393	354	735	868	804	210	817	690	720
811	504	807	421	435	291	758	731	480
719	464	410	393	605	341	559	505	703
491	557	771	352	374	267	809	706	631
685	448	571	684	685	460	626	639	585

解：直方图的画法如下。

步骤 1： 首先把变量的取值范围分为若干区间。取值范围可以由变量的最大值和最小值确定。记观测值为 x_1，…，x_n，最大值和最小值分别记为 $x_{(n)}$ 和 $x_{(1)}$。在本例中，最小值为 189，最大值为 1 020，因此可以把范围确定为 $=[a,b]=[150,1\,050]$，也可以直接使用［189，1 020］。区间的个数一般可取为 5～20，视样本的大小决定；如果样本量很大，也可以划分得更多些。如果划分的区间太多，会造成各个区间内的观测值较少，甚至有些区间内无观测值，不利于考察总体的特征；相反，如果划分区间太少，局部的特征又反映不出来。各个区间一般取为等长。比如，本例中划分为 $m=10$ 个区间，那么，每个区间的长度为 $w=(b-a)/m=(1\,050-150)/10=90$。范围和区间的取法一般使得数据的最小值和最大值分别落入第一个和最后一个区间。设区间的分点为 $a=a_0<a_1<\cdots<a_m=b$。

步骤 2： 其次，计数观测值 $x_1,\cdots,x_n$ 中落入每个区间 $(a_i,a_{i+1}]$ 中的频数

$$f_i=\{j:x_j\in(a_i,a_{i+1}]\}^{\#}\quad i=0,1,\cdots,m-1$$

计算相应的频率 $f_i/n(i=0,1,\cdots,m-1)$。

本例中，区间的分点为 150，240，330，420，510，600，690，780，870，960，1 050。各个区间的频数依次为 3，4，10，15，16，15，12，9，4，2。频率依次为 0.033 3，0.044 4，0.111 1，0.166 7，0.177 8，0.166 7，0.133 3，0.100 0，0.044 4，0.022 2。

步骤 3： 以变量为横轴，在横轴上标出各个区间；在每个区间上，以区间为底边，画高为 $f_i/(nw)$ 的矩形，得到直方图 1.8。

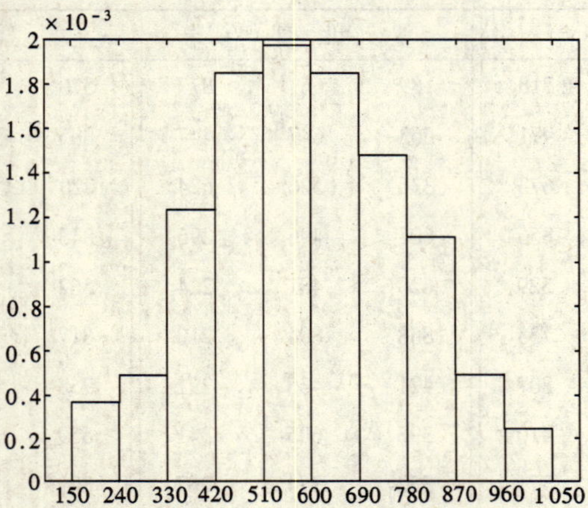

图 1.8　暴力犯罪率数据的直方图

从直方图可以得到下面的信息。

(1) 总体分布的形状。主要指总体分布的密度函数曲线或概率函数的形状，这里主要讨论连续型随机变量的概率密度函数。通常关心的形状特征有：是否具有钟型形状，是否具有对称性，是单峰还是多峰等。

关心总体分布是否具有对称的钟型形状，主要是出于对于正态分布的青睐。对于正态分布的总体，已经有了一整套简单而又严谨的统计分析方法。如果能够发现总体分布是正态分布或与正态分布相近，那么就能方便地得到各种统计推断的结论。上例中的直方图基本上具有对称的钟型形状。图 1.9 是除对称钟型形状以外的其他几种典型的直方图。其中 (a) 图中，矩形的高度显示出均匀的倾向，表明其密度曲线可能没有明显的峰；(b) 图中的直方图显示出单峰的特性，但图形右侧有较长的尾，表明总体分布可能是右偏的；而 (c) 图中则相反，左侧有较长的尾，表明总体分布可能是左偏的；(d) 图则显示出双峰的迹象，表明其总体的分布可能是由两个分布混合而成的。

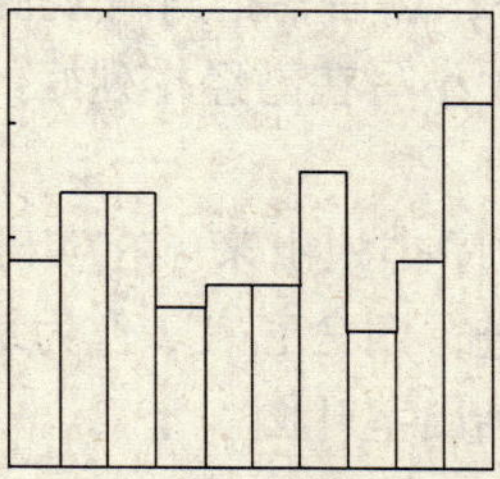

(a) 均匀倾向

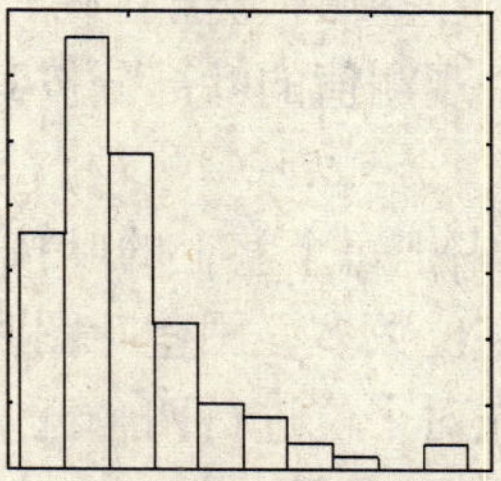

(b) 单峰特性

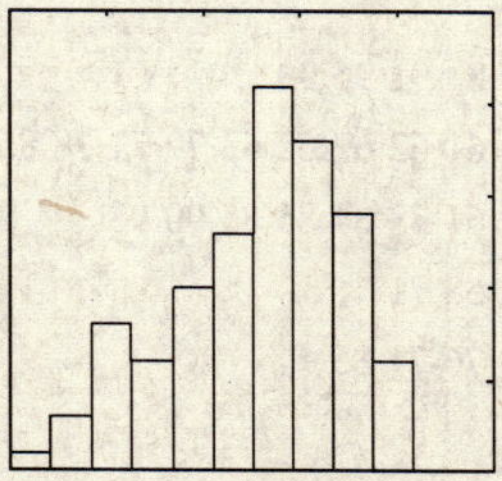

(c) 左偏特性

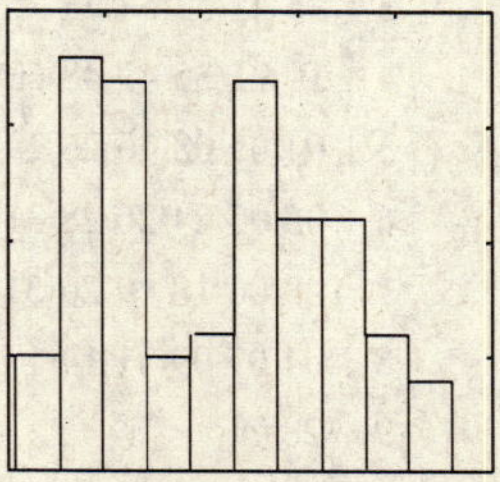

(d) 双峰特性

图 1.9　典型的直方图

(2) 密度曲线的近似。由直方图的作法不难看出，在垂直于横轴的任意一条直线左侧的所有矩形中面积的和恰好等于落在该线与横轴交点左侧的观察值的比例，这与密度曲线的性质一致；另外，当样本容量很大时，由大数定律知 f_i/n 将接近于落入这个区间的概率，当区间很小时，这个概率与区间长度的比值近似于密度函数在附近的值，因此，直方图中各个矩形顶部中点的连线可以作为密度函数图形的近似。这也是信息（1）的各种形状之所以能够反映总体特性的根源。

在画直方图时，也可以用各个区间上的频数或频率作为矩形的高度，此时的直方图分别称为**频数直方图**和**频率直方图**。

茎叶图是直方图的一种简化形式。仍然以例 1.6.2 中的数据为例介绍其画法。

步骤 1： 确定**茎**和**叶**。方法是根据数据的范围，把观测值最低的几位确定为**叶**，而最高一位或几位确定为茎，叶中数字的位数一致。在例 1.6.2 中，观测值的范围是 [189，1 020]。把后两位（个位和十位）作为叶，百位和千位确定为茎，于是，每个观测值分为茎和叶两个部分。共有 10 条不同的茎，分别是 1，2，…，10。

步骤 2： 把茎数字竖直排列、右对齐；然后，把所有观测值按它的茎分类，并把每个观测值的叶部分按其茎的大小写在已经排列好的茎的右侧，即得到茎叶图。

图 1.10 中把每个茎上的叶按大小顺序排列出来。在实际问题中，如果观测值的数字位数多，画茎叶图时需要进行四舍五入。作为练习，读者不妨把上述数据先对个位进行四舍五入后再画出茎叶图。

```
 1 | 89
 2 | 10 24 67 91 96 99
 3 | 36 41 52 54 74 76 88 93 93
 4 | 10 21 35 47 48 60 64 66 80 81 91 96 98
 5 | 04 05 08 16 26 29 37 57 59 61 62 62 62 63 70 71 78 85 92
 6 | 05 05 24 26 28 31 39 42 47 61 73 84 85 85 90 98
 7 | 03 06 18 19 20 31 35 39 51 58 71
 8 | 04 07 09 11 14 17 43 56 68 76 77 85
 9 | 28 71
10 | 20
```

图 1.10 暴力犯罪率数据的茎叶图

由茎叶图的画法知，茎叶图与直方图具有相同的形状，因而可以用来探索总体分布的形状。

另外，如果观测值中有个别的“离群值”，在直方图或茎叶图中相应的矩形或茎将孤悬一侧。比如，在图 1.9（b）中，可能有少数的观测值比其他的观测值大出许多，比较突出。在数据分析中，这样的离群值比较引人注意，因为它有可能是由于特殊的原因造成的，如记录错误、突出的实验条件等。

1.6.2　描述统计量

前面利用表格或图形显示总体的某些特征。同时也需要用某些量来刻画总体的分布特征，这些量称为**描述统计量**。

1. 中心位置的描述

常用来描述总体分布的中心位置的量有两个，一是样本均值 $\overline{x}$，一是样本中位数 M。设样本观测值为 $x_1, \cdots, x_n$，从小到大排序以后为 $x_{(1)} \leqslant \cdots \leqslant x_{(n)}$。样本均值和样本中位数的定义分别为

$$\overline{x} = \frac{1}{n}\sum_{i=1}^{n} x_i,\ M = \begin{cases} x_{(k+1)} & n = 2k+1 \\ \dfrac{x_{(k)} + x_{(k+1)}}{2} & n = 2k \end{cases} \tag{1.6.1}$$

样本均值和样本中位数分别是总体均值（数学期望）和总体中位数（即上 0.5 分位点）的估计，它们反映了总体的位置。

例 1.6.3　计算例 1.6.2 中样本观测值的样本均值和样本中位数。

解：利用计算机容易算得

$$\overline{x} = \frac{876 + 578 + 718 + \cdots + 585}{90} = 588.73$$

把样本从小到大排序得到

序号 i	1	2	3	4	…	45	46	…	86	87	88	89	90
$x_{(i)}$	189	210	224	267	…	571	578	…	877	885	928	971	1 020

由此得

$$M = \frac{571 + 578}{2} = 574.5$$

对于总体分布来说，均值和中位数具有不同的意义。一个分布的均值是所有取值的加权平均；而中位数则是把总概率等分为二的点，变量的取值落在它两边的可能性一样。对于对称分布而言，只要均值存在，它们就是一致的。均值有时不存在而中位数总存在。对于非对称分布，二者不同：当分布左偏并且单峰时，均值一般会小于中位数；当分布右偏并且单峰时，均值一

般会大于中位数。作为总体均值和总体中位数的估计，样本均值和样本中位数也有同样的性质。因此，可以利用它们来探索总体的有关性质。

另外，样本均值作为总体中心的表示容易受到离群值的干扰，离群值会把样本均值拉向自己一侧，而样本中位数则不受此害。在认为有离群值时，为了表示总体的平均值，可以采用截尾均值代替样本均值。所谓**截尾均值**，是在把样本排序，并截去两端一定比例的样本后求得的其余值的平均。比如在例1.6.2中，两端各截去3.3%的样本，即去掉3个最大值和3个最小值后求平均，得

$$\mathrm{TM}=\frac{267+\cdots+885}{84}=588.619$$

例1.6.4 一家大型商店抽取了15笔拖欠账目，欠款金额（元）如下：

5 520 488 27 195 1 806 18 029 36 529 2 816 39 911

80 780 4 414 9 747 998 6 161 5 689 8 273

(1) 求平均欠款金额；(2) 若共有150笔欠款，试估计欠款总额；(3) 比较去掉最大值和最小值后的截尾均值。

解：

(1) 样本均值为

$$\overline{x}=\frac{5\ 520+448+\cdots+8\ 273}{15}=\frac{248\ 356}{15}=16\ 557\ \text{元}$$

(2) 由于平均欠款额度为每笔16 557元，150笔欠款的总额度估计为16 557×150=2 483 550元。

(3) 截尾均值为

$$\mathrm{TM}=\frac{248\ 356-488-80\ 780}{13}=12\ 853\ \text{元}$$

注意，由于在上面数据中80 780比其他观测值大出很多，使得样本均值明显受到它的影响。在截尾均值中则排除了它的影响，如果该值在所有账目中确实是个例外，那么截尾均值作为欠款数据中心的度量就更加可靠。但需要注意的是，如果问题是像（2）那样推断全体的和，则使用截尾均值可能会严重低估。

2. 变异性的描述

常用于描述总体变异性的量有极差、四分位点间距（interquartile range）、样本方差和样本标准差。

所谓**极差**就是样本中最大值与最小值的差 $R=x_{(n)}-x_{(1)}$。例如在例1.6.4中，极差为 $R=80\ 780-488=80\ 292$。

极差计算简单，表明了观测值的范围。但作为总体变异性的度量，它容易受到离群值的影响。四分位点间距可以避免这个问题。首先定义样本的分位点。对于 $p \in (0,1)$，**样本的（下侧）p 分位点**定义为 $x_{([np+0.5])}$，这里 $[q]$ 表示 q 的整数部分。$\mathrm{IQR} = x_{([0.75n+0.5])} - x_{([0.25n+0.5])}$ 称为**样本的四分位点间距**，它表示去掉两端各四分之一的数据后，样本中部一半的数据的极差，其大小反映了总体的上 0.25 分位点与上 0.75 分位点之间的距离，从而反映了样本取值的分散情况。例如，在例 1.6.4 中，样本四分位点间距为 18 029 − 2 816 = 15 213。

样本方差定义为

$$s^2 = \frac{1}{n-1}\sum_{i=1}^{n}(x_i - \overline{x})^2$$

样本标准差则是 s^2 的平方根 $s = \sqrt{\frac{1}{n-1}\sum_{i=1}^{n}(x_i - \overline{x})^2}$。二者都是通过各个观测值与样本均值距离的平方和来反映总体的变异性的，样本标准差与观测值有相同的量纲。

例如，对于例 1.6.4 中的样本，有 $s^2 = 478\ 669\ 914$，$s = 21\ 878.53$。

作为总体变异性的度量，四分位点间距和样本方差的角度是不同的：前者是从样本比例的角度，而后者是从变量数值大小的角度来看变异性的；前者不易受离群值的影响，但由于两端各去掉了四分之一的数据，有时会低估总体的变异性。样本方差和标准差容易受到离群值的影响。

3. 箱线图

箱线图（box plot）是一种利用以上各个描述统计量来反映总体特征的简单图形，像一个盒子。画法如下所述。

步骤 1： 首先找出样本的 0.25 分位点 Q_1 和 0.75 分位点 Q_2，并以这两个点为矩形两边的中点画出相应的矩形（盒子）。

步骤 2： 找出中位数，并过该点画垂直于 0.25 分位点 Q_1 和 0.75 分位点 Q_2 连线的线段连接矩形的两边。

步骤 3： 用线段连接 Q_1 与不小于 $Q_1 - 1.5$（IQR）的最小观测值（称为下内限），同时用线段连接 Q_2 与不大于 $Q_2 + 1.5$（IQR）的最大观测值（上内限）；有时还用 $Q_1 - 3$（IQR）和 $Q_2 + 3$（IQR），分别称为下外限和上外限。在内限和外限之间的观测值认为是中度离群的，在外限之外的观测值认为是严重离群的。

步骤 4： 用 ◦ 号标出小于下内限的值和大于上内限的值，并把这些值作

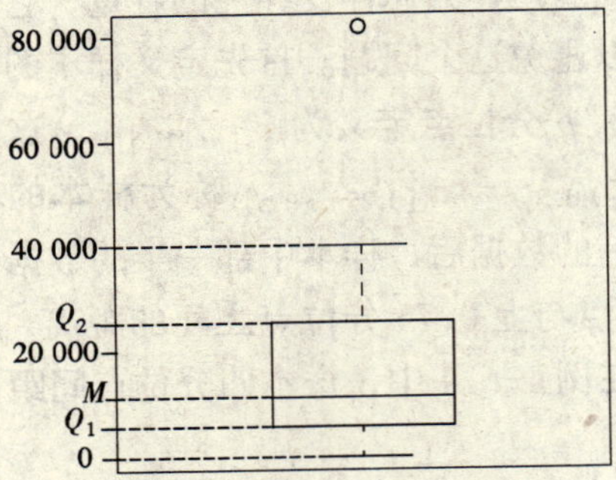

图 1.11 账单数据的箱线图

为离群值。

例 1.6.4 中数据的箱线图如图 1.11。从图中看出，中位数靠近 Q_1，分布有右偏的趋势，80 780 为离群值。注意，如果内限或外限超出问题本身给出的界限（如例 1.6.4 中欠款额大于 0），则以相应界限作为相应的内限或外限。

本节讨论了利用样本观测值描述总体分布特点的一些简单方法，这些方法简便易行，但比较粗糙。一般应在此基础上利用样本做进一步的统计分析，才能更深入地了解总体的性质。

习题 1.1

1. 什么是总体？什么是样本？

2. 简单随机样本应满足什么条件？

3. 设 $X_1, X_2, \cdots, X_n$ i.i.d. $X_1 \sim N(\mu, \sigma^2)$，其中 μ 是已知数，而 σ^2 是未知的，指出下列各量哪些是统计量，哪些不是统计量。为什么？

$$\sum_{i=1}^{n} X_i, X_1 + 2\mu, \max_{1\leqslant i\leqslant n}\{X_i\}, \sum_{i=1}^{n}\frac{(X_i-\mu)^2}{\sigma^2}, \sum_{i=1}^{n}(X_i-\mu)^2$$

4. 某机床加工出的零件的直径服从正态分布 $N(\mu, \sigma^2)$，μ, σ^2 未知。为对 μ, σ^2 作出估计，随机选取加工出来的 n 个零件进行测量，得到 n 个数据 x_1，x_2，…，x_n。试写出该问题的统计模型（即参数空间和样本分布族）。

5. 设 $X_1, X_2, \cdots, X_n$ i.i.d. $X_1 \sim \varepsilon(\lambda)$，概率密度函数为

$$f(x, \lambda) = \begin{cases} \dfrac{1}{\lambda}e^{-x/\lambda} & x > 0 \\ 0 & x \leqslant 0 \end{cases}$$

求 $T_n = \sum_{i=1}^{n} X_i$ 的抽样分布。

习题 1.2

1. 证明式（1.3.3）。

2. 设总体 X 服从几何分布

$$P(X=k)=p(1-p)^{k-1}\quad k=1,2,3,\cdots$$

X_1，X_2，…，X_n 是抽自 X 的简单随机样本，求 $X_{(1)},X_{(n)}$ 的分布。

3. 设 $X_1,X_2,\cdots,X_n$ i.i.d. $X_1\sim U\left[\theta-\frac{1}{2},\theta+\frac{1}{2}\right]$，试分别求出 $X_{(1)}$ 和 $X_{(n)}$ 的概率密度函数。

4. 设 $X_1,X_2,\cdots,X_n$ i.i.d. $X_1\sim F(x)$，$F(x)$ 有密度 $f(x)$，求：

(1) $X_{(1)}$和 $X_{(n)}$的联合分布函数及联合密度；

(2) $R=X_{(n)}-X_{(1)}$ 的分布函数及概率密度。

5. 从某总体抽取一个容量为5的样本：-2.8，-1，1.5，2.1，3.4。写出该样本的经验分布函数并做出它的图像。

习题1.3

1. 设 $X\sim\chi^2(n)$，证明：$E(X^k)=2^k\left(\frac{n}{2}+k-1\right)\left(\frac{n}{2}+k-2\right)\cdots\frac{n}{2}(k=1,2,\cdots)$。特别地，有 $E(X)=n$，$\mathrm{Var}(X)=2n$。

2. 设 $X\sim t(n)$，证明：当 $k<n$ 时，$E(X^k)$ 存在且有

$$E(X^k)=\begin{cases}0 & \text{当 } k \text{ 为奇数时}\\ n^{k/2}\dfrac{\Gamma\left(\dfrac{k+1}{2}\right)\Gamma\left(\dfrac{n-k}{2}\right)}{\sqrt{\pi}\Gamma\left(\dfrac{n}{2}\right)} & \text{当 } k \text{ 为偶数时}\end{cases}$$

当 $k\geqslant n$ 时，$E(X^k)$ 是否存在？

3. 设 $X_1\sim\chi^2(m)$，$X_2\sim\chi^2(n)$，X_1,X_2 相互独立，证明：X_1+X_2 与 X_1/X_2 相互独立 。

4. 设 $X_1,X_2,\cdots,X_n$ i.i.d. $X_1\sim N(\mu,\sigma^2)$，$Q_1+Q_2=\sum_{i=1}^{n}(X_i-\mu)^2$，其中 Q_1,Q_2 都为 $X=(X_1-\mu,X_2-\mu,\cdots,X_n-\mu)^{\mathrm{T}}$ 的非负二次型，且 $\mathrm{rank}(Q_1)=n_1$，$\mathrm{rank}(Q_2)=n_2$，$n_1+n_2=n$，证明：$\frac{Q_1n_2}{Q_2n_1}\sim F(n_1,n_2)$。

*5. 设 $X_1,X_2,\cdots,X_n$ i.i.d. $X_1\sim N(0,1)$，$\boldsymbol{X}=(X_1,\cdots,X_n)^{\mathrm{T}}$，$\boldsymbol{A}$ 为 n 阶方阵。证明：$\boldsymbol{X}^{\mathrm{T}}\boldsymbol{A}\boldsymbol{X}\sim\chi^2(r)$ 当且仅当 $\mathrm{rank}(\boldsymbol{A})=r$，且 $\boldsymbol{A}$ 为幂等矩阵，即 $\boldsymbol{A}^2=\boldsymbol{A}$。

6*. 以 $f_n(x)$ 记 $t(n)$ 的概率密度，证明：

$$\lim_{n\to+\infty} f_n(x) = \frac{1}{\sqrt{2\pi}} e^{-\frac{x^2}{2}}$$

7*. 以 $f_{m,n}(x)$ 记 $F(m,n)$ 的概率密度，问 $\lim\limits_{n\to+\infty} f_{m,n}(x)$ 是否存在？论证你的结论。

习题 1.4

1. 证明：正态分布 $N(\mu,\sigma^2)$ 的上 $\alpha(0<\alpha<1)$ 分位点 z_α 与标准正态分布的上分位点 u_α 之间有以下关系。

$$z_\alpha = \mu + \sigma u_\alpha$$

2. 设 $X_1,\cdots,X_n$ i.i.d. $X_1 \sim N(0,1)$, $s^2 = \frac{1}{n-1}\sum_{i=1}^{n}(X_i - \overline{X})^2$，求 $\mathrm{Var}(s^2)$。

3. 设 $X_1,\cdots,X_m$ i.i.d. $X_1 \sim N(\mu_1,\sigma^2)$，设 $Y_1,\cdots,Y_n$ i.i.d. $Y_1 \sim N(\mu_2,\sigma^2)$。记 $s_1^2 = \frac{1}{m-1}\sum_{i=1}^{m}(X_i - \overline{X})^2$, $s_2^2 = \frac{1}{n-1}\sum_{i=1}^{n}(Y_i - \overline{Y})^2$，

(1) 求 $\frac{(m-1)s_1^2 + (n-1)s_2^2}{\sigma^2}$ 的分布；

(2) 比较 $\frac{(m-1)s_1^2}{\sigma^2}$ 与 $\frac{(m-1)s_1^2 + (n-1)s_2^2}{\sigma^2}$ 的方差。

习题 1.5

1. 研究药品A和B的不同剂量对老鼠焦急表征的影响，把60只老鼠随机地分成两个大小相等的组，第一组的老鼠接受药品A，第二组接受B。试验中两种药品各安排3种剂量：5 mg，10 mg和20 mg。把A的每个剂量随机地分配给第一组中的10只老鼠，对B也同样。在老鼠接受了指定剂量的药物30 min后，给它们的焦急表征打分，分数从0～30分，得到如下表中的数据。

药品	剂量/mg														
	5					10					20				
A	15	16	16	15	18	18	16	17	15	18	20	17	19	18	21
	16	13	17	19	15	19	19	18	20	16	21	18	20	19	17
B	16	15	17	15	18	19	18	21	20	22	24	23	25	24	23
	18	17	17	15	16	21	23	22	20	19	22	25	26	25	24

试通过不同的列表并比较相应的反应得分均值，考察得分与药品、得分与剂量的关系。

2．忽略上题中的药品和剂量，画出反应得分的直方图。

3．汽车制造商的生产记录表明了每个班的产品数量（每个班的最大产量是 720 辆汽车）。

668　711　625　701　688　667　694　630　547　703　688　697　703
656　677　700　702　688　691　664　688　679　708　699　667　703

(1) 画出茎叶图。

(2) 计算样本均值和样本中位数。

(3) 均值和中位数间的关系关于数据的形状说明了什么？

4．在一项血清胆固醇含量（mg/L）的研究中，记录了 20 位成年患者的胆固醇含量如下：

133　137　148　149　152　167　174　179　189　192
201　209　210　211　218　238　245　248　253　257

试求：(1) 样本均值和样本中位数；(2) 极差、四分位点间距和样本方差。

5．用上题中的观测值画出箱线图，并由此说明总体分布的形状。

第 2 章　参数估计

第 1 章中介绍了数理统计中的一些基本概念，从本章开始讨论如何从样本出发，对于总体的未知属性进行统计分析。最常见的统计推断问题是参数的统计推断，即总体分布的形式已知，只有参数未知，此时，未知参数的推断往往是总体推断的出发点。利用样本对总体的未知参数进行推断，基本有两个方面，即参数的估计与假设检验。本章讨论参数的估计问题，而把参数的假设检验放在第 3 章中讨论。

2.1　参数估计问题

正态分布 $N(\mu,\sigma^2)$ 完全由参数 μ 和 σ^2 所确定；Poisson 分布 $P(\lambda)$ 则由参数 λ 所确定等。在许多问题中，人们已经断定总体的分布属于某个分布族，而只是不知道是该族中的哪一个。在 1.2 节中，曾指出总体分布族给出了所研究问题的总范围，只要对总体参数做出推断即可了解总体分布的基本特性。试看下面的例子。

例 2.1.1　从一批产品中抽取 n 件检查得结果 X_1，X_2，…，X_n，其中

$$X_i = \begin{cases} 1 & \text{第 } i \text{ 件产品为不合格品} \\ 0 & \text{第 } i \text{ 件产品为合格品} \end{cases}$$

估计这批产品的不合格品率 p。

例 2.1.2　设某电话总机交换台从早晨 9～10 时之间接到的电话呼唤次数服从 Poisson 分布 $P(\lambda)$，$\lambda > 0$ 未知。根据以往若干日在同一时间段呼唤次数的记录，估计 λ。

例 2.1.3　电子元件的寿命 X 通常服从指数分布

$$f(x) = \begin{cases} \lambda e^{-\lambda x} & x > 0 \\ 0 & x \leqslant 0 \end{cases}$$

其中 $\lambda>0$ 未知。对 n 个元件做寿命试验得结果 X_1，X_2，…，X_n，以此对 λ 进行估计。

上述问题有共同的性质，它们都可以归纳为：设随机变量 $X \sim F_\theta(x)$（或用概率密度表示为：$X \sim f(x,\theta)$），其中分布函数（概率密度）的函数关系已知，但参数 $\theta\in\Theta$ 未知，这里 Θ 为参数空间。对 X 作 n 次观察得到样本 $\boldsymbol{X}=(X_1, X_2, \cdots, X_n)^{\mathrm{T}}$。所谓参数估计问题就是通过总体的样本构造适当的统计量，对总体中的未知参数 θ 的大小进行估计。有时，也直接估计未知参数的某个已知函数 $g(\theta)$。

估计参数的大小有两种基本的方式：点估计和区间估计。点估计是用一统计量 $\hat{\theta}(\boldsymbol{X})$ 做为参数 θ 的估计，称 $\hat{\theta}(\boldsymbol{X})$ 为 θ 的**估计量**。当有样本观测值 $\boldsymbol{x}=(x_1, x_2, \cdots, x_n)^{\mathrm{T}}$ 时，把样本观测值代入估计量得到 θ 的估计值 $\hat{\theta}(\boldsymbol{x})$。区间估计是用两个统计量 $\hat{\theta}_1(\boldsymbol{X})<\hat{\theta}_2(\boldsymbol{X})$，以一定的信度（概率）认定参数 θ 满足 $\hat{\theta}_1(\boldsymbol{X})\leqslant\theta\leqslant\hat{\theta}_2(\boldsymbol{X})$，称 $[\hat{\theta}_1(\boldsymbol{X}),\hat{\theta}_2(\boldsymbol{X})]$ 为 θ 的**置信区间**。如果未知参数 $\boldsymbol{\theta}$ 是 k 维向量，那么，可以用样本构造 k 维空间的一个区域，使得该区域含有未知参数（k 维空间中的一点）的概率达到一定的值，这样的区域称为**置信域**。

对同一参数 θ，可以有许多不同的估计量，或者说，对于 θ 有许多不同的估计方法。接下来的两节介绍最常用的参数估计方法——矩法和极大似然估计，然后讨论参数估计的性质及不同估计之间的比较，最后一节讨论参数的区间估计。

2.2 矩的估计与矩法

2.2.1 矩的估计

随机变量的矩是分布的重要数字特征，因此，首先讨论总体矩的估计。回忆概率论中随机变量矩的概念：X 的 k 阶原点矩定义为

$$\alpha_k=\int_{-\infty}^{+\infty}x^k\mathrm{d}F(x)$$

它是随机变量 X 取值的 k 次方的加权平均；k 阶中心矩定义为

$$\beta_k=\int_{-\infty}^{+\infty}(x-E(X))^k\mathrm{d}F(x)$$

它是对 X 进行“中心化”以后所得量的 k 次方的加权平均，此处 $F(x)$ 为 X 的分布函数。若 X 为连续型随机变量，其密度为 $f(x)$，则

$$\alpha_k = \int_{-\infty}^{+\infty} x^k f(x)\mathrm{d}x$$

若 X 为离散型随机变量，其概率函数为 $P(X = x_i) = p_i\ (i=1, 2, \cdots)$，则

$$\alpha_k = \sum_{i=1}^{+\infty} x_i^k p_i$$

α_k 存在的前提是这些积分或级数绝对收敛。对于中心矩有类似的表达式。

首先看数学期望的估计。如上所言，数学期望表示随机变量 X 取值的平均值。假若对于 X 进行 n 次观测得到 $X_1, \cdots, X_n$，一个自然的想法是用这些观测值的平均值 $\overline{X} = \sum_{i=1}^{n} X_i/n$ 估计 $E(X)$。把这个想法推而广之，就得到如下的估计各阶总体矩的原则：用样本值 k 次方的平均值

$$\hat{\alpha}_k = \frac{1}{n}\sum_{i=1}^{n} X_i^k \tag{2.2.1}$$

作为总体的 k 阶原点矩 α_k 的估计；同理用

$$\hat{\beta}_k = \frac{1}{n}\sum_{i=1}^{n}(X_i - \overline{X})^k \tag{2.2.2}$$

作为 k 阶中心矩 β_k 的估计。

定义 2.2.1 设 $X_1, X_2, \cdots, X_n$ i. i. d. 是抽自总体 X 的一个样本，则称 $\hat{\alpha}_k$ 为 k **阶样本原点矩**，$\hat{\beta}_k$ 为 k **阶样本中心矩**。

2.2.2 参数估计的矩方法

设总体 $X \sim F_\theta(x)$(或 $f(x,\theta)$)，$\theta \in \Theta$，θ 为未知参数。参数估计的一个最简单的想法是“替换原则”：假定目标是用样本 $\boldsymbol{X} = (X_1, X_2, \cdots, X_n)^{\mathrm{T}}$ 估计未知参数 θ。如果能够把 θ 表示为 $\theta = \theta(\alpha)$，这里 $\theta(\cdot)$ 为一个已知函数，而 α 可以用样本的函数 $\alpha(\boldsymbol{X})$ 来估计，则就可以用 $\alpha(\boldsymbol{X})$ 替换 $\theta(\alpha)$ 中的 α 得到 θ 的估计 $\theta(\alpha(\boldsymbol{X}))$。先看下面的例子。

例 2.2.1 设 $X_1, X_2, \cdots, X_n$ i. i. d. $X_1 \sim f(x,\theta)$，其中

$$f(x,\theta) = \begin{cases} 1/\theta & 0 \leqslant x \leqslant \theta \\ 0 & \text{其他} \end{cases}$$

试估计 θ。

解：总体分布是 $(0,\theta)$ 上的均匀分布，其数学期望 $\mathrm{E}(X) = \theta/2$。另一

方面，由前面小节知，E(X) 可以用样本均值 $\overline{X}$来估计。由此，可以用 $2\overline{X}$ 来估计θ。

此例的方法可以推广到一般的情形：既然已经用样本矩来估计相应的总体矩，如果可以把参数表示成总体矩的已知函数，那么应用“替换原则”就可以得到未知参数的估计。具体地，设参数 $\boldsymbol{\theta}$ 是k 维的，即 $\boldsymbol{\theta}=(\theta_1, \theta_2, \cdots, \theta_k)^{\mathrm{T}}$，总体 X 存在k 阶矩。一般地，α_1，…，α_k 都可以表示为$\boldsymbol{\theta}$ 的函数：$\alpha_l=\alpha_l(\theta_1, \theta_2, \cdots, \theta_k)$ $(l=1, \cdots, k)$。用样本矩代替总体矩，得到下面关于 $\boldsymbol{\theta}=(\theta_1,\theta_2,\cdots,\theta_k)^{\mathrm{T}}$ 的方程组

$$\begin{cases}\alpha_1(\theta_1,\theta_2,\cdots,\theta_k)=\dfrac{1}{n}\displaystyle\sum_{i=1}^{n}X_i\\ \alpha_2(\theta_1,\theta_2,\cdots,\theta_k)=\dfrac{1}{n}\displaystyle\sum_{i=1}^{n}X_i^2\\ \qquad\vdots\\ \alpha_k(\theta_1,\theta_2,\cdots,\theta_k)=\dfrac{1}{n}\displaystyle\sum_{i=1}^{n}X_i^k\end{cases}\tag{2.2.3}$$

把该方程组的解 $\hat{\boldsymbol{\theta}}=(\hat{\theta}_1,\hat{\theta}_2,\cdots,\hat{\theta}_k)^{\mathrm{T}}$ 作为 $\boldsymbol{\theta}$ 的估计量，称为**矩估计量**。当然，代之以 α_l，也可以用 β_l。

对 $\boldsymbol{\theta}$ 的函数$g(\boldsymbol{\theta})$，若 $g(\boldsymbol{\theta})$ 可表示为总体若干个矩的函数，

$$g(\boldsymbol{\theta})=g(\alpha_1,\alpha_2,\cdots,\alpha_k,\beta_2,\cdots,\beta_l)\tag{2.2.4}$$

则可用矩的估计量代替相应的矩得到 $g(\boldsymbol{\theta})$ 的估计 $\hat{g}$，

$$\hat{g}=g(\hat{\alpha}_1,\hat{\alpha}_2,\cdots,\hat{\alpha}_k,\hat{\beta}_2,\cdots,\hat{\beta}_l)\tag{2.2.5}$$

称 $\hat{g}$为$g(\theta)$ 的**矩估计量**。

值得注意的是，如果总体有高于 k 阶的矩，则在式 (2.2.3) 中也可以用更高阶的矩。但原则上，除非不得已（见习题 2.2 第 5 题），一般用低阶矩。另外，式 (2.2.4) 中的 $g(\boldsymbol{\theta})$ 有时可以有不同的表示方法，因此 $g(\boldsymbol{\theta})$ 的矩估计 $\hat{g}$也可以有多种。

例 2.2.2　X_1，X_2，…，X_n i.i.d. $X_1\sim$Gamma (α, β)（称为 Gamma 分布），其概率密度为

$$f(x,\alpha,\beta)=\begin{cases}\dfrac{\beta^{\alpha}}{\Gamma(\alpha)}x^{\alpha-1}\mathrm{e}^{-\beta x} & x>0\\ 0 & x\leqslant 0\end{cases}$$

试求 α，β 的矩估计量。

解:

$$\begin{aligned}\alpha_1 &= \int_{-\infty}^{+\infty} x f(x,\alpha,\beta)\mathrm{d}x = \int_0^{+\infty} \frac{\beta^\alpha}{\Gamma(\alpha)} x^\alpha \mathrm{e}^{-\beta x}\mathrm{d}x \\ &= \frac{1}{\Gamma(\alpha)\beta}\int_0^{+\infty} t^\alpha \mathrm{e}^{-t}\mathrm{d}t = \frac{1}{\Gamma(\alpha)\beta}\Gamma(\alpha+1) \\ &= \frac{\alpha}{\beta}\end{aligned}$$

$$\begin{aligned}\alpha_2 &= \int_{-\infty}^{+\infty} x^2 f(x,\alpha,\beta)\mathrm{d}x = \int_0^{+\infty} \frac{\beta^\alpha}{\Gamma(\alpha)} x^{\alpha+1} \mathrm{e}^{-\beta x}\mathrm{d}x \\ &= \frac{1}{\Gamma(\alpha)\beta^2}\int_0^{+\infty} t^{\alpha+1} \mathrm{e}^{-t}\mathrm{d}t = \frac{\Gamma(\alpha+2)}{\Gamma(\alpha)\beta^2} \\ &= \frac{(\alpha+1)\alpha}{\beta^2}\end{aligned}$$

令

$$\begin{cases}\alpha_1 = \overline{X} \\ \alpha_2 = \dfrac{1}{n}\sum\limits_{i=1}^n X_i^2\end{cases}$$

即得

$$\begin{cases}\alpha/\beta = \overline{X} \\ \dfrac{\alpha(\alpha+1)}{\beta^2} = \dfrac{1}{n}\sum\limits_{i=1}^n X_i^2\end{cases}$$

解之可得 α，β 的矩估计量分别为

$$\hat{\alpha} = \frac{n\overline{X}^2}{\sum\limits_{i=1}^n (X_i - \overline{X})^2}, \hat{\beta} = \frac{n\overline{X}}{\sum\limits_{i=1}^n (X_i - \overline{X})^2}$$

例 2.2.3 设 X_1，X_2，…，X_n i. i. d. $X_1 \sim N(\mu,\sigma^2)$，求 $g(\mu,\sigma) = \mu/\sigma$的矩估计量。

解: 对正态分布 $N(\mu,\sigma^2)$ 有

$$\alpha_1 = \mu, \alpha_2 = \sigma^2 + \mu^2$$

令

$$\begin{cases}\mu = \overline{X} \\ \sigma^2 + \mu^2 = \dfrac{1}{n}\sum\limits_{i=1}^n X_i^2\end{cases}$$

解得

$$\hat{\mu} = \overline{X}, \hat{\sigma}^2 = \frac{1}{n}\sum_{i=1}^{n}(X_i - \overline{X})^2$$

故 $g(\mu, \sigma)$ 的矩估计量为

$$\hat{g} = \overline{X} \Big/ \sqrt{\frac{1}{n}\sum_{i=1}^{n}(X_i - \overline{X})^2}$$

例 2.2.4　表 2.1 给出了 1900～1969 年间，36 次台风侵入 Appalachians 地区时 24 h 内最大降雨量（cm）的数据。试对最大降雨量拟合 Gamma 分布。

表 2.1　24 h 内最大降雨量

cm

年份	最大降雨量	年份	最大降雨量	年份	最大降雨量	年份	最大降雨量
1969	31.00	1952	4.95	1932	4.75	1916	7.43
1968	2.82	1949	5.64	1932	6.85	1915	5.00
1965	3.92	1945	5.51	1929	6.25	1915	4.58
1960	4.02	1942	13.40	1928	3.42	1912	4.46
1959	9.50	1940	9.72	1928	11.80	1906	8.00
1957	4.50	1939	6.47	1923	0.80	1902	3.73
1955	11.40	1938	10.16	1923	3.69	1901	3.50
1954	10.71	1934	4.21	1920	3.10	1900	6.20
1954	6.31	1933	11.60	1916	22.22	1900	0.67

解：“拟合”的含义是依据样本找出适合于总体的分布。由于这里已经给定分布为 Gamma 分布，因此，只需要估计未知参数即可。

设 Gamma 分布的密度函数为

$$f(x, \alpha, \beta) = \begin{cases} \dfrac{\beta^{\alpha}}{\Gamma(\alpha)} x^{\alpha-1} \mathrm{e}^{-\beta x} & x > 0 \\ 0 & x \leqslant 0 \end{cases}$$

对未知参数 α，β 可采用矩法来估计。在例 2.2.2 中已求得它们的矩估计量分别为

$$\hat{\alpha} = \frac{n\overline{X}^2}{\sum_{i=1}^{n}(X_i - \overline{X})^2};\ \hat{\beta} = \frac{n\overline{X}}{\sum_{i=1}^{n}(X_i - \overline{X})^2}$$

将表中的数据代入上式计算可得它们的估计值为

$$\hat{\alpha} = 1.64;\ \hat{\beta} = 0.225$$

这样就求得了拟合的密度函数

$$f(x) = \frac{0.225^{1.64}}{\Gamma(1.64)} x^{0.64} \mathrm{e}^{-0.225x} \quad (x > 0)$$

2.3 极大似然估计

2.3.1 极大似然原理

寻求估计量的另一种常用方法是极大似然估计法。下面的简单例子可以说明极大似然估计的基本思想。

例 2.3.1 有两枚外表完全一样的硬币，其中一枚是均匀的，一枚是偏心的。但无法从其形状进行区别。已知偏心硬币掷一次出现反面的概率为0.8。今对其中一枚硬币抛掷5次，出现了4次反面。试判断该硬币是偏心的还是均匀的。

以 p 记硬币出现反面的概率，若出现反面，记 $X=1$，否则记 $X=0$，则该问题可以描述为：$X \sim B(1,p)$，$p \in \Theta = \{0.5, 0.8\}$，从 X 中抽取一样本 X_1，X_2，…，X_5，现要由样本估计参数 p。

直观说来，依据“掷5次硬币，出现4次反面”这样一个结果，可以猜测 $p=0.8$。因为如果硬币是均匀的，“掷5次硬币，出现4次反面”的可能性不大，事实上，事件 $A=$“掷5次硬币，出现4次反面”在两种状态下的概率大小如下：

$$P(A \mid \text{均匀}) = P\left(\sum_{i=1}^{5} X_i = 4 \mid p = 0.5\right) = \binom{5}{4} 0.5^4 0.5 = 0.156$$

$$P(A \mid \text{偏心}) = P\left(\sum_{i=1}^{5} X_i = 4 \mid p = 0.8\right) = \binom{5}{4} 0.8^4 0.2 = 0.410$$

由此可见，若硬币是偏心的，则事件 A 发生的可能大些。试验结果 A 确实发生了，自然应认为硬币是偏心的。

这种方法可推广到一般情形。其基本思想是：虽然参数 θ 可能取 Θ 中的任意值，但在给定样本观测值 $(x_1, x_2, \cdots, x_n)^{\mathrm{T}}$ 之后，不同的 θ 取值

对应于样本 $(X_1, X_2, \cdots, X_n)^{\mathrm{T}}$ 落入 $(x_1, x_2, \cdots, x_n)^{\mathrm{T}}$ 的邻域的概率大小不同。既然在一次试验中观察到 $(X_1, X_2, \cdots, X_n)^{\mathrm{T}}$ 取值 $(x_1, x_2, \cdots, x_n)^{\mathrm{T}}$，因此有理由认为 $(X_1, X_2, \cdots, X_n)^{\mathrm{T}}$ 落入 $(x_1, x_2, \cdots, x_n)^{\mathrm{T}}$ 的邻域中之概率较其他地方为大。故此使 $(X_1, X_2, \cdots, X_n)^{\mathrm{T}}$ 落入 $(x_1, x_2, \cdots, x_n)^{\mathrm{T}}$ 的邻域中之概率最大的参数 $\hat{\theta}$是最有可能的参数真值，于是取 θ 的估计为$\hat{\theta}$。这就是**极大似然原理**。

设 $X \sim f(x,\theta)$, $\theta \in \Theta$，则样本 $(X_1, X_2, \cdots, X_n)^{\mathrm{T}}$ 落入 $(x_1, x_2, \cdots, x_n)^{\mathrm{T}}$ 的邻域中的概率近似为 $\prod_{i=1}^{n} f(x_i,\theta)\mathrm{d}x_i$ 。据上述思想，选取使这个概率最大的参数值 $\hat{\theta}$作为θ 的估计值，从而 $\hat{\theta}$满足

$$\prod_{i=1}^{n} f(x_i,\hat{\theta}) = \max_{\theta \in \Theta} \prod_{i=1}^{n} f(x_i,\theta) \tag{2.3.1}$$

当 X 为离散型随机变量时，上面的 $f(x_i,\theta)$ 为概率函数。

定义 2.3.1　设 $X_1, X_2, \cdots, X_n$ i.i.d. $X_1 \sim f(x,\theta), \theta \in \Theta$ 。令

$$L(\theta,\boldsymbol{x}) = L(\theta;x_1,x_2,\cdots,x_n) = \prod_{i=1}^{n} f(x_i,\theta) \tag{2.3.2}$$

为样本 $\boldsymbol{X}=(X_1, \cdots, X_n)^{\mathrm{T}}$ 的联合密度（或联合概率函数），视其为 θ 的函数，称为相应于样本 $\boldsymbol{X}$ 的**似然函数**；也称 $L(\theta,\boldsymbol{X})$ 为相应于样本 $\boldsymbol{X}$ 的**似然函数**。

定义 2.3.2　设相应于样本 $\boldsymbol{X}=(X_1, \cdots, X_n)^{\mathrm{T}}$ 的似然函数为 $L(\theta, \boldsymbol{x})$ 。若 $\hat{\theta}(\boldsymbol{X}) = \hat{\theta}(X_1,X_2,\cdots,X_n)$ 满足

$$L(\hat{\theta}(\boldsymbol{X}),\boldsymbol{X}) = \max_{\theta \in \Theta} L(\theta,\boldsymbol{X}) \tag{2.3.3}$$

则称 $\hat{\theta}(\boldsymbol{X})$ 为 θ 的极大似然估计量，简记为 MLE（Maximum Likelihood Estimator）。

2.3.2　极大似然估计量的求法

由定义，求极大似然估计归结为求似然函数的最大值点。常见的有以下三种情形。

(1) 似然函数 $L(\boldsymbol{\theta},\boldsymbol{X})$ 为 $\boldsymbol{\theta}$ 的连续函数，且关于 $\boldsymbol{\theta}$ 各分量的偏导数存在。

设 $\boldsymbol{\theta}$ 是 k 维的，Θ 是 R^k 中的开区域，则由极值的必要条件知 MLE 应满足方程

$$\frac{\partial L(\boldsymbol{\theta},\boldsymbol{X})}{\partial\theta_i}=0 \quad i=1,2,\cdots,k \tag{2.3.4}$$

通常称上式为**似然方程组**或**似然方程**。在许多情形下，似然函数是连乘积的形式。取正值的函数与其对数函数有相同的最大值点，故对 L 取对数后再求最大值往往比较方便。因此常采用与式（2.3.4）等价的形式

$$\frac{\partial \ln L(\boldsymbol{\theta},\boldsymbol{X})}{\partial\theta_i}=0 \quad i=1,2,\cdots,k \tag{2.3.5}$$

式（2.3.5）也称为似然方程组。$\ln L(\boldsymbol{\theta},\boldsymbol{x})$ 称为**对数似然函数**。

值得注意的是，由极值的必要条件知极大似然估计量一定是似然方程组的解。但未必似然方程组的所有解都是极大似然估计量。严格讲，对似然方程组的解要经过验证才能确定是否是极大似然估计量。

例 2.3.2 设 X_1，X_2，…，X_n i. i. d. $X_1\sim P(\lambda)$，$\lambda>0$，求 λ 的 MLE。

解： 对于 Poisson 分布 $P(\lambda)$，概率函数为

$$P(X=x)=\frac{\lambda^x}{x!}\mathrm{e}^{-\lambda}$$

故似然函数为

$$L(\lambda,\boldsymbol{x})=\prod_{i=1}^{n}P(X=x_i)=\prod_{i=1}^{n}\frac{\lambda^{x_i}}{x_i!}\mathrm{e}^{-\lambda}=\mathrm{e}^{-n\lambda}\prod_{i=1}^{n}\frac{\lambda^{x_i}}{x_i!}$$

两边取对数得到对数似然函数

$$\ln L(\lambda,\boldsymbol{x})=-n\lambda+\sum_{i=1}^{n}[x_i\ln\lambda-\ln(x_i!)]$$

对 λ 求导数得

$$\frac{\mathrm{d}\ln L(\lambda,\boldsymbol{x})}{\mathrm{d}\lambda}=-n+\sum_{i=1}^{n}\frac{x_i}{\lambda}$$

似然方程为

$$-n+\sum_{i=1}^{n}\frac{x_i}{\lambda}=0$$

解得 $\lambda=\bar{x}$。容易看出 $\bar{x}$ 确为 $L(\lambda,\boldsymbol{x})$ 的最大值点，故 λ 的 MLE 为 $\hat{\lambda}=\overline{X}$。

例 2.3.3 设 X_1，X_2，…，X_n i. i. d. $X_1\sim N(\mu,\sigma^2)$，求 μ，σ^2 的 MLE。

解： 似然函数为

$$\begin{aligned} L(\mu,\sigma^2,\boldsymbol{x}) &= \prod_{i=1}^{n} f(x_i,\mu,\sigma^2) \\ &= \prod_{i=1}^{n} (2\pi\sigma^2)^{-\frac{1}{2}}\exp\left\{-\frac{1}{2\sigma^2}(x_i-\mu)^2\right\} \\ &= (2\pi\sigma^2)^{-\frac{n}{2}}\exp\left\{-\frac{1}{2\sigma^2}\sum_{i=1}^{n}(x_i-\mu)^2\right\} \end{aligned}$$

故对数似然函数为

$$\ln L(\mu,\sigma^2,\boldsymbol{x}) = -\frac{n}{2}\ln(2\pi\sigma^2) - \frac{1}{2\sigma^2}\sum_{i=1}^{n}(x_i-\mu)^2$$

令

$$\begin{cases} \dfrac{\partial \ln L(\mu,\sigma^2,\boldsymbol{x})}{\partial \mu} = 0 \\ \dfrac{\partial \ln L(\mu,\sigma^2,\boldsymbol{x})}{\partial \sigma^2} = 0 \end{cases}$$

得

$$\begin{cases} \displaystyle\sum_{i=1}^{n}(x_i-\mu) = 0 \\ \displaystyle -\frac{n}{2\sigma^2} + \frac{1}{2\sigma^4}\sum_{i=1}^{n}(x_i-\mu)^2 = 0 \end{cases}$$

解之得

$$\mu = \overline{x}, \sigma^2 = \frac{1}{n}\sum_{i=1}^{n}(x_i-\overline{x})^2$$

可以证明 $(\overline{x}, \frac{1}{n}\sum_{i=1}^{n}(x_i-\overline{x})^2)$ 确是 $L(\mu,\sigma^2,\boldsymbol{x})$ 的最大值点。故 μ，σ^2 的 MLE 分别为

$$\hat{\mu} = \overline{X};\ \hat{\sigma}^2 = \frac{1}{n}\sum_{i=1}^{n}(X_i-\overline{X})^2$$

（2）似然函数关于 θ 有间断点。此时求解似然方程的办法不适用，要针对具体问题做具体分析。

例 2.3.4　设 X_1，X_2，…，X_n i. i. d. $X_1 \sim U(0,\theta), \theta > 0$，求 θ 的 MLE。

解：分布 $U(0,\theta)$ 的概率密度为

$$f(x,\theta) = \begin{cases} \dfrac{1}{\theta} & 0 \leqslant x \leqslant \theta \\ 0 & \text{其他} \end{cases}$$

似然函数

$$L(\theta,\boldsymbol{x})=\prod_{i=1}^{n}f(x_i;\theta)$$

$$=\begin{cases}\dfrac{1}{\theta^n} & 0\leqslant x_i\leqslant\theta, i=1,2,\cdots,n\\ 0 & \text{其他}\end{cases}$$

$$=\begin{cases}\dfrac{1}{\theta^n} & \theta\geqslant x_{(n)}\\ 0 & \text{其他}\end{cases}$$

易见，当 $\theta<x_{(n)}$时 $L(\theta,\boldsymbol{x})=0$；当 $\theta\geqslant x_{(n)}$ 时 $L(\theta,\boldsymbol{x})$ 为 θ 的严格下降函数。故 $\theta=X_{(n)}$时，$L(\theta,\boldsymbol{X})$ 达最大值。这就求得了 θ 的极大似然估计量$\hat{\theta}=X_{(n)}$。

(3) 离散参数情形。这种情况下，为求极大似然估计，经常考虑参数取相邻值时似然函数的比值或差。

例 2.3.5 在鱼池中捉住 500 条鱼，做上记号再放入池中。待充分混合后，再捉 1 000 条鱼，发现其中 100 条鱼带记号。试估计池中有多少条鱼?

解： 先将该问题一般化。设池中有鱼 N 条，其中 r 条鱼有记号。随机捉 s 条鱼发现有 x 条带有记号，要估计 N。用 X 记捉住的 s 条鱼中带记号的鱼数，则

$$P(X=x)=\frac{\dbinom{N-r}{s-x}\dbinom{r}{x}}{\dbinom{N}{s}}$$

故似然函数为 $L(N)=P(X=x)$ (此问题只有一个样本观察值)。考虑

$$\frac{L(N)}{L(N-1)}=\frac{(N-s)(N-r)}{(N+x-r-s)N}$$

$$=\frac{N^2-(r+s)N+rs}{N^2-(r+s)N+xN}$$

由此可见

$$\text{当 } rs>xN,\text{即 } N<\frac{rs}{x}\text{ 时}, L(N)>L(N-1)$$

$$\text{当 } rs<xN,\text{即 } N>\frac{rs}{x}\text{ 时}, L(N)<L(N-1)$$

故似然函数 $L(N)$ 在 $N=\frac{rs}{x}$ 附近达到最大值。注意到 N 取整数，易得 N 的极大似然估计量为 $\hat{N}=\left[\frac{rs}{X}\right]$。将题目中的数字代入有

$$\hat{N}=\left[\frac{500\times 1\ 000}{100}\right]=5\ 000$$

即鱼池中鱼的总数估计为 5 000 条。

2.3.3 极大似然估计量的不变性

极大似然估计量的一个优良性质是其不变性：若 $\hat{\theta}(\boldsymbol{X})$ 是 θ 的极大似然估计量，则 $g(\hat{\theta}(\boldsymbol{X}))$ 是 $g(\theta)$ 的极大似然估计量。

定理 2.3.1　设 $X\sim f(x,\theta),\theta\in\Theta$，$\boldsymbol{X}$ 是来自于该分布的一个样本，$\hat{\theta}(\boldsymbol{X})$ 是 θ 的极大似然估计量。设 $g(\theta)$ 是由 Θ 到 $\widetilde{\Theta}$ 上的 1－1 映射，记 $\eta=g(\theta)$，则 $g(\hat{\theta}(\boldsymbol{X}))$ 是 η 的极大似然估计量。

证明： 由于 g 是 Θ 到 $\widetilde{\Theta}$ 上的 1－1 映射，故存在 g^{-1}：$\widetilde{\Theta}\rightarrow\Theta$ 使 $\theta=g^{-1}(\eta)\ \forall\theta\in\Theta$。故对于变换后的参数 η，总体的密度为 $h(x,\eta)=f(x,g^{-1}(\eta))$。从而关于新参数 η 的似然函数为 $L(\eta,\boldsymbol{x})=\prod_{i=1}^{n}h(x_i,\eta)=\prod_{i=1}^{n}f(x_i,g^{-1}(\eta))$。

由假设 $\hat{\theta}(\boldsymbol{X})$ 是 θ 的 MLE，即

$$\prod_{i=1}^{n}f(x_i,\hat{\theta}(\boldsymbol{x}))=\max_{\theta\in\Theta}\prod_{i=1}^{n}f(x_i,\theta)$$

由于 θ 与 η 的一一对应关系，$L(\eta,x)$ 在 $\widetilde{\Theta}$ 上极大值与 $\prod_{i=1}^{n}f(x_i,\theta)$ 在 Θ 上的极大值相等。但另一方面，记 $\hat{\eta}=g(\hat{\theta}(\boldsymbol{x}))$，显然有

$$\prod_{i=1}^{n}f(x_i,\hat{\theta}(\boldsymbol{x}))=\prod_{i=1}^{n}f(x_i,g^{-1}(\hat{\eta}))=L(\hat{\eta},\boldsymbol{x})$$

故 $L(\eta,\boldsymbol{x})$ 在 $\hat{\eta}$ 达到极大值，即 η 的极大似然估计量为 $\hat{\eta}=g(\hat{\theta}(\boldsymbol{X}))$。

最后要指出，极大似然估计量可能不惟一。即似然函数在参数空间 Θ 上的最大值点可以有许多。习题 2.3 中的第 2 题就是一个例子。

2.4 无偏估计

对一个参数往往有若干种方法进行估计，不同的估计方法可能会产生不同的估计量。于是人们提出了衡量估计量优良性的种种标准。无偏性就是最早被提出而且被广泛应用的一种标准。

设总体分布族为 $\{f(x,\theta),\theta\in\Theta\}$，$\boldsymbol{X}=(X_1,\cdots,X_n)^{\mathrm{T}}$ 为一个简单随机样本，$\hat{\theta}(\boldsymbol{X})$ 为 θ 的一个估计量。对于样本的一个观测值 $\boldsymbol{x}=(x_1,\cdots,x_n)^{\mathrm{T}}$，代入该估计量得到 θ 的一个估计值 $\hat{\theta}(\boldsymbol{x})$。由于样本取值的随机性，这个估计值可能与参数的真值有一定的偏差。显然，由于样本是随机变量，估计量也随之取到各种各样的估计值，因此衡量一个估计量的好坏，需要“综合”考虑到估计量的所有值及其相应的可能性，换言之，要从估计量的分布出发考虑它的优良性。一个基本的做法是看估计量的平均值是否等于被估计的量，这就关系到所谓无偏性。

2.4.1 无偏估计量

为了解释无偏估计量的概念，先看下面的例子。

例 2.4.1 设 X_1，X_2，…，X_n i.i.d. $X_1\sim U(0,\theta)$，$\theta\in\Theta=\{\theta:\theta>0\}$。由 2.3 节中的例 2.3.4 知 θ 的 MLE 为 $\hat{\theta}(\boldsymbol{X})=X_{(n)}$。由 1.3 节的定理 1.3.1 的式（1.3.2）知 $X_{(n)}$的密度函数为

$$f(t)=\begin{cases}\dfrac{nt^{n-1}}{\theta^n} & 0<t<\theta\\ 0 & \text{其他}\end{cases}$$

从直观上看，由于 θ 为所有观测值的上界，以最大观测值 $X_{(n)}$ 作为 θ 的估计是偏小的。为验证这一直观猜想，计算其数学期望

$$E(\hat{\theta}(\boldsymbol{X}))=E(X_{(n)})=\int_0^\theta tn\frac{t^{n-1}}{\theta^n}\mathrm{d}t=\frac{n}{n+1}\theta$$

可见 $\hat{\theta}$作为θ 的估计确实偏小，其程度与样本大小 n 有关。n 越小，偏小的程度就越严重。显见用$\dfrac{n+1}{n}X_{(n)}$作为 θ 的估计，将克服估计偏小的趋势，

此时 $E\left(\frac{n+1}{n}X_{(n)}\right)=\theta$。具有这种性质的估计量称为无偏估计量。

定义 2.4.1　设 $\hat{g}(\boldsymbol{X})$ 是 $g(\theta)$ 的估计量，若对于任意 $\theta\in\Theta$ 都有 $E_\theta(\hat{g}(\boldsymbol{X}))=g(\theta)$，则称 $\hat{g}(\boldsymbol{X})$ 为 $g(\theta)$ 的无偏估计量。

符号 E_θ 及以后可能出现的 Var_θ，P_θ 等以 θ 作下标的符号，其意义是指在计算数学期望、方差或概率时，所用的分布（或分布密度）中的参数为 θ。当意义明确时，也可以省略这个下标。

一般称估计量的数学期望与被估计量的差为**偏差**，因此无偏估计量的偏差为 0。无偏估计量的定义中要求等式在整个参数空间上成立，是由于参数的真值未知的缘故。根据定义，矩估计有些是无偏的，有些则不是。

例 2.4.2　均值与方差的矩估计量分别为 $\overline{X}$ 和 $\frac{1}{n}\sum_{i=1}^{n}(X_i-\overline{X})^2$。由于

$$E(\overline{X})=E\left(\frac{1}{n}\sum_{i=1}^{n}X_i\right)=\frac{1}{n}\sum_{i=1}^{n}E(X_i)=E(X)$$

所以 $\overline{X}$ 是 $E(X)$ 的无偏估计量。而

$$\begin{aligned}
&E\left(\frac{1}{n}\sum_{i=1}^{n}(X_i-\overline{X})^2\right)=\frac{1}{n}\sum_{i=1}^{n}E(X_i-\overline{X})^2\\
&=\frac{1}{n}\sum_{i=1}^{n}[E(X_i-EX)^2+E(EX-\overline{X})^2-2E((X_i-EX)(\overline{X}-EX))]\\
&=\frac{1}{n}\sum_{i=1}^{n}[\mathrm{Var}(X)+E(\overline{X}-EX)^2-\frac{2}{n}E(X_i-EX)^2]\\
&=\mathrm{Var}(X)+E(\overline{X}-EX)^2-\frac{2}{n}\mathrm{Var}(X)\\
&=\left(1-\frac{2}{n}\right)\mathrm{Var}(X)+\frac{1}{n^2}\sum_{i=1}^{n}E(X_i-EX)^2\\
&=\left(1-\frac{1}{n}\right)\mathrm{Var}(X)\\
&=\frac{n-1}{n}\mathrm{Var}(X)
\end{aligned}$$

因此 $\frac{1}{n}\sum_{i=1}^{n}(X_i-\overline{X})^2$ 不是 $\mathrm{Var}(X)$ 的无偏估计量。由上式易见 $s^2=\frac{1}{n-1}\sum_{i=1}^{n}(X_i-\overline{X})^2$ 是 $\mathrm{Var}(X)$ 的无偏估计量。这也是以 s^2 作为样本方差的原因。

无偏性的意义在于，虽然对于具体的一个样本观测，从无偏估计量所得到的估计值与被估计量的真值可能有差异，但所有可能的样本观测对应的估计值全体的平均值等于被估计量的真值。这类似于测量过程中没有系统误差。反过来，像例 2.4.1 中那样，估计值总是偏小，估计量就不是无偏的；此时，可以说估计量有系统性的负偏差。由此可见，无偏性是估计量的一种优良性质。

在实际问题中，有时大量重复使用同一个估计量。比如要估计一批产品的次品率 p，抽取 n 件产品进行检验得样本 X_1，X_2，…，X_n，$X_i\sim B(1,p)$。容易验证 $\overline{X}$ 是 p 的无偏估计量。由于估计量 $\overline{X}$ 是随机变量，尽管有 $E_p(\overline{X})=p$，但对具体一次样本观察（x_1，x_2，…，x_n）来说，$\frac{1}{n}\sum_{i=1}^{n}x_i=\overline{x}$ 并不一定就等于 p，可能与 p 产生偏离。不过，如果每天都要对当天生产的产品做检验，以估计其次品率 p，这样每天都用 $\overline{X}$ 对 p 进行估计，在较长的一个时期内，由于 $\overline{X}$ 是 p 的无偏估计量，因此在某些天里估计的 p 可能偏大些，而在另一些天里可能偏小些，平均来说则是在 p 的周围。这时无偏性的要求是一个合理的准则。

上述的直观解释从理论上说根源于大数定律。事实上，设有 m 个独立样本 $\boldsymbol{X}^{(1)}$，$\boldsymbol{X}^{(2)}$，…，$\boldsymbol{X}^{(m)}$，$\hat{g}(\boldsymbol{X})$ 为 $g(\theta)$ 的无偏估计量。则由大数定律有

$$P\left(\lim_{m\to+\infty}\frac{1}{m}\sum_{i=1}^{m}\hat{g}(\boldsymbol{X}^{(i)})=g(\theta)\right)=1$$

即 m 次估计 $\hat{g}$（$\boldsymbol{X}^{(1)}$），$\hat{g}$（$\boldsymbol{X}^{(2)}$），…，$\hat{g}$（$\boldsymbol{X}^{(m)}$）的平均值概率为 1 地收敛于待估函数 $g(\theta)$。

当然，无偏性要求在实际问题中的效用随问题本身而定，进一步的例子见参考文献［2］的 181 页。从理论上讲，无偏性也有其不足，主要表现在以下两点：

(1) 除线性变换外，无偏估计量经过变换后一般不再具有无偏性。按替换原则，若用 $\hat{\theta}$ 估计 θ，则很自然地用 $g(\hat{\theta})$ 估计 $g(\theta)$，但这时未必能保持无偏性。即一般来说由 $E_\theta\hat{\theta}=\theta$ 不能推出 $E_\theta g(\hat{\theta})=g(\theta)$，除非 $g(\theta)$ 是 θ 的线性函数。例如在例 2.4.1 中 $\frac{n+1}{n}X_{(n)}$ 是 θ 的无偏估计量，但 $\left(\frac{n+1}{n}\right)^2X_{(n)}^2$ 不是 θ^2 的无偏估计量（请读者自行验证）。

(2) 有时根本不存在无偏估计量，或因满足无偏性要求而得到很不合理的估计量。

例 2.4.3　设 $X \sim B(n,p)$，试根据容量为 1 的样本 X 估计 $g(p) = 1/p$。

解： 设 $\hat{g}(X)$ 是 $g(p)$ 的无偏估计量，则

$$E_p\hat{g}(\boldsymbol{X}) = g(p), \forall\, p \in (0,1)$$

即

$$\sum_{k=0}^{n}\hat{g}(k)\binom{n}{k}p^k(1-p)^{n-k} = \frac{1}{p}, \forall\, p \in (0,1)$$

由于当 $p \to 0+$ 时，上式右端趋于 $+\infty$，而左端趋于 $\hat{g}(0)$，此矛盾表明上式不可能对所有 $p \in (0,1)$ 都成立，也就是说，$g(p) = 1/p$ 的无偏估计量不存在。实际上，可用 n/X 估计 $1/p$，而且这是一个不错的估计。

无偏性要求导致不合理估计量的例子见习题 2.4 的第 1 题。

2.4.2　相对有效性

在数理统计中，参数的函数 $g(\theta)$ 若存在无偏估计量，则称 $g(\theta)$ 是一个**可估函数**。对于可估函数其无偏估计量往往不惟一，而不同的无偏估计量可能差别很大，因此需要对于无偏估计量的比较进行更为深入的讨论。

$\hat{g}(\boldsymbol{X})$ 作为 $g(\theta)$ 的估计量，其估计的误差为 $[\hat{g}(\boldsymbol{X}) - g(\theta)]$，平方以消除符号的影响，再对 $\boldsymbol{X}$ 取均值就得到整体指标 $E_\theta(\hat{g}(\boldsymbol{X}) - g(\theta))^2$，称为估计量 $\hat{g}(\boldsymbol{X})$ 的**均方误差**。显然一个估计量的均方误差越小，它就越精确，因此，常希望估计量的均方误差尽量小，这就是**均方误差原则**。当 $\hat{g}(\boldsymbol{X})$ 是 $g(\theta)$ 的无偏估计量时，$E_\theta(\hat{g}(\boldsymbol{X}) - g(\theta))^2 = \mathrm{Var}_\theta(\hat{g}(\boldsymbol{X}))$。可见，对于无偏估计量而言，当估计量的方差较小时，其估计的效果相对较好。据此，引入相对有效性的概念。

定义 2.4.2　设 $\hat{g}(\boldsymbol{X})$ 和 $\widetilde{g}(\boldsymbol{X})$ 都是 $g(\theta)$ 的无偏估计量，若

$$\mathrm{Var}_\theta(\hat{g}(\boldsymbol{X})) \geqslant \mathrm{Var}_\theta(\widetilde{g}(\boldsymbol{X})), \forall\, \theta \in \Theta$$

且大于号至少在某个 $\theta \in \Theta$ 成立，则称 $\widetilde{g}(\boldsymbol{X})$ 比 $\hat{g}(\boldsymbol{X})$ 有效。比值 $\mathrm{Var}_\theta(\widetilde{g}(\boldsymbol{X}))/\mathrm{Var}_\theta(\hat{g}(\boldsymbol{X}))$ 称为 $\hat{g}(\boldsymbol{X})$ 相对于 $\widetilde{g}(\boldsymbol{X})$ 的效率。

例 2.4.4　设 $X \sim U(0,\theta)$。由例 2.4.1 知，$W = \dfrac{n+1}{n}X_{(n)}$ 为 θ 的无偏

估计量。另一方面，由式（1.3.2）知 $X_{(1)}$的密度函数为

$$f(x,\theta)=\begin{cases}\dfrac{n}{\theta}\left(1-\dfrac{x}{\theta}\right)^{n-1} & 0\leqslant x\leqslant\theta\\ 0 & \text{其他}\end{cases}$$

故

$$\begin{aligned}EX_{(1)}&=\int_0^\theta \frac{n}{\theta}x\left(1-\frac{x}{\theta}\right)^{n-1}\mathrm{d}x\\&=\int_0^1 n\theta y(1-y)^{n-1}\mathrm{d}y\\&=n\theta\mathrm{B}(2,n)\\&=\frac{\theta}{n+1}\end{aligned}$$

所以 $V=(n+1)X_{(1)}$ 也是 θ 的无偏估计量（上式中$\mathrm{B}(2,n)$为 Beta 函数）。计算可得

$$\mathrm{Var}_\theta(W)=\left(\frac{n+1}{n}\right)^2\mathrm{Var}_\theta(X_{(n)})=\frac{\theta^2}{n(n+2)}$$

$$\mathrm{Var}_\theta(V)=(n+1)^2\mathrm{Var}_\theta(X_{(1)})=\frac{n\theta^2}{n+2}$$

从而 W 相对于 V 的效率为 $\mathrm{Var}_\theta(V)/\mathrm{Var}_\theta(W)=n^2$。

方差的比值之所以称为相对效率，是由于它与两个估计量所利用的数据中包含的未知参数的信息量的多少有关。以数学期望的估计为例。$\hat{\mu}=\overline{X}=\sum\limits_{i=1}^{n}X_i/n$ 作为数学期望的估计，它利用了全部 n 个观测值，而 $\tilde{\mu}=(X_1+X_2)/2$ 作为数学期望的估计只利用了其中的 2 个观测值，$\tilde{\mu}$ 相对于 $\hat{\mu}$ 的效率为 $2/n$。在 2.6 节中会对这一点做进一步的讨论。

下面给出一个参数估计的实例。

例 2.4.5 在第二次世界大战期间，用了一个很简单的统计方法统计德国军用产品的数量。这方法基于序列数字，实践证明是有效的。德国的每件产品，无论是 V－2 导弹还是火炮，都标有数字，以表明生产顺序。假如德国在一定时期内生产了 N 辆坦克，每辆上都标有 $1\sim N$ 之间的一个数字。同盟军从直接缴获的坦克或截获的电报命令中，获得 n 辆坦克的号码。问题是怎样用获得的 n 个号码 $1\leqslant Y_1<Y_2<\cdots<Y_n\leqslant N$，估计 N 这一未知参数。

解： 用下面的数学模型描述这一问题。假设 $Y_1<Y_2<\cdots<Y_n$ 是从 N

个数字中取 n 个的一种取法，则

$$P(Y_1 = y_1, Y_2 = y_2, \cdots, Y_n = y_n) = 1/\binom{N}{n}$$

最初采用的方法是最大数字加上相邻两数字差的平均值，即

$$\begin{aligned}\hat{N} &= Y_n + \frac{1}{n-1}\sum_{i=1}^{n-1}(Y_{i+1} - Y_i - 1)\\ &= Y_n + \frac{Y_n - Y_1}{n-1} - 1\end{aligned}$$

$\hat{N}$是 N 的无偏估计量。事实上

$$\begin{aligned}P(Y_n = m) &= \sum_{1 \leqslant y_1 < y_2 < \cdots < y_{n-1} < m} P(Y_1 = y_1, Y_2 = y_2, \cdots, Y_{n-1} = y_{n-1}, Y_n = m)\\ &= \binom{m-1}{n-1}\Big/\binom{N}{n}\end{aligned}$$

$$\begin{aligned}P(Y_1 = m) &= \sum_{m \leqslant y_2 < y_3 < \cdots < y_n \leqslant N} P(Y_1 = m, Y_2 = y_2, \cdots, Y_n = y_n)\\ &= \binom{N-m}{n-1}\Big/\binom{N}{n}\end{aligned}$$

$$\begin{aligned}E(Y_n) &= \sum_{m=n}^{N} mP(Y_n = m)\\ &= \sum_{m=n}^{N} m\binom{m-1}{n-1}\Big/\binom{N}{n}\\ &= \frac{n}{\binom{N}{n}}\sum_{m=n}^{N}\binom{m}{n} = \frac{n}{\binom{N}{n}}\binom{N+1}{n+1}\\ &= \frac{n}{n+1}(N+1)\end{aligned}$$

$$\begin{aligned}E(Y_1) &= \sum_{m=1}^{N-n+1} mP(Y_1 = m)\\ &= \frac{1}{\binom{N}{n}}\sum_{m=1}^{N-n+1} m\binom{N-m}{n-1}\\ &= \frac{1}{\binom{N}{n}}\Big[\sum_{m=1}^{N-n+1}(m - N + n - 1)\binom{N-m}{n-1}\end{aligned}$$

$$+\sum_{m=1}^{N-n+1}(N-n+1)\binom{N-m}{n-1}\Big]$$

$$=\frac{1}{\binom{N}{n}}\Big[-\sum_{m=1}^{N-n}n\binom{N-m}{n}+(N-n+1)\sum_{m=1}^{N-n+1}\binom{N-m}{n-1}\Big]$$

$$=\frac{1}{\binom{N}{n}}\Big[-n\binom{N}{n+1}+(N-n+1)\binom{N}{n}\Big]$$

$$=(N-n+1)-\frac{n(N-n)}{n+1}$$

$$=\frac{N+1}{n+1}$$

所以

$$E(\hat{N})=\left(1+\frac{1}{n-1}\right)E(Y_n)-\frac{1}{n-1}E(Y_1)-1$$

$$=\frac{n}{n-1}\frac{n}{n+1}(N+1)-\frac{1}{n-1}\frac{N+1}{n+1}-1$$

$$=N$$

类似还可计算 $\hat{N}$的方差，其结果为

$$\mathrm{Var}(\hat{N})=\frac{n(N-n)(N+1)}{(n-1)(n+1)(n+2)}$$

这是一个相当不错的估计，但不是最好的。比如用

$$N^*=\frac{n+1}{n}Y_n-1$$

作估计，则 N^*也是无偏的。这一估计的给出是受例 2.4.1 的启发，只不过在例 2.4.1 中是连续型随机变量，而此处是离散的。不难算得 N^*的方差为

$$\mathrm{Var}(N^*)=\frac{(n+1)(N-n)}{n(n+2)}$$

$\hat{N}$相对于 N^*的效率为

$$\mathrm{Var}(N^*)/\mathrm{Var}(\hat{N})=1-\frac{1}{n^2}$$

可见 N^*比 $\hat{N}$稍好。这两个估计都不错。当 n 足够大时，两者的差别是可以忽略的。

战后人们发现，用这种简单方法估出的德国军火产品数量比其他渠道得到的情报准确得多。比如用上述方法估计德国 1942 年生产的坦克为 3 400

辆，接近实际生产数量。而从其他情报系统得到的数字是18 000辆，这是纳粹分子欺骗宣传的结果。

2.5　一致最小方差无偏估计量

2.5.1　一致最小方差无偏估计量的定义

相对有效的概念解决了无偏估计量的比较问题。一个自然的问题是，既然一个无偏估计量其方差越小越好，有没有最好的无偏估计量？为此，引入下面的定义。

定义 2.5.1　设 $\hat{g}(\boldsymbol{X})$ 是 $g(\theta)$ 的一个无偏估计量，$\mathrm{Var}_\theta(\hat{g}(\boldsymbol{X}))<+\infty$。若对 $g(\theta)$ 的任意无偏估计量 $g^*(\boldsymbol{X})$，都有

$$\mathrm{Var}_\theta(\hat{g}(\boldsymbol{X}))\leqslant \mathrm{Var}_\theta(g^*(\boldsymbol{X})),\forall\,\theta\in\Theta$$

则称 $\hat{g}(\boldsymbol{X})$ 为 $g(\theta)$ 的一致最小方差无偏估计量。简记做 UMVUE（Uniformly Minimum Variance Unbiased Estimator）。

下面讨论 $\hat{g}(\boldsymbol{X})$ 为 $g(\theta)$ 的 UMVUE 的充要条件。令 $\mathscr{U}$ 为 $g(\theta)$ 的方差有限的无偏估计量全体，$\mathscr{U}_0$ 为方差有限的 0 的无偏估计量全体，即

$$\mathscr{U}=\{\delta(\boldsymbol{X}):E_\theta\delta(\boldsymbol{X})=g(\theta),\mathrm{Var}_\theta\delta(\boldsymbol{X})<+\infty,\forall\,\theta\in\Theta\}$$

$$\mathscr{U}_0=\{\delta(\boldsymbol{X}):E_\theta\delta(\boldsymbol{X})=0,\mathrm{Var}_\theta\delta(\boldsymbol{X})<+\infty,\forall\,\theta\in\Theta\}$$

定理 2.5.1　设 $\mathscr{U}$ 非空，即存在 $\delta(\boldsymbol{X})\in\mathscr{U}$ 为 $g(\theta)$ 的无偏估计，则 $\delta(\boldsymbol{X})$ 为 $g(\theta)$ 的 UMVUE 的充要条件是：对任意 $\delta_0(\boldsymbol{X})\in\mathscr{U}_0$ 有

$$E_\theta(\delta\delta_0)=0,\forall\,\theta\in\Theta$$

证明： 设 $\delta(\boldsymbol{X})$ 是 $g(\theta)$ 的 UMVUE。任取 $\delta_0\in\mathscr{U}_0$ 及实数 λ，则 $\delta'=\lambda\delta_0+\delta$ 为 $g(\theta)$ 的无偏估计量并且其方差有限，即 $\lambda\delta_0+\delta\in\mathscr{U}$。由 $\delta(\boldsymbol{X})$ 为 UMVUE，有

$$\mathrm{Var}_\theta(\delta)\leqslant\mathrm{Var}_\theta(\lambda\delta_0+\delta),\ \forall\,\theta\in\Theta$$

即

$$\lambda^2\mathrm{Var}_\theta(\delta_0)+2\lambda\mathrm{Cov}_\theta(\delta_0,\delta)\geqslant 0$$

由 λ 的任意性知 $\mathrm{Cov}_\theta(\delta_0,\delta)=0,\forall\,\theta\in\Theta$。故 $E_\theta(\delta_0\delta)=\mathrm{Cov}_\theta(\delta_0\delta)=0$，$\forall\,\theta\in\Theta$。

反之，设对于任意 $\delta_0\in\mathscr{U}$都有 $E_\theta(\delta_0\delta)=0,\forall\,\theta\in\Theta$,要证 $\delta(\boldsymbol{X})$ 为 $g(\theta)$ 的 UMVUE。若 $\delta'\in\mathscr{U}$,则 $\delta-\delta'\in\mathscr{U}_0$,由假设有 $E_\theta((\delta-\delta')\delta)=0$，$\forall\,\theta\in\Theta$,即 $E_\theta\delta^2-E_\theta(\delta\delta')=0,\forall\,\theta\in\Theta$。由 Cauchy－Schwarz 不等式得

$$E_\theta\delta^2=E_\theta(\delta\delta')\leqslant[E_\theta\,\delta^2E_\theta(\delta')^2]^{1/2}\quad\forall\,\theta\in\Theta$$

从而 $E_\theta\delta^2\leqslant E_\theta(\delta')^2$,而 $E_\theta(\delta)=E_\theta(\delta')=g(\theta)$,故 $\mathrm{Var}_\theta(\delta)\leqslant\mathrm{Var}_\theta(\delta')$，$\forall\,0\in\Theta$,由 $\delta'\in\mathscr{U}$之任意性可知：δ 为 $g(\theta)$ 的 UMVUE。证毕。

UMVUE 如果存在，则在以概率 1 相等的意义下是惟一的，这就是下面的定理。

定理 2.5.2 设 $\delta(\boldsymbol{X}),\delta'(\boldsymbol{X})$ 都是 $g(\theta)$ 的 UMVUE，则 $P_\theta(\delta=\delta')=1,\forall\,\theta\in\Theta$。

证明： 由 $\delta-\delta'\in\mathscr{U}_0$，据定理 2.5.1 有 $E_\theta(\delta(\delta-\delta'))=0,E_\theta(\delta'(\delta-\delta'))=0,\forall\,\theta\in\Theta$，而

$$\begin{aligned}\mathrm{Var}_\theta(\delta-\delta')&=E_\theta(\delta-\delta')^2\\&=E_\theta[\delta(\delta-\delta')]-E_\theta[\delta'(\delta-\delta')]=0\quad\forall\,\theta\in\Theta\end{aligned}$$

于是，$P_\theta(\delta-\delta'=C)=1,\forall\,\theta\in\Theta,C$ 为常数。又因为 $E_\theta(C)=E_\theta(\delta-\delta')=0$，所以 $C=0$，这就证明了 $P_\theta(\delta=\delta')=1\,\forall\,\theta\in\Theta$。证毕。

例 2.5.1 设 $X_1,X_2,\cdots,X_n$ i.i.d. $X_1\sim N(\mu,\sigma^2)$。证明 $\overline{X}=\dfrac{1}{n}\sum\limits_{i=1}^n X_i$ 及 $s^2=\dfrac{1}{n-1}\sum\limits_{i=1}^n(X_i-\overline{X})^2$ 分别为 μ,σ^2 的 UMVUE。

证明： 参数空间为 $\Theta=\{(\mu,\sigma^2):-\infty<\mu<+\infty,\sigma^2>0\}$。任取 $\delta_0\in\mathscr{U}_0$,则

$$\begin{aligned}0&=E_\theta\delta_0\\&=(2\pi\sigma^2)^{-\frac{n}{2}}\int_{R^n}\delta_0(x_1,\cdots,x_n)\exp\left[-\frac{1}{2\sigma^2}\sum_{i=1}^n(x_i-\mu)^2\right]\mathrm{d}x_1\cdots\mathrm{d}x_n\end{aligned}\tag{2.5.1}$$

式中 R^n 表示 n 维实空间。两边关于 μ 求导可得

$$\begin{aligned}0=(2\pi\sigma^2)^{-\frac{n}{2}}\int_{R^n}\delta_0(x_1,\cdots,x_n)\,\frac{1}{\sigma^2}\sum_{i=1}^n(x_i-\mu)\,\cdot\\\exp\left[-\frac{1}{2\sigma^2}\sum_{i=1}^n(x_i-\mu)^2\right]\mathrm{d}x_1\cdots\mathrm{d}x_n\end{aligned}\tag{2.5.2}$$

把式（2.5.1）代入式（2.5.2）得

$$0=(2\pi\sigma^2)^{-\frac{n}{2}}\int_{R^n}\delta_0(x_1,\cdots,x_n)\overline{x}\exp\left[-\frac{1}{2\sigma^2}\sum_{i=1}^{n}(x_i-\mu)^2\right]\mathrm{d}x_1\cdots\mathrm{d}x_n$$

其中 $\overline{x}=(\sum_{i=1}^{n}x_i)/n$。故 $E_\theta(\delta_0\overline{X})=0,\forall\boldsymbol{\theta}=(\mu,\sigma^2)\in\Theta$。又 $E_\theta\overline{X}=\mu$，由定理 2.5.1 知 $\overline{X}$ 为 μ 的 UMVUE。

式（2.5.2）再对 μ 求导可得

$$0=(2\pi\sigma^2)^{-\frac{n}{2}}\int_{R^n}\delta_0(x_1,\cdots,x_n)\left[\sum_{i=1}^{n}(x_i-\mu)\right]^2\cdot$$
$$\exp\left[-\frac{1}{2\sigma^2}\sum_{i=1}^{n}(x_i-\mu)^2\right]\mathrm{d}x_1\cdots\mathrm{d}x_n \qquad (2.5.3)$$

式（2.5.1）关于 σ^2 求导可得

$$0=(2\pi\sigma^2)^{-\frac{n}{2}}\int_{R^n}\delta_0(x_1,\cdots,x_n)\sum_{i=1}^{n}(x_i-\mu)^2\cdot$$
$$\exp\left[-\frac{1}{2\sigma^2}\sum_{i=1}^{n}(x_i-\mu)^2\right]\mathrm{d}x_1\cdots\mathrm{d}x_n \qquad (2.5.4)$$

式（2.5.4）减去 $1/n$ 倍的式（2.5.3）可得

$$0=(2\pi\sigma^2)^{-\frac{n}{2}}\int_{R^n}\delta_0(x_1,\cdots,x_n)\sum_{i=1}^{n}(x_i-\overline{x})^2\cdot$$
$$\exp\left[-\frac{1}{2\sigma^2}\sum_{i=1}^{n}(x_i-\mu)^2\right]\mathrm{d}x_1\cdots\mathrm{d}x_n$$

故 $E_\theta(\delta_0 s^2)=0,\forall\boldsymbol{\theta}=(\mu,\sigma^2)\in\Theta$。又知 $E_\theta(s^2)=\sigma^2$，由定理 2.5.1 即知 s^2 为 σ^2 的 UMVUE。

例 2.5.2　设 $X_1,X_2,\cdots,X_n$ i.i.d. $X_1\sim B(1,p)$。证明 $\overline{X}$ 为 p 的 UMVUE。

证明：容易验证 $E_p(\overline{X})=p,\forall p\in(0,1)$，即 $\overline{X}$ 为 p 的无偏估计量。

任取 $\delta_0(\boldsymbol{X})\in\mathscr{U}_0$，有 $E_p\delta_0(\boldsymbol{X})=0$，$\forall p\in(0,1)$，即

$$\begin{aligned}0&=E_p\delta_0(\boldsymbol{X})\\&=\sum_{x_1=0}^{1}\sum_{x_2=0}^{1}\cdots\sum_{x_n=0}^{1}\delta_0(x_1,\cdots,x_n)P(X_1=x_1,\cdots,X_n=x_n)\\&=\sum_{x_1=0}^{1}\cdots\sum_{x_n=0}^{1}\delta_0(x_1,\cdots,x_n)p^{n\overline{x}}(1-p)^{n-n\overline{x}}\end{aligned}$$

上式两边关于 p 求导数有

$$\begin{aligned}0 &= \sum_{x_1=0}^{1}\cdots\sum_{x_n=0}^{1}\delta_0(x_1,\cdots,x_n)p^{n\bar{x}}(1-p)^{n-n\bar{x}}\frac{n\bar{x}-np}{p(1-p)}\\&= \frac{n}{p(1-p)}\sum_{x_1=0}^{1}\cdots\sum_{x_n=0}^{1}\delta_0(x_1,\cdots,x_n)p^{n\bar{x}}(1-p)^{n-n\bar{x}}\bar{x}\\&\quad-\frac{np}{p(1-p)}\sum_{x_1=0}^{1}\cdots\sum_{x_n=0}^{1}\delta_0(x_1,\cdots,x_n)p^{n\bar{x}}(1-p)^{n-n\bar{x}}\\&= \frac{n}{p(1-p)}\sum_{x_1=0}^{1}\cdots\sum_{x_n=0}^{1}\delta_0(x_1,\cdots,x_n)\bar{x}p^{n\bar{x}}(1-p)^{n-n\bar{x}}\\&= \frac{n}{p(1-p)}E_p(\delta_0(\boldsymbol{X})\overline{X})\end{aligned}$$

即

$$E_p(\delta_0(\boldsymbol{X})\overline{X}) = 0 \quad \forall\, p \in (0,1)$$

由 δ_0 的任意性及定理 2.5.1 知 $\overline{X}$ 为 p 的 UMVUE。

2.5.2 Cramér－Rao 不等式

前面给出了一致最小方差无偏估计量的充分必要条件。那么，无偏估计量的最小方差到底能小到什么程度呢？著名的 Cramér－Rao 不等式回答了这个问题。为介绍这个结果，首先给出一组正则条件。设讨论的分布族为 $\{f(x,\theta):\theta\in\Theta\}$，其中 θ 是一维未知参数。所谓正则条件是指：

(1) Θ 为开区间；

(2) 分布族有共同支撑，即支撑集合 $A=\{x:f(x,\theta)>0\}$ 与 θ 无关；

(3) $\forall\, x\in A$，$\dfrac{\partial f(x,\theta)}{\partial\theta}$ 在 Θ 上存在，且满足

$$E_\theta\left[\frac{\partial \ln f(X,\theta)}{\partial\theta}\right]=\int_A\frac{\partial f(x,\theta)}{\partial\theta}\mathrm{d}x=0\quad\forall\,\theta\in\Theta;$$

(4)
$$\begin{aligned}I(\theta)&=E_\theta\left[\left(\frac{\partial \ln f(X,\theta)}{\partial\theta}\right)^2\right]\\&=\int_A\left(\frac{\partial \ln f(x,\theta)}{\partial\theta}\right)^2 f(x,\theta)\mathrm{d}x>0\quad\forall\,\theta\in\Theta。\end{aligned}$$

定理 2.5.3 设总体分布族 $\{f(x,\theta):\theta\in\Theta\}$ 满足正则条件 (1) ～ (4)，待估函数 $g(\theta)$ 有一阶导数 $g'(\theta)$。$\boldsymbol{X}=(X_1,X_2,\cdots,X_n)^{\mathrm{T}}$ 是抽自总体的一个简单随机样本，$\hat{g}(\boldsymbol{X})=\hat{g}(X_1,\cdots,X_n)$ 是 $g(\theta)$ 的无偏估计量，且满足

$$\frac{\partial}{\partial\theta}\int_{R^n}\hat{g}(x_1,\cdots,x_n)\prod_{i=1}^{n}f(x_i,\theta)\mathrm{d}x_1\cdots\mathrm{d}x_n$$
$$=\int_{R^n}\hat{g}(x_1,\cdots,x_n)\frac{\partial}{\partial\theta}\Big[\prod_{i=1}^{n}f(x_i,\theta)\Big]\mathrm{d}x_1\cdots\mathrm{d}x_n$$

则有

$$\mathrm{Var}_\theta(\hat{g}(\boldsymbol{X}))\geqslant\frac{[g'(\theta)]^2}{nI(\theta)},\forall\,\theta\in\Theta \tag{2.5.5}$$

证明：若 $\mathrm{Var}_\theta(\hat{g}(\boldsymbol{X}))=+\infty$ 或 $I(\theta)=+\infty$ 则结论显然，故可设 $\mathrm{Var}_\theta(\hat{g}(\boldsymbol{X}))<+\infty, I(\theta)<+\infty$。

记 $L(\theta,\boldsymbol{X})=\prod_{i=1}^{n}f(X_i,\theta)$，则由正则条件（3），有

$$\begin{aligned}E_\theta\Big[\frac{\partial\ln L(\theta,\boldsymbol{X})}{\partial\theta}\Big]&=E_\theta\Big[\sum_{i=1}^{n}\frac{\partial\ln f(X_i,\theta)}{\partial\theta}\Big]\\&=\sum_{i=1}^{n}E_\theta\Big[\frac{\partial\ln f(X_i,\theta)}{\partial\theta}\Big]\\&=0\end{aligned}$$

故

$$\begin{aligned}&\mathrm{Cov}_\theta\Big(\hat{g}(\boldsymbol{X}),\frac{\partial\ln L(\theta,\boldsymbol{X})}{\partial\theta}\Big)\\&=E_\theta\Big[(\hat{g}(\boldsymbol{X})-g(\theta))\frac{\partial\ln L(\theta,\boldsymbol{X})}{\partial\theta}\Big]\\&=E_\theta\Big[\hat{g}(\boldsymbol{X})\frac{\partial\ln L(\theta,\boldsymbol{X})}{\partial\theta}\Big]\\&=\int_{A^n}\hat{g}(x_1,\cdots,x_n)\frac{\partial\ln\prod_{i=1}^{n}f(x_i,\theta)}{\partial\theta}\cdot\prod_{i=1}^{n}f(x_i,\theta)\mathrm{d}x_1\cdots\mathrm{d}x_n\\&=\int_{A^n}\hat{g}(x_1,\cdots,x_n)\frac{\partial}{\partial\theta}\prod_{i=1}^{n}[f(x_i,\theta)]\mathrm{d}x_1\cdots\mathrm{d}x_n\\&=\frac{\partial}{\partial\theta}\int_{A^n}\hat{g}(x_1,\cdots,x_n)\prod_{i=1}^{n}f(x_i,\theta)\mathrm{d}x_1\cdots\mathrm{d}x_n\\&=\frac{\partial}{\partial\theta}g(\theta)=g'(\theta)\end{aligned}$$

由 Cauchy－Schwarz 不等式得

$$[g'(\theta)]^2=\mathrm{Cov}_\theta^2\Big(\hat{g}(\boldsymbol{X}),\frac{\partial\ln L(\theta,\boldsymbol{X})}{\partial\theta}\Big)$$

$$\leqslant \mathrm{Var}_\theta(\hat{g}(\boldsymbol{X}))\mathrm{Var}_\theta\left[\frac{\partial \ln L(\theta,\boldsymbol{X})}{\partial\theta}\right] \tag{2.5.6}$$

由正则条件（3）和（4）有

$$\begin{aligned}\mathrm{Var}_\theta\left[\frac{\partial \ln L(\theta,\boldsymbol{X})}{\partial\theta}\right] &= \mathrm{Var}_\theta\left[\sum_{i=1}^n \frac{\partial}{\partial\theta}\ln f(X_i,\theta)\right] \\ &= \sum_{i=1}^n \mathrm{Var}_\theta\left[\frac{\partial}{\partial\theta}\ln f(X_i,\theta)\right] \\ &= \sum_{i=1}^n E_\theta\left[\frac{\partial}{\partial\theta}\ln f(X_i,\theta)\right]^2 \\ &= nI(\theta)\end{aligned}$$

故由式（2.5.6）可得

$$\mathrm{Var}_\theta(\hat{g}(\boldsymbol{X})) \geqslant [g'(\theta)]^2/nI(\theta) \quad \forall\,\theta\in\Theta$$

证毕。

通常称式（2.5.5）为 Cramér－Rao **不等式**，简称 C－R 不等式。在正则条件满足的情况下，$[g'(\theta)]^2/[nI(\theta)]$ 为无偏估计的方差下界，称为 **C－R 下界**。$I(\theta)$ 称为 **Fisher 信息量**，其解释如下：对无偏估计量来说，其方差越小越好。直观上，方差小表示估计值出现在被估函数真值附近的机会多。假设无偏估计量达到 C－R 下界 $[g'(\theta)]^2/[nI(\theta)]$，则 $nI(\theta)$ 越大表示估计越精确。n 为样本容量，样本越大，估计越准。$I(\theta)$ 反映总体的一种性质，$I(\theta)$ 越大，总体参数越容易估计得准，换句话说，总体模型本身提供的信息多。因此把 $I(\theta)$ 视为总体模型所含的信息量。通常也称 $nI(\theta)$ 为样本的 Fisher 信息量，它反映了样本 $X_1,X_2,\cdots,X_n$ 所提供的信息，而 $I(\theta)$ 可视作大小为 1 的样本提供的信息量。

C－R 不等式提供了一种验证某些估计是 UMVUE 的方法。在定理 2.5.3的条件成立时，由 C－R 不等式知，无偏估计量的方差不低于 C－R下界，因此，若某个无偏估计量的方差达到了 C－R 下界，则它必是一个 UMVUE。

例 2.5.3 设 $X_1,X_2,\cdots,X_n$ i.i.d. $X_1\sim B(1,p)$。证明 $\overline{X}$ 为 p 的 UMVUE。

证明： 总体分布的概率函数为 $f(x,p)=p^x(1-p)^{1-x}(x=0,1;0<p<1)$。容易验证 $\{f(x,p):p\in(0,1)\}$ 满足正则条件，并且

$$\begin{aligned}I(p) &= E_p\left[\frac{\partial}{\partial p}\ln f(X,p)\right]^2 \\ &= E_p\left[\frac{X-p}{p(1-p)}\right]^2\end{aligned}$$

$$
\begin{aligned}
&= \frac{1}{p^2(1-p)^2} E_p(X-p)^2 \\
&= \frac{1}{p(1-p)}
\end{aligned}
$$

故 p 的无偏估计量的 C－R 下界为 $\frac{1}{nI(p)} = \frac{p(1-p)}{n}$。另一方面，$\overline{X}$ 作为 p 的无偏估计量，其方差为

$$
\begin{aligned}
\mathrm{Var}_p(\overline{X}) &= \frac{1}{n^2}\sum_{i=1}^{n}\mathrm{Var}_p(X_i) \\
&= \frac{1}{n^2} np(1-p) = \frac{p(1-p)}{n}
\end{aligned}
$$

即 $\overline{X}$ 达到了 C－R 下界。故 $\overline{X}$ 为 p 的 UMVUE。

例 2.5.4　设 $X_1, X_2, \cdots, X_n$ i.i.d. $X_1 \sim f(x,\theta)$，

$$
f(x,\theta) = \begin{cases} \theta \mathrm{e}^{-\theta x} & x > 0 \\ 0 & \text{其他} \end{cases}
$$

证明 $\overline{X}$ 为 $1/\theta$ 的 UMVUE。

证明：容易验证定理 2.5.3 的条件满足。又

$$
\begin{aligned}
I(\theta) &= E_\theta\left[\frac{\partial \ln f(X,\theta)}{\partial\theta}\right]^2 \\
&= E_\theta[(1-\theta X)/\theta]^2 \\
&= \int_0^{+\infty} \frac{(1-\theta x)^2}{\theta^2}\theta \mathrm{e}^{-\theta x}\mathrm{d}x \\
&= \frac{1}{\theta^2}
\end{aligned}
$$

故 C－R 下界为

$$
\left[\frac{\mathrm{d}}{\mathrm{d}\theta}\left(\frac{1}{\theta}\right)\right]^2 \Big/ nI(\theta) = \frac{1}{\theta^4}\Big/\frac{n}{\theta^2} = \frac{1}{n\theta^2}
$$

因为

$$
E_\theta(\overline{X}) = \frac{1}{n}\sum_{i=1}^{n} E_\theta(X_i) = \frac{1}{n}\sum_{i=1}^{n}\frac{1}{\theta} = \frac{1}{\theta}
$$

所以 $\overline{X}$ 为 $1/\theta$ 的无偏估计。又 $\mathrm{Var}_\theta(\overline{X}) = \frac{1}{n}\mathrm{Var}_\theta(X_1) = \frac{1}{n\theta^2}$，即 $\overline{X}$ 达到 C－R 下界，从而 $\overline{X}$ 为 $1/\theta$ 的 UMVUE。

最后指出，C－R 下界是无偏估计的方差下界，满足定理 2.5.3 之条件时，达到 C－R 下界的无偏估计是 UMVUE，但 UMVUE 的方差不一定能达到 C－R 下界。习题 2.5 的第 4 题就是这样的例子。

2.6 估计的大样本性质

2.6.1 相合估计

设$\hat{g}(X_1,X_2,\cdots,X_n)$为$g(\theta)$的基于样本$(X_1,\cdots,X_n)^{\mathrm{T}}$的一个估计量，显然它依赖于样本量$n$。为表示这种依赖性，可以记之为$\hat{g}_n$。随着样本量的变化，得到一列估计量。一个自然的希望是，当样本容量无限增加时，它能依照某种意义收敛到真实参数。具有这种性质的估计量称为相合估计。显然，相合性是对估计量的起码要求。如果一个估计量，无论做多少次试验都不能把待估函数估计到事先指定的精度，说明这种估计方法没有从样本中提取足够的关于待估函数的信息，是有待改进的。

定义 2.6.1 设$\hat{g}_n=\hat{g}_n(X_1,X_2,\cdots,X_n)$为$g(\theta)$的估计。若对任意固定的$\theta\in\Theta$，都满足：对于任给的$\varepsilon>0$，有

$$\lim_{n\to+\infty}P_\theta(|\hat{g}_n-g(\theta)|>\varepsilon)=0 \tag{2.6.1}$$

成立，则称$\hat{g}_n$为$g(\theta)$的相合估计。式（2.6.1）可简记为$\hat{g}_n\xrightarrow{P}g(\theta)$。

若对任何固定的$\theta\in\Theta$都有

$$P_\theta(\lim_{n\to+\infty}\hat{g}_n=g(\theta))=1 \tag{2.6.2}$$

则称$\hat{g}_n$为$g(\theta)$的强相合估计。式（2.6.2）可简记为$\hat{g}_n\to g(\theta)$a. s.，这里，a. s. 为 almost surely 的字头。

式（2.6.1）表明随机变量序列$\hat{g}_n$依概率收敛于$g(\theta)$，而式(2.6.2)即$\hat{g}_n$几乎处处收敛于$g(\theta)$。由以上定义以及几乎处处收敛和依概率收敛之间的关系知，强相合估计必为相合估计。

例 2.6.1 设$X_1,X_2,\cdots,X_n$ i. i. d. $X_1\sim U(0,\theta)$，则$\hat{\theta}_n=X_{(n)}$是θ的有偏估计量，但它是相合的。

证明： 由例 2.4.1 知道$X_{(n)}$的密度函数为$f(x)=nx^{n-1}\theta^{-n}I_{(0,\theta)}(x)$，此处$I_A(x)$为$A$的示性函数。故对任意$\varepsilon>0$，有

$$\begin{aligned}&\lim_{n\to+\infty}P_\theta(|\hat{\theta}_n-\theta|\geqslant\varepsilon)\\=&\lim_{n\to+\infty}P_\theta(X_{(n)}\leqslant\theta-\varepsilon)\end{aligned}$$

$$= \lim_{n\to+\infty}\int_0^{\theta-\varepsilon}\frac{nx^{n-1}}{\theta^n}\mathrm{d}x$$
$$= \lim_{n\to+\infty}\left(\frac{\theta-\varepsilon}{\theta}\right)^n$$
$$= 0$$

可见 $\hat{\theta}_n = X_{(n)}$ 为 θ 的相合估计。

定理 2.6.1　设 $G(\theta_1,\theta_2,\cdots,\theta_k)$ 在参数空间 Θ 上连续，$\hat{T}_{in}$ 为 θ_i 的强相合估计，$i = 1,2,\cdots,k$，则 $G(\hat{T}_{1n},\hat{T}_{2n}\cdots,\hat{T}_{kn})$ 为 $G(\theta_1,\theta_2,\cdots,\theta_k)$ 的强相合估计。

证明： 任取 $(\theta_1,\theta_2,\cdots,\theta_k)^{\mathrm{T}} \in \Theta$，由 G 在 $(\theta_1,\theta_2,\cdots,\theta_k)$ 连续知，对于任意的 $\varepsilon > 0$，存在 $\delta > 0$ 使得

$$\{|G(y_1,y_2,\cdots,y_k) - G(\theta_1,\theta_2,\cdots,\theta_k)| < \varepsilon\} \supset \bigcap_{i=1}^{k}\{|y_i - \theta_i| < \delta\}$$

故

$$P(|G(\hat{T}_{1n},\hat{T}_{2n},\cdots,\hat{T}_{kn}) - G(\theta_1,\theta_2,\cdots,\theta_k)| < \varepsilon) \geqslant P(\bigcap_{i=1}^{k}\{|\hat{T}_{in} - \theta_i| < \delta\})$$

又由 $\hat{T}_{in}$ 为 θ_i 的强相合估计知，

$$P(\text{存在正整数 } N,\text{当 } n > N \text{ 时，} |\hat{T}_{in} - \theta_i| < \delta) = 1 \quad i = 1,2,\cdots,k$$

从而

$$P(\text{存在正整数 } N,\text{当 } n > N \text{ 时，} |G(\hat{T}_{1n},\hat{T}_{2n},\cdots,\hat{T}_{kn}) - G(\theta_1,\theta_2,\cdots,\theta_k)| < \varepsilon) = 1$$

即

$$P(\lim_{n\to+\infty} G(\hat{T}_{1n},\hat{T}_{2n},\cdots,\hat{T}_{kn}) = G(\theta_1,\theta_2,\cdots,\theta_k)) = 1$$

证毕。

由强大数定律知：若总体均值存在，则样本均值是它的强相合估计。一般地，若总体的 k 阶原点矩存在，则 k 阶样本原点矩是其强相合估计。对 k 阶中心矩，由于

$$\beta_k = \int_{-\infty}^{+\infty}(x - \alpha_1)^k \mathrm{d}F(x)$$
$$= \int_{-\infty}^{+\infty}\sum_{r=0}^{k}\binom{k}{r}x^r(-\alpha_1)^{k-r}\mathrm{d}F(x)$$
$$= \sum_{r=1}^{k}\binom{k}{r}(-\alpha_1)^{k-r}\alpha_r$$

是 α_1，…，α_k 的连续函数，由定理 2.6.1 知

$$\sum_{r=0}^{k}\binom{k}{r}(-\overline{X})^{k-r}\left(\frac{1}{n}\sum_{i=1}^{n}X_i^r\right)$$

是 β_k 的强相合估计。而

$$\sum_{r=0}^{k}\binom{k}{r}(-\overline{X})^{k-r}\left(\frac{1}{n}\sum_{i=1}^{n}X_i^r\right)=\frac{1}{n}\sum_{i=1}^{n}\left[\sum_{r=0}^{k}\binom{k}{r}X_i^r(-\overline{X})^{k-r}\right]$$
$$=\frac{1}{n}\sum_{i=1}^{n}(X_i-\overline{X})^k$$

可见，样本 k 阶中心矩为总体 k 阶中心矩的强相合估计。由此知下面的定理成立。

定理 2.6.2 设总体有直到 k 阶的矩 $\alpha_i,\beta_j(j=1,\cdots,k)$。$g(\theta)$ 可表示为 $g(\theta)=G(\alpha_1,\alpha_2,\cdots,\alpha_k,\beta_2,\cdots,\beta_k)$，且 G 为连续函数。记 $\hat{\alpha}_i,\hat{\beta}_j$ 分别为样本原点矩和样本中心矩,则 $G(\hat{\alpha}_1,\hat{\alpha}_2,\cdots,\hat{\alpha}_k,\hat{\beta}_2,\cdots,\hat{\beta}_k)$ 为 $g(\theta)$ 的强相合估计。

由定理 2.6.2 可见，矩估计量一般是强相合的。对于极大似然估计量，其相合性问题比较复杂。在此不加证明地给出以下定理。

定理 2.6.3 设分布族 $\{f(x,\theta):\theta\in\Theta\}$ 满足:

(1) Θ 是有限集;

(2) 对于不同的参数值 θ 和 θ', $f(x,\theta)$ 与 $f(x,\theta')$ 所对应的分布不同;

(3) $f(x,\theta)$ 有共同支撑，即 $\{x:f(x,\theta)>0\}$ 与 θ 无关。

则对于简单随机样本 $X_1,\cdots,X_n$，θ 的极大似然估计量 $\hat{\theta}_n=\hat{\theta}_n(X_1,\cdots,X_n)$ 存在,且 $\hat{\theta}_n$ 为 θ 的相合估计。

对于 Θ 不是有限集的情况有下面的定理。

定理 2.6.4 设分布族 $\{f(x,\theta):\theta\in\Theta\}$ 满足:

(1) Θ 为 R（一维实空间）中的开集;

(2) 不同的参数值 θ 和 θ' 所对应的分布不同;

(3) $\{f(x,\theta):\theta\in\Theta\}$ 有共同支撑;

(4) 存在区间 I 使 $\theta_0\in I\subset\Theta$，除可列个 x 外 $f(x,\theta)$ 对 θ 的偏导数 $\dfrac{\partial f(x,\theta)}{\partial\theta}$ 在 I 上存在。

则当 n 充分大时，似然方程

$$\frac{\partial}{\partial\theta}\prod_{i=1}^{n}f(X_i,\theta)=0$$

有一根 $\hat{\theta}_n=\hat{\theta}(X_1,X_2,\cdots,X_n)$，满足 $\hat{\theta}_n\xrightarrow{P}\theta_0(n\to\infty)$，即 $\hat{\theta}_n$ 依概率收

敛于 θ_0。此处 θ_0 为参数真值，即样本 $X_1, X_2, \cdots, X_n$ 来自 $f(x, \theta_0)$。

由定理 2.6.4 知，如果概率密度函数或概率函数在 Θ 上可导，则似然方程存在一根 $\hat{\theta}_n$ 为 θ 的相合估计。

这里要注意的是，定理指出了可以选取似然方程的根，使之为参数的相合估计，但并没有说明如何选。一般地说，若似然方程有多个根，选取使似然函数值最大的根作为对参数的估计。

推论 2.6.1　在定理 2.6.4 的条件下，若 $f(x, \theta)$ 在 Θ 上可导，并且似然方程对所有的 $\boldsymbol{X} = (X_1, X_2, \cdots, X_n)^{\mathrm{T}}$ 有惟一解 $\hat{\theta}_n$，则 $\hat{\theta}_n$ 为 θ 的相合估计。

例 2.6.2　设 $X_1, X_2, \cdots, X_n$ i.i.d. $X_1 \sim f(x, \theta), \theta \in \Theta = \{\theta : \theta > 0\}$，

$$f(x, \theta) = \theta x^{\theta-1} \exp(-x^{\theta}) \quad x > 0$$

证明 θ 的极大似然估计量是相合的。

证明： 似然函数为

$$L(\theta, \boldsymbol{X}) = \prod_{i=1}^{n} \theta X_i^{\theta-1} \exp(-X_i^{\theta})$$

$$\ln L(\theta, \boldsymbol{X}) = n \ln\theta + (\theta - 1) \sum_{i=1}^{n} \ln X_i - \sum_{i=1}^{n} X_i^{\theta}$$

故

$$\frac{\partial \ln L(\theta, \boldsymbol{X})}{\partial \theta} = \frac{n}{\theta} + \sum_{i=1}^{n} \ln X_i - \sum_{i=1}^{n} (\ln X_i) X_i^{\theta}$$

$$\frac{\partial^2 \ln L(\theta, \boldsymbol{X})}{\partial \theta^2} = -\frac{n}{\theta^2} - \sum_{i=1}^{n} X_i^{\theta} (\ln X_i)^2 < 0$$

可见 $\dfrac{\partial \ln L(\theta, \boldsymbol{X})}{\partial \theta}$ 为 θ 的严格单调下降函数。又

$$\lim_{\theta \to 0+} \frac{\partial \ln L(\theta, \boldsymbol{X})}{\partial \theta} = +\infty$$

$$\lim_{\theta \to +\infty} \frac{\partial \ln L(\theta, \boldsymbol{X})}{\partial \theta} < 0$$

从而 $\dfrac{\partial \ln L(\theta, \boldsymbol{X})}{\partial \theta} = 0$ 有惟一解。故似然方程的根必为极大似然估计量且是相合估计。

2.6.2　渐近正态性

在许多情况下是用样本均值 $\overline{X}$ 估计参数 θ 的。如正态总体 $N(\theta, \sigma^2)$，

二项总体 $B(n,\theta)$, Poisson 总体 $P(\theta)$ 等，而且这些估计有很好的性质：由中心极限定理

$$\lim_{n\to+\infty} P(\sqrt{n}(\overline{X}-\theta)\leqslant y)=\int_{-\infty}^{y}\frac{1}{\sqrt{2\pi A(\theta)}}e^{-\frac{u^2}{2A(\theta)}}\mathrm{d}u \qquad (2.6.3)$$

式 (2.6.3) 也常写为 $\sqrt{n}(\overline{X}-\theta)\xrightarrow{L}N(0,A(\theta))$。对于正态总体、二项总体和 Poisson 总体，$A(\theta)$ 分别为 $\sigma^2,\theta(1-\theta)$ 和 θ。而对于正态总体，$N(0,\sigma^2)$ 为$\sqrt{n}(\overline{X}-\theta)$ 的精确分布。式 (2.6.3) 所表现的估计的性质称为渐近正态性，即若 θ 的估计 $\hat{\theta}_n$ 满足

$$\sqrt{n}(\hat{\theta}_n-\theta)\xrightarrow{L}N(0,A(\theta)) \quad n\to+\infty \qquad (2.6.4)$$

称估计 $\hat{\theta}_n$ 是**渐近正态的**。由式 (2.6.4)，当 n 充分大时，近似地有 $\hat{\theta}_n\sim N(\theta,A(\theta)/n)$，称该分布为估计量 $\hat{\theta}_n$ 的**渐近分布**。下面主要讨论极大似然估计量的渐近正态性。

定理 2.6.5 设 $X_1,X_2,\cdots,X_n$ i.i.d. $X_1\sim f(x,\theta),\theta\in\Theta$, 分布族 $\{f(x,\theta):\theta\in\Theta\}$ 满足:

(1) Θ 是开区间;

(2) $A=\{x:f(x,\theta)>0\}$ 与 θ 无关，即有共同支撑;

(3) $\forall x\in A, f(x,\theta)$ 对 θ 三次可微，且三阶导数是的 θ 连续函数;

(4) 对积分 $\int_{-\infty}^{+\infty}f(x,\theta)\mathrm{d}x$ 可在积分号下对 θ 微分两次;

(5) Fisher 信息量 $I(\theta)$ 满足 $0<I(\theta)<+\infty$;

(6) $\forall\theta_0\in\Theta$，存在正数 a 和函数 $M(x)$，使

$$\left|\frac{\partial^3\ln f(x,\theta)}{\partial\theta^3}\right|\leqslant M(x) \quad x\in A,\theta_0-a<\theta<\theta_0+a$$

及

$$E_\theta\,|\,M(X)\,|<+\infty$$

$\hat{\theta}_n=\hat{\theta}_n(X_1,\cdots,X_n)$ 为似然方程的根，并且满足 $\hat{\theta}_n\xrightarrow{P}\theta$。

则

$$\sqrt{n}(\hat{\theta}_n-\theta)\xrightarrow{L}N\left(0,\frac{1}{I(\theta)}\right) \qquad (2.6.5)$$

证明：设 θ_0 是参数真值，令

$$L(\theta)=\ln\prod_{i=1}^{n}f(X_i,\theta)=\sum_{i=1}^{n}\ln f(X_i,\theta)$$

由于 $\hat{\theta}_n$ 是似然方程的根，且是相合的，有

$$L'(\hat{\theta}_n) = 0 \tag{2.6.6}$$

$$\hat{\theta}_n \xrightarrow{P} \theta_0 \tag{2.6.7}$$

将 $L'(\hat{\theta}_n)$ 在 θ_0 按 Taylor 公式展开，

$$L'(\hat{\theta}_n) = L'(\theta_0) + (\hat{\theta}_n - \theta_0)L''(\theta_0) + \frac{1}{2}(\hat{\theta}_n - \theta_0)^2 L'''(\theta_n^t)$$

其中 θ_n^t 介于 θ_0 与 $\hat{\theta}_n$ 之间。注意到式（2.6.6）有

$$\sqrt{n}(\hat{\theta}_n - \theta_0) = \frac{L'(\theta_0)}{\sqrt{n}} \Big/ \left[-\frac{1}{n}L''(\theta_0) - \frac{1}{2n}(\hat{\theta}_n - \theta_0)L'''(\theta_n^t) \right]$$

由此及式（2.6.7）易见，式（2.6.5）可由以下三点得出：

(1)

$$\frac{1}{\sqrt{n}}L'(\theta_0) \to N(0, I(\theta_0)) \tag{2.6.8}$$

(2)

$$-\frac{1}{n}L''(\theta_0) \xrightarrow{P} I(\theta_0) \tag{2.6.9}$$

(3)

$$\frac{1}{n}L'''(\theta_n^t)\ \text{概率为 1 地有界} \tag{2.6.10}$$

由于

$$\begin{aligned}\frac{1}{\sqrt{n}}L'(\theta_0) &= \frac{1}{\sqrt{n}}\sum_{i=1}^{n}\frac{f'(X_i, \theta_0)}{f(X_i, \theta_0)} \\ &= \frac{1}{\sqrt{n}}\sum_{i=1}^{n}\left[\frac{f'(X_i, \theta_0)}{f(X_i, \theta_0)} - E_{\theta_0}\frac{f'(X_i, \theta_0)}{f(X_i, \theta_0)}\right]\end{aligned}$$

上式中各个求和项是独立同分布的，由中心极限定理及 $I(\theta)$ 的定义即得式（2.6.8）。又

$$-\frac{1}{n}L''(\theta_0) = \frac{1}{n}\sum_{i=1}^{n}\frac{(f'(X_i, \theta_0))^2 - f(X_i, \theta_0)f''(X_i, \theta_0)}{f^2(X_i, \theta_0)}$$

式中各个求和项独立同分布，依大数定律，上式依概率收敛到求和项的共同数学期望

$$E_{\theta_0}\left[\frac{(f'(X_1, \theta_0))^2 - f(X_1, \theta_0)f''(X_1, \theta_0)}{f^2(X_1, \theta_0)}\right]$$

$$= E_{\theta_0}\left[\frac{f'(X_1,\theta_0)}{f(X_1,\theta_0)}\right]^2 - E_{\theta_0}\frac{f''(X_1,\theta_0)}{f(X_1,\theta_0)} = I(\theta_0)$$

此即式（2.6.9）。最后，由定理的条件（6）知

$$\left|\frac{1}{n}L''(\theta_n^t)\right| = \left|\frac{1}{n}\sum_{i=1}^{n}\frac{\partial^3 \ln f(X_i,\theta)}{\partial\theta^3}\right|_{\theta=\theta_n^t}$$

$$\leqslant \frac{1}{n}\sum_{i=1}^{n}M(X_i)$$

由大数定律，$\frac{1}{n}\sum_{i=1}^{n}M(X_i)$ 几乎处处收敛于 $E_{\theta_0}M(X)$，于是式（2.6.10）成立。证毕。

由该定理可以验证前面给出的许多分布族如 Poisson 分布、指数分布等参数的极大似然估计量都是渐近正态的。

2.6.3 渐近相对效率与样本量的关系

设 $X_1,\cdots,X_n$ 为来自于分布为 $F(x,\theta)$ 的简单随机样本，$\hat{\theta}_n$ 和 $\tilde{\theta}_n$ 为 θ 的两个不同的估计，分别满足

$$\sqrt{n}(\hat{\theta}_n-\theta)\xrightarrow{L}N(0,\sigma_1^2)$$

$$\sqrt{n}(\tilde{\theta}_n-\theta)\xrightarrow{L}N(0,\sigma_2^2)$$

称 σ_1^2/σ_2^2 为 $\tilde{\theta}_n$ 相对于 $\hat{\theta}_n$ 的**渐近效率**。显然，这个定义与前面的相对效率相对应，用渐近方差代替了方差，并且用渐近正态性的要求代替了无偏的要求。下面的结论有助于理解效率的概念。

定理 2.6.6 设 $\hat{\theta}_n$ 为 θ 的基于简单随机样本 $X_1,\cdots,X_n$ 的估计，满足 $\sqrt{n}(\hat{\theta}_n-\theta)\xrightarrow{L}N(0,\sigma_1^2)$。样本量 n 的函数 $m=m(n)$ 满足

$$\lim_{n\to+\infty}\frac{m(n)}{n}=\gamma$$

则

$$\sqrt{n}(\hat{\theta}_{m(n)}-\theta)\xrightarrow{L}N\left(0,\frac{\sigma_1^2}{\gamma}\right)$$

证明： 由

$$\sqrt{n}(\hat{\theta}_{m(n)}-\theta)=\sqrt{\frac{n}{m(n)}}\sqrt{m(n)}(\hat{\theta}_{m(n)}-\theta)$$

即知。

上述定理表明，近似地说，渐近相对效率为两个不同的估计量为达到相同的方差所需要的样本量的比。这反映了两个不同的估计量利用数据中所包含的信息的效率。

例 2.6.3　设 $X_1,\cdots,X_n$ i.i.d. $X_1 \sim N(\mu,1)$，$n>3$。记 $m=[n/3]$。则 μ 的估计量 $\tilde{\mu}=\sum_{i=1}^{m}X_i/m$ 相对于 $\hat{\mu}=\sum_{i=1}^{n}X_i/n$ 的渐近效率为 1/3。

例 2.6.4　设 $X_1,\cdots,X_n$ i.i.d. $X_1 \sim P(\lambda)$。考虑 λ 的估计量 $\hat{\lambda}=\overline{X}$ 和 $\tilde{\lambda}=\sqrt{\frac{1}{n}\sum_{i=1}^{n}X_i^2-\overline{X}}$（参见习题 2.5 第 3 题）。对于 $\hat{\lambda}$，由中心极限定理容易得到

$$\sqrt{n}(\hat{\lambda}-\lambda)\xrightarrow{L}N(0,\lambda)$$

而对于估计量 $\tilde{\lambda}$，由 Taylor 公式容易得到

$$\tilde{\lambda}-\lambda=\frac{1}{2\lambda}\left[\frac{1}{n}\sum_{i=1}^{n}X_i^2-(\lambda^2+\lambda)\right]-\frac{1}{2\lambda}[\overline{X}-\lambda]+o$$

其中 o 表示比前两项高阶的余项。利用 $E(X-\lambda)^3=\lambda$，$E(X-\lambda)^4=3\lambda^2+\lambda$ 得

$$\sqrt{n}(\tilde{\lambda}-\lambda)\xrightarrow{L}N\left(0,\lambda+\frac{1}{2}\right)$$

$\tilde{\lambda}$ 相对于 $\hat{\lambda}$ 的渐近效率为 $\dfrac{2\lambda}{2\lambda+1}$。注意这里的渐近相对效率与参数的真值有关。

2.7　区间估计

前面几节讨论了点估计，即用一个数量去估计未知参数。尽管要求点估计具有一定的优良性，但由于随机误差的存在，有时不免有不够稳妥的感觉。例如，火箭中某个部件的可靠度（在可靠性理论中，可靠度指部件能够正常工作的概率）估计为 0.95，由于可靠度对于火箭发射成功的重要性，仅有这样一个点估计是不够的，需要对于估计的随机性有更明确的描述。如果说“有 98% 的把握该部件的可靠度在 0.93～0.97 之间”，就稳妥得多。

这就是一个区间估计。以一维参数 θ 的估计为例定义如下。对于参数的函数 $g(\theta)$，其区间估计可有类似的定义，在做法上与估计 θ 没有本质差别。

定义 2.7.1 设 $X_1,X_2,\cdots,X_n$ i.i.d. $X_1\sim f(x,\theta),\theta\in\Theta$。$0<\alpha<1$ 为一个给定的数。若统计量 $\theta_1(\boldsymbol{X})=\theta_1(X_1,X_2,\cdots,X_n),\theta_2(\boldsymbol{X})=\theta_2(X_1,X_2,\cdots,X_n)$ 满足 $\theta_1(\boldsymbol{X})\leqslant\theta_2(\boldsymbol{X})$ 并且

$$P_\theta(\theta_1(\boldsymbol{X})\leqslant\theta\leqslant\theta_2(\boldsymbol{X}))\geqslant 1-\alpha,\forall\theta\in\Theta \tag{2.7.1}$$

则称 $[\theta_1(\boldsymbol{X}),\theta_2(\boldsymbol{X})]$ 为参数 θ 的置信度为 100 $(1-\alpha)$%的置信区间。若

$$P_\theta(\theta\leqslant\theta_2(\boldsymbol{X}))\geqslant 1-\alpha,\forall\theta\in\Theta \tag{2.7.2}$$

则称 $\theta_2(\boldsymbol{X})$ 为参数 θ 的置信度为 100 $(1-\alpha)$%的置信上限。若

$$P_\theta(\theta\geqslant\theta_1(\boldsymbol{X}))\geqslant 1-\alpha,\forall\theta\in\Theta \tag{2.7.3}$$

则称 $\theta_1(\boldsymbol{X})$ 为 θ 的置信度为 100 $(1-\alpha)$%的置信下限。

置信区间 $[\theta_1(\boldsymbol{X}),\theta_2(\boldsymbol{X})]$ 是一个随机区间，对每次抽样来说，它可能是不同的。有时它包含了参数 θ，有时不包含 θ，但对置信度为 90%的置信区间而言，粗略地说，在 100 次抽样得到的 100 个区间中当有不少于 90 个包含 θ。由此可见，置信度是区间估计的可靠性度量。显然在给定的置信度之下，置信区间的长度越短，其估计精度愈高。可靠度和精度是两个相互矛盾的方面。可靠度要求越高，置信区间就越长。理论上通常的原则是给定置信度，求精度尽可能高的置信区间，但这往往涉及比较深的理论工具。目前所能做的，是从直观出发构造尽可能合理的置信区间，达到所指定的置信度。另外，也可以通过增加样本容量来提高区间估计的精度，使置信区间长度控制在某一数值之下。实际应用当中，经常取 α 为 0.01，0.05，0.1 等。

构造置信区间的一个基本技巧是枢轴量方法。为了介绍这个方法，先看下面的例子。

例 2.7.1 设 $X_1,X_2,\cdots,X_n$ i.i.d. $X_1\sim U(0,\theta),\theta$ 未知，求 θ 的置信度为 $100(1-\alpha)$% 的置信区间。

首先，注意式（2.7.1）左边的概率是在参数真值为 θ 时计算的，要使该式成立，就要寻找统计量 $\theta_1(\boldsymbol{X})$ 和 $\theta_2(\boldsymbol{X})$，使得左边的概率与 θ 无关，或有与 θ 无关的下界。例 2.3.4 中，曾经用 $X_{(n)}$ 来作为 θ 的点估计。不妨从此入手构造置信区间：可以设想 $\theta_1(\boldsymbol{X})$ 比 $X_{(n)}$ 小一些，而 $\theta_2(\boldsymbol{X})$ 比 $X_{(n)}$ 大一些。另一方面，容易得到 $W=X_{(n)}/\theta$ 的密度函数为

$$f_W(x)=\begin{cases}nx^{n-1} & 0\leqslant x\leqslant 1\\ 0 & x<0 \text{ 或 } x>1\end{cases}$$

可见，W 的分布与 θ 无关，故可求得与 θ 无关的区间，使 $W=X_{(n)}/\theta$ 落

入其中的概率为给定值：例如求 a，b 使之满足 $P(W<a)=P(W>b)=\alpha/2$，则有

$$P(a \leqslant W \leqslant b)=1-\alpha$$

用 W 的密度容易算出，

$$\alpha/2=a^n,\ 1-\alpha/2=b^n$$

可得 $a=\sqrt[n]{\alpha/2}, b=\sqrt[n]{1-\alpha/2}$。于是有

$$P\left(\sqrt[n]{\alpha/2} \leqslant \frac{X_{(n)}}{\theta} \leqslant \sqrt[n]{1-\alpha/2}\right)=1-\alpha$$

对上式中的不等式 $\sqrt[n]{\alpha/2} \leqslant \frac{X_{(n)}}{\theta} \leqslant \sqrt[n]{1-\alpha/2}$ 进行等价变换，得到

$$P\left(\frac{X_{(n)}}{\sqrt[n]{1-\alpha/2}} \leqslant \theta \leqslant \frac{X_{(n)}}{\sqrt[n]{\alpha/2}}\right)=1-\alpha$$

这表明，区间 $\left[\frac{X_{(n)}}{\sqrt[n]{1-\alpha/2}}, \frac{X_{(n)}}{\sqrt[n]{\alpha/2}}\right]$ 含有 θ 的概率为 $1-\alpha$。即该区间为参数 θ 的置信度为 $100(1-\alpha)\%$ 的置信区间。

在上述过程中，通过构造一个样本和被估计量的函数，使得其分布与未知参数无关，从而保证式（2.7.1）左边的概率不小于给定的置信度，达到构造置信区间的目的，这样的方法称为**枢轴量方法**。概括如下。

（1）找一个与被估计量（这里设为 θ）有关的统计量 $T(\boldsymbol{X})$，一般可选取一个点估计量（如上例中的 $X_{(n)}$）；

（2）构造 T 和被估计量 θ 的一个函数 $G(T,\theta)$，使得其分布与未知参数无关(如上例中的 W)。$G(T,\theta)$ 称为枢轴量；

（3）选取 $G(T,\theta)$ 的一个取值范围 S，满足 $P(G(T,\theta)\in S)=1-\alpha$。注意此时 S 与未知参数无关(上例中 $S=[a,b]$)；

（4）把 $G(T,\theta)\in S$ 做等价变换，化为 $\theta_1(\boldsymbol{X})\leqslant\theta\leqslant\theta_2(\boldsymbol{X})$ 的形式。则 $[\theta_1(\boldsymbol{X}),\theta_2(\boldsymbol{X})]$ 即为置信度是 $100(1-\alpha)\%$ 的置信区间。

使用中注意以下几点：

（1）如果被估计量为参数函数 $g(\theta)$，则把枢轴量 $G(T,\theta)$ 换为 $G(T,g(\theta))$，把不等式 $\theta_1(\boldsymbol{X})\leqslant\theta\leqslant\theta_2(\boldsymbol{X})$ 换为 $g_1(\boldsymbol{X})\leqslant g(\theta)\leqslant g_2(\boldsymbol{X})$。

（2）显然，上述步骤的关键在于构造枢轴量。由于一个“好”的点估计量落在被估计量近处的概率比较大，尽量用好的估计量构造置信区间，以使得置信区间有更好的精度。另外，还要考虑到构造枢轴量的可行性。

（3）为了容易得到置信区间，尽量从被估计量的单调函数或凸函数中选

取枢轴量。当枢轴量为被估计量的单调函数时，S 可以取为区间，即选取 $[a,b]$ 使 $P(a\leqslant G(T,g(\theta))\leqslant b)=1-\alpha$。当枢轴量为被估计量的上凸但非单调函数时，$S$ 可以取为 $[a,+\infty)$，即使 $P(G(T,g(\theta))\geqslant a)=1-\alpha$。参见例 2.7.2。

(4) 在枢轴量为被估计量的单调函数时，经常选取 a,b 满足 $P(G(T,g(\theta))<a)=\alpha/2$，$P(G(T,g(\theta))>b)=\alpha/2$。这是一种习惯做法，此时，置信区间不必为最短。

(5) 上面的方法对于置信上限和置信下限也适用。

例 2.7.2 设 $X_1,X_2,\cdots,X_n$ i.i.d. $X_1\sim N(\mu,\sigma^2)$，σ^2 已知，求 μ 的置信度为 $100(1-\alpha)\%$ 的置信区间。

解：已知 $\overline{X}$ 是 μ 的 UMVUE，因此可设想 μ 的置信区间可通过 $\overline{X}$ 表示出来。由定理 1.5.1 知

$$\overline{X}\sim N\left(\mu,\frac{\sigma^2}{n}\right)$$

故

$$U=\frac{\overline{X}-\mu}{\sigma/\sqrt{n}}\sim N(0,1)$$

U 是 μ 的单调减函数，故取 $[a,b]$ 满足 $P(a\leqslant U\leqslant b)=1-\alpha$。由于标准正态分布是对称分布，易知，要使区间 $[a,b]$ 长度最短时应有

$$P(U<a)=P(U>b)=\alpha/2$$

故 $a=-u_{\frac{\alpha}{2}}$，$b=u_{\frac{\alpha}{2}}$。$a=-u_{\frac{\alpha}{2}}\leqslant U\leqslant u_{\frac{\alpha}{2}}=b$ 等价于

$$\overline{X}-\frac{\sigma}{\sqrt{n}}u_{\frac{\alpha}{2}}\leqslant\mu\leqslant\overline{X}+\frac{\sigma}{\sqrt{n}}u_{\frac{\alpha}{2}}$$

从而 μ 的置信度为 $100(1-\alpha)\%$ 的置信区间为

$$\left[\overline{X}-\frac{\sigma}{\sqrt{n}}u_{\frac{\alpha}{2}},\overline{X}+\frac{\sigma}{\sqrt{n}}u_{\frac{\alpha}{2}}\right]$$

例 2.7.3 若在例 2.7.2 中，σ^2 未知，求 μ 的置信度为 $100(1-\alpha)\%$ 置信区间。

解：由于 σ 未知，上例中的 $U=\dfrac{\overline{X}-\mu}{\sigma/\sqrt{n}}$ 不能直接用于求置信区间。注意到

$$\frac{(n-1)s^2}{\sigma^2}\sim\chi^2_{n-1}$$

其中 $s^2 = \frac{1}{n-1}\sum_{i=1}^{n}(X_i - \overline{X})^2$,并且 s^2 与 $\overline{X}$ 独立，有

$$\frac{\overline{X}-\mu}{\sigma/\sqrt{n}}\Bigg/\sqrt{\frac{(n-1)s^2}{\sigma^2(n-1)}} \sim t(n-1)$$

即 $\frac{\overline{X}-\mu}{s/\sqrt{n}} \sim t(n-1)$。如上例解法可得所求置信区间为

$$\left[\overline{X} - \frac{s}{\sqrt{n}}t_{\frac{\alpha}{2}}(n-1), \overline{X} + \frac{s}{\sqrt{n}}t_{\frac{\alpha}{2}}(n-1)\right]$$

例 2.7.4　设 $X_1, X_2, \cdots, X_n$ i.i.d. $X_1 \sim N(\mu, \sigma^2)$，求 σ^2 的置信度为 $100(1-\alpha)\%$ 的置信区间。

解: 因为 $\frac{(n-1)s^2}{\sigma^2} \sim \chi^2(n-1)$。令 $P\left(a \leqslant \frac{(n-1)s^2}{\sigma^2} \leqslant b\right) = 1-\alpha$。由于 χ^2 分布是偏态的，故不易求得最短的置信区间。在这种情况下，为简单计，可令

$$P\left(\frac{(n-1)s^2}{\sigma^2} < a\right) = P\left(\frac{(n-1)s^2}{\sigma^2} > b\right) = \frac{\alpha}{2}$$

故 $a = \chi^2_{1-\frac{\alpha}{2}}(n-1), b = \chi^2_{\frac{\alpha}{2}}(n-1)$。由 $\chi^2_{1-\frac{\alpha}{2}}(n-1) \leqslant \frac{(n-1)s^2}{\sigma^2} \leqslant \chi^2_{\frac{\alpha}{2}}(n-1)$ 可解得 σ^2 的 $100(1-\alpha)\%$ 的置信区间为

$$\left[\frac{(n-1)s^2}{\chi^2_{\frac{\alpha}{2}}(n-1)}, \frac{(n-1)s^2}{\chi^2_{1-\frac{\alpha}{2}}(n-1)}\right]$$

在有些情况下，构造枢轴量比较困难，此时可以利用近似方法。基于大样本理论（即利用当样本量趋向于无穷时的极限分布）构造近似置信区间是常用的方法之一。中心极限定理往往是最便利的工具。

例 2.7.5　设 $X \sim F(x)$，这里 $F(x)$ 为未知分布函数，$\mathrm{Var}(X) < +\infty$ $X_1, X_2, \cdots, X_n$ 为 i.i.d. 样本，则当 n 充分大时，可求得 EX（假定存在）的近似置信区间。

由中心极限定理

$$\frac{\overline{X} - EX}{\sqrt{\mathrm{Var}(X)/n}} \xrightarrow{L} N(0,1)$$

用样本方差 s^2 代替 $\mathrm{Var}(X)$ 仍有

$$\frac{\overline{X} - EX}{\sqrt{s^2/n}} \xrightarrow{L} N(0,1)$$

故对给定的 α，有

$$\lim_{n\to\infty}P\left(\left|\frac{\overline{X}-EX}{s/\sqrt{n}}\right|\leqslant u_{\frac{\alpha}{2}}\right)=1-\alpha$$

即 $\left[\overline{X}-\frac{s}{\sqrt{n}}u_{\frac{\alpha}{2}},\overline{X}+\frac{s}{\sqrt{n}}u_{\frac{\alpha}{2}}\right]$为 EX 的近似区间估计，当 n 充分大时，置信度近似地为 $1-\alpha$。

例 2.7.6 设 $X_1,X_2,\cdots,X_n$ i.i.d. $X_1\sim B(1,p)$，求 p 的区间估计。

解： $n\overline{X}=\sum_{i=1}^{n}X_i\sim B(n,p)$，由中心极限定理

$$\frac{\overline{X}-p}{\sqrt{p(1-p)/n}}\xrightarrow{L}N(0,1)$$

故

$$P\left\{\left|\frac{\overline{X}-p}{\sqrt{p(1-p)/n}}\right|\leqslant u_{\frac{\alpha}{2}}\right\}\approx 1-\alpha$$

而

$$\left|\frac{\overline{X}-p}{\sqrt{p(1-p)/n}}\right|\leqslant u_{\frac{\alpha}{2}}$$

等价于

$$p^2\left(1+\frac{1}{n}u_{\frac{\alpha}{2}}^2\right)-p\left(2\overline{X}+\frac{1}{n}u_{\frac{\alpha}{2}}^2\right)+\overline{X}^2\leqslant 0$$

上式左端关于 p 的二次多项式的两个根 p_1，p_2 为

$$p_1=\frac{\overline{X}+\frac{1}{2n}u_{\frac{\alpha}{2}}^2-\frac{1}{\sqrt{n}}u_{\frac{\alpha}{2}}\sqrt{\overline{X}(1-\overline{X})+u_{\frac{\alpha}{2}}^2/4n}}{1+\frac{1}{n}u_{\frac{\alpha}{2}}^2}$$

$$p_2=\frac{\overline{X}+\frac{1}{2n}u_{\frac{\alpha}{2}}^2+\frac{1}{\sqrt{n}}u_{\frac{\alpha}{2}}\sqrt{\overline{X}(1-\overline{X})+u_{\frac{\alpha}{2}}^2/4n}}{1+\frac{1}{n}u_{\frac{\alpha}{2}}^2}$$

$P((p-p_1)(p-p_2)\leqslant 0)=P(p_1\leqslant p\leqslant p_2)\approx 1-\alpha$。故$[p_1,p_2]$为 p 的置信度 $100(1-\alpha)\%$ 的近似区间估计。

下面讨论正态总体的两样本问题：设 $X_1,X_2,\cdots,X_m$ i.i.d. $X_1\sim N(\mu_1,\sigma_1^2)$，$Y_1,Y_2,\cdots,Y_n$ i.i.d. $Y_1\sim N(\mu_2,\sigma_2^2)$，所有参数未知。求 $\mu_2-\mu_1$ 的区间估计。分几种情况讨论。

(1) $\sigma_1^2=\sigma_2^2=\sigma^2$ 的情形。

即

$$\overline{X}=\frac{1}{m}\sum_{i=1}^{m}X_i,\overline{Y}=\frac{1}{n}\sum_{i=1}^{n}Y_i,s_1^2=\frac{1}{m-1}\sum_{i=1}^{m}(X_i-\overline{X})^2$$

$$s_2^2=\frac{1}{n-1}\sum_{i=1}^{n}(Y_i-\overline{Y})^2$$

则

$$\frac{(\overline{Y}-\overline{X})-(\mu_2-\mu_1)}{\sqrt{\frac{1}{m}+\frac{1}{n}}\sigma}\sim N(0,1)$$

$$\frac{(m-1)s_1^2+(n-1)s_2^2}{\sigma^2}\sim\chi^2(m+n-2)$$

且二者相互独立，从而

$$\frac{\overline{Y}-\overline{X}-(\mu_2-\mu_1)}{\sqrt{(m-1)s_1^2+(n-1)s_2^2}}\sqrt{\frac{mn(m+n-2)}{m+n}}\sim t(m+n-2)$$

由此即可求得 $\mu_2-\mu_1$ 的区间估计。

(2) $\sigma_1^2\neq\sigma_2^2$,但 $m=n$ 的情形。

此时，仍可利用 t 分布求解。视 $Z_i=Y_i-X_i$ 为抽自 $N(\mu_2-\mu_1,\sigma_1^2+\sigma_2^2)$ 的样本，则求 $\mu_2-\mu_1$ 的区间估计就化为单个样本的情形了。

(3) $\sigma_1^2\neq\sigma_2^2$ 且 $m\neq n$ 的情形。

此时就是所谓 Behren－Fisher 问题，要求得具有优良性质的精确置信区间比较困难。利用大样本性质可以求得近似置信区间。由中心极限定理

$$\frac{(\overline{Y}-\overline{X})-(\mu_2-\mu_1)}{\sqrt{\frac{\sigma_1^2}{m}+\frac{\sigma_2^2}{n}}}\xrightarrow{L}N(0,1)\quad(m,n\to+\infty)$$

可以证明，用 s_1^2,s_2^2 分别替换 σ_1^2,σ_2^2 后，仍有相同的结论。因此，当 m,n 充分大后，可得 $\mu_2-\mu_1$ 的近似区间估计为

$$\left[(\overline{Y}-\overline{X})-u_{\frac{\alpha}{2}}\sqrt{\frac{s_1^2}{m}+\frac{s_2^2}{n}},(\overline{Y}-\overline{X})+u_{\frac{\alpha}{2}}\sqrt{\frac{s_1^2}{m}+\frac{s_2^2}{n}}\right]$$

习题 2.2

1. 设 $X_1,X_2,\cdots,X_n$ i. i. d. $X_1\sim P(\lambda)$,分别用一阶矩和二阶矩求 λ 的矩估计量。

2. 设 $X_1, X_2, \cdots, X_n$ i.i.d. $X_1 \sim B(k, p)$，求 p 的矩估计量。

3. 设 $X_1, X_2, \cdots, X_n$ i.i.d. $X_1 \sim U(\theta_1, \theta_2)$，求 θ_1, θ_2 的矩估计量。

4. 设 $X_1, X_2, \cdots, X_n$ i.i.d. $X_1 \sim f(x)$。

(a) $f(x) = (\alpha + 1)x^{\alpha}(0 < x < 1, \alpha > 0)$，求 α 的矩估计量。

(b) $f(x) = (2\pi\sigma^2)^{-\frac{1}{2}} x^{-1} \exp\left\{-\frac{1}{2\sigma^2}(\ln x - \mu)^2\right\}(x > 0)$，求 μ, σ^2 的矩估计量。

(c) $f(x) = \frac{1}{2\sigma}\exp(-|x - \mu|/\sigma)$，求 μ 和 σ 的矩估计量。

(d) $f(x) = \frac{1}{\beta}e^{-x/\beta}(x > 0)$，求 β 的矩估计量。

5. 设 $X_1, X_2, \cdots, X_n$ i.i.d. $X_1 \sim f(x)$，$f(x) = \frac{1}{2\sigma}\exp(-|x|/\sigma)$，求 σ 的矩估计量。

6. 19 世纪普鲁士官员收集了 200 个军团在一年内骑马偶然被马踢死的人数，统计如下：

被马踢死的人数	0	1	2	3	4
军 团 数	109	65	22	3	1

假定军团被马踢死的人数服从 Poisson 分布 $P(\lambda)$，试用上述数据估计 λ。

习题 2.3

1. 设 $X_1, X_2, \cdots, X_n$ i.i.d.，试求分别求下列总体中 θ 的极大似然估计量。

(a) $f(x, \theta) = \theta e^{-\theta x}, x > 0, (\theta > 0)$；

(b) $f(x, \theta) = \frac{x}{\theta^2}e^{-x^2/\theta^2}, x > 0, (\theta > 0)$；

(c) $f(x, \theta) = (1 + \theta)x^{\theta}, 0 < x < 1, (\theta > -1)$。

2. 设 $X_1, X_2, \cdots, X_n$ i.i.d. $X_1 \sim U\left(\theta - \frac{1}{2}, \theta + \frac{1}{2}\right)$，证明任意的 $T \in \left[X_{(n)} - \frac{1}{2}, X_{(1)} + \frac{1}{2}\right]$ 都是 θ 的极大似然估计量。

3. 某流行病学家对慢性白血病进行了监测。在 12 个月内得这种病的人数是 2, 1, 0, 0, 1, 1, 1, 4, 1, 0, 2 和 3。假设得这种病的人数服从

Poisson 分布 $P(\lambda)$,试求 λ 的 MLE。

4. 设 $X_1,X_2,\cdots,X_n$ i.i.d. $X_1 \sim f(x;\alpha,\beta)$,

$$f(x;\alpha,\beta)=\begin{cases}\beta\exp\{-\beta(x-\alpha)\} & x\geqslant\alpha\\ 0 & \text{其他}\end{cases}$$

其中 $\beta>0$。试求 α,β 的极大似然估计量。

5. 设 $X_1,X_2,\cdots,X_n$ i.i.d. 为来自截尾几何分布总体 X 的样本,

$$P(X=k)=\theta^{k-1}(1-\theta)\quad k=1,2,\cdots,r$$
$$P(X=r+1)=\theta^{r}$$

记 $M=\{i:X_i=r+1,i=1,2,\cdots,n\}^{\#}$,试证明 θ 的 MLE 为

$$\hat{\theta}=\left[\sum_{i=1}^{n}X_i-n\right]\Big/\left[\sum_{i=1}^{n}X_i-M\right]$$

6. 设 $X_1,X_2,\cdots,X_n$ i.i.d. $X_1\sim f(x,\theta_1,\theta_2)$。

$$f(x,\theta_1,\theta_2)=\begin{cases}\dfrac{\theta_1}{\theta_2}x^{\theta_1-1}\exp\left(\dfrac{x^{\theta_1}}{\theta_2}\right) & x\geqslant 0\\ 0 & \text{其他}\end{cases}$$

其中 θ_1 已知，求 θ_2 的极大似然估计量。

7. *设 $Y_i\sim N(\alpha+\beta X_i,\sigma^2)(i=1,2,\cdots,n)$ 相互独立,这里 α,β,σ^2 是参数,试求 α,β,σ^2 的极大似然估计量。

注：对于一般的非独立同分布样本，似然函数也由样本的联合分布密度(概率函数)决定。特别，在本题中，似然函数由 $(Y_1,\cdots,Y_n)^{\mathrm{T}}$ 的联合密度决定。

习题 2.4

1. 设 $X\sim P(\lambda)$,试求 $g(\lambda)=\mathrm{e}^{-2\lambda}$ 的无偏估计量，并说明该估计的不合理性。

2. 设 $X\sim B(n,p)$,证明 $g(p)=\dfrac{1}{1+p^2}$ 不存在无偏估计量。

3. 设 $X_1,X_2,\cdots,X_n$ i.i.d. $X_1\sim N(\mu,1)$,证明 $g(\mu)=|\mu|$ 没有无偏估计量。

4. 设 $X_1,X_2,\cdots,X_n$ i.i.d. $X_1\sim U(\theta_1,\theta_2)$,求 θ_1,θ_2 的无偏估计量。

5. 在例 2.4.5 中，试计算 $\mathrm{Var}(\hat{N}),\mathrm{Var}(N^*)$。

6. 设 $\hat{\theta}$ 和 θ^* 为 θ 的无偏估计量,若 $\tilde{\theta}=a\hat{\theta}+b\theta^*$,问:$a,b$ 满足什么条件

时,$\widetilde{\theta}$ 也是 θ 的无偏估计量?

7. 设 $X \sim U(0,\theta), X_1, X_2, \cdots, X_n$ i.i.d.为来自 X 的样本,试分别求 θ^2,θ^{-1} 的无偏估计量。

8. 设 W 是 θ 的无偏估计量,若 W 满足

(a) W 是观察值(样本)的线性函数;

(b) $E_\theta W = \theta, \theta \in \Theta$;

(c) 对任意一个满足 (a),(b) 的估计 W^*,有

$$\mathrm{Var}_\theta(W) \leqslant \mathrm{Var}_\theta(W^*) \quad \theta \in \Theta$$

则称 W 是 θ 的最优线性无偏估计量。如总体 $X \sim N(\mu,\sigma^2), (\mu,\sigma^2) \in \Theta = \{(\mu,\sigma^2): -\infty < \mu < +\infty, \sigma^2 > 0\}$。证明 $\overline{X} = \frac{1}{n}\sum_{i=1}^{n} X_i$ 是 μ 的最优线性无偏估计量。该结论只对正态总体正确吗?

9. 设灯泡寿命服从指数分布

$$f(x) = \begin{cases} \lambda \mathrm{e}^{-\lambda x} & x > 0 \\ 0 & \text{其他} \end{cases}$$

现观察了 10 个灯泡的寿命为 1 000,1 200,1 020,1 100,1 201,1 155,1 065,989,995,1 070 h。试用 $1/\lambda$ 的无偏估计量给出 λ 的估计值。

习题 2.5

1. 设 $X \sim B(n,p), g(p) = p(1-p)$,求 $g(p)$ 的无偏估计量。求出的估计是 $g(p)$ 的 UMVUE 吗?

2. 设 $\hat{g}_1(\boldsymbol{X})$ 和 $\hat{g}_2(\boldsymbol{X})$ 分别是 $g_1(\theta)$ 和 $g_2(\theta)$ 的 UMVUE,a,b 是常数,则 $a\hat{g}_1(\boldsymbol{X}) + b\hat{g}_2(\boldsymbol{X})$ 是 $ag_1(\theta) + bg_2(\theta)$ 的 UMVUE。

3. 设 $X_1, X_2, \cdots, X_n$ i.i.d. $X_1 \sim P(\lambda)$,证明:

(1) $\overline{X}$ 是 λ 的 UMVUE。

(2) $\widetilde{\lambda}^2 = \frac{1}{n}\sum_{i=1}^{n} X_i^2 - \overline{X}$ 为 λ^2 的无偏估计量。该估计是 UMVUE 吗?

4. 设 $X_1, X_2, \cdots, X_n$ i.i.d. $X_1 \sim N(\mu,\sigma^2)$,已知,$\overline{X} = \frac{1}{n}\sum_{i=1}^{n} X_i$ 和 $s^2 = \frac{1}{n-1}\sum_{i=1}^{n}(X_i - \overline{X})^2$ 分别是 μ 和 σ^2 的 UMVUE。计算 μ 和 σ^2 的 C-R 下界。

5.(Hammersley - Chapman - Robbins 不等式)设 $X \sim p(x,\theta)$。已知

$\forall x \in (-\infty, +\infty), p(x,\theta) > 0$。设 θ 和 $\theta+\Delta$ 是两个不同的参数值，满足 $g(\theta) \neq g(\theta+\Delta)$，则对 $g(\theta)$ 的无偏估计量 $\hat{g}(X)$ 有

$$\mathrm{Var}_\theta(\hat{g}) \geqslant [g(\theta+\Delta) - g(\theta)]^2 / E_\theta\left[\frac{p(X,\theta+\Delta)}{p(X,\theta)} - 1\right]^2$$

6. 在定理 2.5.3 的条件下，若 $\hat{g}(X_1, X_2, \cdots, X_n)$ 是 $g(\theta)$ 的估计，满足

$$E_\theta \hat{g}(X_1, X_2, \cdots, X_n) = g(\theta) + b(\theta), \forall \theta \in \Theta$$

$b(\theta)$ 为估计的偏差，并且 $b'(\theta)$ 存在，则有

$$\mathrm{Var}_\theta(\hat{g}(X_1, X_2, \cdots, X_n)) \geqslant [g'(\theta) + b'(\theta)]^2 / nI(\theta)$$

7. 设 $\hat{g}_1(\boldsymbol{X})$ 和 $\hat{g}_2(\boldsymbol{X})$ 都是 $g(\theta)$ 的无偏估计量，并且 $\hat{g}_1(\boldsymbol{X})$ 还是 $g(\theta)$ 的 UMVUE，证明：$\hat{g}_1(\boldsymbol{X})$ 与 $\hat{g}_2(\boldsymbol{X})$ 的相关系数非负。

习题 2.6

1. 若估计序列 $\{\hat{\theta}_n\}$ 满足 $\lim\limits_{n\to+\infty} E_\theta(\hat{\theta}_n - \theta)^2 = 0 \quad \forall \theta \in \Theta$，则称 $\hat{\theta}_n$ 为 θ 的均方相合估计，证明：均方相合估计必是相合估计。

2. 设 $X_1, X_2, \cdots, X_n$ i.i.d. $X_1 \sim U(0,\theta)$，$\hat{\theta}_n = X_{(n)}$ 为 θ 的估计，$\hat{\theta}_n$ 是 θ 的均方相合估计吗？

3. $X_1, X_2, \cdots, X_n$ i.i.d. $X_1 \sim N(\mu, \sigma^2)$，$s_n^2 = \dfrac{1}{n-1}\sum\limits_{i=1}^{n}(X_i - \overline{X})^2$ 为 σ^2 的无偏估计量，s_n^2 是 σ^2 的相合估计吗？

4. 设 $X_1, X_2, \cdots, X_n$ i.i.d. $X_1 \sim P(\lambda)$，证明 $\overline{X}$，s_n^2（定义见第 3 题）都是 λ 的相合估计。

5. 设 $X_1, X_2, \cdots, X_n$ i.i.d. $X_1 \sim U(0,\theta)$，试证 $T(X) = \sqrt[n]{X_1 X_2 \cdots X_n}$ 为 $g(\theta) = \theta/\mathrm{e}$ 的相合估计。

6. 设总体的二阶矩存在，$X_1, X_2, \cdots, X_n$ 是总体的简单随机样本，则 $T(\boldsymbol{X}) = \dfrac{2}{n(n+1)}\sum\limits_{i=1}^{n} iX_i$ 是一阶原点矩的相合估计。

7. 若 $X_1, X_2, \cdots, X_n$ 为下列各总体的 i.i.d. 样本：(a) $N(\mu, \sigma^2)$，(b) $P(\lambda)$，(c) $B(1,p)$，求诸参数的极大似然估计，并找出其渐近分布。

8. 设 $X_1, X_2, \cdots, X_n$ i.i.d. $X_1 \sim f(x,\theta) = \dfrac{1}{\theta}\mathrm{e}^{-x/\theta}, x > 0$，试证 θ 的 MLE 之渐近分布为 $N\left(\theta, \dfrac{\theta^2}{n}\right)$。

9. 在习题 2.5.3 中，当估计 λ^2 时，求 $\overline{X}^2$ 相对于 $\tilde{\lambda}^2$ 的渐近效率。

10. * 设 $X_1,X_2,\cdots,X_n$ i.i.d. $X_1 \sim N(\theta,1)$，θ 是未知参数，令

$$\delta_n = \begin{cases} \overline{X} & |\overline{X}| \geqslant n^{-\frac{1}{4}} \\ a\overline{X} & |\overline{X}| < n^{-\frac{1}{4}} \end{cases}$$

则

$$\sqrt{n}(\delta_n - \theta) \xrightarrow{L} N(0,u(\theta))$$

其中 $u(\theta) = \begin{cases} 1 & \theta \neq 0 \\ a^2 & \theta = 0 \end{cases}$

习题 2.7

1. 设 $X_1,X_2,\cdots,X_n$ i.i.d. $X_1 \sim U(\theta,\theta+1)$，求 θ 的置信度为 $100(1-\alpha)\%$ 的置信区间。

2. 设 $X_1,X_2,\cdots,X_n$ i.i.d. $X_1 \sim N(\mu,\sigma^2)$，μ 已知，求 σ^2 的置信度为 $100(1-\alpha)\%$ 的置信区间。它与 μ 未知时的区间估计有何差别？

3. 设 $X_1,X_2,\cdots,X_n$ i.i.d. X_1 服从指数分布，密度为

$$f(x) = \begin{cases} \dfrac{1}{\theta}\mathrm{e}^{-x/\theta} & x > 0 \\ 0 & \text{其他} \end{cases}$$

(a) 证明 $2n\overline{X}/\theta \sim \chi^2(2n)$；

(b) 求 θ 的 $100(1-\alpha)\%$ 的置信下限。

4. 某批产品次品率 p 未知，今抽取 100 件检验，发现 2 件次品，试给出置信度 95% 的次品率的置信上限。

5. 设 $X_1,X_2,\cdots,X_m$ 与 $Y_1,Y_2,\cdots,Y_n$ 是分别抽自 $N(\mu_1,\sigma_1^2)$ 与 $N(\mu_2,\sigma_2^2)$ 的两个独立样本。

(a) 若 σ_1^2,σ_2^2 已知，求 $\mu_2-\mu_1$ 的置信度为 $100(1-\alpha)\%$ 的置信区间；

(b) 若 $\sigma_1^2=\sigma_2^2$ 已知，为使置信度为 90% 的 $\mu_2-\mu_1$ 的置信区间长为 $\dfrac{2}{5}\sigma_1$，问当样本大小 $m=n$ 时，n 应取多大？

(c) 若 $\mu_1,\mu_2,\sigma_1^2,\sigma_2^2$ 都未知，求 σ_2^2/σ_1^2 的一个置信度为 $100(1-\alpha)\%$ 的置信区间。

第3章 假设检验

在科学研究、工程技术、经济与管理领域及日常生活中，经常遇到类似如下的问题：某种产品的次品率低于5%吗？一个品牌的电冰箱比另一个品牌的省电吗？等等。在这些问题中，难以根据已有的理论做出确定的回答，而往往需要做一些观察或试验，并根据试验的结果做出一定的推断。如果试验结果包含着充分的信息，就可以据此给出回答，但通常难以给出十分确定的回答，原因是在大量的实际问题中，由于各种原因（如试验安排、不可控制因素等）试验往往受到随机因素的影响，试验结果具有不确定性。此时，以一定的信度给出一个回答是很自然的要求。统计学中的假设检验理论，提供了处理这类问题的科学方法。

与参数估计问题一样，假设检验是统计推断理论的一个重要方面。不同的是，在假设检验问题中，对于未知的量或总体的性态有一个先验的猜测（假设），统计推断的目的是依据试验样本以一定的可靠度对这个猜测成立与否进行判决。

本章介绍假设检验的基本概念与基本方法，同时涉及一些理论问题。内容包括假设检验的基本概念，正态总体参数的检验，常见非正态总体参数的检验，Neyman－Pearson引理与一致最优检验，常见的非参数检验以及拟合优度检验。

3.1 基本概念

首先从一具体例子提出假设检验的基本概念。

例3.1.1 某公司生产某种产品，从长期经验知其不合格品率不超过0.04（即4%）。某单位从该公司购进一批产品，为确定该批产品不合格品率是否不超过0.04，验货时抽出了 m 件产品进行检验。设 m 件产品中不合格产品数为X，如何根据X的值推断该批产品的不合格品率是否不超过0.04呢?

显然，这是一个与参数估计不同的问题。即便是能够用样本估计出不合格品率的值，也需要进一步考虑两个论断即“不合格品率不超过0.04”和“不合格品率超过0.04”中哪一个是可以接受的。换言之，需要依据样本做出一个判决。直观地讲，可按下述方法进行：事先确定一整数k，若$X\leqslant k$，就认为不合格品率不超过0.04；否则不能接受“不合格品率$\leqslant 0.04$”，即认为“不合格品率>0.04”。对此，必须回答以下两个问题：

(1) k的值如何确定?

(2) 如何评价这种“判决”方法?

这两个问题是相互联系的。先看问题（1）。可以把k称为临界值。显然，如果临界值k定的大，购买方承担的风险就大，即出现“本来不合格品率大于4%，但验货时没有发现”这种事情的可能性较大；反过来，如果k定的小，生产方承担的风险大。于是，k的选定直接影响到所得结论的可靠性，需要在两种风险中有一个平衡点。再看问题（2）。为了评价这种判决方法，需要有一个数量上的尺度来衡量其优劣。在实际问题中，前面说的风险往往含有丰富的内容。比如说，航天公司采购火箭上的部件，一旦产品质量有问题造成的损失会很大。但在此处，只以事件发生的可能性大小，即概率来衡量风险的大小。

为了计算方便，假定$m=5$，p是实际不合格品率，此时$X\sim B(5, p)$。首先计算$p=0.04$时X取各值的概率，即求出X的概率函数，如表3.1所示。

表3.1 X的概率函数

x	0	1	2	3	4	5
$P(X=x)$	0.815 37	0.169 87	0.014 16	0.000 59	0.000 01	0.000 00

由表3.1可计算出$P(X\leqslant x)$之值，如表3.2所示。

表3.2 X的分布函数

x	0	1	2	3	4	5
$P(X\leqslant x)$	0.815 37	0.985 24	0.999 40	0.999 99	1.000 00	1.000 00

由表3.2看出，当$p=0.04$时，$P\{X\leqslant 1\}=0.985\,24$。进一步，可以证明（参见习题3.1的第3题），当$p\leqslant 0.04$时，$P\{X\leqslant 1\}\geqslant 0.985\,24$。

这意味着，若不合格率≤0.04，5 个产品中的不合格品数大于 1 的概率不超过 0.014 76，因而是非常不易发生的事件。这样，就可以如是判决：当 5 件产品中不合格品数大于 1 时，就认为这批产品的不合格品率大于 0.04。这里应用了一个原则：即认为小概率事件在一次试验中不大会发生，或者反过来说，在一次试验中观察到的事件不大可能是小概率事件，从而推翻了原来的假设“$p \leqslant 0.04$”。这是人们在日常生活中常用的办法，称为“实际推断原理”。

实际推断原理是假设检验的基本原则，类似于数学推理中的反证法。当然，它和反证法有本质的不同：演绎推理中的反证法得到的结论是确定性的、正确的，而这里得到的判决可能是错误的，因为实际上小概率事件在一次试验中并非绝对不发生，只是发生的可能性小。因此，需要考虑这个判决的办法给供需双方带来的风险，即错误判决的可能性。

如前面所讨论的，判决有可能出现两类错误。一是冤枉生产方，即本来这批产品的不合格品率不超过 0.04，但抽样时碰巧抽到 2 件或更多的不合格品。前面已经看到，这种事件发生的概率不超过 0.014 76。第二类可能的错误是，本来这批产品的不合格品率超过了 0.04，但抽检时只抽到 1 件不合格品或没有抽到不合格品，从而认为这批产品的不合格品率不超过 0.04。当真实的不合格品率为 $p(>0.04)$ 时，犯这类错误的概率为 $P(X \leqslant 1) = (1-p)^5 + 5p(1-p)^4$，它是 p 的单减函数。

现在给出假设检验的基本概念。

（1）总体分布族：假设 $X_1, \cdots, X_n$ 为来自于分布族 $\{f(x,\theta): \theta \in \Theta\}$ 中某一分布的简单随机样本。目前我们只考虑参数分布族，即概率密度或概率函数 $f(\cdot,\cdot)$ 的形式完全已知，参数 θ 的真值属于已知的参数空间 Θ（θ 可能取值的全体），但未知。与参数估计的问题一样，总体分布族的确定建立了统计模型。所举例子中，可观察变量 $X \sim B(m,p)$，$p \in (0,1)$，p 为产品的不合格率，理论上讲，可为 0 到 1 间任何值，即分布族为二项分布族。

（2）原假设和对立假设：在实际问题中，研究人员往往提出某个假设，并希望通过样本来检验该假设是否成立。对于上面的例子，负责验货的人员当然关注这批产品的不合格品率是不是大于 0.04。这个假设可以称为研究假设，在假设检验问题中，称为**对立假设**或**备择假设**。“不合格率≤0.04”是研究假设的反面，即 $p \leqslant 0.04$，称该假设为**原假设**或**零假设**。原假设常用 H_0 表示，对立假设常用 H_1 表示。在参数分布族模型中，原假设和对立假设表现为参数的不同范围。如例 3.1.1 中，原假设可以表示为“$H_0: p \leqslant 0.04$”，对立假设可以表示为“$H_1: p > 0.04$”。

为了清楚地表达所考虑的原假设和对立假设，一般把它们成对地写出，如上例中的假设检验问题可以表示为

$$H_0: p \leqslant 0.04;\ H_1: p > 0.04 \tag{3.1.1}$$

一般地，参数的假设检验问题可以表示为

$$H_0: \theta \in \Theta_0;\ H_1: \theta \in \Theta_1 \tag{3.1.2}$$

其中 Θ_0，Θ_1 均为 Θ 的真子集，且 $\Theta_{\circ} \cap \Theta_1 = \varnothing$。两个假设之间有时用双向箭头连接：$H_0 \leftrightarrow H_1$，表示它们是检验问题中的一对矛盾。

在实际问题中，正确地写出原假设和对立假设是非常重要的，一般与问题的实际背景有关，但它们合在一起概括了所有可能的情况，即不考虑除原假设和对立假设两种情况以外的其他情况。更多的讨论参见本节后面的注 1。

(3) 检验规则：即根据样本判断能否接受原假设 H_0 的规则。一般来说，最简单的**检验规则**是：把样本可能的取值范围即样本空间划分为两个不相交的部分 S 和 S^c，并且这种划分不依赖于未知参数；当样本 $\boldsymbol{X} = (X_1, \cdots, X_n)^{\mathrm{T}}$ 落入 S 时，就拒绝原假设 H_0 而接受对立假设 H_1，否则就接受 H_0。划分 (S, S^c) 称为假设检验问题“$H_0 \leftrightarrow H_1$”的一个**检验**，称 S 为该检验的**拒绝域**，S^c 称为该检验的**接受域**。在上述的例子中，样本空间（X 的取值范围）为 $\{0,1,2,3,4,5\}$。当 $X \leqslant 1$ 时，就认为 $p \leqslant 0.04$，即接受原假设 $H_0: p \leqslant 0.04$。所以拒绝域为 $S = \{2,3,4,5\}$，接受域为 $S^c = \{0,1\}$。

为了数学研究的方便，常用**检验函数** $\phi(\boldsymbol{X})$ 描述检验规则

$$\phi(\boldsymbol{X}) = \begin{cases} 1 & \boldsymbol{X} \in S \\ 0 & \boldsymbol{X} \in S^c \end{cases} \tag{3.1.3}$$

显然，检验函数为拒绝域的示性函数。当 $\phi(\boldsymbol{X}) = 1$ 时拒绝原假设，当 $\phi(\boldsymbol{X}) = 0$ 时接受原假设。检验函数完全地表示了检验规则，因而也简称为检验。上例中的检验可以写为

$$\phi_1(X) = \begin{cases} 1 & X > 1 \\ 0 & X \leqslant 1 \end{cases}$$

在通常的情况下，检验的拒绝域可以通过一个统计量来表示，称这个统计量为**检验统计量**。此时，拒绝域和接受域之间常用一个或几个数值分开，称这些值为检验的**临界值**。如上例中，检验 ϕ_1 的检验统计量为 5 件产品中的不合格品数 X，临界值为 1。

对于同一个问题，当然可以有不同的检验规则（检验函数）。比如在上例中，如果验收人员很严厉，他可能取临界值 $k=0$，即只要 5 个产品中出现不合格品，他就认为 $p>0.04$。这样就得到另一个关于式（3.1.1）的检验

$$\phi_0(X)=\begin{cases}1 & X>0\\ 0 & X=0\end{cases}$$

同理若取 $k=2$，则得到式（3.1.1）的检验 ϕ_2。

（4）两类错误：在前面的例子中，已经提到应用实际推断原理进行判决，可能犯以下两类错误。

第一类错误：原假设 H_0 为真，而错误地拒绝了它，故又称为**弃真错误**。注意到拒绝 H_0 等价于 $\boldsymbol{X}\in S$，式（3.1.3）的检验 ϕ 犯第一类错误的概率为

$$P_\theta(\text{第一类错误})=P_\theta(\boldsymbol{X}\in S)=E_\theta(\phi(\boldsymbol{X})),\theta\in\Theta_0 \quad (3.1.4)$$

这个概率一般随 θ 在 Θ_0 中的取值（即参数真值）变化而变化。

在产品检验的例子中，对于检验 ϕ_1，第一类错误就是指本来不合格品率的确是不超过 0.04 的，但抽检的 5 件产品中有多于一件的不合格品，从而验货人员认为不合格品率大于 0.04。已经得到该检验犯第一类错误的概率是

$$P_p(\text{第一类错误})=P_p(X>1)=\sum_{j=2}^{5}\binom{5}{j}p^j(1-p)^{5-j},p\leqslant 0.04$$

并且已经知道这个概率不超过 0.014 76。

第二类错误：原假设不真，而错误地接受了它，又称为取伪错误。对于上面例子中的检验 ϕ_1，第二类错误是指本来这批产品的不合格品率大于 0.04，但由于抽检的 5 件产品中不合格品数未超过 1 而认为不合格品率小于等于 0.04。该检验犯第二类错误的概率为

$$P_p(\text{第二类错误})=\sum_{i=0}^{1}\binom{5}{i}p^i(1-p)^{5-i}$$

其中 $p>0.04$。如 $p=0.10$ 时，$P_{0.10}$（第二类错误）$=0.918\ 54$。

一般地，式（3.1.3）的检验 ϕ 犯第二类错误的概率是

$$P_\theta(\text{第二类错误})=P_\theta(\boldsymbol{X}\in S^c)=E_\theta(1-\phi(\boldsymbol{X})),\theta\in\Theta_1$$

同样可以计算上例中检验 ϕ_0 和 ϕ_2 犯第一类和第二类错误的概率。

（5）功效函数：又称为**势函数**，用来统一描述该检验犯两类错误的概率。检验 $\phi(\boldsymbol{X})$ 的**功效函数**定义为该检验拒绝原假设 H_0 的概率，用 $\beta_\phi(\theta)$

表示，即

$$\beta_{\phi}(\theta) = E_{\theta}\phi(\boldsymbol{X}) \tag{3.1.5}$$

对于一个给定的检验 ϕ，功效函数的值随参数 θ 而变化，是参数 θ 的函数。

显见，当 $\theta \in \Theta_0$ 时，H_0 为真，$\beta_{\phi}(\theta)$ 为检验 $\phi(\boldsymbol{X})$ 犯第一类错误的概率；当 $\theta \in \Theta_1$ 时，H_1 为真，$1-\beta_{\phi}(\theta)$ 为该检验犯第二类错误的概率。不同的检验所对应的功效函数一般也不同。图 3.1 给出了上例中不同的临界值 k 对应的检验的功效函数。其中图（a）是样本量 $m=5$ 时，$k=0$，$k=1$，$k=2$ 所对应的 3 个检验的功效函数曲线，而图（b）为 $m=10$ 时，$k=0$，$k=1$，$k=2$ 所对应的 3 个检验的功效函数曲线。图中表明，当选取的临界值 k 增大时，功效曲线在降低，这表示 3 个检验 ϕ_0，ϕ_1，ϕ_2 犯第一类错误的概率逐次降低，而犯第二类错误的概率依次增加。这个现象具有一定的普遍性，即尽管希望选取检验，使其功效函数在 Θ_0 上尽量小而在 Θ_1 上尽量大，但一般来说当降低犯第一类错误的概率时，犯第二类错误的概率会增加，“鱼与熊掌不可兼得”。

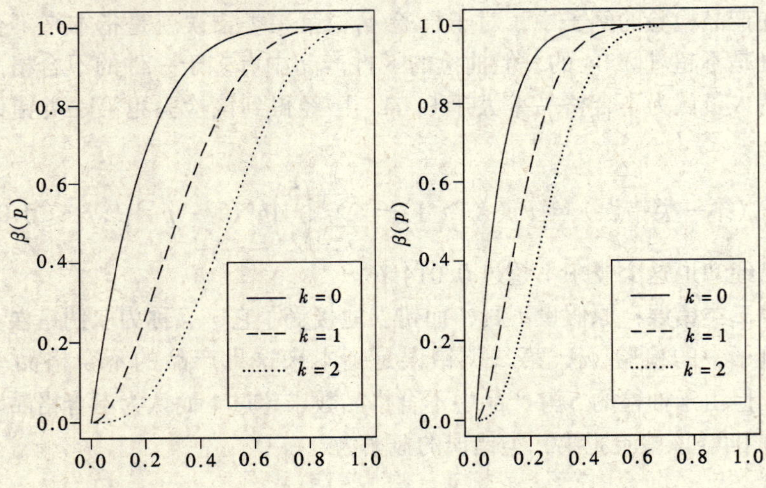

图 3.1 不合格品率检验的功效函数：不同的 k 对应不同的检验

（6）检验水平：前面谈到，对于相同的假设检验问题可以有不同的检验，这就需要对检验进行比较和甄别。自然的想法是看犯两类错误的概率。然而，正如在前面的例子中所看到的，很难使犯两类错误的概率同时都很小。为此，采取以下的原则：根据实际问题的需要，事先选定 $\alpha \in$（0，1），

要求检验 ϕ 满足

$$\beta_\phi(\theta) \leqslant \alpha, \ \forall\, \theta \in \Theta_0 \tag{3.1.6}$$

即要求犯第一类错误的概率不超过 α。选取检验函数时，在式（3.1.6）的约束下，使 $\beta_\phi(\theta)$ 在 Θ_1 上尽可能的大，从而使得犯第二类错误的概率尽量小。这就是所谓**控制第一类错误概率的原则**，α 称为 ϕ 的**检验水平**或**显著性水平**，简称为水平，而满足式（3.1.6）的检验 $\phi(\boldsymbol{X})$ 称为**水平为 α 的检验**。实际中常取检验水平 α 为比较小的数，如 0.01，0.05，0.1 等。

$$\alpha_0 = \sup_{\theta \in \Theta_0} \beta_\phi(\theta) \tag{3.1.7}$$

称为检验 ϕ 的**真实水平**。上例中给出的检验 ϕ_1 的真实水平为 0.015 37。显然，$\alpha_0 \leqslant \alpha$，但二者不一定相等。对应于真实水平 α_0，有时也称 α 为检验的名义水平。

注 1：关于原假设与对立假设的选择　在许多实际问题中，两个相互对立的假设的地位不同，原假设与对立假设是明显的。研究人员提出的假设（研究假设）常作为对立假设，原因是，由于我们采取控制犯第一类错误概率的原则，当根据样本拒绝原假设而接受对立假设（研究假设）时，犯错误的概率不超过给定的检验水平，因而给出的判决的可靠度是可知的。而如果把研究假设作为原假设，那么当接受研究假设时，判决的可靠度往往很难给出。另外，为了数学处理的方便，一般把不等式中的等号放在原假设中，如在上面的例子中，原假设是“$H_0: p \leqslant 0.04$”。

注 2：关于检验的水平　之所以选取检验水平 α 为小的正数，是因为在检验中，把概率不超过 α 的事件视为小概率事件而应用实际推断原理。另一方面，α 越小，一般犯第二类错误的概率就会越大。因此，如何选取要视实际情况而定。如果情况允许，可以适当增大样本量，以降低犯第二类错误的概率。

另外，按照检验水平的定义，一个水平为 α 的检验，显然也是水平为 α' 的检验，这里 α' 是任意大于 α 的正数。对于给定的 α，一般寻求真实水平接近于 α（但不大于 α）的检验，通常只有这样才能使得犯第二类错误的概率较小。

注 3：关于假设检验判决结论的解释　假设检验中给出的判决结论是基于样本的，具有随机性。在面对实际问题进行解释的时候尤其需要注意这一点，否则可能造成误解。事实上，接受原假设相当于说通过试验的样本，没有发现原假设不成立的证据；而拒绝原假设则相当于说在一定程度上发现了原假设不成立的证据。

在下面的各节中，讨论对于给定的假设检验问题，即对于给定的分布族、原假设和对立假设以及检验水平，如何给出具有给定检验水平的检验。构造水平为 α 的检验的一般步骤如下：

(1) 构造样本 $\boldsymbol{X}$ 和参数 θ 的函数 $g(\boldsymbol{X},\theta)$，使得在 H_0 下其分布完全已知，记为 G；

(2) 由分布 G 求样本空间中的区域 S，使得在 H_0 下 $P(g(\boldsymbol{X},\theta)\in S)\leqslant\alpha$；

(3) 由 $g(\boldsymbol{X},\theta)$ 求统计量 $h(\boldsymbol{X})$，使得在 H_0 下，有 $P(h(\boldsymbol{X})\in S)\leqslant P(g(\boldsymbol{X},\theta)\in S)\leqslant\alpha$；

(4) 取 $h(\boldsymbol{X})$ 为检验统计量，S 为拒绝域，即

$$\phi(\boldsymbol{X})=\begin{cases}1 & h(\boldsymbol{X})\in S\\0 & h(\boldsymbol{X})\in S^c\end{cases}$$

是水平 α 的检验。

读者可以结合上面的例子体会这些步骤。在下一节将给出更多的例子。

3.2 正态分布参数的检验

正态分布参数的假设检验在实际问题中有重要的应用。例如，当要考察食品包装生产线工作是否正常时，需要检查包装食品的平均重量是否在指定的水平上，同时也要检查生产线工作状态是否稳定。前者是均值的检验问题，而后者可以用方差的检验来回答。以下分别叙述均值和方差的检验，请读者注意体会构造检验函数的直观思想以及 3.1 节列出的构造检验的 4 个步骤。

本节总是假定总体分布为 $N(\mu,\sigma^2),X_1,X_2,\cdots,X_n$ 为其简单随机样本。

3.2.1 正态分布均值的检验

常见的均值假设检验问题有

$$H_0^{(1)}:\mu=\mu_0;\quad H_1^{(1)}:\mu\neq\mu_0 \tag{3.2.1}$$

$$H_0^{(2)}:\mu\leqslant\mu_0;\quad H_1^{(2)}:\mu>\mu_0 \tag{3.2.2}$$

$$H_0^{(3)}:\mu\geqslant\mu_0;\quad H_1^{(3)}:\mu<\mu_0 \tag{3.2.3}$$

(3.2.1) 称为双边检验问题，后两者称为单边检验问题。先讨论 $H_0^{(1)} \leftrightarrow H_1^{(1)}$ 的检验。首先考虑方差 $\sigma^2 = \sigma_0^2$ 已知的情况。

在估计理论中，曾用 $\overline{X} = \frac{1}{n}\sum_{i=1}^{n} X_i$ 估计参数 μ。直观上，若假设 $H_0^{(1)}$ 为真，$\overline{X}$ 与 μ_0 的差别不应太大；若 $|\overline{X} - \mu_0|$ 过大，有理由拒绝 $H_0^{(1)}$。但考虑 $|\overline{X} - \mu_0|$ 的大小时，不应只看其绝对大小，还应与 σ_0 进行比较。因为如果 σ_0 很大，即便 $H_0^{(1)}$ 为真，$|\overline{X} - \mu_0|$ 取大值的可能性也很大。故取检验统计量

$$U = \frac{\overline{X} - \mu_0}{\sigma_0 / \sqrt{n}} \tag{3.2.4}$$

为 $H_0^{(1)}$ 为真时，$U \sim N(0, 1)$。对给定的检验水平 α，从标准正态分布表查得上 $\alpha/2$ 分位点 $u_{\alpha/2}$，则 $P(|U| \leqslant u_{\alpha/2}) = 1 - \alpha$。于是，当 $\sigma^2 = \sigma_0^2$ 已知时，(3.2.1) 的水平为 α 的检验的拒绝域取为

$$S = \{(X_1, X_2, \cdots, X_n)^{\mathrm{T}}: |U| > u_{\alpha/2}\}$$

这个检验有时称为 u 检验，其检验函数为

$$\phi(\boldsymbol{X}) = \begin{cases} 1 & |U| > u_{\alpha/2} \\ 0 & |U| \leqslant u_{\alpha/2} \end{cases}$$

例 3.2.1　设 $X \sim N(\mu, 9)$，抽得样本大小为 8 的样本：12.5，13.8，14.1，14.1，14.8，15.0，15.4，16.0。在显著性水平 $\alpha = 0.05$ 下，是否可接受 $\mu = 14$ 之假设？

解： 通常可以按以下步骤进行假设检验。

(1) 假设：此问题可以表示为双边假设检验问题

$$H_0: \mu = 14; \ H_1: \mu \neq 14$$

(2) 检验统计量：由式 (3.2.4) 知检验统计量为

$$U = \frac{\sqrt{8}(\overline{X} - \mu_0)}{\sigma_0}$$

(3) 拒绝域：由正态分布表查得 $u_{0.025} = 1.96$，故拒绝域为 $S = \{(X_1, \cdots, X_8)^{\mathrm{T}}: |U| > 1.96\}$。

(4) 计算检验统计量的值：把样本值代入检验统计量得 $U = \frac{\sqrt{8}(14.46 - 14)}{3} = 0.434$。

(5) 检验结论：由于 $|U| = 0.434 < 1.96$，故接受原假设 $\mu = 14$。

当 σ^2 未知时，自然考虑用 s 代替 σ。于是，令

$$T = \frac{\sqrt{n}(\overline{X} - \mu_0)}{s}$$

其中 $s^2 = \frac{1}{n-1}\sum_{i=1}^{n}(X_i - \overline{X})^2$ 。当 $H_0^{(1)}$ 成立时，T 服从自由度为 $n-1$ 的 t 分布。对于给定的显著性水平 α，有

$$P(|T| > t_{\alpha/2}(n-1)) = \alpha$$

故当 σ^2 未知时，(3.2.1) 的水平为 α 的检验的拒绝域取为 $S = \{(X_1, X_2, \cdots, X_n)^{\mathrm{T}}: |T| > t_{\alpha/2}(n-1)\}$。该检验称为 t 检验，其检验函数为

$$\phi(\boldsymbol{X}) = \begin{cases} 1 & |T| > t_{\alpha/2}(n-1) \\ 0 & |T| \leqslant t_{\alpha/2}(n-1) \end{cases}$$

再讨论 $H_0^{(2)} \leftrightarrow H_1^{(2)}$ 的检验，假定 σ^2 未知。直观上，当 $\overline{X} - \mu_0$ 太大时拒绝 $H_0^{(2)}$ ，并且同样需要与 s 比较。由于

$$\frac{\sqrt{n}(\overline{X} - \mu)}{s} \sim t(n-1)$$

并且当 $H_0^{(2)}$ 成立时，

$$\frac{\sqrt{n}(\overline{X} - \mu_0)}{s} \leqslant \frac{\sqrt{n}(\overline{X} - \mu)}{s}$$

从而

$$P\left(\frac{\sqrt{n}(\overline{X} - \mu_0)}{s} > t_\alpha(n-1)\right) \leqslant P\left(\frac{\sqrt{n}(\overline{X} - \mu)}{s} > t_\alpha(n-1)\right) = \alpha$$

故 σ^2 未知时，(3.2.2) 的水平为 α 的检验的拒绝域取为

$$S = \left\{(X_1, X_2, \cdots, X_n)^{\mathrm{T}}: \frac{\sqrt{n}(\overline{X} - \mu_0)}{s} > t_\alpha(n-1)\right\}$$

对于假设 (3.2.3) 的检验以及方差已知时假设 (3.2.2) 的检验，用完全类似的方法可以得出，留为习题。

3.2.2 正态分布方差的检验

考虑双边假设检验问题

$$H_0: \sigma^2 = \sigma_0^2; \quad H_1: \sigma^2 \neq \sigma_0^2 \tag{3.2.5}$$

在估计理论中，曾用 s^2 估计 σ^2。当 H_0 成立时，s^2/σ_0^2 应接近于 1，故当该值过大或过小时，应拒绝 H_0。又由定理 1.5.1 知，当 H_0 成立时，$(n-$

1)s^2/σ_0^2 服从自由度为 $n-1$ 的 χ^2 分布，故用

$$\chi^2 = \sum_{i=1}^{n}(X_i - \overline{X})^2/\sigma_0^2$$

作为检验统计量。对给定的显著性水平 α，当 H_0 成立时，有

$$P(\chi^2_{1-\alpha/2}(n-1) \leqslant \chi^2 \leqslant \chi^2_{\alpha/2}(n-1)) = 1-\alpha$$

故对于（3.2.5），水平为 α 的检验的拒绝域取为

$$S = \left\{\sum_{i=1}^{n}(X_i - \overline{X}_n)^2/\sigma_0^2 > \chi^2_{\alpha/2}(n-1) \text{ 或 } < \chi^2_{1-\alpha/2}(n-1)\right\}$$

请读者自己写出单侧假设检验问题

$$H_0:\sigma^2 \leqslant \sigma_0^2;\ H_1:\sigma^2 > \sigma_0^2$$

和

$$H_0:\sigma^2 \geqslant \sigma_0^2;\ H_1:\sigma^2 < \sigma_0^2$$

的水平为 α 的检验。

细心的读者会发现，假设检验问题和区间估计有着密切关系：首先，构造检验规则的步骤与构造区间估计的方法类似；其次，置信度为 100(1 − α)% 的置信区间与问题（3.2.1）的水平为 α 的检验的接受域有直接的关系：比如，当方差未知时，μ 的置信度为 100（1−α)%的置信区间是

$$[\underline{\theta}_n, \overline{\theta}_n] = \left[\overline{X} - \frac{s}{\sqrt{n}}t_{\alpha/2}(n-1), \overline{X} + \frac{s}{\sqrt{n}}t_{\alpha/2}(n-1)\right] \tag{3.2.6}$$

而对检验问题(3.2.1)，t 检验的接受域为 $\left\{\boldsymbol{X}: \left|\frac{\sqrt{n}(\overline{X}-\mu_0)}{s}\right| \leqslant t_{\alpha/2}(n-1)\right\}$。对于固定的样本 $\boldsymbol{X}$，使得 $\boldsymbol{X}$ 落入上述形式的接受域的所有 μ_0 值全体形成集合 $\left\{\mu_0: \overline{X} - \frac{s}{\sqrt{n}}t_{\alpha/2}(n-1) \leqslant \mu_0 \leqslant \overline{X} + \frac{s}{\sqrt{n}}t_{\alpha/2}(n-1)\right\}$，这恰是上面的置信区间（3.2.6）。由此看出，区间估计和假设检验是从不同角度上描述同一问题。两者关系由图 3.2 清楚地表示出来：纵轴左侧函数图形为 t 变量的密度函数图形，又以 t 轴为横轴。

上述关系虽是就一特例而言的，但具有普遍意义。事实上，由假设检验问题

$$H_0:\theta = \theta_0;\ H_1:\theta \neq \theta_0 \tag{3.2.7}$$

的水平 α 的检验函数 ϕ 可以构造出 θ 的置信度为 100(1 − α)% 的置信区间。设 ϕ 是问题（3.2.7）的一个检验函数，显著性水平为 α。显然，$\phi(\boldsymbol{X})$ 随 θ_0 而变。给定样本 $\boldsymbol{X}$ 时，把 $\phi(\boldsymbol{X})$ 看作 θ_0 的函数，定义

$$c(\boldsymbol{X}) = \{\theta_0: \phi(\boldsymbol{X}) = 0\} \tag{3.2.8}$$

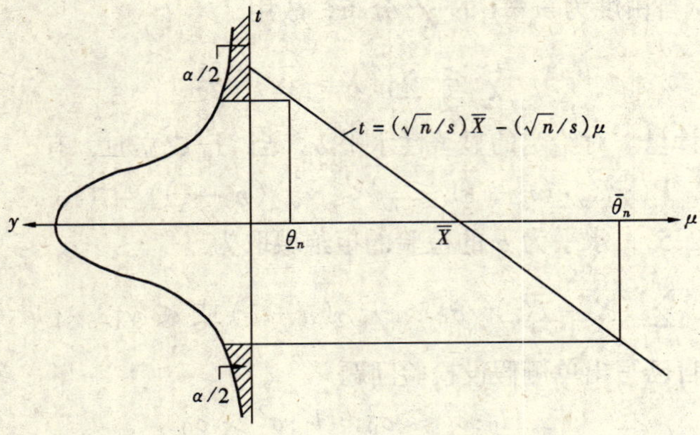

图 3.2 区间估计与假设检验的关系

则 $c(\boldsymbol{X})$ 是 Θ 的随机子集，它包含 θ_0 的概率为

$$P_{\theta_0}(\theta_0 \in c(\boldsymbol{X})) = P_{\theta_0}(\phi(\boldsymbol{X}) = 0) \geqslant 1 - \alpha,\ \forall\, \theta_0 \in \Theta$$

称 $c(\boldsymbol{X})$ 为 θ 的置信度为 $100(1-\alpha)\%$ 的置信集。如果 $c(\boldsymbol{X})$ 是一个区间，则它就是 θ 的置信度为 $100(1-\alpha)\%$ 的置信区间。

反过来，由置信度为 $100(1-\alpha)\%$ 的置信区间也容易构造出（3.2.7）的水平 α 的检验函数。

同理，单边假设检验问题的检验函数与置信限之间也有类似的关系。

3.2.3 两个正态总体的比较

在实际中经常遇到比较两个总体的问题。本小节简单介绍两个正态总体均值的比较。设 $\boldsymbol{X}=(X_1,\cdots,X_m)^{\mathrm{T}}$，$\boldsymbol{Y}=(Y_1,\cdots,Y_n)^{\mathrm{T}}$ 分别为来自 $N(\mu_1,\sigma_1^2)$ 和 $N(\mu_2,\sigma_2^2)$ 的简单随机样本。假定 $\sigma_1^2=\sigma_2^2=\sigma^2$ 但未知。考虑假设

$$H_0:\mu_1=\mu_2;\ H_1:\mu_1\neq\mu_2 \tag{3.2.9}$$

的检验。首先注意到 $\overline{X}-\overline{Y}\sim N\left(\mu_1-\mu_2,\ \left(\dfrac{1}{m}+\dfrac{1}{n}\right)\sigma^2\right)$。其次，由于 $s_1^2=\dfrac{1}{m-1}\sum\limits_{i=1}^{m}(X_i-\overline{X})^2$ 和 $s_2^2=\dfrac{1}{n-1}\sum\limits_{i=1}^{n}(Y_i-\overline{Y})^2$ 都是 σ^2 的估计，用二者构造 σ^2 的估计

$$\hat{\sigma}^2=\frac{(m-1)s_1^2+(n-1)s_2^2}{m+n-2}$$

由定理 1.4.2 和定理 1.5.1 有

$$\frac{(m+n-2)\hat{\sigma}^2}{\sigma^2} \sim \chi^2(m+n-2)$$

并且与 $\overline{X}-\overline{Y}$ 独立，从而当 H_0 成立时，有

$$T = \frac{\overline{X}-\overline{Y}}{\sqrt{\left(\frac{1}{m}+\frac{1}{n}\right)\hat{\sigma}^2}} \sim t(m+n-2)$$

与单个正态总体均值的检验类似，相对于标准差的估计来说，当 $\overline{X}-\overline{Y}$ 的绝对值太大时，应拒绝 H_0。于是，水平为 α 的检验的拒绝域取为

$$S = \{(\boldsymbol{X},\boldsymbol{Y}):|T| > t_{\alpha/2}(m+n-2)\}$$

类似可以得到假设

$$H_0:\mu_1 \leqslant \mu_2;\ H_1:\mu_1 > \mu_2 \tag{3.2.10}$$

的检验。读者还可按 3.2.2 节的方法构造出两个正态总体方差的比较，见习题 3.2 的第 3 题。

3.3　常见非正态总体参数的假设检验

3.3.1　指数分布

设样本 X_1，…，X_n　i.i.d.，共同密度为

$$f(x) = \begin{cases} \frac{1}{\lambda}e^{-\frac{x}{\lambda}} & x > 0 \\ 0 & x \leqslant 0 \end{cases} \tag{3.3.1}$$

其中 $\lambda>0$。考虑假设检验问题

$$H_0:\lambda \geqslant \lambda_0;\ H_1:\lambda < \lambda_0$$

由于 λ 是该总体的数学期望，自然地想到用 $\overline{X}$ 作为检验统计量，并且当 $\overline{X}$ 太小时拒绝 H_0。由习题 2.7 第 3 题知

$$\frac{2n\overline{X}}{\lambda} \sim \chi^2(2n) \tag{3.3.2}$$

从而

$$P\left(\frac{2n\overline{X}}{\lambda} < \chi^2_{1-\alpha}(2n)\right) = \alpha$$

当 H_0 为真时，

$$P\left(\frac{2n\overline{X}}{\lambda_0}<\chi^2_{1-\alpha}(2n)\right)\leqslant P\left(\frac{2n\overline{X}}{\lambda}<\chi^2_{1-\alpha}(2n)\right)=\alpha$$

故 $H_0 \leftrightarrow H_1$ 的水平为 α 的一个检验为

$$\phi(\boldsymbol{X})=\begin{cases}1 & \dfrac{2n\overline{X}}{\lambda_0}<\chi^2_{1-\alpha}(2n)\\ 0 & \dfrac{2n\overline{X}}{\lambda_0}\geqslant\chi^2_{1-\alpha}(2n)\end{cases} \tag{3.3.3}$$

例 3.3.1 某公司生产一种 40 W 灯泡，并声称灯泡的平均寿命为 1 000 h。消费者随机地抽取了 4 个灯泡做试验，得到它们的寿命分别是 980 h，1 005 h，992 h，973 h，计算得平均寿命为 987.5 h。若假定灯泡的寿命服从指数分布，问有无充分证据认为平均寿命小于 1 000 h?

解：设灯泡寿命分布 X 的概率密度为式（3.3.1），取检验水平为 0.05。

（1）假设

$$H_0:\lambda\geqslant 1\,000;H_1:\lambda<1\,000$$

（2）检验统计量：由式（3.3.3）知检验统计量为 $2n\overline{X}/\lambda_0$。

（3）拒绝域：查 χ^2 分布表得拒绝域为 $\{2n\overline{X}/\lambda_0<\chi^2_{1-0.05}(8)=2.733\}$。

（4）计算检验统计量的值：$2\times4\times987.5/1\,000=7.9$。

（5）检验结论：$7.9>2.733$，故不能拒绝原假设，即在检验水平 0.05 下，从样本没有发现平均寿命小于 1 000 h 的证据。

3.3.2 两点分布和二项分布

本章开始曾以不合格品率的检验问题引入了假设检验的基本概念。现在对两点分布（二项分布）参数的假设检验问题进行一般的讨论。假设 X_1, …, X_n i.i.d. $X_1\sim B(1,p)$。考虑假设

$$H_0:p\leqslant p_0;H_1:p>p_0$$

的检验问题。如本章开始时所述，考虑用 $\sum\limits_{i=1}^{n}X_i$ 进行检验。已知 $\sum\limits_{i=1}^{n}X_i\sim B(n,p)$。对于给定的检验水平 α，记

$$k(p)=\min\left\{i:\sum_{j=i+1}^{n}\binom{n}{j}p^j(1-p)^{n-j}\leqslant\alpha\right\} \tag{3.3.4}$$

由于 $\sum_{j=i+1}^{n}\binom{n}{j}p^{j}(1-p)^{n-j}$ 是 p 的单调递增函数(见习题 3.1.3),当 H_0 成立时,$k(p)\leqslant k(p_0)$。取拒绝域为

$$S=\left\{(X_1,\cdots,X_n)^{\mathrm{T}}:\sum_{i=1}^{n}X_i>k(p_0)\right\}$$

则相应检验的水平为 α。

回到本章开始的例子。取检验水平 $\alpha=0.02$，把 α，$n=5$，$p_0=0.04$ 代入式（3.3.4）得 k（0.04）=1，即当 5 个产品中有 2 个或 2 个以上不合格品时，认为不合格品率大于 0.04。前已指出，该检验的真实水平是 0.014 76。如果检验水平取为 $\alpha=0.01$，则不难得到 k（0.04）=2，此时只有 5 个产品中出现 3 个及 3 个以上不合格品时才拒绝 H_0。

对于双边假设检验问题

$$H_0:p=p_0;\ H_1:p\neq p_0 \tag{3.3.5}$$

类似可以得到

$$\phi(\boldsymbol{X})=\begin{cases}1 & \sum_{i=1}^{n}X_i<k_1(p_0)\text{ 或}\sum_{i=1}^{n}X_i>k_2(p_0)\\ 0 & k_1(p_0)\leqslant\sum_{i=1}^{n}X_i\leqslant k_2(p_0)\end{cases} \tag{3.3.6}$$

为水平 α 的检验，其中

$$k_1(p_0)=\max\left\{i:\sum_{j=0}^{i-1}\binom{n}{j}p_0^{j}(1-p_0)^{n-j}\leqslant\frac{\alpha}{2}\right\}$$

$$k_2(p_0)=\min\left\{i:\sum_{j=i+1}^{n}\binom{n}{j}p_0^{j}(1-p_0)^{n-j}\leqslant\frac{\alpha}{2}\right\}$$

3.3.3　Poisson 分布

假定 $X_1,\cdots,X_n$ i.i.d. $X_1\sim P(\lambda)$。考虑双边假设检验问题

$$H_0:\lambda=\lambda_0;\ H_1:\lambda\neq\lambda_0 \tag{3.3.7}$$

曾经用 $\overline{X}$ 估计 λ，检验（3.3.7）的一个自然的想法是，如果 $\overline{X}$ 与 λ_0 相差太多则拒绝 H_0。由于 $\sum_{i=1}^{n}X_i\sim P(n\lambda)$,故如果记

$$k_1=\max\left\{i:\sum_{j=0}^{i-1}\frac{(n\lambda_0)^{j}}{j!}\mathrm{e}^{-n\lambda_0}\leqslant\frac{\alpha}{2}\right\}$$

$$k_2 = \min\left\{ i:1 - \sum_{j=0}^{i} \frac{(n\lambda_0)^j}{j!} e^{-n\lambda_0} \leqslant \frac{\alpha}{2} \right\}$$

则当 H_0 成立时，

$$P\left(\sum_{i=1}^{n} X_i < k_1 \text{ 或} \sum_{i=1}^{n} X_i > k_2 \right) \leqslant \alpha$$

因此

$$\phi(\boldsymbol{X}) = \begin{cases} 1 & \sum_{i=1}^{n} X_i < k_1 \text{ 或} \sum_{i=1}^{n} X_i > k_2 \\ 0 & k_1 \leqslant \sum_{i=1}^{n} X_i \leqslant k_2 \end{cases}$$

为（3.3.7）的水平为 α 的检验。

下面再举一个非正态总体参数检验的例子。该例子还表明，在选用统计模型处理实际问题时，可以根据问题的背景和要求灵活掌握。

例 3.3.2 A、B 两国处于战争状态。A 国通过某种渠道向 B 国暗示 A 国共有 5 000 辆坦克。B 国的战略学家认为这是一夸大了的数字。当时，B 国共缴获 A 国的 6 辆坦克，最高的系列数字（表明出厂的顺序）是 2 516。B 国应得出什么结论？是 A 国故意夸大数字进行恐吓吗？

解： 在讨论参数估计的问题时，曾经利用产品的系列数字估计过实际生产产品的数量（见例 2.4.5）。那里利用了系列数字样本的分布。设实际生产产品的数量为 N，观测到 n 个产品的系列数字，最大者为 Y_n，则 Y_n 的分布为

$$P(Y_n = m) = \binom{m-1}{n-1} \Big/ \binom{N}{n}$$

利用这个分布可以回答上述问题。该问题可以表示为假设

$$H_0: N \geqslant 5\,000;\ H_1: N < 5\,000$$

的检验问题。直观上，当 Y_n 太小时，应该拒绝原假设，从而认为是 A 国故意夸大了数字。设检验水平为 α，记

$$c(N) = \max\left\{ i: P_N(Y_n \leqslant i) = \sum_{m=n}^{i} \binom{m-1}{n-1} \Big/ \binom{N}{n} \leqslant \alpha \right\}$$

由于 $P_N(Y_n \leqslant i)$ 为 N 的单调递减函数，故当原假设成立时，$c(5\,000) \leqslant c(N)$。由此，水平为 α 的检验的拒绝域可以取为 $\{Y_n \leqslant c(5\,000)\}$。

从理论上看，上述检验是完全可行的。但实际进行检验时，需要计算诸

如$\binom{5\,000}{6}$这样的组合数。这些计算即便是利用计算机也并不容易。为此，采用如下的近似方法。

视缴获的坦克系列数字 X 服从均匀分布 $U(0,N)$，$X_1,\cdots,X_n$ 为其样本，将这些样本排序后为 $Y_1<Y_2<\cdots<Y_n$。于是，最大系列数字 Y_n 可视为均匀分布 $U(0,N)$ 样本的最大值，从而 $Z=Y_n/N$ 的概率密度为

$$f(z)=\begin{cases}nz^{n-1} & 0<z<1\\ 0 & \text{其他}\end{cases}$$

记 z_α 为上述分布的 α 分位点，则 $z_\alpha=\sqrt[n]{\alpha}$。当 H_0 成立时，

$$P\left(\frac{Y_n}{5\,000}\leqslant z_\alpha\right)\leqslant P\left(\frac{Y_n}{N}\leqslant z_\alpha\right)=\alpha$$

由此，当 $Y_n/5\,000\leqslant\sqrt[n]{\alpha}$ 时，拒绝 H_0。由于观察值 $Y_6=2\,516<5\,000\sqrt[6]{0.05}=3\,034.8$，认为是 A 国故意夸大了生产坦克的数量。

计算表明，用第一种方法中的准确分布得到的临界值为 3 035，因此两个检验一致。但显然，上述第二种方法的计算简单得多。事实上，第一种方法需要计算从$\binom{5}{5}$直到$\binom{3\,035}{5}$的所有组合数以及$\binom{5\,000}{6}$。有兴趣的读者可以通过计算来比较上述两种模型下 Y_n 的分布。

3.3.4　基于大样本理论的检验

在前面几节中，利用有关分布的特性构造了各种假设检验问题的检验统计量，并利用与检验统计量有关的随机变量的准确分布求出了具有指定水平的检验。然而，在更多的情况下，难以做到这一点，因为有关统计量的分布太复杂（例如分布函数没有简单的表达式），或者甚至连总体分布也未知。此时，如果能够利用渐近分布或近似分布，往往事半功倍。在构造参数的区间估计时，曾用过类似的方法。下面举例说明。

例 3.3.3　设 X_1，X_2，…，X_n 是来自 $F(x)$ 的i.i.d.样本，$F(x)$ 未知，但已知总体的方差 σ^2 存在。欲检验 H_0：$EX=\mu_0$；H_1：$EX\neq\mu_0$，如何构造拒绝域？

解： 当 n 较大时，可以利用中心极限定理近似地确定拒绝域。令

$$U_n=\frac{(\overline{X}-\mu_0)}{s/\sqrt{n}}=\frac{\sqrt{n}(\overline{X}-\mu_0)}{\sigma}\frac{\sigma}{s}$$

由中心极限定理，有

$$\frac{\sqrt{n}(\overline{X}-\mu_0)}{\sigma}\xrightarrow{L}N(0,1)\quad n\to+\infty$$

而由矩估计的强相合性，有

$$\frac{s}{\sigma}\to 1\ a.s.\quad n\to+\infty$$

由此

$$U_n\xrightarrow{L}N(0,1)\quad n\to+\infty$$

故有

$$P(|U_n|\leqslant u_{\alpha/2})\approx 1-\alpha$$

于是，当样本量较大时，检验

$$\phi(\boldsymbol{X})=\begin{cases}1 & |U_n|>u_{\alpha/2}\\ 0 & |U_n|\leqslant u_{\alpha/2}\end{cases}$$

的真实水平近似为 α。

例 3.3.4 设 $X\sim B(n,p_X)$, $Y\sim B(m,p_Y)$, X 与 Y 相互独立。对于大的 m 和 n,考虑假设检验问题：$H_0:p_X=p_Y;H_1:p_X\neq p_Y$。

解：这是两个二项分布的比较问题，对于中小样本，构造精确的水平为 α 的检验是比较困难的，这里将不深入讨论，有兴趣的读者请参见参考文献 [4]。

当 m，n 足够大时，可用中心极限定理构造水平近似为 α 的检验。令

$$U=\frac{\left(\frac{X}{n}-\frac{Y}{m}\right)-E\left(\frac{X}{n}-\frac{Y}{m}\right)}{\left(\mathrm{Var}\left(\frac{X}{n}-\frac{Y}{m}\right)\right)^{1/2}}$$

当 m，n 足够大时，U 近似地服从 $N(0,1)$。

在 H_0 成立的条件下，$E\left(\frac{X}{n}-\frac{Y}{m}\right)=0$，并且此时由大数定律知

$$\frac{X+Y}{m+n}\left(1-\frac{X+Y}{m+n}\right)-\frac{mn}{m+n}\mathrm{Var}\left(\frac{X}{n}-\frac{Y}{m}\right)\xrightarrow{P}0$$

故仍有

$$U^*=\frac{\left(\frac{X}{n}-\frac{Y}{m}\right)}{\sqrt{\frac{X+Y}{m+n}\left(1-\frac{X+Y}{m+n}\right)}}\cdot\sqrt{\frac{mn}{m+n}}$$

近似地服从 $N(0,1)$。对于给定的显著性水平 α，有

$$P(|U^*|< u_{\alpha/2})\approx 1-\alpha$$

于是当 $U^*<-u_{\alpha/2}$或 $U^*>u_{\alpha/2}$时，拒绝原假设 H_0。

在过去许多年中，众多研究想确定做“噩梦”的特点。过多的噩梦对身体当然无益。有人怀疑男人和女人会以同样的机会做噩梦。有一项研究对 160 名男人和 192 名女人进行调查，看做噩梦的频率。每个被询问的人回答是，经常做噩梦（经常是指每月至少做一次噩梦）或偶然做。调查结果如表 3.3。

表 3.3　做噩梦的数据

	男　人／人	女　人／人	总　和／人
经　常	55	60	115
偶　然	105	132	237
总　和	160	192	352

根据表 3.3 的数据，检验

$$H_0: p_m = p_w; H_1: p_m \neq p_w$$

取 $\alpha=0.05$，由正态分布表查得 $u_{0.025}=1.96$。根据样本值计算 U^*

$$U^*=\frac{\frac{55}{160}-\frac{60}{192}}{\sqrt{\frac{115}{352}\left(1-\frac{115}{352}\right)}}\cdot\sqrt{\frac{160\times 192}{352}}=0.64$$

因此，无理由认为男人和女人做噩梦的机会不同。

在应用大样本理论进行假设检验时，一个问题是样本量大到多少才算是大样本。这个问题主要与“收敛于极限分布的速度”有关，没有统一的答案。具体应用时建议向有经验的专家咨询。

最后，介绍一下 p 值的概念，这是一个在统计软件中通用的概念。假定我们用检验统计量$T(\boldsymbol{X})$检验 $H_0\leftrightarrow H_1$，在 H_0 下 $T(\boldsymbol{X})$的分布已知，拒绝域为$T(\boldsymbol{X})>t_\alpha$。在得到样本观测值 $\boldsymbol{x}=(x_1,\cdots,x_n)^{\mathrm{T}}$ 后，计算检验统计量的值得 $T(\boldsymbol{x})$。概率 $p=P(T(\boldsymbol{X})>T(\boldsymbol{x})|H_0)$ 称为样本观测值 $\boldsymbol{x}$ 所对应的 p 值。显然，如果 p 值大于或等于检验水平 α，则相当于样本观测值 $\boldsymbol{x}$ 落入接受域，从而应接受 H_0，否则，若 p 值小于检验水平 α，则应拒绝 H_0。对于其他形式的拒绝域，也有类似的结果。

例如在例 3.3.4 中，由于标准正态分布近似于检验统计量 U^* 在 H_0 下的分布，表中数据所对应的 p 值为$P(|Z|>0.64)=2\Phi(-0.64)=0.65$，

这里 $Z \sim N(0,1)$。

3.4 Neyman - Pearson 引理

如 3.1 节中所指出的，在假设检验问题中，犯两类错误的概率是相互制约的，降低犯第一类错误的概率，往往增加犯第二类错误的概率，因而采用了限制犯第一类错误概率的原则，即在满足犯第一类错误的概率不超过检验水平 α 的条件下，犯第二类错误的概率愈小愈好，也即功效函数在对立假设下越大越好。在前面的几节中，没有细致讨论所给出的各种检验犯第二类错误的概率，是因为在一般的情况下，功效函数的计算是复杂的；同时，在构造检验时，都基于直观上的合理性进行考虑。一般说来，这样构造的检验虽然犯第二类错误的概率未必是最小的，但也能够满足实际问题的需要。本节接下来讨论功效函数在对立假设下的最大化问题。为此，引入下面概念。

设总体分布族为 $\{f(x,\theta):\theta \in \Theta\}$，这里，当总体为连续型总体时，$f(x,\theta)$ 为其概率密度函数，当总体为离散型总体时，$f(x,\theta)$ 为其概率函数，即 $f(x,\theta) = P_\theta(X = x)$;$\Theta$ 为参数空间。考虑假设检验问题：

$$H_0:\theta \in \Theta_0;\ H_1:\theta \in \Theta_1 \tag{3.4.1}$$

其中，Θ_0，Θ_1 是 Θ 的互不相交的子集；$\boldsymbol{X} = (X_1,X_2,\cdots,X_n)^{\mathrm{T}}$ 为简单随机样本；$\boldsymbol{X}$ 的联合概率密度（概率函数）为 $\prod_{i=1}^{n} f(x_i,\theta)$。

定义 3.4.1 设 $\phi(\boldsymbol{X})$是假设检验问题（3.4.1）的水平为 α 的检验，若对任何（3.4.1）的水平为 α 的检验 $\phi^*(\boldsymbol{X})$有

$$\beta_\phi(\theta) \geqslant \beta_{\phi^*}(\theta),\ \forall\,\theta \in \Theta_1$$

其中 $\beta_\phi(\theta),\beta_{\phi^*}(\theta)$ 分别是 ϕ 和 ϕ^* 的功效函数，则称 ϕ 为式（3.4.1）的水平为 α 的一致最优检验（Uniformly Most Powerful Test），简记做 UMP 检验。

从功效最大的角度看，如果 UMP 检验存在，当然使用这种检验。但遗憾的是这种场合很少。波兰统计学家 Jerzy Neyman 和英国统计学家 Egon Pearson 在 1930 年代引入了 UMP 检验的概念并进行了研究，开创了用严格的数学方法讨论统计学问题的先河。本节介绍的 Neyman - Pearson 引理就是这一理论的基本结果。这一定理证明了当 Θ_0 和 Θ_1 均由一点组成时，UMP

检验一定存在，并可求出检验函数的具体形式。为了介绍这一理论，先将检验函数概念加以推广。

到目前为止，检验函数$\phi(\boldsymbol{X})$只取 0,1 两个值；当它取 0 时不拒绝原假设，而取 1 时拒绝原假设。这样，可将$\phi(\boldsymbol{X})$视作样本为$\boldsymbol{X}$时拒绝原假设H_0的概率。按这种解释，$\phi(\boldsymbol{X})$可取$[0,1]$中任何值，当$0<\phi(\boldsymbol{X})<1$时，以概率$\phi(\boldsymbol{X})$拒绝H_0。具体实施该检验时，要设计一个随机试验，使某事件发生A的概率恰是$\phi(\boldsymbol{X})$。做一次该试验，当事件A发生时，拒绝H_0，否则接受H_0。这类可取到 0,1 之间值的检验函数叫做**随机化检验函数**。随机化检验函数为理论研究带来了方便。

下面考虑简单假设$H_0:\theta=\theta_0;H_1:\theta=\theta_1$的检验问题。这类假设可以写为更一般的形式

$$H_0:X\sim f_0(x);H_1:X\sim f_1(x) \tag{3.4.2}$$

对于假设检验问题（3.4.2），有以下重要定理。

定理 3.4.1　（Neyman－Pearson 基本引理）设$\alpha\in[0,1]$，则

（1）对检验问题（3.4.2），必存在一检验ϕ，满足条件

$$\phi(\boldsymbol{X})=\phi(X_1,\cdots,X_n)=\begin{cases}1 & \prod_{i=1}^{n}f_1(X_i)\Big/\prod_{i=1}^{n}f_0(X_i)>k\\ r & \prod_{i=1}^{n}f_1(X_i)\Big/\prod_{i=1}^{n}f_0(X_i)=k\\ 0 & \prod_{i=1}^{n}f_1(X_i)\Big/\prod_{i=1}^{n}f_0(X_i)<k\end{cases} \tag{3.4.3}$$

$$E_0\phi(\boldsymbol{X})=\int_{R^n}\phi(x_1,\cdots,x_n)\prod_{i=1}^{n}f_0(x_i)\mathrm{d}x_1\cdots\mathrm{d}x_n=\alpha \tag{3.4.4}$$

此处$k>0$，$0\leqslant r\leqslant 1$均为常数，E_0表示在原假设分布下的数学期望。式（3.4.4）表明ϕ的真实检验水平为α。

（2）任何满足式（3.4.3）和式（3.4.4）的检验函数ϕ是（3.4.2）的检验水平为α的 UMP 检验。

（3）若ϕ为（3.4.2）的 UMP 检验，则存在某个常数k，使ϕ关于P_0和P_1几乎处处满足式（3.4.3）；又若$E_1\phi(\boldsymbol{X})<1$，则必满足式（3.4.4）。

证明　当$\alpha=0$或$\alpha=1$时，可取$k=+\infty$或 0，即永远接受H_0或永远拒绝H_0，定理结论明显。今设$0<\alpha<1$。

(i) 令

$$h(c)=P_0\left(\prod_{i=1}^{n}f_1(X_i)\Big/\prod_{i=1}^{n}f_0(X_i)\leqslant c\right)$$

$$=\int_A \prod_{i=1}^{n} f_0(x_i)\mathrm{d}x_1\cdots\mathrm{d}x_n, 0\leqslant c<+\infty$$

其中 $A=\left\{\boldsymbol{x}=(x_1,x_2,\cdots,x_n)^{\mathrm{T}}: \prod_{i=1}^{n} f_1(x_i)\Big/\prod_{i=1}^{n} f_0(x_i)\leqslant c\right\}$，则 $h(c)$ 在正半实轴上非降右连续，且 $\lim_{c\to+\infty} h(c)=1$。

下面分三种情况讨论：

(a) 若 $h(0)<1-\alpha$，则存在 k，$0<k<+\infty$ 使得

$$h(k-0)\leqslant 1-\alpha;\ h(k)\geqslant 1-\alpha$$

此时若 $h(k)=1-\alpha$，则

$$\phi(\boldsymbol{X})=\phi(X_1,X_2,\cdots,X_n)=\begin{cases}1 & \prod_{i=1}^{n} f_1(X_i)\Big/\prod_{i=1}^{n} f_0(X_i)>k\\ 0 & \prod_{i=1}^{n} f_1(X_i)\Big/\prod_{i=1}^{n} f_0(X_i)\leqslant k\end{cases} \tag{3.4.5}$$

满足式 (3.4.3) 和式 (3.4.4)。

若 $h(k)>1-\alpha$，则

$$\phi(\boldsymbol{X})=\begin{cases}1 & \prod_{i=1}^{n} f_1(X_i)\Big/\prod_{i=1}^{n} f_0(X_i)>k\\ \dfrac{\alpha-(1-h(k))}{h(k)-h(k-0)} & \prod_{i=1}^{n} f_1(X_i)\Big/\prod_{i=1}^{n} f_0(X_i)=k\\ 0 & \prod_{i=1}^{n} f_1(X_i)\Big/\prod_{i=1}^{n} f_0(X_i)<k\end{cases} \tag{3.4.6}$$

满足式 (3.4.3) 和式 (3.4.4)。

(b) 若 $h(0)=1-\alpha$，只须在式 (3.4.5) 中取 $k=0$，则 ϕ 满足式 (3.4.3)，式 (3.4.4)。

(c) 若 $h(0)>1-\alpha$，在式 (3.4.6) 中取 $k=0$，同时以 $h(0)$ 代替 $h(k)-h(k-0)$ 即可。

综合 (a) (b) (c)，(1) 得证。

(ii) 设 ϕ 为满足式 (3.4.3) 和式 (3.4.4) 的检验。任取水平为 α 的检验 ϕ^*，往证 $E_1\phi(\boldsymbol{X})\geqslant E_1\phi^*(\boldsymbol{X})$。令

$$S^+=\{\boldsymbol{x}=(x_1,x_2,\cdots,x_n)^{\mathrm{T}}:\phi(\boldsymbol{x})>\phi^*(\boldsymbol{x})\} \tag{3.4.7}$$

$$S^-=\{\boldsymbol{x}=(x_1,x_2,\cdots,x_n)^{\mathrm{T}}:\phi(\boldsymbol{x})<\phi^*(\boldsymbol{x})\} \tag{3.4.8}$$

那么，由式（3.4.3）知，在 S^+ 上 $\prod_{i=1}^{n} f_1(x_i)/\prod_{i=1}^{n} f_0(x_i) \geqslant k$，在 S^- 上 $\prod_{i=1}^{n} f_1(x_i)/\prod_{i=1}^{n} f_0(x_i) \leqslant k$。因此在 $S^+ \cup S^-$ 上恒有

$$(\phi(\boldsymbol{x}) - \phi^*(\boldsymbol{x}))\Big(\prod_{i=1}^{n} f_1(x_i) - k\prod_{i=1}^{n} f_0(x_i)\Big) \geqslant 0 \tag{3.4.9}$$

故有

$$\begin{aligned}&\int_{R^n}(\phi(\boldsymbol{x}) - \phi^*(\boldsymbol{x}))\Big(\prod_{i=1}^{n} f_1(x_i) - k\prod_{i=1}^{n} f_0(x_i)\Big)\mathrm{d}x_1\cdots\mathrm{d}x_n \\ =&\int_{S^+\cup S^-}(\phi(\boldsymbol{x}) - \phi^*(\boldsymbol{x}))\Big(\prod_{i=1}^{n} f_1(x_i) - k\prod_{i=1}^{n} f_0(x_i)\Big)\mathrm{d}x_1\cdots\mathrm{d}x_n \geqslant 0\end{aligned}$$

经移项得

$$\begin{aligned}&\int_{R^n}(\phi(\boldsymbol{x}) - \phi^*(\boldsymbol{x}))\prod_{i=1}^{n} f_1(x_i)\mathrm{d}x_1\cdots\mathrm{d}x_n \\ \geqslant\ & k\int_{R^n}(\phi(\boldsymbol{x}) - \phi^*(\boldsymbol{x}))\prod_{i=1}^{n} f_0(x_i)\mathrm{d}x_1\cdots\mathrm{d}x_n \\ =\ & k(E_0(\phi(\boldsymbol{X})) - E_0\phi^*(\boldsymbol{X})) \\ \geqslant\ & 0\end{aligned}$$

上式中最后的不等号由式（3.4.4）以及 $E_0\phi^*(\boldsymbol{X}) \leqslant \alpha$ 即知。因此

$$\begin{aligned}E_1\phi(\boldsymbol{X}) &= \int_{R^n}\phi(\boldsymbol{x})\prod_{i=1}^{n} f_1(x_i)\mathrm{d}x_1\cdots\mathrm{d}x_n \\ &\geqslant \int_{R^n}\phi^*(\boldsymbol{x})\prod_{i=1}^{n} f_1(x_i)\mathrm{d}x_1\cdots\mathrm{d}x_n \\ &= E_1\phi^*(\boldsymbol{X})\end{aligned}$$

这就证明了 ϕ 是水平为 α 的 UMP 检验，（2）得证。

（iii）设 ϕ^* 为任意水平为 α 的 UMP 检验。根据已证明了的（1），存在 ϕ 满足式（3.4.3）和式（3.4.4）。S^+, S^- 仍如式（3.4.7）和式（3.4.8）所定义，令 $S = S^+ \cup S^-$，由（ii）中证明知，在 S 和 S^c 上均有

$$(\phi(\boldsymbol{x}) - \phi^*(\boldsymbol{x}))\Big(\prod_{i=1}^{n} f_1(x_i)\Big/\prod_{i=1}^{n} f_0(x_i) - k\Big) \geqslant 0 \tag{3.4.10}$$

因而，上式在 R^n 上成立。由此得到

$$E_0\Big[(\phi(\boldsymbol{X}) - \phi^*(\boldsymbol{X}))\Big(\prod_{i=1}^{n} f_1(X_i)\Big/\prod_{i=1}^{n} f_0(X_i) - k\Big)\Big] = 0 \tag{3.4.11}$$

事实上，若上式左端>0，即

$$\int_{R^n}(\phi(\boldsymbol{x})-\phi^*(\boldsymbol{x}))\Big(\prod_{i=1}^n f_1(x_i)-k\prod_{i=1}^n f_0(x_i)\Big)\mathrm{d}x_1\cdots\mathrm{d}x_n>0$$

则

$$\begin{aligned}&\int_{R^n}(\phi(\boldsymbol{x})-\phi^*(\boldsymbol{x}))\prod_{i=1}^n f_1(x_i)\mathrm{d}x_1\cdots\mathrm{d}x_n\\>&k\int_{R^n}(\phi(\boldsymbol{x})-\phi^*(\boldsymbol{x}))\prod_{i=1}^n f_0(x_i)\mathrm{d}x_1\cdots\mathrm{d}x_n\\\geqslant&0\end{aligned}$$

这意味着 $E_1\phi(\boldsymbol{X})>E_1\phi^*(\boldsymbol{X})$,和 ϕ^* 是UMP检验相矛盾。

由式（3.4.10）和式（3.4.11）知

$$P_0\Big((\phi(\boldsymbol{X})-\phi^*(\boldsymbol{X}))\Big(\prod_{i=1}^n f_1(X_i)\Big/\prod_{i=1}^n f_0(X_i)-k\Big)=0\Big)=1$$

同理可以证明

$$P_1\Big((\phi(\boldsymbol{X})-\phi^*(\boldsymbol{X}))\Big(\prod_{i=1}^n f_1(X_i)\Big/\prod_{i=1}^n f_0(X_i)-k\Big)=0\Big)=1$$

此即结论（3）的第一部分。

现证明（3）的第二部分。设 $E_1\phi^*(\boldsymbol{X})<1$,若 $E_0\phi^*(\boldsymbol{X})<\alpha$，令

$$\widetilde{\phi}(\boldsymbol{x})=\min\{1,\phi^*(\boldsymbol{x})+\alpha-E_0\phi^*(\boldsymbol{X})\}$$

则有 $E_0\widetilde{\phi}(\boldsymbol{X})\leqslant\alpha$,故 $\widetilde{\phi}$ 为显著性水平为 α 的检验,且恒有 $\widetilde{\phi}(x)\geqslant\phi^*(\boldsymbol{x})$。由于 $E_1\phi^*(\boldsymbol{X})<1$,必有 $P_1(\phi^*(\boldsymbol{X})<1)>0$。而当 $\phi^*(\boldsymbol{x})<1$ 时,$\widetilde{\phi}(\boldsymbol{x})>\phi^*(\boldsymbol{x})$。故 $P_1(\widetilde{\phi}(\boldsymbol{X})>\phi^*(\boldsymbol{X}))\geqslant P_1(\phi^*(\boldsymbol{X})<1)>0$,进而有 $E_1\widetilde{\phi}(\boldsymbol{X})>E_1(\phi^*(\boldsymbol{X}))$,与 ϕ^* 是UMP检验相矛盾，故有 $E_0\phi^*(\boldsymbol{X})=\alpha$。

定理证毕。

Neyman－Pearson引理把简单假设的检验归结为似然函数的比较：接受似然函数大的假设，这与极大似然原理非常相似。当然，这里所说的似然函数的大小，以 k 作为比较的标准。而由定理的证明过程看出，临界值 k 是由检验水平决定的。

推论 3.4.1　若 $\phi(\boldsymbol{X})$ 为（3.4.2）的显著性水平为 α 的UMP检验，则必有 $E_1\phi(\boldsymbol{X})\geqslant\alpha$。若 $0<\alpha<1$,且 $P_0(f_1(x)=f_0(x))<1$,则必有 $E_1\phi(\boldsymbol{X})>\alpha$。

证明： 取 $\phi_1\equiv\alpha$,则 ϕ 是一检验水平为 α 的检验,且 $E_1\phi_1(\boldsymbol{X})=\alpha$,由 ϕ 的最优性得 $E_1\phi(\boldsymbol{X})\geqslant E_1\phi_1(\boldsymbol{X})=\alpha$。

若 $E_1\phi(\boldsymbol{X})=\alpha$,则 ϕ_1 亦是UMP检验，必有式（3.4.3）的形状；再由 $0<\alpha<1$，知

$$P_0\left(\prod_{i=1}^{n} f_1(X_i)\Big/\prod_{i=1}^{n} f_0(X_i)=k\right)=1$$

因此，$1=\int_{R^n}\prod_{i=1}^{n} f_1(x_i)\mathrm{d}x_1\cdots\mathrm{d}x_n=k\int_{R^n}\prod_{i=1}^{n} f_0(x_i)\mathrm{d}x_1\cdots\mathrm{d}x_n=k$。这与假设 $f_0(x)\neq f_1(x)$ 相矛盾。由此知必有 $E_1\phi(\boldsymbol{X})>\alpha$。证毕。

例3.4.1　检验通信卫星工作是否正常的方式如下：从地球上发射一束强信号，卫星收到信号后，将发射一信号强度为 v 的信号，持续 n 秒。若卫星不工作将无反应。由于空间有噪声，无论卫星发射信号与否，地球上总能收到随机的信号。地面上记录了每秒内收到信号的平均电压，共记录 n 秒。用 X_i 表示第 i 秒测得的信号平均电压，且设诸 X_i 是相互独立、同分布的，分布规律为 $N(\mu,\sigma^2)$。那么，若卫星工作则 $\mu=v$,否则 $\mu=0$。假定噪声的方差 σ^2 已知，该问题就成为假设检验问题：

$$H_0:\mu=0;\ H_1:\mu=v$$

为求得UMP检验，计算似然比：

$$\begin{aligned}L(0,v)&=\prod_{i=1}^{n}\frac{1}{\sqrt{2\pi}\,\sigma}\mathrm{e}^{-\frac{(X_i-v)^2}{2\sigma^2}}\Big/\prod_{i=1}^{n}\frac{1}{\sqrt{2\pi}\,\sigma}\mathrm{e}^{-\frac{X_i^2}{2\sigma^2}}\\&=\exp\left\{\frac{1}{2\sigma^2}\left[\sum_{i=1}^{n}X_i^2-\sum_{i=1}^{n}(X_i-v)^2\right]\right\}\\&=\exp\left\{\frac{v}{\sigma^2}\sum_{i=1}^{n}X_i-\frac{nv^2}{2\sigma^2}\right\}\end{aligned}$$

可见，似然比是 $\sum_{i=1}^{n}X_i$ 的严格增函数，也就是 $\overline{X}$ 的严格增函数；再注意到分布是连续型的，故UMP检验必有以下形状，

$$\phi(\boldsymbol{X})=\begin{cases}1 & \overline{X}>c\\0 & \overline{X}\leqslant c\end{cases}$$

c 的值由检验水平 α 确定。由于当 $H_0:\mu=0$ 成立时，$\overline{X}\sim N(0,\sigma^2/n)$，故有 $c=u_\alpha\sigma/\sqrt{n}$，其中 u_α 满足 $\Phi(u_\alpha)=1-\alpha$。

容易计算该检验犯第二类错误的概率为

$$\Phi(u_\alpha-\sqrt{n}\,v/\sigma)$$

由Neyman－Pearson引理，这是检验水平为 α 的检验中，犯第二类错误概率

最小的检验。

尽管 Neyman－Pearson 引理对于简单假设的一致最优检验给出了令人满意的回答，但由于简单假设在实际中比较少见，直接应用它的场合并不多。然而，重要的是，利用这个基本的定理可以解决一类单边假设的一致最优检验问题。这就是下面要讨论的单调似然比分布族的单边假设检验问题。

定义 3.4.2 若分布族 $\{f(x,\theta),\theta\in\Theta\}$ 满足条件：

(a) 对不同的 θ_1,θ_2 有

$$f(x,\theta_1)\neq f(x,\theta_2),\ \forall -\infty<x<+\infty \tag{3.4.12}$$

(b) 存在统计量 $T=T(\boldsymbol{X})=T(X_1,X_2,\cdots,X_n)$ 使得对任何 $\theta_1<\theta_2(\theta_i\in\Theta,i=1,2)$，比值 $\prod_{i=1}^{n}f(X_i,\theta_2)\Big/\prod_{i=1}^{n}f(X_i,\theta_1)$ 作为 $\boldsymbol{X}=(X_1,X_2,\cdots,X_n)^{\mathrm{T}}$ 的函数只依赖于 $T(\boldsymbol{X})$，且是 $T(\boldsymbol{X})$ 的单调非降（非升）函数。则称该分布族为单升（单降）似然比分布族，两者统称为单调似然比分布族。

定理 3.4.2 设 $\{f(x,\theta),\theta\in\Theta\}$ 为单升似然比分布族。若 $\theta_0\in\Theta$，且 $\{\theta>\theta_0\}\cap\Theta$ 非空，则对假设检验问题

$$H_0:\theta\leqslant\theta_0;\ H_1:\theta>\theta_0 \tag{3.4.13}$$

及任意 $\alpha\in(0,1)$ 有

(1) 存在形如

$$\phi(\boldsymbol{X})=\begin{cases}1 & T(\boldsymbol{X})>c\\ r & T(\boldsymbol{X})=c\\ 0 & T(\boldsymbol{X})<c\end{cases} \tag{3.4.14}$$

的检验 ϕ，满足条件

$$E_{\theta_0}\phi(\boldsymbol{X})=\alpha \tag{3.4.15}$$

该检验是（3.4.13）的水平为 α 的 UMP 检验。

(2) $\beta_\phi(\theta)$ 是由式(3.4.14) 式定义的检验函数的功效函数，则 $\beta_\phi(\theta)$ 非降，且在 $\{\theta:0<\beta_\phi(\theta)<1\}$ 上严格上升。

(3) 对任何 $\theta<\theta_0,\beta_\phi(\theta)=\min\{\beta_{\phi^*}(\theta):E_{\theta_0}\phi^*(\boldsymbol{X})=\alpha\}$。

证明： 首先证明（1）和（3）。

任取 $\theta^*>\theta_0,\theta^*\in\Theta$，考虑假设检验问题

$$H_0:\theta=\theta_0;\ H_1:\theta=\theta^* \tag{3.4.16}$$

由 Neyman－Pearson 引理，有满足条件式（3.4.3）和式（3.4.4）的 UMP 检验 ϕ，由于分布族是单升似然比分布族，ϕ 可写做式（3.4.14）的形式，且满足（3.4.15），即

$$\alpha = E_{\theta_0}\phi(\boldsymbol{X}) = \int_{\{T(\boldsymbol{X})\geqslant c\}}\phi(x_1,\cdots,x_n)\prod_{i=1}^{n}f(x_i,\theta_0)\mathrm{d}x_1\cdots\mathrm{d}x_n \tag{3.4.17}$$

由式（3.4.17）知 c 与 θ^* 无关。

设 ϕ^* 是式（3.4.13）的显著性水平为 α 的任意检验，自然也是（3.4.16）的显著性水平为 α 的检验。由于 ϕ 是（3.4.16）的水平为 α 的 UMP 检验，

$$\beta_\phi(\theta^*) \geqslant \beta_{\phi^*}(\theta^*) \tag{3.4.18}$$

对任何 $\theta_1 < \theta_0$，考虑检验问题

$$H_0:\theta = \theta_1;\ H_1:\theta = \theta_0 \tag{3.4.19}$$

那么由定理 3.4.1 知，ϕ 是（3.4.19）的水平为 $\beta_\phi(\theta_1)$ 的 UMP 检验，由定理 3.4.1 的推论知

$$\beta_\phi(\theta_1) \leqslant \beta_\phi(\theta_0) = \alpha \tag{3.4.20}$$

由式（3.4.18）、式（3.4.20）和 θ^* 的任意性知 ϕ 是（3.4.13）的显著性水平为 α 的 UMP 检验。

现证明（3）：设 ϕ^* 是任意满足 $E_{\theta_0}\phi^*(\boldsymbol{X}) = \alpha$ 的检验，则必有 $E_{\theta_1}\phi^*(\boldsymbol{X}) \geqslant \beta_\phi(\theta_1)$。否则，若 $E_{\theta_1}\phi^*(\boldsymbol{X}) < \beta_\phi(\theta_1)$，则 ϕ^* 也是(3.4.19)的显著性水平为 $\beta_\phi(\theta_1)$ 的 UMP 检验，且在 θ_0 处功效为 $E_{\theta_0}\phi^*(\boldsymbol{X}) = \alpha < 1$。由定理 3.4.1 第三条 $E_{\theta_1}\phi^*(\boldsymbol{X}) = \beta_\phi(\theta_1)$，这与 $E_{\theta_1}\phi^*(\boldsymbol{X}) < \beta_\phi(\theta_1)$ 相矛盾。

现证明（2），即 $\beta_\phi(\theta)$ 的单调性。任取 θ_1，θ_2，且 $\theta_1 < \theta_2$，则 ϕ 是检验问题

$$H_0:\theta=\theta_1;H_1:\theta=\theta_2$$

的显著性水平为 $\beta_\phi(\theta_1)$ 的 UMP 检验。由定理 3.4.1 推论 1，若 $\beta_\phi(\theta_2) < 1$，则 $\beta_\phi(\theta_2) > \beta_\phi(\theta_1)$。故 $\beta_\phi(\theta)$ 在 $\{\theta:0<\beta_\phi(\theta)<1\}$ 上严格单调上升。证毕。

推论 3.4.2　设分布族为单升似然比分布族，则对于

$$H_0:\theta\geqslant\theta_0;H_1:\theta<\theta_0$$

只需将式（3.4.14）换为

$$\phi(X) = \begin{cases} 1 & T(\boldsymbol{X}) < c \\ r & T(\boldsymbol{X}) = c \\ 0 & T(\boldsymbol{X}) > c \end{cases} \tag{3.4.21}$$

而结论部分将 $\beta(\theta)$ 单升改为单降。

证明： 以 $-\theta$ 作为新的参数，可见分布族关于该参数以及 $1/T(\boldsymbol{X})$ 为

单升似然比分布族，利用定理 3.4.2 得到结论。

利用推论 3.4.2 的证明方法，对于单调似然比分布族的单边假设检验问题可以得到表 3.4。

表 3.4 单调似然比分布族的 UMP 检验

假设	单调性	
	单升	单降
$H_0:\theta\leqslant\theta_0;H_1:\theta>\theta_0$	(3.4.14)	(3.4.21)
$H_0:\theta\geqslant\theta_0;H_1:\theta<\theta_0$	(3.4.21)	(3.4.14)

推论 3.4.3 设 X 的分布族为指数分布族

$$f(x,\theta)=C(\theta)h(x)\exp\{Q(\theta)t(x)\}\quad \theta\in\Theta$$

Θ 为自然参数空间：$\Theta=\{\theta:\int_{-\infty}^{+\infty}h(x)\exp\{Q(\theta)t(x)\}\mathrm{d}x<+\infty\}$，$Q(\theta)$ 对 θ 严格单调。令

$$T(\boldsymbol{X})=T(X_1,\cdots,X_n)=\sum_{i=1}^{n}t(X_i)$$

则有：

(1) 若 $Q(\theta)$ 严格上升，则检验问题 (3.4.13) 的显著性水平为 α 的 UMP 检验由式 (3.4.14) 和式 (3.4.15) 确定。

(2) 若 $Q(\theta)$ 严格下降，则 (3.4.13) 的显著性水平为 α 的 UMP 检验由式 (3.4.21) 和式 (3.4.15) 确定。

例 3.4.2 设 X_1，X_2，…，X_n 为 X 的 i.i.d. 样本，X 的分布为两点分布：

$$P_\theta(X=x)=\begin{cases}\theta & x=1\\ 1-\theta & x=0\end{cases}$$

其中 $\theta\in(0,1)$。

考虑检验问题：

$$H_0:\theta\leqslant\theta_0;\ H_1:\theta>\theta_0$$

易见

$$\begin{aligned}p_\theta(x)&=\theta^x(1-\theta)^{1-x}=(1-\theta)\left(\frac{\theta}{1-\theta}\right)^x\\&=(1-\theta)\exp\left(x\ln\frac{\theta}{1-\theta}\right)\end{aligned}$$

故 $p_\theta(x)$ 为指数族，且 $\ln\dfrac{\theta}{1-\theta}$ 是 θ 的严格增函数。于是存在 UMP 检验，检

验函数有以下形状

$$\phi(X_1,\cdots,X_n)=\begin{cases}1 & \sum_{i=1}^{n}X_i>c\\ r & \sum_{i=1}^{n}X_i=c\\ 0 & \sum_{i=1}^{n}X_i<c\end{cases}$$

c 和 r 由下式决定,

$$\sum_{i=c+1}^{n}\binom{n}{i}\theta_0^i(1-\theta_0)^{n-i}+r\binom{n}{c}\theta_0^c(1-\theta_0)^{n-c}=\alpha$$

若 n 较大时,可用正态分布近似求解,

$$P\left(\sum_{i=1}^{n}X_i>c\right)=P\left[\frac{\sum_{i=1}^{n}X_i-n\theta_0}{\sqrt{n\theta_0(1-\theta_0)}}>\frac{c-n\theta_0}{\sqrt{n\theta_0(1-\theta_0)}}\right]$$

因此,$c=n\theta_0+\sqrt{n\theta_0(1-\theta_0)}\cdot u_\alpha$,这里 u_α 为标准正态分布的上 α 分位点。

3.5　*无偏检验及一致最优无偏检验

在 3.4 节中，讨论了一致最优检验，给出了单调似然比分布族的单边检验问题的 UMP 检验的存在性及其结构。但遗憾的是，即使对于常见的检验问题，一致最优检验也未必存在。下面的例子说明了这种情况。

例 3.5.1　设 $X\sim N(\mu,1)$，X_1，X_2，…，X_n 是简单随机样本。考虑假设检验问题

$$H_0:\mu=\mu_0;H_1:\mu\neq\mu_0 \tag{3.5.1}$$

若（3.5.1）有水平 α 的 UMP 检验 ϕ，则该检验也是下面两个检验问题的水平 α 的 UMP 检验

$$H_0:\mu=\mu_0;H_1:\mu>\mu_0 \tag{3.5.2}$$

$$H_0:\mu=\mu_0;H_1:\mu<\mu_0 \tag{3.5.3}$$

事实上，ϕ 显然是（3.5.2）的水平 α 的检验。对于（3.5.2）的任何水平 α

的检验ϕ'，它作为（3.5.1）的检验也是水平α的，从而由UMP检验的定义，它们的功效函数满足$\beta_\phi(\mu) \geqslant \beta_{\phi'}(\mu)\ \forall \mu > \mu_0$。由$\phi'$的任意性知$\phi$是（3.5.2）的水平$\alpha$的UMP检验。同理可知$\phi$也是（3.5.3）的水平$\alpha$的UMP检验。

另一方面，分布族是单调似然比分布族，从而由Neyman－Pearson引理知（3.5.2）和（3.5.3）的水平α的UMP检验的拒绝域是互不相交的。于是（3.5.1）不存在UMP检验。

一致最优检验是**所有**具同样水平的检验中犯第二类错误最小的，这个要求过强。退一步的想法是缩小考虑的检验的范围，然后在小范围内求出最优检验。检验的无偏性是基于这种考虑提出的一种概念。

定义 3.5.1 设ϕ是

$$H_0:\theta \in \Theta_0; H_1:\theta \in \Theta_1 \tag{3.5.4}$$

的一检验函数，其功效函数记为$\beta_\phi(\theta)$。若对任何$\theta_1 \in \Theta_0, \theta_2 \in \Theta_1$有

$$\beta_\phi(\theta_1) \leqslant \beta_\phi(\theta_2) \tag{3.5.5}$$

则称ϕ为(3.5.4)的一个无偏检验。若ϕ是检验水平为α的无偏检验，对任何检验水平为α的无偏检验ϕ^*有

$$\beta_\phi(\theta) \geqslant \beta_{\phi^*}(\theta),\ \forall \theta \in \Theta_1$$

则称ϕ为（3.5.4）的检验水平为α的一致最优无偏检验，简记做UMPU检验（Uniformly Most Powerful Unbiased Test）。

从应用的观点看，无偏性要求是合理的、应该满足的。在给出一检验时，希望功效函数在Θ_0不超过指定的水平，而在Θ_1上尽量大。如果式（3.5.5）不满足，那么必有$\theta_1 \in \Theta_0$，$\theta_2 \in \Theta_1$，使得$\beta_\phi(\theta_1) > \beta_\phi(\theta_2)$。这时当$\theta = \theta_2$（$H_0$不成立）时，$H_0$被拒绝的概率反而小于当$\theta = \theta_1$（$H_0$成立）时$H_0$被拒绝的概率，这是不尽合理的。因此，无偏性在实用上并不构成限制。

从反面认识一下无偏性要求不无益处。什么样的检验不满足无偏性的要求呢？考虑问题（3.5.2）的检验。在3.2节中曾经利用“当$\overline{X}$比μ_0大出太多时拒绝H_0”这一直观想法给出过水平为α的检验。现在反其道而行之，容易验证

$$\phi(x) = \begin{cases} 1 & \sqrt{n}(\overline{X} - \mu_0) < -u_\alpha \\ 0 & \sqrt{n}(\overline{X} - \mu_0) \geqslant -u_\alpha \end{cases}$$

是问题（3.5.2）水平α的一个检验，并且不满足无偏性要求。读者用这个

方法还可以构造其他的类似的例子。

由无偏检验的定义直接可得

(a) 若 ϕ 为无偏检验，其真实水平为 α，则 $\beta_\phi(\theta) \geqslant \alpha, \forall \theta \in \Theta_1$。

(b) UMP 检验必为 UMPU 检验。

(c) 设 Θ 为欧氏空间，$\overline{\Theta}$为 Θ_0 和 Θ_1 的共同边界，ϕ 为 (3.5.4) 的真实水平为 α 的无偏检验。若功效$\beta_\phi(\theta)$为 θ 的连续函数，则

$$\beta_\phi(\theta) = \alpha, \forall \theta \in \overline{\Theta} \tag{3.5.6}$$

现在考虑两个重要的双边假设检验问题

$$H_0: \theta_1 \leqslant \theta \leqslant \theta_2; H_1: \theta > \theta_2 \text{ 或 } \theta < \theta_1 \tag{3.5.7}$$

$$H_0: \theta = \theta_0;\ H_1: \theta \neq \theta_0 \tag{3.5.8}$$

如本节开始所指出的，在许多重要的情形，这两个问题没有 UMP 检验。然而可以证明，对指数分布族，这两个问题均有 UMPU 检验。首先证明下面的引理。

引理 3.5.1　设 $f_i(\boldsymbol{x}) = f_i(x_1, x_2, \cdots, x_n)$是定义在 R^n 上的可积函数，c_i 为常数，$i = 1,2,3$。令

$$\mathscr{F} = \{\phi: 0 \leqslant \phi(x) \leqslant 1 \quad x \in R^n$$

$$\text{且} \int_{R^n} \phi(x) f_i(x) \mathrm{d}x_1 \cdots \mathrm{d}x_n = c_i,\ i = 1,2\}$$

设$\mathscr{F}$非空，若 $\phi \in \mathscr{F}$，且存在常数 k_1, k_2 使得

$$\phi(x) = \begin{cases} 1 & f_3(x) > k_1 f_1(x) + k_2 f_2(x) \\ 0 & f_3(x) < k_1 f_1(x) + k_2 f_2(x) \end{cases}$$

则

$$\int_{R^n} \phi(\boldsymbol{x}) f_3(\boldsymbol{x}) \mathrm{d}x_1 \cdots \mathrm{d}x_n = \sup_{\phi^* \in \mathscr{F}} \int_{R^n} \phi^*(\boldsymbol{x}) f_3(\boldsymbol{x}) \mathrm{d}x_1 \cdots \mathrm{d}x_n \tag{3.5.9}$$

若有$\widetilde{\phi} \in \mathscr{F}$，及常数$\widetilde{k}_1, \widetilde{k}_2$ 使得

$$\widetilde{\phi}(\boldsymbol{x}) = \begin{cases} 1 & f_3(\boldsymbol{x}) < \widetilde{k}_1 f_1(\boldsymbol{x}) + \widetilde{k}_2 f_2(\boldsymbol{x}) \\ 0 & f_3(\boldsymbol{x}) > \widetilde{k}_1 f_1(\boldsymbol{x}) + \widetilde{k}_2 f_2(\boldsymbol{x}) \end{cases}$$

则

$$\int_{R^n} \widetilde{\phi}(\boldsymbol{x}) f_3(\boldsymbol{x}) \mathrm{d}x_1 \cdots \mathrm{d}x_n = \inf_{\phi^* \in \mathscr{F}} \int_{R^n} \phi^*(\boldsymbol{x}) f_3(\boldsymbol{x}) \mathrm{d}x_1 \cdots \mathrm{d}x_n \tag{3.5.10}$$

证明:先证明式(3.5.9)。与证明 Neyman - Pearson 引理相似,任取 $\phi^* \in \mathscr{F}$,并记

$$S^+ = \{\boldsymbol{x} : \boldsymbol{x} \in R^n, \phi(\boldsymbol{x}) > \phi^*(\boldsymbol{x})\}$$
$$S^- = \{\boldsymbol{x} : \boldsymbol{x} \in R^n, \phi(\boldsymbol{x}) < \phi^*(\boldsymbol{x})\}$$

由 ϕ 的性质,对任意 $\boldsymbol{x} \in S^+ \cup S^-$ 有

$$(\phi(\boldsymbol{x}) - \phi^*(\boldsymbol{x}))(f_3(\boldsymbol{x}) - (k_1 f_1(\boldsymbol{x}) + k_2 f_2(\boldsymbol{x}))) \geqslant 0$$

故

$$\begin{aligned} &\int_{R^n} (\phi(\boldsymbol{x}) - \phi^*(\boldsymbol{x}))(f_3(\boldsymbol{x}) - k_1 f_1(\boldsymbol{x}) - k_2 f_2(\boldsymbol{x})) \mathrm{d}x_1 \cdots \mathrm{d}x_n \\ &= \int_{S^+ \cup S^-} (\phi(\boldsymbol{x}) - \phi^*(\boldsymbol{x}))(f_3(\boldsymbol{x}) - k_1 f_1(\boldsymbol{x}) - k_2 f_2(\boldsymbol{x})) \mathrm{d}x_1 \cdots \mathrm{d}x_n \\ &\geqslant 0 \end{aligned}$$

于是

$$\begin{aligned} &\int_{R^n} (\phi(\boldsymbol{x}) - \phi^*(\boldsymbol{x})) f_3(\boldsymbol{x}) \mathrm{d}x_1 \cdots \mathrm{d}x_n \\ &\geqslant \int_{R^n} (\phi(\boldsymbol{x}) - \phi^*(\boldsymbol{x}))(k_1 f_1(\boldsymbol{x}) + k_2 f_2(\boldsymbol{x})) \mathrm{d}x_1 \cdots \mathrm{d}x_n \\ &= \sum_{i=1}^{2} k_i c_i - \sum_{i=1}^{2} k_i c_i \\ &= 0 \end{aligned}$$

由于 ϕ^* 是任意的,故式(3.5.9)成立。同样方法可证明式(3.5.10)。证毕。

考虑指数分布族

$$f(x, \theta) = c(\theta) h(x) \mathrm{e}^{\theta t(x)} \quad \theta \in \Theta \tag{3.5.11}$$

Θ 为自然参数空间,$f(x, \theta)$ 可为连续型随机变量的概率密度函数,亦可为离散型随机变量的概率函数。

设 $X_1, X_2, \cdots, X_n$ 为其 i.i.d. 样本,则其联合密度函数为

$$\begin{aligned} \prod_{i=1}^{n} f(x_i, \theta) &= [c(\theta)]^n \prod_{i=1}^{n} h(x_i) \exp\left[\theta \sum_{i=1}^{n} t(x_i)\right] \\ &= C(\theta) H(\boldsymbol{x}) \exp[\theta T(\boldsymbol{x})] \end{aligned}$$

其中

$$T(\boldsymbol{x}) = \sum_{i=1}^{n} t(x_i), C(\theta) = [c(\theta)]^n, H(\boldsymbol{x}) = \prod_{i=1}^{n} h(x_i)$$

对于指数分布族(3.5.11)的假设检验问题(3.5.7),有以下定理。

定理 3.5.1　设 $X_1,X_2,\cdots,X_n$ 为抽自指数分布族(3.5.11)的 i.i.d.样本。若检验函数 ϕ 满足条件

$$E_{\theta_1}\phi(\boldsymbol{X}) = E_{\theta_2}\phi(\boldsymbol{X}) = \alpha \quad 0<\alpha<1 \tag{3.5.12}$$

且有形式

$$\phi(\boldsymbol{x}) = \begin{cases} 1 & T(\boldsymbol{x}) < c_1 \text{ 或 } T(\boldsymbol{x}) > c_2 \\ r_i & T(\boldsymbol{x}) = c_i, i = 1,2 \\ 0 & c_1 < T(\boldsymbol{x}) < c_2 \end{cases} \tag{3.5.13}$$

这里 r_i,c_i 为常数,$0\leqslant r_i\leqslant 1$,则 ϕ 为(3.5.7)的水平为 α 的 UMPU 检验。

证明: 首先,对于任何检验函数 $\phi'(\boldsymbol{X})$,其功效函数 $\beta_{\phi'}(\theta)$ 必为 θ 的连续函数。事实上,由式(3.5.11)可知,$c(\theta)=1/\int_{R^1}h(x)\exp(\theta t(x))\mathrm{d}x$,从而 $c(\theta)$ 对 θ 的任意阶导数都存在。由此即知

$$\beta_{\phi'}(\theta) = \int_{R^n}\phi'(\boldsymbol{x})C(\theta)H(\boldsymbol{x})\exp(\theta T(\boldsymbol{x}))\mathrm{d}x_1\cdots\mathrm{d}x_n$$

的任意阶导数都存在。于是，可以只考虑满足式(3.5.12)(即真实水平为 α)的无偏检验，因为若 $\phi'(\boldsymbol{X})$ 为水平 α 的无偏检验且不满足式(3.5.12)，则由功效函数的连续性，其真实水平 α' 小于α，这样，检验 $\widetilde{\phi}(\boldsymbol{X}) = \phi'(\boldsymbol{X}) + (\alpha-\alpha')$ 满足式(3.5.12)，并且当 $\theta\notin[\theta_1,\theta_2]$ 时，$\beta_{\widetilde{\phi}}(\theta) > \beta_{\phi'}(\theta)$。

用引理中的记号 $\mathscr{F} = \{\phi' : 0\leqslant\phi'(\boldsymbol{x})\leqslant 1$,且

$$\int_{R^n}\phi'(\boldsymbol{x})C(\theta_i)H(\boldsymbol{x})\exp(\theta_i T(\boldsymbol{x}))\mathrm{d}x_1\cdots\mathrm{d}x_n = \alpha, i=1,2\}$$

则对任意(3.5.7)的真实水平为 α 的无偏检验$\phi'(\boldsymbol{X})$，均有 $\phi'(\boldsymbol{X})\in\mathscr{F}$。

为证明 ϕ 是 UMPU 检验，只需证明:

(a) ϕ 是(3.5.7)的水平 α 的无偏检验;

(b) 对任给 $\theta'\notin[\theta_1,\theta_2]$，存在常数 k_1，k_2 使得

$$\phi(\boldsymbol{x}) = \begin{cases} 1 & \text{若 } C(\theta')\mathrm{e}^{\theta' T(\boldsymbol{x})} > k_1C(\theta_1)\mathrm{e}^{\theta_1 T(\boldsymbol{x})} + k_2C(\theta_2)\mathrm{e}^{\theta_2 T(\boldsymbol{x})} \\ 0 & \text{若 } C(\theta')\mathrm{e}^{\theta' T(\boldsymbol{x})} < k_1C(\theta_1)\mathrm{e}^{\theta_1 T(\boldsymbol{x})} + k_2C(\theta_2)\mathrm{e}^{\theta_2 T(\boldsymbol{x})} \end{cases}$$

事实上，若(a)成立，从上面的分析知 $\phi\in\mathscr{F}$。再由(b)及引理 3.5.1 的第一部分结论式(3.5.9)知对任意(3.5.7)的真实水平 α 的无偏检验 $\phi'(\boldsymbol{X})$，有: $\forall\,\theta'\notin[\theta_1,\theta_2]$

$$\begin{aligned}\beta_{\phi}(\theta') &= \int_{R^n} \phi(\boldsymbol{x}) C(\theta') H(\boldsymbol{x}) \exp(\theta' T(\boldsymbol{x})) \mathrm{d}x_1 \cdots \mathrm{d}x_n \\ &= \sup_{\phi^* \in \mathscr{F}} \int_{R^n} \phi^*(\boldsymbol{x}) C(\theta') H(\boldsymbol{x}) \exp(\theta' T(\boldsymbol{x})) \mathrm{d}x_1 \cdots \mathrm{d}x_n \\ &\geqslant \beta_{\phi'}(\theta')\end{aligned}$$

即 ϕ 是 (3.5.7) 的水平 α 的 UMPU 检验。

下面证明 (a) 和(b)。

对任给 $\theta' \in \Theta, \theta' \neq \theta_1, \theta' \neq \theta_2$, 考虑方程组

$$\begin{cases} C(\theta')\mathrm{e}^{\theta' c_1} = k_1 C(\theta_1)\mathrm{e}^{\theta_1 c_1} + k_2 C(\theta_2)\mathrm{e}^{\theta_2 c_1} \\ C(\theta')\mathrm{e}^{\theta' c_2} = k_1 C(\theta_1)\mathrm{e}^{\theta_1 c_2} + k_2 C(\theta_2)\mathrm{e}^{\theta_2 c_2} \end{cases} \tag{3.5.14}$$

k_1, k_2 为未知数。该方程组的行列式为

$$\begin{aligned}\Delta &= C(\theta_1)C(\theta_2)[\exp(\theta_1 c_1 + \theta_2 c_2) - \exp(\theta_2 c_1 + \theta_1 c_2)] \\ &= C(\theta_1)C(\theta_2)\exp(\theta_2 c_1 + \theta_1 c_2) \cdot \\ &\quad (\exp(\theta_1 c_1 + \theta_2 c_2 - \theta_2 c_1 - \theta_1 c_2) - 1)\end{aligned}$$

由于 $\theta_1 c_1 + \theta_2 c_2 - \theta_2 c_1 - \theta_1 c_2 = (c_1 - c_2)(\theta_1 - \theta_2) > 0$,故有 $\Delta > 0$。类似的讨论可知：若 $\theta_1 < \theta' < \theta_2$,则 $k_1 > 0, k_2 > 0$;若 $\theta' > \theta_2$,则 $k_1 < 0, k_2 > 0$;若 $\theta' < \theta_1$,则 $k_1 > 0, k_2 < 0$。

对 $\theta' \in (\theta_1, \theta_2)$,令

$$G(t) = k_1 C(\theta_1)\mathrm{e}^{(\theta_1 - \theta')t} + k_2 C(\theta_2)\mathrm{e}^{(\theta_2 - \theta')t}$$

由式 (3.5.14) 知

$$G(c_1) = G(c_2) = C(\theta')$$

又 $G(t)$ 是 t 的下凸函数，故有

$$\begin{aligned} G(t) < C(\theta') \quad & \text{若 } c_1 < t < c_2 \\ G(t) > C(\theta') \quad & \text{若 } t < c_1 \text{ 或 } t > c_2 \end{aligned} \tag{3.5.15}$$

比较式 (3.5.15) 和式(3.5.13),ϕ 可写成等价形式

$$\phi(\boldsymbol{x}) = \begin{cases} 1 & C(\theta')\mathrm{e}^{\theta' T(\boldsymbol{x})} < k_1 C(\theta_1)\mathrm{e}^{\theta_1 T(\boldsymbol{x})} + k_2 C(\theta_2)\mathrm{e}^{\theta_2 T(\boldsymbol{x})} \\ 0 & C(\theta')\mathrm{e}^{\theta' T(\boldsymbol{x})} > k_1 C(\theta_1)\mathrm{e}^{\theta_1 T(\boldsymbol{x})} + k_2 C(\theta_2)\mathrm{e}^{\theta_2 T(\boldsymbol{x})} \end{cases}$$

由引理 3.5.1

$$\begin{aligned}\beta_\phi(\theta') &= E_{\theta'}\phi(\boldsymbol{X}) \\ &= \inf\{E_{\theta'}\phi^*: \phi^* \in \mathfrak{F}\} \\ &\leqslant E_{\theta'}\alpha = \alpha\end{aligned}$$

这意味着 ϕ 是 (3.5.7) 的水平为 α 的检验。

对 $\theta' > \theta_2$，令

$$G(t) = C(\theta')\mathrm{e}^{(\theta'-\theta_2)t} - k_1 C(\theta_1)\mathrm{e}^{(\theta_1-\theta_2)t}$$

由 $k_1 < 0, k_2 > 0$ 知 $G(t)$ 为下凸函数。将式 (3.5.15) 中的 $C(\theta')$ 用 $k_2 C_2(\theta_2)$ 代替，经由与上面类似的讨论知论断 (b) 正确；类似地，对 $\theta' < \theta_1$，论断 (b) 也正确。

由 (b) 及引理 3.5.1，对 $\theta' \notin [\theta_1, \theta_2], \beta_\phi(\theta') = \sup\{E_{\theta'}\phi^*: \phi^* \in \mathfrak{F}\} \geqslant \alpha$，从而 ϕ 是无偏的。因此，(a)(b)都成立。这就完成了定理的证明。

对检验问题(3.5.8)有类似定理。

定理 3.5.2　若 $X_1, X_2\cdots, X_n$ 为来自指数分布族(3.5.11)的 i. i. d. 样本。若检验函数 ϕ 满足条件

$$E_{\theta_0}\phi(\boldsymbol{X}) = \alpha \quad 0 < \alpha < 1 \tag{3.5.16}$$

$$E_{\theta_0}[T(\boldsymbol{X})\phi(\boldsymbol{X})] = \alpha E_{\theta_0} T(\boldsymbol{X}) \tag{3.5.17}$$

且 ϕ 有式(3.5.13)的形状，则 ϕ 为(3.5.8)的水平 α 的 UMPU 检验。

证明与定理 3.5.1 类似，只需用方程

$$C(\theta')\mathrm{e}^{\theta' c_1} = k_1 C(\theta_0)\mathrm{e}^{\theta_0 c_1} + k_2 C(\theta_0)\mathrm{e}^{\theta_0 c_1}$$

$$C(\theta')\mathrm{e}^{\theta' c_2} = k_1 C(\theta_0)\mathrm{e}^{\theta_0 c_2} + k_2 C(\theta_0)\mathrm{e}^{\theta_0 c_2}$$

代替方程 (3.5.14)。

条件 (3.5.16) 和(3.5.17) 为(3.5.8) 的水平 α 的 UMPU 检验的必要条件。事实上，由 UMPU 检验的定义及其注解，水平 α 的 UMPU 检验，其真实水平必为 α，再由前面定理证明中得到的功效函数的连续性即知式 (3.5.16)。这也意味着 (3.5.8) 的水平 α 的 UMPU 检验 ϕ 的功效函数$\beta_\phi(\theta)$ 在 θ_0 处达到极小。又由于 $\beta_\phi(\theta)$ 是 θ 的可微函数，故 $\beta'_\phi(\theta_0) = 0$，即

$$0 = \beta'_\phi(\theta_0) = E_{\theta_0}[T(\boldsymbol{X})\phi(\boldsymbol{X})] + \frac{C'(\theta)}{C(\theta_0)}E_{\theta_0}\phi(\boldsymbol{X}) \tag{3.5.18}$$

而对指数分布族 (3.5.11) 恒有 $E_{\theta_0}T(\boldsymbol{X}) = -\dfrac{C'(\theta)}{C(\theta)}$。令 $\theta = \theta_0$，代入式 (3.5.18) 即得式(3.5.17)。

定理 3.5.1 和定理 3.5.2 给出了指数分布族 (3.5.11) 的两个双边假设

的UMPU检验。在常见的分布族中，有许多是指数分布族，故对于形如(3.5.7)或(3.5.8)的假设检验问题，存在UMPU检验。这些结论还可以推广到更广泛的情形。详细的讨论请参阅 参考文献[2]和参考文献[6]。下面举例说明用上述诸定理求单参数指数分布族参数的双边假设的UMPU检验。

例3.5.2 设 $X_1,X_2,\cdots,X_n$ 为抽自 $N(\mu,1)$ 的 i.i.d. 样本。求下面问题的水平 α 的UMPU检验

$$H_0:\mu=\mu_0;\ H_1:\mu\neq\mu_0 \tag{3.5.19}$$

解： X 的概率密度函数可写为

$$f(x,\mu)=\frac{1}{\sqrt{2\pi}}\mathrm{e}^{-\frac{1}{2}(x-\mu)^2}=\frac{1}{\sqrt{2\pi}}\mathrm{e}^{-\frac{\mu^2}{2}}\mathrm{e}^{-\frac{x^2}{2}}\mathrm{e}^{\mu x}$$

对照式(3.5.11)知该分布族是一个指数分布族。由定理3.5.2，(3.5.19)的水平 α 的UMPU检验函数有以下形式

$$\phi(\boldsymbol{X})=\begin{cases}1 & \sum\limits_{i=1}^{n}X_i<c_1\text{ 或}\sum\limits_{i=1}^{n}X_i>c_2\\ 0 & \text{其他}\end{cases} \tag{3.5.20}$$

其中 c_1,c_2 满足

$$P_{\mu_0}\left(c_1\leqslant\sum_{i=1}^{n}X_i\leqslant c_2\right)=\Phi\left(\frac{c_2-n\mu_0}{\sqrt{n}}\right)-\Phi\left(\frac{c_1-n\mu_0}{\sqrt{n}}\right)=1-\alpha \tag{3.5.21}$$

$$\int_{c_1}^{c_2}t\frac{1}{\sqrt{2\pi n}}\exp\left(-\frac{1}{2n}(t-n\mu_0)^2\right)\mathrm{d}t=(1-\alpha)n\mu_0 \tag{3.5.22}$$

取 $u_{\alpha/2}$ 满足 $\Phi(u_{\alpha/2})=1-\alpha/2$，令

$$c_1=n\mu_0-\sqrt{n}u_{\alpha/2};c_2=n\mu_0+\sqrt{n}u_{\alpha/2}$$

则 c_1,c_2 满足方程(3.5.21)和(3.5.22)。事实上，由 c_1,c_2 取法易知其满足式(3.5.21)。又

$$\begin{aligned}&\int_{c_1}^{c_2}t\frac{1}{\sqrt{2\pi n}}\exp\left(-\frac{1}{2n}(t-n\mu_0)^2\right)\mathrm{d}t\\ &=\int_{\frac{c_1-n\mu_0}{\sqrt{n}}}^{\frac{c_2-n\mu_0}{\sqrt{n}}}(\sqrt{n}y+n\mu_0)\frac{1}{\sqrt{2\pi}}\exp\left(-\frac{y^2}{2}\right)\mathrm{d}y\end{aligned}$$

$$= \int_{-u_{\alpha/2}}^{u_{\alpha/2}} n\mu_0 \frac{1}{\sqrt{2\pi}} e^{-\frac{x^2}{2}} dx$$

$$= n(1-\alpha)\mu_0$$

即满足式(3.5.22)。

例 3.5.3　继例 3.5.2，求下面问题的水平 α 的 UMPU 检验

$$H_0: \mu_1 \leqslant \mu \leqslant u_2;\ H_1: \mu < \mu_1 \text{ 或 } \mu > \mu_2 \tag{3.5.23}$$

解： 由定理 3.5.1，(3.5.23) 的水平 α 的 UMPU 检验函数有式(3.5.20) 的形式，且 c_1, c_2 满足

$$P_{\mu_1}\left(\sum_{i=1}^{n} X_i < c_1\right) + P_{\mu_1}\left(\sum_{i=1}^{n} X_i > c_2\right) = \alpha$$

$$P_{\mu_2}\left(\sum_{i=1}^{n} X_i < c_1\right) + P_{\mu_2}\left(\sum_{i=1}^{n} X_i > c_2\right) = \alpha$$

或等价于

$$\begin{cases} \Phi\left(\dfrac{c_1 - n\mu_1}{\sqrt{n}}\right) + 1 - \Phi\left(\dfrac{c_2 - n\mu_1}{\sqrt{n}}\right) = \alpha \\ \Phi\left(\dfrac{c_1 - n\mu_2}{\sqrt{n}}\right) + 1 - \Phi\left(\dfrac{c_2 - n\mu_2}{\sqrt{n}}\right) = \alpha \end{cases}$$

对于给定的 n, α, μ_1, μ_2，可以用数值方法解此方程组得到相应的 c_1, c_2。

3.6　拟合优度检验

在至此为止的讨论中，都是假定样本来自于某个分布族。在许多实际问题中，可以根据已有的知识来确定总体的分布族，比如，电子元器件的寿命常假定为指数分布，随机噪声常假定为正态分布等等。这类知识一般需要很长时间的积累，或者需要有物理、化学等方面的背景知识作为支撑。如果面临的是新问题，或还没有关于总体分布的足够知识，那么，首要任务就是要确定总体的分布或分布族，从而建立统计模型。此时，通常的方法是，依据问题的背景知识、观察到的样本(数据)和抽样的方法，对于总体的分布特性进行探索性分析(比如用第 1 章的直方图等)并对分布族进行猜测，然后利用

样本进一步检验这个猜测。本节讨论的拟合优度检验,是用来检验样本与某个分布或分布族的拟合是否有显著差异的统计方法。显然,拟合优度检验在统计数据分析中占有非常重要的地位,它是建立统计模型的基本步骤之一。

拟合优度检验的基本思路是寻求某种衡量样本的分布特性与猜测的统计模型之间的差异的量,简单地说,就是寻求衡量数据与模型的拟合程度的量。当表示差异的量超过某个界限,便认为总体与这个统计模型之间差异太大,用这个模型来描述可能会引起问题,产生误导的结论。由此可以看出这确实是一个假设检验问题。拟合优度检验的方法随着衡量样本与统计模型之间拟合程度的量的不同而不同。以下将主要介绍图示法、Pearson χ^2 检验法和 EDF 型检验,同时对于正态分布的拟合优度检验进行更为细致的讨论。

需要特别指出的是,由于问题本身的性质,拟合优度检验基本上属于大样本理论问题,因为当样本量很小时,样本中所包含的关于分布特性(比如分布密度的形状)的信息一般不足以让我们做出可靠的判断。

3.6.1 图示法

图示法是拟合优度检验的常用方法,虽然不能定量地描述样本与假设的总体分布之间的差异,但具有简便直观、易于解释的特点,往往从中能够发现样本(或总体)的某些特征,从而为建立统计模型提供更多的信息。本小节介绍 $P-P$ 散点图和 $Q-Q$ 散点图两种图方法。

1. $P-P$ 散点图

设 $X_1,\cdots,X_n$ 为来自于连续型分布 F 的独立同分布样本,根据所研究问题的实际背景,猜测 F 为某连续型分布 F_0。我们的问题是检验,假设

$$H_0:F = F_0;\ H_1:F \neq F_0 \tag{3.6.1}$$

为介绍 $P-P$ 图方法,首先给出下面的定理。

定理 3.6.1 若(3.6.1)的原假设 H_0 成立,则

$$U_i = F_0(X_i) \quad i = 1,2,\cdots,n$$

相互独立,并且服从分布 $U(0,1)$。

证明: 任取 $u\in(0,1)$,记 $F_0^{-1}(u) = \inf\{x:F_0(x)\geqslant u\}$。由于 $F_0(x)$ 为连续函数,$F_0(F_0^{-1}(u)) = u$,并且 $\{F_0(X_i)\leqslant u\} = \{X_i\leqslant F_0^{-1}(u)\}$。于是,

$$P(U_i\leqslant u) = P(F_0(X_i)\leqslant u) = P(X_i\leqslant F_0^{-1}(u)) = F_0(F_0^{-1}(u)) = u$$

此即定理的结论。

记 $\{U_{(i)}\}$ 为 $\{U_i\}$ 的顺序统计量,由式(1.3.2)知 $U_{(i)}$ 的概率密度函数

为

$$f_i(u) = \frac{n!}{(i-1)!(n-i)!} u^{i-1}(1-u)^{n-i}$$

由此即知

$$EU_{(i)} = \frac{i}{n+1}$$

于是 $U_{(i)}$ 可以写为

$$U_{(i)} = \frac{i}{n+1} + e_i$$

其中 $e_i = U_{(i)} - EU_{(i)}$ 满足 $Ee_i = 0$。在上式中忽略 e_i，并将 $\left(\frac{i}{n+1}, U_{(i)}\right)(i = 1,\cdots,n)$ 诸点表示在直角坐标系中，这些点将分布在直线 $y = x$ 的上下，如图 3.3 (a) 所示。否则，若明显地偏离直线 $y = x$，则认为 $F \neq F_0$。这种图称为 $P-P$ 散点图。

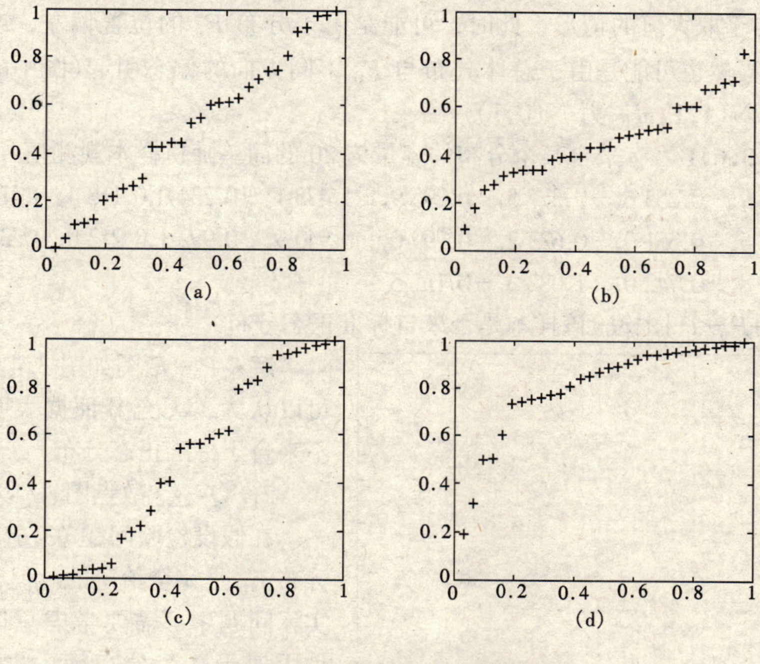

图 3.3　几种典型的 $P-P$ 散点图

这种作图法实际上是检验 $U_1,\cdots,U_n$ 是否来自$(0,1)$上的均匀分布 $U(0,1)$。当 $P-P$ 散点图不呈直线时，一般需要依据问题的背景和样本的某些特性对于总体的分布特点进行进一步的分析，同时也需要逐步积累数据分析的经验。有下面几种典型情况：

(1) U_i 的均值是0.5，图形关于(0.5,0.5)对称，而 U_i 的取值有向0.5集中的倾向，$P-P$ 散点图呈反S型，如图3.3 (b) 所示。此时，表明函数 F_0 在由 $X_1,\cdots,X_n$ 标明的范围内变化平缓，从而 F_0 相对于真正的总体分布来说可能分散性偏大，尾部较重；而对称性表明二者的密度曲线形状可能相似且位置大体一致(图中的样本来自于参数为(2.5,2.5)的贝塔分布，F_0 为 $U(0,1)$)。

(2) 对称性如上，但 U_i 的取值有向两端点0，1集中的倾向，$P-P$ 散点图呈正S型，如图3.3 (c) 所示。此时，F_0 相对于真正的总体分布来说可能分散性偏小，尾部较轻(图中的样本来自于参数为(0.75,0.75)的贝塔分布，F_0 为 $U(0,1)$)。

(3) 当图形关于(0.5,0.5)不对称时，情况比较复杂。可能表明分布 F_0 与总体的密度曲线形状不一致，或位置不一致。比如，图3.3(d)所示的是 U_i 倾向于取大值的情形，此时，可能是由于分布 F_0 的位置偏左，或尾部较轻，当然也可能是由于总体分布与 F_0 不同方向的偏态引起(图中的样本来自于 $N(1,1)$，F_0 为 $N(0,1)$)。

例 3.6.1　有来自某个分布的容量为20的简单随机样本观测值

0.568 9, −0.255 6, −0.377 5, −0.295 9, −1.475 1, −0.234 0,0.118 4, 0.314 8, 1.443 5, −0.351 0, 0.623 2, 0.799 0, 0.940 9, −0.992 1,0.212 0, 0.237 9, −1.007 8, −0.742 0, 1.082 3, −0.131 5

用 $P-P$ 图检验该样本是否来自标准正态分布。

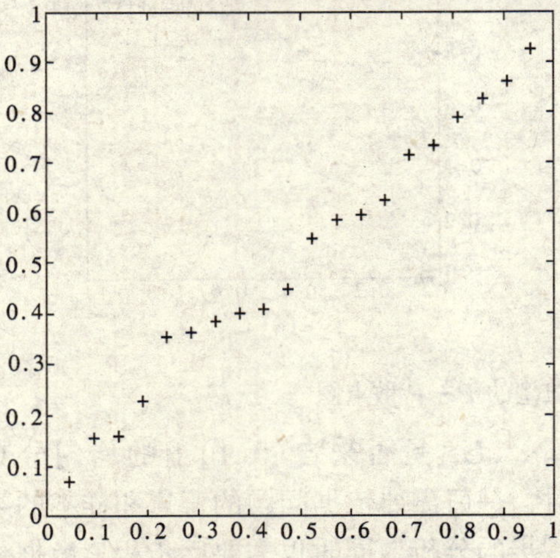

图3.4　例3.6.1中的 $P-P$ 散点图

解： $P-P$ 图如图3.4。由图可以认为，无充分证据表明样本不来自于标准正态分布。

2. $Q-Q$ 散点图

在假设检验问题(3.6.1)中，分布 F_0 是完全给定的。但在许多实际问题中，需要考虑总体分布是否属于某个分布族。此时，$P-P$ 散点图用起来不方便，而 $Q-Q$ 散点图可以用来检验位置—刻度参数分布族：设 $X_1,\cdots,X_n$ 是抽自连续型分布 F 的i.i.d.样

本，考虑的假设检验问题是

$$H_0: F \in \mathcal{L}_0 = \left\{G: G(x) = F_0\left(\frac{x-\mu}{\sigma}\right), \sigma > 0\right\};\ H_1: F \notin \mathcal{L}_0 \tag{3.6.2}$$

其中连续型的分布函数 $F_0(\cdot)$ 是给定的，但参数 μ,σ 的不同值决定分布族中的具体分布。这种问题的一个例子是看样本是否来自于正态总体(而不特别指明是看来自于哪个正态分布)。

令 $Z_i = F(X_i)$,以 F_0^{-1} 记 F_0 的反函数，即对任意 $u \in (0,1)$, $F_0^{-1}(u) = \inf\{x: F_0(x) \geqslant u\}$，则当 H_0 成立时，

$$F(x) = F_0\left(\frac{x-\mu}{\sigma}\right)$$

对于某 μ 和 σ 成立。从而

$$F_0^{-1}(Z_i) = F_0^{-1}F_0\left(\frac{X_i-\mu}{\sigma}\right) = \frac{X_i-\mu}{\sigma}$$

于是

$$X_i = \sigma F_0^{-1}(Z_i) + \mu \tag{3.6.3}$$

式(3.6.3)表明: X_i 和 $F_0^{-1}(Z_i)$ 呈线性关系，即点 $\{(F_0^{-1}(Z_i), X_i)\}$ 在一条直线上，μ 为直线的截距，σ 为直线的斜率. 但由于 μ,σ 未知，无法算出 Z_i。注意到 Z_i 是分布函数在 X_i 处的值，而分布函数可以由经验分布函数来估计，故 Z_i 近似地可以表示为

$$Z_i \approx F_n(X_i) \tag{3.6.4}$$

其中 $F_n(x)$ 是由 $X_1,\cdots,X_n$ 得到的经验分布函数。由式(3.6.3)和式(3.6.4)得

$$X_i \approx \sigma F_0^{-1}(F_n(X_i)) + \mu$$

特别对顺序统计量有

$$X_{(i)} \approx \sigma F_0^{-1}\left(\frac{i}{n}\right) + \mu$$

上式右边当 $i = n$ 时一般无法算出，这是由于代入公式 $F_n(X_{(i)}) = i/n$ 造

成的。为此，使用时常在该公式中加入一个连续性校正常数 c，取

$$Z_{(i)} \approx \frac{i-c}{n-2c+1} \tag{3.6.5}$$

常取 $c=0.5$ 或 0.25。这里，约定取 $c=0.25$。把式(3.6.5)代入式(3.6.3)得到

$$X_i \approx \sigma F_0^{-1}\left(\frac{i-c}{n-2c+1}\right)+\mu$$

于是，为检验 H_0 作图如下：把点 $\left(F_0^{-1}\left(\frac{i-0.25}{n+0.5}\right), X_{(i)}\right)$ $(i=1,\cdots,n)$ 标在直角坐标系中，当原假设成立时，诸点构成的点阵将呈一直线，且该直线的斜率可作为 σ 的估计，截距可为 μ 的估计，如图 3.5 (a)所示。这种图称为 $Q-Q$ 散点图。

$Q-Q$ 散点图的识别方法如下：若点阵不呈直线状态，则认为 H_0 不成立。此时，图形可能呈现各种各样的情况。几种典型的情况如下：

(1) 点阵构成的图形呈中心对称的反 S 型，中部点的密度较大，如图 3.5 (b)所示。这表明比起由 $F_0^{-1}\left(\frac{i-0.25}{n+0.5}\right)$ 给定的横坐标来，样本中最大的一些值和最小的一些值比较突出，样本值相对比较分散，总体分布可能比原假设下的分布族中的分布重尾。对称性则可能表明，两个分布族的密度曲线的形状类似(图中样本来自于 Cauchy 分布，F_0 为 $N(0,1)$)。

(2) 点阵构成的图形呈中心对称的 S 型，中部点的密度较大，如图 3.5 (c) 所示。这表明样本两端的值比起由 $F_0^{-1}\left(\frac{i-0.25}{n+0.5}\right)$ 给定的横坐标来相对变化较慢，从而样本取值比较集中，总体分布可能比原假设下的分布族中的分布轻尾(图中样本来自于正态分布，F_0 为 Laplace 分布)。

(3) 在其他非典型的情况下，$Q-Q$ 散点图的分析比较复杂。比如，图 3.5 (d) 中，由于 F_0 取为 $N(0,1)$，可以看出总体的分布是偏态的，并且右侧尾部较正态分布重。有时还可检测出异常点的存在。所谓异常点，是指“远离”其他数据点的观测值。这里的“远离”当然有一个程度的问题，在此不去细致讨论。如在图 3.6 (a) 中，点 P 远离直线，而其他诸点在一直线周围，这时认为点 P 所对应的数据点可能是异常点。此时，往往进一步找其他证据进行判定。比如，检查原始试验的数据记录，看是否有录入错误等。如果图形分为比较明显的两个部分，如图 3.6 (b) 的形状，那么，可能意味着总体的分布是混合的。

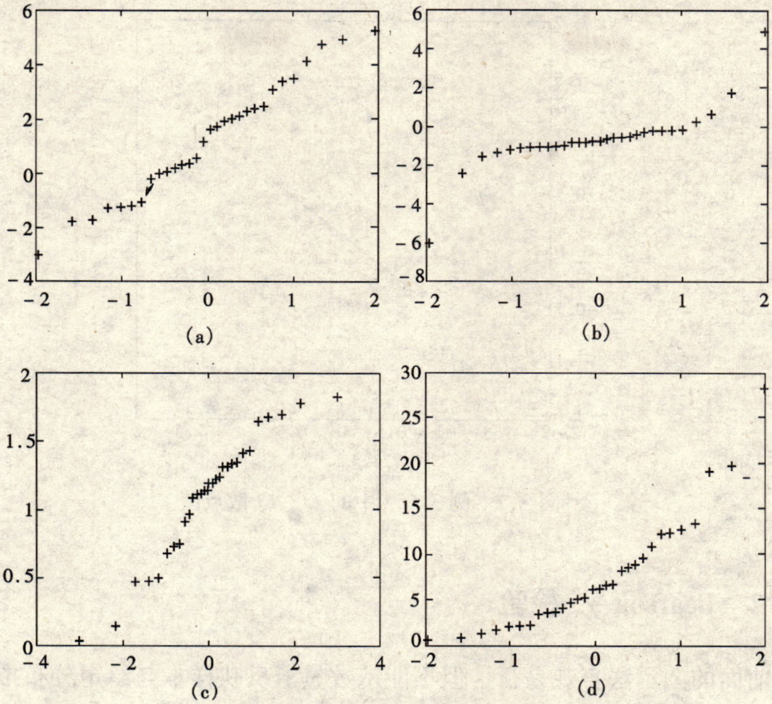

图 3.5　几种典型的 $Q-Q$ 散点图

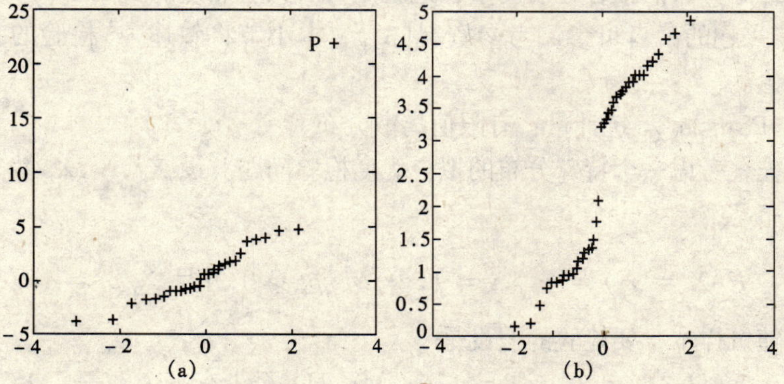

图 3.6　有异常点的情形和混合分布的情形

例 3.6.2　样本同例 3.6.1。$Q-Q$ 散点图如图 3.7 所示，无明显与标准正态分布相违的证据。

注：在有的书上，画 $Q-Q$ 图时以 $X_{(i)}$ 为横坐标。此时，识别图形时应该做相应的变化。

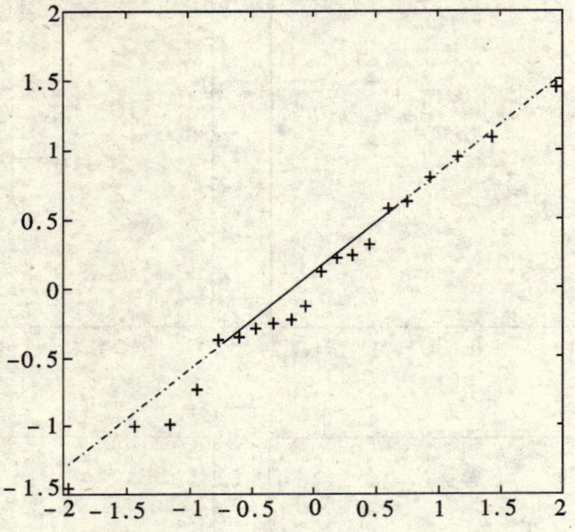

图 3.7　例 3.6.2 中的 $Q-Q$ 散点图

3.6.2　Pearson χ^2 检验

前面的图示法直观易行，但不能从数量上反映样本与给定分布拟合的程度，这在许多情形下不能满足需要。Karl Pearson 于 1900 年提出来一个衡量样本与给定分布的拟合程度的量，这就是为后人所熟知的 Pearson χ^2 检验统计量(有兴趣的读者可参阅考参资料[3])。本小节将叙述 χ^2 检验的基本思想和结论。

1. Pearson χ^2 统计量：有限值离散分布

首先，考虑一个特殊分布的拟合优度检验问题。设 $X_1,\cdots,X_n$ 为来自于离散分布

$$P(X=x_i)=p_i \quad i=1,\cdots,M,p_i>0,\text{并且}\sum_{i=1}^{M}p_i=1 \tag{3.6.6}$$

的简单随机样本，要检验的假设是

$$H_0:p_i=p_{0i} \quad i=1,\cdots,M;\ H_1:\text{至少有一个不等} \tag{3.6.7}$$

根据大数定律，当样本量充分大时，一个随机事件发生的概率与频率应当接近，于是，用随机事件 $\{X=x_i\}$ 的频率与原假设中相应概率之间的差异来检验上述假设。记样本中 x_i 出现的次数为$N_i=\{j:X_j=x_i\}^{\#}$，定义

$$\chi^2=\sum_{i=1}^{M}\frac{n(N_i/n-p_{0i})^2}{p_{0i}}=\sum_{i=1}^{M}\frac{(N_i-np_{0i})^2}{np_{0i}} \tag{3.6.8}$$

则 χ^2 为在各个 x_i 处频率与假设的概率差异平方(也可以说是观测频数与原假设下的理论频数差异平方)的加权和，它衡量了样本与假设的分布之间的拟合的程度，称之为 Pearson χ^2 统计量，它是由 Karl Pearson 提出的。显然，当 H_0 不成立时，χ^2 将有偏大的趋势。关于它的分布，首先注意到，$(N_1,\cdots,N_m)$ 服从多项分布，当原假设成立时，该多项分布为

$$P(N_1 = n_1,\cdots,N_m = n_m) = \frac{n!}{n_1!\cdots n_M!}p_{01}^{n_1}\cdots p_{0M}^{n_M}$$

其中，非负整数 $n_1,\cdots,n_M$ 满足 $\sum_{i=1}^{M} n_i = n$。在此基础上，可以证明下列定理(定理的证明超出本书的范围,有兴趣的读者请参阅参考文献[1])。

定理 3.6.2　在原假设 H_0 下，$\chi^2 \xrightarrow{\mathcal{L}} \chi^2(M-1)(n \to +\infty)$。

由定理 3.6.2 假设(3.6.7)的水平为 α 的检验的拒绝域取为 $\{\chi^2 > \chi^2_\alpha(M-1)\}$。该定理不仅给出了有限值离散分布的拟合优度检验，更重要的，它为一般分布的拟合优度检验奠定了基础。

2. Pearson χ^2 检验：一般分布

分布(3.6.6)是一个具有有限支撑的离散型分布。现在来考虑一般分布的拟合优度检验问题，即假设(3.6.1)的检验。Pearson 采用了下述方法：

(1) 将总体 X 的取值范围 $\mathscr{X}$ 分成 M 个子集 $E_i(i = 1,\cdots,M)$，满足

$$\mathscr{X} = \bigcup_{i=1}^{M} E_i；E_i \cap E_j = \varnothing \quad i \neq j$$

(2) 根据原假设的分布 F_0，计算

$$p_i = P_{F_0}(X \in E_i) \tag{3.6.9}$$

其中 P_{F_0} 中下标 F_0 表示 p_i 是在 H_0 成立的条件下计算的，即 p_i 是按分布 F_0 计算得到的。

(3) 记 $N_i = \{X_j \in E_i, j = 1,2,\cdots,n\}^{\#}$，即 N_i 为 n 个观察值 $X_1,\cdots,X_n$ 中落入 E_i 中的个数。

(4) 计算 Pearson 检验统计量

$$\chi^2 = \sum_{i=1}^{M} \frac{(N_i - np_i)^2}{np_i} \tag{3.6.10}$$

(5) 当 $\chi^2 > \chi^2_\alpha(M-1)$ 时拒绝 H_0，即认为总体分布与原假设中的分布有显著差异。

这个检验通常称为 Pearson χ^2 拟合优度检验。由定义可见，与前面类似，χ^2 反映了落入每个子集内的频率与概率的差异大小。由定理 3.6.2，

当 $n \to +\infty$ 时，$\chi^2 \xrightarrow{\mathcal{L}} \chi^2(M-1)$。因此，当 n 较大时，该检验的真实检验水平近似为 α.

从上面的步骤可以看出，Pearson χ^2 拟合优度检验实际上是把分布 F_0 的拟合优度检验问题化为一个有限“值”离散分布来检验。如果总体是连续型的，要先把它离散化；如果总体是取可列值的离散型分布，也要把它化为有限值离散分布来检验。因此，该检验不仅可用于一维的离散和连续型分布，也适用于多维分布。同时，也可以看出，对于一般分布的检验问题来说，Pearson χ^2 拟合优度检验显得不够精细，检验的结论不可避免地与样本空间的划分有些关系，尤其是对于连续型分布。当我们由检验不能拒绝原假设时，在进一步基于原假设分布进行分析之前，可以再慎重地进行拟合优度的考察，比如，利用不同的样本空间的划分进行比较。

应该如何确定样本空间的划分呢？这个问题的更确切的提法是，如何划分样本空间，才能使得 χ^2 检验既有接近于名义水平 α 的真实水平，又有较高的功效，即对于不同于 F_0 的总体分布有较高的分辨力。这是一个不容易回答的问题。许多统计学家给出了各种原则，但实际上无论什么取法，总可找到某种特定的分布，使相应的取法失败。大家比较容易接受的原则是 Cochran 于 1954 年提出的。

样本空间划分的 Cochran 原则：

(1) 每个集合 E_i 的期望频数 np_i 不低于 1，即 $np_i \geqslant 1 \quad (i=1,\cdots,M)$；

(2) 至少有 80% 的 $np_i \geqslant 5$。

通常 M 取值于 6～20。当样本量充分大时，也还可以划分得更细。

例 3.6.3 工程师要考察中央空调系统的性能，把系统设置为 24℃时，随机抽查了 40 个房间，测得室温如下(精确到 1℃)：18，18，18，19，19，20，20，20，20，22，22，22，22，22，23，23，23，23，23，23，23，23，23，23，23，24，24，24，24，24，24，24，24，25，25，26，26，26，27，27. 取检验水平为 0.05，试检验如下说法：与设定温度相差不超过 1℃ 的房间为 80%，低于设定温度 2℃ 的为 8%，更低的为 5%，高于设定温度 1℃ 及更高的为 7%。

解： 问题中已经把室温 T 的取值划分成了 4 个范围：$E_1=\{T<22\}$，$E_2=\{T=22\}$，$E_3=\{23\leqslant T\leqslant 25\}$，$E_4=\{T>25\}$。它们在原假设下的期望频数分别为：$40\times0.05=2.0$，$40\times0.08=3.2$，$40\times0.80=32.0$，$40\times0.07=2.8$，观测频数分别为：9，5，21，5。于是代入式(3.6.10)得

$$\chi^2 = \frac{(9-2.0)^2}{2.0} + \frac{(5-3.2)^2}{3.2} + \frac{(21-32.0)^2}{32.0} + \frac{(5-2.8)^2}{2.8} = 31.02$$

由于 $\chi^2_{0.05}(3) = 7.81 < 31.02$，拒绝原假设。

例 3.6.4　在上面的例子中，重新把室温视为连续型随机变量，检验 $H_0: T \sim N(23,4)$。

解：把室温的取值范围划分为

$$E_1 = \{T < 19.5\}, \qquad E_2 = \{19.5 \leqslant T < 21.5\}$$
$$E_3 = \{21.5 \leqslant T < 22.5\}, E_4 = \{22.5 \leqslant T < 23.5\}$$
$$E_5 = \{23.5 \leqslant T < 24.5\}, E_6 = \{24.5 \leqslant T < 26.5\}$$
$$E_7 = \{T \geqslant 26.5\}$$

对应的概率为

$$p_1 = 0.040\,1, p_2 = 0.186\,6, p_3 = 0.174\,7, p_4 = 0.197\,4,$$
$$p_5 = 0.174\,7, p_6 = 0.186\,6, p_7 = 0.040\,1$$

各个 E_i 的期望频数分别为

1.602 4，7.462 7，6.986 7，7.896 5，6.986 7，7.462 7，1.602 4

观测频数分别为

$$5,4,5,11,8,5,2$$

于是代入式(3.6.10)得 $\chi^2 = 11.653\,7 < \chi^2_{0.05}(6) = 12.591\,6$，从而在 0.05 的检验水平上不能拒绝原假设。相应的 $Q-Q$ 散点图如图 3.8 所示。

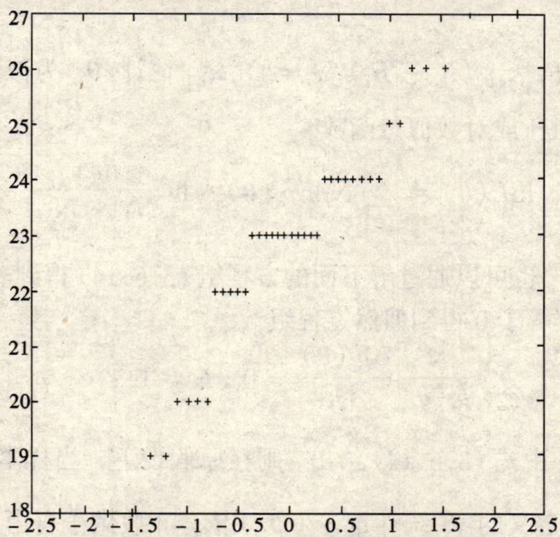

图 3.8　例 3.6.4 中的 $Q-Q$ 散点图

分布族的拟合优度检验 在实际中常遇到检验总体分布是否属于某个分布族的问题，这种问题常常可以表示为

$$H_0: F \in \mathcal{L}_0 = \{F_0(\cdot;\theta):\theta \in \Theta\};\ H_1: F \notin \mathcal{L}_0 \qquad (3.6.11)$$

其中 $F_0(\cdot;\cdot)$ 以及 Θ 已知。此时由于参数 θ 未知，无法用式(3.6.9)计算 p_i 的值。一个自然的想法是用参数 θ 的估计量 $\widetilde{\theta}_n$ 代替θ。于是式(3.6.9)～式(3.6.10)分别成为

$$p_i(\widetilde{\theta}_n) = P_{F_0(\cdot;\widetilde{\theta}_n)}(X \in E_i) = \int_{E_i} \mathrm{d}F(x;\widetilde{\theta}_n) \qquad (3.6.12)$$

$$\chi^2(\widetilde{\theta}_n) = \sum_{i=1}^{M} \frac{(N_i - np_i(\widetilde{\theta}_n))^2}{n_i p_i(\widetilde{\theta}_n)} \qquad (3.6.13)$$

关于统计量(3.6.13)的渐近分布，Fisher 给出下面的结果(证明参见参考文献[1])：设 $\boldsymbol{\theta} = (\theta_1,\theta_2,\cdots,\theta_p)^{\mathrm{T}}$ 为 p 维参数。

(1) $\widetilde{\boldsymbol{\theta}}_n$ 取为按下面方式确定的$\boldsymbol{\theta}$ 的极大似然估计(简称为分组极大似然估计)：样本中落入各个子集中的样本值个数 $(N_1,\cdots,N_M)$ 服从多项分布，概率函数为

$$\begin{aligned} p(n_1,\cdots,n_M;\boldsymbol{\theta}) &= P(N_1 = n_1,\cdots,N_M = n_M;\boldsymbol{\theta}) \\ &= \frac{n!}{n_1!\,n_2!\cdots n_M!}[p_1(\boldsymbol{\theta})]^{n_1}\cdots[p_M(\boldsymbol{\theta})]^{n_M} \end{aligned}$$

其中 $p_i(\boldsymbol{\theta}) = P_{F_0(\cdot;\boldsymbol{\theta})}(X \in E_i), n = \sum_{i=1}^{M} n_i$。估计 $\widetilde{\boldsymbol{\theta}}_n$ 为似然函数 $L(\boldsymbol{\theta}) = p(N_1,\cdots,N_M;\boldsymbol{\theta})$ 或对数似然函数

$$\ln L(\boldsymbol{\theta}) = \sum_{i=1}^{M} N_i \ln p_i(\boldsymbol{\theta}) + \ln \frac{n!}{N_1!\cdots N_M!}$$

的最大值点。$\widetilde{\boldsymbol{\theta}}_n$ 也可以通过解下面的方程组(3.6.14)得到。将上式对 θ_k 求偏导数，并令其等于0得到似然方程组

$$\sum_{i=1}^{M} \frac{N_i}{p_i(\boldsymbol{\theta})} \frac{\partial p_i(\boldsymbol{\theta})}{\partial \theta_k} = 0 \quad k = 1,2,\cdots,p \qquad (3.6.14)$$

(2) 若 $\widetilde{\theta}_n$ 由式(3.6.14)给出，则在原假设下，当样本量无限增大时，由式(3.6.13)定义的 χ^2 统计量 $\chi^2(\widetilde{\boldsymbol{\theta}}_n)$ 依分布收敛于自由度为 $M-p-1$ 的 χ^2 分布随机变量。

由这个结果，假设 (3.6.11) 的水平为 α 的检验的拒绝域取为 $\{\chi^2(\tilde{\boldsymbol{\theta}}_n) > \chi^2_\alpha(M-p-1)\}$。

比较上述结果与前面假设(3.6.1)的检验发现，极限分布的自由度少了 p 个，而 p 恰是估计的未知参数的个数。这就是著名的估计一个参数丧失一个自由度的原则。但这个原则成立的一般前提是在计算概率 $p_i(\boldsymbol{\theta})$ 时使用上述由多项分布给出的极大似然估计 $\tilde{\boldsymbol{\theta}}_n$。否则，结论可能是不对的。例如对于正态分布族，如果不用式 (3.6.14) 的解 $\tilde{\boldsymbol{\theta}}_n$ 作为估计，而是用常用的极大似然估计 $\hat{\theta}_n = (\bar{X}, S^2)^{\mathrm{T}}$，其中

$$\bar{X} = \frac{1}{n}\sum_{i=1}^{n} X_i;\quad S^2 = \frac{1}{n}\sum_{i=1}^{n}(X_i - \bar{X})^2$$

分别是均值和方差的估计，则按式 (3.6.13) 定义的统计量 $\chi^2(\hat{\boldsymbol{\theta}}_n)$ 的渐近分布与下面随机变量的分布相同

$$\chi^2(M-p-1) + \sum_{k=1}^{p}\lambda_k(\boldsymbol{\theta})\chi^2_k(1) \tag{3.6.15}$$

其中：$\chi^2(M-p-1)$ 是自由度为 $M-p-1$ 的 χ^2 变量；$\chi^2_k(1)$ 是自由度为 1 的 χ^2 变量，$k=1,2,\cdots,p$；且这些 χ^2 变量相互独立；$0<\lambda_k(\boldsymbol{\theta})<1$。由于随机变量 (3.6.15) 的分布与未知参数有关，难以得到检验的临界值。但在某些情形下，当M 比 p 大得多时，$\chi^2(M-p-1)$ 和渐近分布 (3.6.15) 的 α 分位点间差异不大，故这时可用 $\chi^2(M-p-1)$ 近似地确定 $\chi^2(\hat{\theta}_n)$ 的临界值。这正与估计一个参数丧失一自由度的原则相符合。一些教科书讲述 χ^2 检验时，对于两种极大似然估计不加区别。

例 3.6.5 下面的数据是 30 个家庭月食品支出占家庭月收入的百分比：26，28，30，37，33，30，29，39，49，31，38，36，33，24，34，40，29，41，40，29，35，44，32，45，35，26，42，36，37，35。试检验该样本是否来自于正态分布，取检验水平 $\alpha=0.05$。

解： 把变量的取值范围分为以下 5 部分：$(-\infty,28.5]$，$(28.5,32.5]$，$(32.5,36.5]$，$(36.5,40.5]$，$(40.5,+\infty)$。观测频数分别为 4，7，8，6，5。

$$p_1(\mu,\sigma) = \Phi\left(\frac{28.5-\mu}{\sigma}\right)$$

$$p_2(\mu,\sigma) = \Phi\left(\frac{32.5-\mu}{\sigma}\right) - \Phi\left(\frac{28.5-\mu}{\sigma}\right)$$

$$p_3(\mu,\sigma)=\Phi\left(\frac{36.5-\mu}{\sigma}\right)-\Phi\left(\frac{32.5-\mu}{\sigma}\right)$$

$$p_4(\mu,\sigma)=\Phi\left(\frac{40.5-\mu}{\sigma}\right)-\Phi\left(\frac{36.5-\mu}{\sigma}\right)$$

$$p_5(\mu,\sigma)=1-\Phi\left(\frac{40.5-\mu}{\sigma}\right)$$

由此得到对数似然函数为

$$\ln L(\mu,\sigma)=4\ln p_1(\mu,\sigma)+7\ln p_2(\mu,\sigma)+8\ln p_3(\mu,\sigma)+6\ln p_4(\mu,\sigma)+5\ln p_5(\mu,\sigma)$$

利用最优化算法（比如 Newton－Raphson 方法）可以求得 (μ,σ) 的分组极大似然估计为 $(\tilde{\mu},\tilde{\sigma})=(34.688\,1,5.795\,8)$。代入式(3.6.12)和式(3.6.13)得

$$p_1(\tilde{\mu},\tilde{\sigma})=0.142\,8,p_2(\tilde{\mu},\tilde{\sigma})=0.210\,1$$

$$p_3(\tilde{\mu},\tilde{\sigma})=0.269\,8,p_4(\tilde{\mu},\tilde{\sigma})=0.219\,3$$

$$p_5(\tilde{\mu},\tilde{\sigma})=0.150\,8$$

$$\chi^2=\frac{(4-30\times0.142\,8)^2}{30\times0.142\,8}+\frac{(7-30\times0.210\,1)^2}{30\times0.210\,1}+\frac{(8-30\times0.269\,8)^2}{30\times0.269\,8}+\frac{(6-30\times0.219\,3)^2}{30\times0.219\,3}+\frac{(4-30\times0.150\,8)^2}{30\times0.150\,8}=0.162\,7$$

由于 $M=5$，$p=2$，χ^2 的渐近分布的自由度为2。查 χ^2 分布表得 $\chi_2^2(0.05)=5.99$，因此，没有证据表明该样本不是来自于正态分布的。

3.6.3 EDF 型检验

在拟合优度检验中，一类重要的检验是以经验分布函数（Empirical Distribution Function）为基础的，统称为 EDF 型检验。在第 1 章中曾经讲到，经验分布函数作为总体分布函数的估计具有良好的性质。EDF 型检验的基本思想是，用经验分布函数与原假设的分布函数的“距离”作为样本与原假设分布拟合优良性的度量。自然地，随着“距离”定义的不同，导出的检验统计量也不同。这类检验中著名的有 Kolmogorov 检验，von Mises 检验等。本小节主要介绍这类统计量的思想、构造和计算。

1．Kolmogrov 统计量

设 $X_1,\cdots,X_n$ 为来自于分布 F 的简单随机样本。继续考虑假设

(3.6.1)，即

$$H_0:F = F_0;\ H_1:F \neq F_0 \tag{3.6.16}$$

1933 年 Kolmogorov 提出了一个检验方法，该方法基于衡量经验分布函数和总体分布函数差异的“一致度量”，即经验分布函数 $F_n(x)$ 和分布函数 $F_0(x)$ 差的绝对值的上确界。具体地，Kolmogorov 统计量定义为

$$D_n = \sqrt{n} \sup_{-\infty<x<+\infty} | F_n(x) - F_0(x) | \tag{3.6.17}$$

关于 D_n 的渐近分布，有以下的 Kolmogorov 定理。

定理 3.6.3　(Kolmogorov) 设 $X_1, X_2, \cdots, X_n$ 是抽自 F 的i. i. d 样本，$F_n(x)$ 是相应的经验分布函数，若总体分布函数 $F(x)$ 连续，则在 H_0 下，

$$\lim_{n\to+\infty} P(D_n \leqslant \lambda) = K(\lambda)$$

$$= \begin{cases} \sum_{j=-\infty}^{+\infty} (-1)^j \exp\{-2j^2\lambda^2\} & \lambda > 0 \\ 0 & \lambda \leqslant 0 \end{cases}$$

该定理的证明超出本书的范围，从略。

由 Kolmogorov 定理知，当原假设 H_0 成立时，D_n 以$K(\lambda)$ 为其极限分布函数。以 K_α 记分布$K(\lambda)$ 的上 α 分位点，则当 $D_n > K_\alpha$ 时拒绝H_0，认为总体分布与 F_0 有显著差异，这里 α 为给定的检验水平。该检验称为 **Kolmogorov 检验**。当样本量 n 较小时，为了提高与极限分布 K 的接近程度，可以对 D_n 进行调整，以

$$D_n^* = D_n\left(1 + \frac{0.12}{\sqrt{n}} + \frac{0.11}{n}\right)$$

代替 D_n[7]。为确定 $K(\lambda)$ 的分位点，可查相应的分布表。表 3.5 第 2 行给出了常用检验水平下 Kolmogorov 检验的临界值。

表 3.5　EDF 型检验的临界值

α	0.99	0.975	0.95	0.90	0.10	0.05	0.025	0.01
K_α	0.441	0.481	0.520	0.571	1.224	1.358	1.480	1.628
w_α^2	0.025	0.030	0.037	0.046	0.347	0.461	0.581	0.743
a_α^2	0.201	0.217	0.283	0.346	1.933	2.492	3.070	3.857
u_α^2	0.020	0.024	0.028	0.033	0.152	0.187	0.222	0.268

下面讨论如何计算 D_n。令

$$Z = F_0(X) \tag{3.6.18}$$

那么，若 $X \sim F_0(\cdot)$ 则 Z 服从 (0,1) 上的均匀分布，从而

$$Z_i = F_0(X_i) \quad i = 1,\cdots,n$$

是抽自 $U(0,1)$ 的i.i.d.样本。以 $F_n^*(z)$ 记 $Z_1,Z_2,\cdots,Z_n$ 的经验分布函数，易见对于 $z = F_0(x)$ 有

$$F_n(x) = F_n^*(z)$$

故

$$F_n(x) - F_0(x) = F_n^*(z) - z$$

进而

$$D_n = \sqrt{n} \sup_{0\leqslant z\leqslant 1} | F_n^*(z) - z |$$

不难得到（参见图 3.9）

$$D_n^+ = \sup_{0\leqslant z\leqslant 1} \sqrt{n}(F_n^*(z) - z) = \max_{1\leqslant i\leqslant n} \sqrt{n}\left(\frac{i}{n} - Z_{(i)}\right)$$

$$D_n^- = \sup_{0\leqslant z\leqslant 1} \sqrt{n}(z - F_n^*(z)) = \max_{1\leqslant i\leqslant n} \sqrt{n}\left(Z_{(i)} - \frac{i-1}{n}\right)$$

$$D_n = \max(D_n^+, D_n^-) \tag{3.6.19}$$

例 3.6.6 今有样本 0.173，0.345，0.096，0.437，0.085，0.912，0.872，0.312，0.922，0.691。试问该样本是否可认为来自分布 $U(0,1)$？

解：用 Kolmogorov 检验，计算如表 3.6 所示。

表 3.6 Kolmogorov 检验的有关数值

$Z_{(i)}$	0.085	0.096	0.173	0.312	0.345	0.437	0.691	0.872	0.912	0.922
$\frac{i}{n}$	0.1	0.2	0.3	0.4	0.5	0.6	0.7	0.8	0.9	1.0
$\frac{i-1}{n}$	0	0.1	0.2	0.3	0.4	0.5	0.6	0.7	0.8	0.9
$\frac{i}{n} - Z_{(i)}$	0.015	0.104	0.127	0.088	0.155	0.163	0.009	−0.072	−0.012	0.078
$Z_{(i)} - \frac{i-1}{n}$	0.085	−0.004	−0.027	0.012	−0.055	−0.063	0.091	0.172	0.112	0.022

最后 $D_n = \sqrt{10}\max(0.163, 0.172) = 0.543\,9$，$D_n^* = 0.543\,9 \times (1.0 + 0.12/\sqrt{10} + 0.11/10) = 0.570\,9$。查表得 $K_{0.10} = 1.224 > 0.570\,9$，故无充分理由认为该样本不是来自均匀分布。Kolmogorov 统计量的计算如图 3.9 所示。

2. 二次统计量

二次统计量是一个统计量类，也称为 Cramér - von Mises 型统计量，是由下面的式(3.6.20)定义的。

$$Q = n\int_{-\infty}^{+\infty} [F_n(x) - F_0(x)]^2 \psi(x) \mathrm{d}F_0(x) \tag{3.6.20}$$

这里 $\psi(x)$ 是适当选取的权函数。容易看出，Q 是经验分布函数 $F_n(x)$ 与原假设分布函数 $F_0(x)$ 之平方误差的加权平均。几种常见的权函数如下所述。

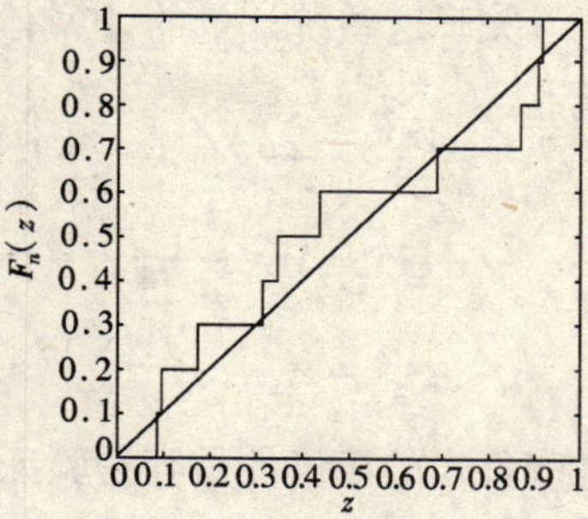

图 3.9　Kolmogorov 统计量的计算

（1）Cramér－von Mises 统计量：在式 (3.6.20) 中取 $\psi(x)\equiv 1$，相应的统计量一般记为 W^2，

$$W^2 = n\int_{-\infty}^{+\infty}[F_n(x)-F_0(x)]^2 \mathrm{d}F_0(x)$$

（2）Anderson－Darling 统计量：在式 (3.6.20) 中取

$$\psi(x) = [F_0(x)(1-F_0(x))]^{-1}$$

得到 A^2，即

$$A^2 = n\int_{-\infty}^{+\infty}\frac{[F_n(x)-F_0(x)]^2}{F_0(x)(1-F_0(x))}\mathrm{d}F_0(x)$$

（3）Watson 统计量：这是对 W^2 的一种修正，是 Watson 于 1961 年提出来的，记做 U^2，定义如下：

$$U^2 = n\int_{-\infty}^{+\infty}\left\{F_n(x)-F_0(x)-\int_{-\infty}^{+\infty}[F_n(x)-F_0(x)]\mathrm{d}F_0(x)\right\}^2\mathrm{d}F_0(x)$$

直观上讲，W^2 是平方误差 $[F_n(x)-F_0(x)]^2$ 按分布 F_0 的加权平均；而在 A^2 中，注意到 $[\psi(x)]^{-1}/n=[F_0(x)(1-F_0(x))]/n$ 为 $F_n(x)-F_0(x)$ 在 H_0 下的方差，权函数 $\psi(x)$ 起到了类似于标准化的作用。由于 $\psi(x)$ 在分布 F_0 的两端取大的值，比起 W^2，A^2 对分布尾部的偏差更敏感；在 Watson 统计量中，由于把误差 $F_n(x)-F_0(x)$ 与 $\int_{-\infty}^{+\infty}[F_n(x)-F_0(x)]\mathrm{d}F_0(x)$ 进行比较，相对于 W^2，Watson 统计量对于分布中段的差异比较敏感。

上述各个检验的拒绝域都表现为 $\{Q>C_\alpha\}$ 的形式，其中 C_α 为相应统计量在原假设下的极限分布的上 α 分位点。可以证明，上述各个统计量在原假设下都依分布收敛于一个已知的分布，但由于极限分布的复杂性，在此无法用简单的公式给出，请详见参考文献[8]定理 4.8。这些分布已经被做成表格，常见的分位点见表 3.5，其中 $w_\alpha^2, a_\alpha^2, u_\alpha^2$ 分别表示 W^2, A^2, U^2 的极限分布的上 α 分位点。

关于这些统计量的计算有以下公式，采用的符号与前一小节相同。

$$W^2 = \sum_{i=1}^{n} \{Z_{(i)} - (2i-1)/(2n)\}^2 + 1/(12n) \tag{3.6.21}$$

$$U^2 = W^2 - n(\bar{Z} - 0.5)^2 \tag{3.6.22}$$

$$A^2 = -n - \frac{1}{n}\sum_{i=1}^{n}(2i-1)[\ln Z_{(i)} + \ln(1 - Z_{(n+1-i)})] \tag{3.6.23}$$

这些公式的正确性是容易验证的。例如 式(3.6.21) 可按下面方式得到。

记 $Z_{(0)} = 0, Z_{(n+1)} = 1$。由 W^2 的定义，

$$\begin{aligned}
W^2 &= n\int_{-\infty}^{+\infty}(F_n(x) - F(x))^2 \mathrm{d}F(x) \\
&= n\int_0^1 [F_n^*(z) - z]^2 \mathrm{d}z \\
&= n\sum_{i=1}^{n+1}\int_{Z_{(i-1)}}^{Z_{(i)}}\left\{\frac{i-1}{n} - z\right\}^2 \mathrm{d}z \\
&= \frac{n}{3}\sum_{i=1}^{n+1}\left\{\left(\frac{i-1}{n} - Z_{(i-1)}\right)^3 - \left(\frac{i-1}{n} - Z_{(i)}\right)^3\right\} \\
&= \frac{n}{3}\left\{\sum_{i=1}^{n}\left[\left(\frac{i}{n} - Z_{(i)}\right)^3 - \left(\frac{i-1}{n} - Z_{(i)}\right)^3\right]\right\} \\
&= \sum_{i=1}^{n}\left\{\left(\frac{i}{n} - Z_{(i)}\right)^2 - \left(\frac{i}{n} - Z_{(i)}\right)\frac{1}{n} + \frac{n}{3n^3}\right\} \\
&= \sum_{i=1}^{n}\left\{\left(\frac{2i-1}{2n} - Z_{(i)}\right)^2 - \frac{1}{4n^2} + \frac{1}{3n^2}\right\} \\
&= \sum_{i=1}^{n}\left(Z_{(i)} - \frac{2i-1}{2n}\right)^2 + \frac{1}{12n}
\end{aligned}$$

式 (3.6.21) 得证。

类似地可证明式 (3.6.22) 和式 (3.6.23)。与 Kolmogorov 检验类似，当样本量较小时，可以对检验统计量进行调整，使得其分布与极限分布有更好的近似。调整方法是，分别以 $W_a^2 = (W^2 - 0.4/n + 0.6/n^2)(1.0 + 1.0/n)$，$U_a^2 = (U^2 - 0.1/n + 0.1/n^2)(1.0 + 0.8/n)$ 代替 W^2, U^2。A^2 一般不需要调整。

读者可以在例 3.6.6 中，以 W^2, U^2, A^2 代替 D_n 进行检验。

3.6.4 正态性检验

检验总体分布是否为正态分布在统计学中占有重要地位，这是因为许多统计理论都是在正态性假设下展开的。如果正态性假设不成立，那么结论的可信度会下降。如何检验样本是否来自正态分布，历来是统计学家研究的对象。本小节叙述一些实际中常用的方法以及它们各自的优缺点，其中包括 χ^2 检验、EDF 型检验和 Shapiro－Wilk 检验。

1. χ^2 检验

关于 χ^2 检验的一般概念和结论已在 3.6.2 节中有较详细的叙述。这里给出一种检验正态分布的样本空间的划分方法。具体步骤如下：

(1) 计算样本均值 $\bar{X} = \frac{1}{n}\sum_{i=1}^{n} X_i$，样本标准差

$$s = \sqrt{\frac{1}{n-1}\sum_{i=1}^{n}(X_i - \bar{X})^2}$$

(2) 按 Mann 和 Wald 的建议，取

$$M = \left[4\left(\frac{2n^2}{u_\alpha^2}\right)^{1/5}\right] \tag{3.6.24}$$

其中 u_α 是标准正态分布的上 α 分位点，$[\cdot]$ 表示取整运算。在实际应用中取 M 介于 $\alpha = 0.05$ 和 $\alpha = 0.5$ 确定的 M 之间，因此取 $M \approx [2n^{2/5}]$ 是方便的。

(3) 由标准正态分布表查 u_i 满足

$$\Phi(u_i) = \begin{cases} \frac{2i}{M} & 若 M 为偶数, i = 1,\cdots,\frac{M}{2} - 1 \\ \frac{1+2i}{M} & 若 M 为奇数, i = 1,\cdots,\left[\frac{M}{2}\right] - 1 \end{cases}$$

(4) 划分确定：

当 $M = 2m$ 时，分成 $2m$ 个区间或半无限区间，$\bar{X}$ 为区间端点，即

$$E_i = (\bar{X} + su_{i-1}, \bar{X} + su_i) \quad i = 1,\cdots,m-1$$

$$E_m = (\bar{X} + su_{m-1}, +\infty) \tag{3.6.25}$$

这里约定 $u_0 = 0$，而 $\bar{X}$ 左侧的 m 个区间为

$$E_{-i} = \{a : -a \in E_i\} \quad i = 1,\cdots,m \tag{3.6.26}$$

当 $M = 2m + 1$ 时，

$$E_0 = [\bar{X} - su_1, \bar{X} + su_1]$$

其他区间按式 (3.6.25),式(3.6.26) 给出。注意，在上述区间的定义中，忽略了区间端点。读者在应用中，可以把这些区间端点划入相邻的两个区间之一，不影响检验的性质。

从上述区间的划分可以看出，当检验样本是否来自正态总体时，先以 $\bar{X}$ 为中心进行等概率分组。然后计算相应的 χ^2 统计量，进行 χ^2 检验。

读者可以在例 3.6.5 中以这里的区间划分方法进行检验。

2. EDF 型检验

各种 EDF 型统计量均可用于正态性检验，但需要注意的是，与假设 (3.6.17) 的检验不同，这里需要估计均值和标准差两个参数，因而统计量的极限分布与 3.6.3 节中不同。本段主要叙述 Anderson－Darling 检验的实施步骤。

(1) 将样本按大小排列为 $X_{(1)} < X_{(2)} < \cdots < X_{(n)}$。

(2) 计算标准化值

$$Y_{(i)} = \frac{X_{(i)} - \bar{X}}{s} \quad i = 1,2,\cdots,n \tag{3.6.27}$$

(3) 计算

$$p_i = \Phi(Y_{(i)}) = \int_{-\infty}^{Y_{(i)}} \frac{1}{\sqrt{2\pi}} e^{-\frac{1}{2}t^2} dt \quad i = 1,\cdots,n \tag{3.6.28}$$

(4) 计算 Anderson-Darling 统计量

$$A^2 = -\frac{1}{n}\sum_{i=1}^{n}(2i-1)[\ln p_i + \ln(1 - p_{n+1-i})] - n$$

(5) 计算修正统计量

$$A_a^2 = A^2\left(1.0 + \frac{0.75}{n} + \frac{2.25}{n^2}\right)$$

(6) 按下面规则给出结论：当 A_a^2 值过大时拒绝样本是来自正态分布的假设。对于常用的检验水平，对应的临界值如表 3.7 中第 4 行。

表 3.7 EDF 型检验的临界值：μ 和 σ 均未知

α	0.15	0.10	0.05	0.025	0.01
q_α	0.775	0.819	0.895	0.995	1.035
w_α^2	0.091	0.104	0.126	0.148	0.179
a_α^2	0.561	0.631	0.752	0.873	1.035
u_α^2	0.085	0.096	0.117	0.136	0.164

例 3.6.7 今有样本容量为 10 的样本如下表的第一列，试问该样本是否可以认为来自于正态分布？取 $\alpha=0.01$。

解： 表 3.8 中列出了各项的计算。

表 3.8 统计量 A^2 的计算表

i	$X_{(i)}$	$Y_{(i)}$	p_i	$1-p_i$	$\ln p_i$	$\ln(1-p_i)$	$(2i-1)[\ln p_i + \ln(1-p_{11-i})]$
1	84.27	−1.708 9	0.043 7	0.956 3	−3.129 5	−0.044 7	−6.5731
2	90.87	−0.911 5	0.181 0	0.819 0	−1.709 1	−0.199 7	−10.722 0
3	92.55	−0.708 5	0.239 3	0.760 7	−1.429 9	−0.273 5	−12.383 9
4	96.20	−0.267 5	0.394 5	0.605 5	−0.930 0	−0.501 8	−12.850 2
5	98.70	0.034 6	0.513 8	0.486 2	−0.666 0	−0.721 1	−12.736 5
6	98.98	0.068 4	0.527 3	0.472 7	−0.640 1	−0.749 2	−14.972 8
7	100.42	0.242 4	0.595 7	0.404 3	−0.517 9	−0.905 7	−13.256 2
8	101.58	0.382 5	0.649 0	0.351 0	−0.432 4	−1.046 9	−10.589 0
9	106.82	1.015 6	0.845 1	0.154 9	−0.168 3	−1.864 9	−6.256 3
10	113.75	1.852 9	0.968 0	0.032 0	−0.032 5	−3.443 6	−1.466 7
							−101.806 8

$$\bar{X} = 98.414\,0$$

$$s = 8.276\,9$$

$$A^2 = \frac{101.806\,8}{10} - 10 = 0.180\,7$$

$$A_a^2 = A^2\left(1 + \frac{0.75}{10} + \frac{2.25}{100}\right) = 0.198\,3$$

由表 3.7 知在 0.01 水平上应接受样本是抽自正态分布的假设。

其他几个 EDF 型检验的计算步骤与上面一样，计算公式分别与式(3.6.19)，式(3.6.21)，式(3.6.22) 一致，只是把其中的 $Z_{(i)}$ 用由式(3.6.27) ~ 式(3.6.28) 计算的 p_i 代替。调整公式如下：

$$D_a = D_n\left(1.0 - \frac{0.01}{\sqrt{n}} + \frac{0.85}{n}\right) \tag{3.6.29}$$

$$W_a^2 = W^2\left(1.0 + \frac{0.5}{n}\right) \tag{3.6.30}$$

$$U_a^2 = U^2\left(1.0 + \frac{0.5}{n}\right) \tag{3.6.31}$$

相应的临界值分别见表 3.7 第 2，3，5 行，其中 D_a 的临界值是通过计算机模拟得到的，其他统计量的临界值是根据极限分布计算出来的[7]。

3．Shapiro－Wilk 检验

Shapiro－Wilk 检验是由 S. S. Shapiro 和 M. B. Wilk 于 1965 年提出的专门用来检验总体分布正态性的检验方法。检验统计量如下：

$$W=\frac{\left\{\sum_{i=1}^{n/2}a_{n,i}\left[X_{(n+1-i)}-X_{(i)}\right]\right\}^2}{\sum_{i=1}^{n}(X_i-\bar{X})^2} \tag{3.6.32}$$

其中 $a_{n,i}$ 是只与 n 和 i 有关的常数，由附录 B 中的表 B.5 给出。不难看出，在样本确实来自正态分布的原假设下，W 的分布完全已知，但该分布的形式比较复杂，这里省略。以 $W_\alpha(n)$ 表示当样本量为 n 时该分布的上 α 分位点，则当 $W<W_\alpha(n)$ 时拒绝原假设，认为样本与正态分布拟合有明显差异。$W_\alpha(n)$ 的值可以从 W 的分布表（见附录 B 中的表 B.6）查得。

Shapiro－Wilk 检验的原理可以做如下解释：设 $X_1,\cdots,X_n$ 是来自于正态分布 $N(\mu,\sigma^2)$ 的简单随机样本，$X_{(1)},\cdots,X_{(n)}$ 为其顺序统计量。令 $Z_{(i)}=(X_{(i)}-\mu)/\sigma$，则 $Z_{(1)},\cdots,Z_{(n)}$ 可视为来自于标准正态分布的样本的顺序统计量。记 $b_{n,i}=EZ_{(i)}(i=1,\cdots,n)$，则有

$$X_{(i)}=\mu+\sigma b_{n,i}+e_i \quad i=1,\cdots,n$$

其中 $Ee_i=0(i=1,\cdots,n)$。注意到 $b_{n,i}=-b_{n,n+1-i}(i=1,\cdots,[n/2])$，

$$X_{(n+1-i)}-X_{(i)}=2\sigma b_{n,n+1-i}+(e_{n+1-i}-e_i)(i=1,\cdots,[n/2])$$

由此得到 σ 的最小二乘估计（参见第 4 章）。

$$\hat{\sigma}=\frac{1}{2}\frac{\sum_{i=1}^{n/2}b_{n,n+1-i}\left[X_{(n+1-i)}-X_{(i)}\right]}{\sum_{i=1}^{n/2}b_{n,n+1-i}^2}$$

从而可以得到 σ^2 的估计。另一方面，σ^2 的通常的估计为 $\tilde{\sigma}^2=\frac{1}{n-1}\sum_{i=1}^{n}(X_i-\bar{X})^2$。$\sigma^2$ 的这两个估计的比值即与 W 有相同的形式。当原假设成立时，W 的值接近于 1。否则，如果正态性不成立，那么 $X_{(i)}$ 与 b_{ni} 之间的相关系数就会小一些，从而 W 的值会偏小。

例 3.6.8 用 Shapiro-Wilk 方法检验例 3.6.7 中的样本是否来自于正态分布，取 $\alpha=0.05$。

解： 查表 B.5 得 $a_{10,1}=0.573\,9$，$a_{10,2}=0.329\,1$，$a_{10,3}=0.214\,1$，$a_{10,4}=0.122\,4$，$a_{10,5}=0.039\,9$，代入 (3.6.32) 不难算得 $W=0.983\,8$。查表 B.6 得 $W_{0.05}(10)=0.842<W$，故不能拒绝样本来自正态分布的假设。

3.7　*非参数检验

在本章的第 3.2～3.5 节中，讨论的问题都可以归结为如下形式：已知样本来自于一个分布族 $\{f(x;\boldsymbol{\theta}):\boldsymbol{\theta}\in\Theta\}$，其中 f 为已知的概率密度或概率函数，用样本检验一个关于未知参数 $\boldsymbol{\theta}$ 的假设。在实际应用中，有时对于所研究的随机变量的分布没有足够的了解，不容易确定其统计模型，即 f 本身未知。此时，一种考虑是先用上节中的方法进行拟合优度检验，寻求关于分布族的信息。但在某些情况下，可以直接对总体分布的一些数字特征进行推断，此时的统计推断称为非参数统计推断。本节即考虑几个常见的非参数假设检验问题，即在 f 未知的情况下，总体分布的数字特征（如中位数）的假设检验问题。

3.7.1　符号检验

设 $X_1,X_2,\cdots,X_n$ 是抽自分布 F 的简单随机样本，分布函数 $F(x)$ 是连续函数。现在考虑分布 F 的中位数，它用来表示总体分布的位置。当总体分布对称且数学期望存在时，中位数与数学期望重合。比起数学期望来，用中位数表示位置的好处是它总存在。这点好处有时是重要的：由于分布未知，有时很难断定数学期望是否存在。以下总假定中位数是惟一的。

用 θ_F 记分布 F 的中位数。要检验的假设是

$$H_0:\theta_F=\theta_0;\ H_1:\theta_F>\theta_0 \tag{3.7.1}$$

由于 $F(x)$ 连续，$F(\theta_F)=0.5$。这意味着随机变量落在 θ_F 左右两侧的可能性一样大。当 H_0 真时，这个说法对于 θ_0 也成立，此时，样本中落在 θ_0 左右两侧的个数应在一定程度上比较接近。如果对立假设 H_1 为真，那么随机变量落在 θ_0 右侧的概率将偏大。由此，当样本中落在 θ_0 右侧个数过多时，应拒绝 H_0。定义

$$Z_i = \begin{cases} 1 & X_i - \theta_0 > 0 \\ 0 & X_i - \theta_0 \leqslant 0 \end{cases}$$

$$Z_n^+ = \sum_{i=1}^{n} Z_i \tag{3.7.2}$$

若 H_0 成立，则 Z_n^+ 服从二项分布 $B(n, 0.5)$，$EZ_n^+ = n/2$。对给定的检验水平 α，由下式确定临界值 k_α。

$$k_\alpha = \min\left\{ k : \sum_{i=k}^{n} \binom{n}{i} 0.5^n \leqslant \alpha \right\}$$

当 $Z_n^+ \geqslant k_\alpha$ 时，拒绝 H_0。由于 Z_n^+ 是 $X_i - \theta_0 (i = 1, \cdots, n)$ 中正值的个数，故此检验称为**符号检验**。

当样本量 n 较大时，可用正态逼近计算临界值：

$$P(Z_n^+ \geqslant k_\alpha) = P\left(\frac{Z_n^+ - n/2}{\sqrt{n/4}} \geqslant \frac{k_\alpha - n/2}{\sqrt{n/4}} \right) \approx 1 - \Phi\left(\frac{k_\alpha - n/2}{\sqrt{n/4}} \right)$$

记 u_α 满足 $\alpha = 1 - \Phi(u_\alpha)$，则可取 $k_\alpha = \dfrac{n}{2} + \dfrac{\sqrt{n}}{2} u_\alpha$。为了使实际检验水平与 α 更接近，可以对 k_α 做如下修正：

$$k_\alpha = \frac{n}{2} + 0.5 + \frac{\sqrt{n}}{2} u_\alpha$$

若对立假设为 $H_1 : \theta_F \neq \theta_0$，则拒绝域的临界值 $k_{\alpha 1}, k_{\alpha 2}$ 由以下两式确定。

$$k_{\alpha 1} = \max\left\{ k : \sum_{i=1}^{k} \binom{n}{i} 0.5^n \leqslant \frac{\alpha}{2} \right\}$$

$$k_{\alpha 2} = \min\left\{ k : \sum_{i=k}^{n} \binom{n}{i} 0.5^n \leqslant \frac{\alpha}{2} \right\}$$

当 $Z_n^+ \leqslant k_{\alpha 1}$ 或 $Z_n^+ \geqslant k_{\alpha 2}$ 时拒绝 H_0。

例 3.7.1 从某总体抽得样本 13.32，13.06，14.02，11.86，13.58，13.77，13.51，14.42，14.44，15.43。试问是否可以认为该总体的中位数是 14.60 ？

解：问题可叙述为

$$H_0 : \theta = 14.60; \quad H_1 : \theta \neq 14.60$$

因 F 未知，故用符号检验。容易看出 $Z_n^+ = 1$。由于

$$P(Z_{10}^+ \leqslant 1) = \frac{1}{2^{10}} + \frac{10}{2^{10}} = 0.012$$

并注意到是双侧检验问题，p 值为 0.024。故当检验水平 $\alpha > 0.024$ 时将拒

绝 H_0。

在实际中经常遇到这样的问题：为了考察某种措施或处置是否有效，观察实施该种措施和不实施该种措施的效果，观察值成对地出现：(X_i, Y_i) $(i=1,\cdots,n)$，其中 X_i 为未实施该种措施时的观察值，Y_i 为实施该措施时的观察值。假设措施有效，观察值将增加；若措施完全无效，X_i 与 Y_i 应有相同的分布，此时 $Z_i = Y_i - X_i$ 的中位数 θ 为零。于是问题化为检验假设 $H_0:\theta = 0$。其中对立假设取法取决于问题性质，可以是单侧的，也可以是双侧的。

例 3.7.2　智力低下的儿童的脑电图和行为很像有轻度或中等程度的癫痫。为确定药物对这些儿童是否有效，能否提高他们的学习能力，对 8～14 岁的 10 个儿童进行了 6 周的试验。其中 3 周服用安慰剂，另 3 周服用药物，3 周后进行智商测验并记录下分数。为消除测试题目的影响，随机地选取 5 个儿童第一次服用安慰剂。数据如表 3.9 所示。问从智商测验的结果能否认为药物有效？

解： 记随机变量 $Y - X$ 的中位数为 θ，问题可叙述为假设检验问题

$$H_0:\theta = 0;\ H_1:\theta > 0$$

取显著性水平 $\alpha = 0.05$，则由于

$$P(Z_{10}^{+} \geqslant 8) = \sum_{i=8}^{10}\binom{10}{i}0.5^{10} \approx 0.05$$

以及 $Z_{10}^{+} = 9$，故在 0.05 水平下拒绝 H_0，即认为药物有效。

表 3.9　智商测验分数

儿　童	服安慰剂后智商 X	服药后智商 Y	$Y_i > X_i$
1	97	113	+
2	106	113	+
3	106	101	−
4	95	119	+
5	102	111	+
6	111	122	+
7	115	121	+
8	104	106	+
9	90	110	+
10	96	126	+

3.7.2　Man-Whitney-Wilcoxon 秩和检验

在正态总体的假设检验中，曾经讨论过两样本问题。本节讨论两样本问

题的非参数方法。

设 $X_1,X_2,\cdots,X_m$ 是抽自 $F(x)$ 的i.i.d.样本，而 $Y_1,Y_2,\cdots,Y_n$ 为抽自 $G(x)$ 的i.i.d.样本，两个样本相互独立。假定两个总体都是连续型的。关心的是两样本是否来自同一总体，考虑假设

$$H_0:F(x)=G(x)\quad \forall x\in R;\ H_1:F(x)>G(x),\ \forall x\in R \tag{3.7.3}$$

易见，$F(x)>G(x)\,\forall x\in R$ 意味着 Y 取值有比 X 取值偏大的倾向。如果进一步假定 $X_1\sim F(x-\theta_x),Y_1\sim F(x-\theta_y)$，则 (3.7.3) 简化为

$$H_0:\theta_x=\theta_y;\ H_1:\theta_y>\theta_x \tag{3.7.4}$$

假设 (3.7.4) 和两个正态总体的比较问题类似，区别在于这里没有假定总体服从正态分布。

将 $\{X_i\}$ 和 $\{Y_i\}$ 混合成一个样本，按从小到大顺序排列。可以想象，如果两个总体的分布一致，那么两个样本在混合样本的顺序统计量中应该比较均匀地“掺杂”在一起。否则，如果对立假设成立，那么随机变量 Y 有取值偏大的倾向，混合样本的顺序统计量中 Y 的值排在后面的机会多一些。为了表述这个性质，引入非参数统计推断中一个很重要的概念——秩。

以 R_i 记 Y_i 在混合样本顺序统计量中的位置，称为 Y_i **在混合样本中的秩**。比如 Y_2 在混合样本中从小到大排在第 8 的位置，则 $R_2=8$。秩反映了样本中关于顺序的信息。显然，如果 Y 的样本值在混合样本中排在后面的多，那么它们的秩就会比较大。记

$$U_{m,n}=\sum_{i=1}^{n}R_i \tag{3.7.5}$$

在计算 $U_{m,n}$时，当有多个样本值相同时，它们每个的秩都取为它们所占位置对应秩的平均值。

当 (3.7.3) 或 (3.7.4) 中 H_0 成立时，$\{X_i\}$ 和 $\{Y_i\}$ 应均匀混合，$U_{m,n}$ 取适中的数。而当 H_1 成立时，Y 取值偏大，故 $U_{m,n}$ 也偏大。于是当 $U_{m,n}$ 的值太大时应拒绝 H_0。以 α 记检验水平，令

$$u_\alpha(m,n)=\min\{u:P(U_{m,n}\geqslant u\mid H_0)\leqslant\alpha\} \tag{3.7.6}$$

则当 $U_{m,n}\geqslant u_\alpha(m,n)$ 时拒绝 H_0。该检验称为 Man-Whitney-Wilcoxon 秩和检验。对于常见的 α 和不超过 20 的样本量 m,n，可以通过查表得到临界值 $u_\alpha(m,n)$ 的值。先看一个例子，然后再给出计算 $u_\alpha(m,n)$ 的一般方法。

例 3.7.3 两个工厂生产的某种灯泡寿命 X,Y 的观测值（单位：10^2h）如下所述。

X：13.7，12.8，17.1，18.6，16.2，12.7；

Y：16.4，16.8，19.1，17.4，16.9，16.8

试问依据样本能否认为 Y 厂的灯泡寿命比 X 厂的长？

解：原问题可以化为假设

H_0: $F_X(x) = F_Y(x)$，$\forall x \in R$；H_1 : $F_Y(x) > F_X(x)$，$\forall x \in R$

的检验问题。将 X，Y 的观察值混和并按从小到大的顺序排列如下：

观察值	12.7	12.8	13.7	16.2	16.4	16.8	16.8	16.9	17.1	17.4	18.4	19.1
秩	1	2	3	4	5	6.5	6.5	8	9	10	11	12
X 或 Y	X	X	X	X	Y	Y	Y	Y	X	Y	X	Y

在按序排列中，有两个值均为 16.8。依照上述约定，取它们的秩都等于它们所在位置的平均值：$(7+6)/2 = 6.5$。因此 $U = 5+6.5+6.5+8+10+12 = 48$。可以算得 $P(U \geqslant 48) = 0.09$。因此，在显著性水平为 0.05 时，不能拒绝 H_0。在 $\alpha = 0.1$ 时应拒绝 H_0，认为两厂生产的灯泡质量有差异。

关于 $U_{m,n}$ 的分布，给出下面的定理[6]。令

$$W_{m,n} = U_{m,n} - \frac{n(n+1)}{2};\ P_{m,n}(k) = P(W_{m,n} = k \mid H_0)$$

定理 3.7.1　当 H_0 : $F(x) = G(x), \forall x \in R$ 成立时，有

$$P_{m,n}(k) = \frac{m}{m+n} P_{m-1,n}(k) + \frac{n}{m+n} P_{m,n-1}(k-m), k = 0,1,\cdots,mn \tag{3.7.7}$$

规定如下初始条件：

(1)　$$P_{ij}(k) = 0 \quad 若\ k < 0$$

(2)　$$P_{0j}(k) = \begin{cases} 1 & 若\ k = 0 \\ 0 & 若\ k \neq 0 \end{cases}$$

(3)　$$P_{i0}(k) = \begin{cases} 1 & 若\ k = 0 \\ 0 & 若\ k \neq 0 \end{cases}$$

由此定理即可递推计算 $U_{m,n}$ 的概率分布，从而可以得到临界值 $u_\alpha(m,n)$。容易证明，在 H_0 下，$\mathrm{E}U_{m,n} = \dfrac{n(m+n+1)}{2}$，$\mathrm{Var}(U_{m,n}) = \dfrac{mn(m+n+1)}{12}$。

如果 m,n 较大，也可用正态逼近近似地计算 $U_{m,n}$ 的临界值。

$$u_\alpha(m,n) \approx \frac{n(m+n+1)}{2} - 0.5 + \sqrt{\frac{mn(m+n+1)}{12}}\, u_\alpha \tag{3.7.8}$$

其中 u_α 满足 $\Phi(u_\alpha) = 1-\alpha$。近似公式 (3.7.8) 基于下面定理。

定理 3.7.2　假定：

(1) $H_0: F(x) = G(x) \forall x \in R$ 成立；

(2) m, n 满足

$$\lim_{m,n\to+\infty} \frac{m}{m+n} = \lambda \in (0,1)$$

则

$$\frac{(W_{m,n} - EW_{m,n})}{\sqrt{\text{Var}(W_{m,n})}} \xrightarrow{L} N(0,1) \quad (m, n \to +\infty)$$

注意，若以式 (3.7.4) 的形式提出问题，可考虑单侧、双侧检验，不难写出检验程序。但以式 (3.7.3) 的形式不能考虑双侧检验，只能考虑单侧检验，因为 $F(x) \neq G(x)$ 呈非常复杂的状态，从它成立不能断言 U 取值的趋势。

3.7.3 链检验

这节中考虑另一种检验假设 (3.7.3) 的方法，即所谓链检验。首先介绍链的概念。

考虑由两种符号组成的序列。序列中由连续出现的同一符号组成的一段叫做一个**链**（或**游程**）。一个链中的符号个数称为**链长**。

链中的符号都是相同的，并且以另一符号为先导和后继元。例如在医院中按出生顺序记录下 15 个小孩的性别为

GGBBBGBBGGGGBGG

其中 G 表示女孩，B 表男孩。上面序列共有 7 个链，长度分别是 2，3，1，2，4，1，2。

现在考虑两样本问题，设 $X_1, \cdots, X_m, Y_1, \cdots, Y_n$ 分别是抽自分布 F 和 G 的样本。将两样本混合，按由小至大的顺序排列起来。凡出现 X 的地方用 0 代替，凡出现 Y 的地方用 1 代替，得到以 0 和 1 两个符号组成的序列，长度为 $m+n$。第 i 位置记为 W_i，序列中有 m 个 0 和 n 个 1。用 $R_{m,n}$ 表示序列中链的总数。当 $H_0: F \equiv G$ 成立时，$\{X_i\}, \{Y_j\}$ 应混合得比较均匀，$R_{m,n}$ 取适中的值。当 $H_1: F(x) > G(X) \forall x$ 成立时，Y 取值有比 X 偏大的倾向，出现 0 和 1 的长链（长度长），从而使链的总数倾向于小。因此，当链总数 $R_{m,n}$ 过小时，应拒绝 H_0。对给定的检验水平 α，记

$$C_{1-\alpha}(m,n) = \max\{C: P(R_{m,n} \leqslant C \mid H_0) \leqslant \alpha\}$$

则当 $R_{m,n} \leqslant C_{1-\alpha}(m,n)$ 时，拒绝 H_0。对于小样本 $C_{1-\alpha}(m,n)$ 的值可以从附录 B 中的表 B.8 上查得（一般要求 $m < 11, m+n < 20$）。对较大的样本可以用正态逼近。当 H_0 成立时容易算得

$$ER_{m,n} = 1 + \frac{2mn}{m+n}$$

$$\mathrm{Var}(R_{m,n}) = \frac{2mn(2mn-m-n)}{(m+n)^2(m+n-1)}$$

由此得 $C_{1-\alpha}(m,n)$ 的正态逼近为

$$C_{1-\alpha}(m,n) = 1 + \frac{2mn}{m+n} - u_\alpha\sqrt{\frac{2mn(2mn-m-n)}{(m+n)^2(m+n-1)}} \tag{3.7.9}$$

例 3.7.4　在例 3.7.3 中，容易看到 $R_{6,6}=6$，取检验水平 $\alpha=0.05$，查表 B.8 得 $C_{0.95}(6,6)=3$。因此，在 0.05 水平上不能拒绝 H_0。

注：1. 当 X,Y 的样本中有相同值时，采用使 $R_{m,n}$ 尽量大的排列。2. 链检验本质上是看序列中的两种符号是否是随机出现的，因此，如下例中所显示的，亦可检验由两个符号组成的序列是否随机排列的，当序列中链的总数太大或太小时都是非随机排列的特征。

例 3.7.5　老师要求一学生掷 20 次硬币。学生给出的结果报告为

HHTHTHTHTTHTHTTHTHTH

恰有 10 次正面（H）和 10 次反面（T），是否有充分证据说明该序列是非随机的，也就是说学生根本未做试验？

解：容易得出在该序列中 $R=17$，取 $\alpha=0.10$，查表 B.8 得下 0.05 分位点为 6，由对称性，上 0.05 分位点为 15。由于 $R=17>15$，拒绝“序列是随机的”，认为该生未做试验。

习题 3.1

1. 设 $X_1,X_2,\cdots,X_n$ 为i.i.d.样本，$X_1\sim N(\mu,1)$。对检验问题：$H_0:\mu=0$；$H_1:\mu>0$，用检验函数

$$\phi(\boldsymbol{X}) = \phi(X_1,X_2,\cdots,X_n) = \begin{cases}1 & 若\ \bar{X}_n > 1.3\\ 0 & 若\ \bar{X}_n \leqslant 1.3\end{cases}$$

进行检验，其中 $\bar{X}_n = \frac{1}{n}\sum_{i=1}^{n}X_i$。设样本量 $n=10$，试回答下列问题：

（1）该检验的真实水平是多少？

（2）当 $\mu=1.0,1.5$ 时，该检验犯第二类错误的概率分别是多少？

（3）若取检验水平 $\alpha=0.05$，给出用 $\bar{X}_n$ 作为检验统计量的检验函数。

2. 设 $X_1, X_2, \cdots, X_{10}$ 是抽自 $U(0,\theta)$ 的简单随机样本。今用检验函数

$$\phi(\boldsymbol{X}) = \begin{cases} 1 & 若\ X_{(10)} > 0.95 \\ 0 & 若\ X_{(10)} \leqslant 0.95 \end{cases}$$

检验 $H_0: \theta = 1$; $H_1: \theta > 1$, 其中 $\boldsymbol{X} = (X_1, \cdots, X_{10})^{\mathrm{T}}, X_{(10)} = \max(X_1, X_2, \cdots, X_{10})$。请回答下列问题:

(1) 该检验的真实水平是多少?

(2) 求该检验的功效函数。

(3) 仍然用 $X_{(10)}$ 作为检验统计量, 写出检验水平 $\alpha = 0.05$ 时的检验函数。

3. 证明: 二项分布 $B(n,p)$ 的分布函数 $P(X \leqslant x) = \sum_{i=0}^{x} \binom{n}{i} p^i (1-p)^{n-i}$ 是 p 的单调递减函数。

习题 3.2

1. 若在例 3.2.1 中, 方差 σ^2 未知, 取检验水平 $\alpha = 0.10$, 试检验假设 $H_0: \mu = 14; H_1: \mu \neq 14$。

2. 设 $X_1, X_2, \cdots, X_{10}$ 是抽自 $N(\mu, \sigma^2)$ 的简单样本。

(1) 试写出检验问题 $H_0: \mu \leqslant 1$; $H_1: \mu > 1$ 的检验函数, 取 $\alpha = 0.1$;

(2) 试写出检验问题 $H_0: \sigma^2 \leqslant 1$; $H_1: \sigma^2 > 1$ 的检验函数, 取 $\alpha = 0.1$;

(3) 取 $\alpha = 0.05$, 重作 (1), (2), 功效函数有何变化? 由此得出什么结论?

3. (两个正态总体的比较) 设 $X_1, X_2, \cdots, X_m$ 抽自 $N(\mu_1, \sigma_1^2)$; $Y_1, Y_2, \cdots, Y_n$ 抽自 $N(\mu_2, \sigma_2^2)$, 其中 σ_1^2, σ_2^2 均未知。分下面几种情况, 给出 $H_0: \mu_1 = \mu_2$; $H_1: \mu_1 \neq \mu_2$ 的检验函数形式。

(1) $\sigma_1^2 = \sigma_2^2$;

(2) $\sigma_1^2 = k\sigma_2^2$, k 为已知常数;

(3) 当 $\sigma_1^2 \neq \sigma_2^2$ 时, 上述检验问题是著名的 Behrens-Fisher 问题, 历史上曾经有很多讨论。一个检验统计量是

$$t = \frac{\bar{Y} - \bar{X}}{\sqrt{\dfrac{1}{m}S_X^2 + \dfrac{1}{n}S_Y^2}}$$

其中

$$S_X^2=\frac{1}{m-1}\sum_{i=1}^{m}(X_i-\bar{X})^2,S_Y^2=\frac{1}{n-1}\sum_{i=1}^{n}(Y_i-\bar{Y})^2$$

在 H_0 下，t 的分布可以用自由度为 f 的 t 分布来近似，f 由下式确定：

$$\frac{1}{f}=\left(\frac{R}{1+R}\right)^2\frac{1}{m-1}+\frac{1}{(1+R)^2}\frac{1}{n-1}$$

其中

$$R=\frac{S_X^2/m}{S_Y^2/n}$$

这个检验称为 Welch 近似检验[6]。

4.（两个正态总体的比较）样本如第 3 题所示，试给出检验下列问题的检验函数的形式：

(1) $H_0:\sigma_1^2\leqslant\sigma_2^2$；$H_1:\sigma_1^2>\sigma_2^2$；

(2) $H_0:\sigma_1^2=k\sigma_2^2$；$H_1:\sigma_1^2\neq k\sigma_2^2$，其中 k 为给定的数。

5. 取 $\alpha=0.1,n=10,m=15$，写出 3、4 题中各种情况下的检验函数。

6. 用两台仪器 A、B 测量相同的物理量，设 A 是标准的，并且 2 台仪器的测量值均服从正态分布。对某物理量用仪器 A 测量 10 次，数值如下：10.5，10.3，10.4，9.6，9.7，9.8，9.9，10.1，10.2，9.7；对同一量用仪器 B 测量了 10 次，其数值是 10.2，10.7，10.8，10.9，10.4，10.6，11.0，11.1，10.9，11.2。试回答下列问题：

(1) 仪器 A 和仪器 B 测量随机误差是否一致？

(2) 仪器 B 有无系统误差？

习题 3.3

1. 某单位购进一批产品，抽 36 件检查，发现有 3 件不合格，试问这批产品的不合格品率高于 3%吗？你认为次品率不超过多少？

2. $X_1,X_2,\cdots,X_n$ i.i.d.，共同分布为 $P(\lambda)$。试给出检验 $H_0:\lambda=\lambda_0$；$H_1:\lambda\neq\lambda_0$ 的检验函数。若有观察值 5，7，8，6，9，10，在检验水平 $\alpha=0.05$ 下，能接受 $\lambda=3$ 吗？

3. * 一赌徒经观察，对掷单个骰子获得如下印象：出现 6 点概率是 0.18，5 点概率是 0.14，其余 4 种点的概率都是 0.17。该赌徒要求先掷 n 次检验他的假设。试回答以下问题：

(1) 若仅考虑相对立的假设“骰子是均匀的”应怎样建立统计假设检验问题?

(2) 若 $n=2$, 显著性水平 $\alpha=0.03$ 时, 当出现两个6点时能得出什么判断?

习题 3.4

1. 设总体 X 服从参数为 λ 的 Poisson 分布,

$$f(x,\lambda)=\frac{\lambda^x}{x!}e^{-\lambda}\quad x=0,1,2,\cdots$$

其中 $\lambda>0$ 为参数, $X_1,X_2,\cdots,X_n$ 是i.i.d.样本。考虑假设检验问题

$$H_0:\lambda\leqslant\lambda_0;\ H_1:\lambda>\lambda_0$$

(1) 有无 UMP 检验? 为什么?

(2) 若有 UMP 检验, 试求出显著水平 $\alpha=0.05$, $n=10$, $\lambda_0=0.1$ 时的检验函数。

2. * 某修理部对要求服务人数连续作 n 日记录。X_i 为第 i 日要求服务的人数。设 $X_1,X_2,\cdots,X_n$ 相互独立同分布, 均服从参数为 θ 的 Poisson 分布。若每日要求服务人数太少将关门。根据 n 日记录, 要做出符合下面要求的决定:

(1) 若每日要求服务平均人数≤10人, 仅有0.01的概率开门;

(2) 若每日要求服务的平均人数≥15人, 仅有0.01的概率关门。问需观察多少日即 n 为多少时, UMP 检验才能满足上述要求?

3. 一测量仪器正常运行, 对某量重复测量 n 次, 其结果是 $X_1,X_2,\cdots,X_n$。假设 $X_1\sim N(\mu,\sigma^2)$。今欲检验该仪器测量精度是否满足要求。假定测量精度要求为 $\mu_0\pm\Delta$。试回答下列问题:

(1) 怎样将该问题叙述成假设检验问题?

(2) 该假设检验问题有无 UMP 检验? 若有给出检验函数的形式;

(3) 利用 χ^2 分布表, 确定样本容量 n 的大小, 使得在显著性水平为0.01、测量误差 $>1.1\Delta$ 时, 被检测出的概率 >0.9。

4. 你所知道的关于正态总体参数的诸检验中, 哪些检验是 UMP 检验?

5. 设 $X_1,X_2,\cdots,X_n$ i.i.d., 共同分布是 $f(x,\theta)=\theta e^{-\theta x}$, $x>0$, $\theta>0$。

试回答:

(1) 什么样的假设检验问题有 UMP 检验?

(2) 写出 UMP 检验函数的形式。

6. 一设备有 n 个相同或相似的元件, X_i 为第 i 元件失效时间, 经常用的模型认为 $X_1,\cdots,X_n$ 是抽自 Weibull 分布 $f(x,\lambda)=\lambda cx^{c-1}\mathrm{e}^{-\lambda x^c}(x>0)$ 的 i.i.d. 样本, c 是常数, λ 是参数。

(1) 问题 $H_0:1/\lambda\leqslant\dfrac{1}{\lambda_0};H_1:1/\lambda>\dfrac{1}{\lambda_0}$ 有无 UMP 检验? 为什么?

(2) 若 (1) 是肯定的回答, 试给出 UMP 检验函数的形式;

(3) 设 $\lambda_0=1/12$, 求样本大小 n, 使得在显著性水平为 $0.01,1/\lambda=15$ 时, 其功效函数值至少为 0.95。(该问可近似计算)

提示: X_i^c 服从指数分布。

7. 分布族 $\{f(x,\theta):\theta\in\Theta\}$ 是单调似然比分布族。对检验问题 (1) $H_0:\theta=\theta_0$; $H_1:\theta>\theta_0$ 以及 (2) $H_0:\theta=\theta_0$; $H_1:\theta<\theta_0$, 试问:

(1) 有无 UMP 检验?

(2) 若 (1) 回答是肯定的, 请写出检验函数的形式。

习题 3.5

1. 试举出有偏检验的例子。

2. 设 $X_1,X_2,\cdots,X_n$ 为抽自 $N(\mu,\sigma^2)$ 的 i.i.d. 样本。对假设检验问题 $H_0:\sigma^2=\sigma_0^2$; $H_1:\sigma^2\neq\sigma_0^2$, 试回答:

(1) 有无 UMPU 检验?

(2) 若有请给出 UMPU 检验函数的形式, 并给出确定其中常数的公式。

(3) 对检验问题 $H_0:\sigma_1^2\leqslant\sigma^2\leqslant\sigma_2^2$; $H_1:\sigma^2<\sigma_1^2$ 或 $\sigma^2>\sigma_2^2$ 回答问题 (1),(2)。

3. 设 $X\sim B(n,p)$, 回答题 2 中的诸类似问题。

4. 设 $X_1,X_2,\cdots,X_n$ 为抽自 $P(\lambda)$ 的 i.i.d. 样本, 请回答题 2 中诸类似问题。

5. 试将定理 3.5.1 证明中, 未详细写出部分写出来。

6. 证明定理 3.5.2。

7. 对 Poisson 分布 $P(\lambda)$, 能用 UMPU 检验函数确定 λ 的置信区间吗?

习题 3.6

1. 有一样本的观测值为：0.473，0.224，0.827，0.223，0.867，0.779，0.554，0.529，0.705，0.656，试用作图法检验该样本是否抽自 $U(0,1)$。

2. 有一样本的观测值为：0.54，0.32，0.68，0.71，1.04，0.94，1.34，1.10，0.44，1.01，试用作图法检验，该样本是否抽自正态。

3. 有一样本的观测值为 9，6，13，22，18，37，36，52，41，36. 试检验该样本是否抽自二参数的 Weibull 分布。

4. 设有一样本 $X_1,\cdots,X_n$，如何检验它是否来自分布族 $\{U(0,\theta),\theta>0\}$？试根据自己的想法给出一种检验方法。

5. 对习题 3.2.6 中仪器 B 测量的数据作拟合优度检验。

6. 编写用 χ^2 检验检验正态性的程序。

7. 产生 20 个随机数并检验其均匀性。

习题 3.7

1. 老年人智力下降的原因之一是随年龄增大，大脑内的血流量减少。基于这种想法，有人做了一项研究，看服用 Cyclandilate（一种扩张血管药物），是否能促进血液循环，以减缓智力衰退。按日服药，并利用放射性跟踪测定平均循环时间 MCT（血液从大动脉至主静脉用的时间单位：s）数据列在下表。试问能否得出药物能促进血液循环？试用假设检验方法解决该问题：指明原假设和对立假设应如何选取？用什么方法检验并说明道理。

平均循环时间

被测人员	服药前 X_i	服药后 Y_i	被测人员	服药前 X_i	服药后 Y_i
1	15	13	7	13	12.5
2	12	8	8	12.5	12
3	12	12.5	9	12	14
4	14	12	10	12	11
5	13	12	11	12.5	10
6	13	12.5			

2 . 假设 $H_0:\theta=0, H_1:\theta<0$，其中 θ 是中位数。怎样用符号检验上面假设。

3. 令 $S=\{X_i>0\}^{\#}-\{X_i<0\}^{\#}$，试求

(1) S 和 Z_n^+ 间的关系；

(2) 求 S 的均值和方差；

(3) 怎样用 S 检验假设 (3.7.1)？

4. 设总体分布是 $F(x-\theta)$，F 未知，但知 F 的中位数是 0。$X_1, X_2, \cdots, X_n$ 是其i.i.d样本，令 $S(\theta)=\{X_i>\theta\}^{\#}$，则

(1) $S(\theta)$ 是 θ 的非增阶梯函数，在 $X_{(i)}$ 处下降；

(2) $S(\theta)$ 右连续；

(3) $X_{(k+1)} \leqslant \theta$ 的充要条件是 $S(\theta) \leqslant n-k-1$；

(4) $\theta \leqslant X_{(n-k)}$ 的充要条件是 $k+1 \leqslant S(\theta)$；

(5) $P_\theta(X_{(k+1)} \leqslant \theta < X_{(n-k)}) = P_0(k+1 \leqslant S(\theta) \leqslant n-k-1)$；

(6) 给出中位数 θ 的区间估计。

5. 对 8 名老年妇女每天消耗的能量进行了测量，这是通过装在衣服上的电波心率器得到之数据计算出来的。对每位妇女，均计算出两个不同阶段的平均消耗能量。数据如下表。

日平均耗能　单位：kcal(1kcal $=4.187\times10^3$J)

人	夏季	冬季	人	夏季	冬季
1	1 458	1 424	5	1 912	2 031
2	1 353	1 501	6	1 366	934
3	2 209	1 495	7	1 598	1 401
4	1 804	1 739	8	1 406	1 339

试问冬、夏消耗能量是否相同，显著性水平取为 $\alpha=0.10$。

第 4 章　回　归　分　析

回归分析是数理统计中重要的、应用极为广泛的分支之一，是 Francis Galton 首先 提出来的。他从上千对儿子身高和父亲身高数据的分析中得出儿子身高和父亲身高基本上成正比的结论，同时指出，当父亲身高很高时，儿子身高并不像期望的那样高，而要低一些，有向平均身高靠拢的现象；而当父亲身高很低时，儿子身高比预期的要高，也有向平均身高靠拢的现象，并把这种向中间靠拢的现象叫回归(regression)。他的方法和思想在后人的研究中得到了极大的发展，逐步发展成为数理统计学的一个庞大而茂盛的分支，这就是回归分析，尽管在一般情况下现在的“回归”一词已经不再具有原来的意义。

回归分析的重要性在于，借助于它的思想和方法，人们可以从试验数据或观测数据分析变量之间的关系。在对客观世界(无论是自然界还是人类社会)认识的过程中，数量化研究已经成为最重要的研究方法。探索客观世界中各种量之间的数量关系成为认识自然和认识社会的必然要求。回归分析的思想和方法给予了从数据探寻数量关系的有力武器。

本章讨论简单线性回归分析的基本思想和方法，并通过一些例子，讲解如何认识两个变量之间的关系。

4.1　回归模型

假定要考虑变量 Y 和变量 X 之间的关系，主要是看给定变量 X 的值以后，变量 Y 的取值有什么规律。为方便起见，称 X 为**自变量**，称 Y 为**因变量**(注意，这并不一定意味着 X 与 Y 之间有因果关系)。更进一步，假定对于给定的自变量 X，相应的因变量 Y 为随机变量，并且可以分解为

$$Y = R(X) + e \tag{4.1.1}$$

的形式，其中 $R(X)$ 为模型中的主要部分，是非随机的，它反映 Y 随 X 的变化趋势；e 是均值为 0 的随机变量，一般称 e 为误差项。误差项的实际含义是丰富的，比如，它可能表示测量因变量时的随机测量误差，也可能表示一种随机噪声。有时这种分解也是为了处理方便。称式 (4.1.1) 为 Y 关于 X 的**回归模型**。

为了解因变量和自变量之间的关系，对两个变量进行观测或进行试验，得到观测值 $(x_i, y_i)(i = 1, \cdots, n)$。回归分析的主要目的之一就是要通过这些观测值对函数 $R(X)$ 进行比较可靠的推断。为了讨论的方便和准确，进一步把回归模型进行分类：

(1) $Y = a + bg(X) + e$，其中 a，b 为未知参数，$g(X)$ 为 X 的已知函数。这个模型称为**简单线性回归模型**，这里"线性"一词是指针对未知参数 a，b 来说是的。另一方面，由于函数 $g(X)$ 为已知的，从而可以把整个 $g(X)$ 作为一个新的自变量 Z 来处理，而对于 Z 来说，模型中的主要部分是线性的。简单线性回归模型是分析两个变量之间关系的最基本的模型。

(2) $Y = r(X;\theta) + e$，其中函数 $r(\cdot;\cdot)$ 已知，θ 为未知参数。如果 $r(X;\theta)$ 不能简化为 (1) 中 $a + bg(X)$ 的形式，这个模型称为非线性回归模型。无论是计算还是理论，非线性回归模型都比线性回归模型复杂。

(3) $Y = R(X) + e$，这里函数 $R(X)$ 是未知的，此时与前面两个模型不同的是，模型的建立已经不能通过识别未知参数来进行了。因而这个模型称为非参数回归模型，它出现在对于两个变量的关系基本上没有什么认识的情形。从技术角度来说，非参数回归模型远比前两个模型困难。

以上三个模型的难度是依次递增的，当然从新建立的模型获得的关于两个变量之间关系的信息也是递增的。限于本课程的性质，本章只讨论利用观测值建立简单线性回归模型的方法和主要步骤，对于非线性回归模型和非参数回归模型，有兴趣的读者在学习完基本的统计基础后，可以再学习有关的专门著作。

表面看来，简单线性回归模型是一个很特殊的模型，然而这并不影响它在应用中的重要性。可以从不同方面认识这一点。首先介绍回归函数的概念。

考虑两个随机变量 X 和 Y 之间的关系，比如它们分别表示一对随机抽取的父子的身高。显然按常识二者存在一定的关系。假定希望了解对于给定的父辈的身高，相应子辈身高的分布情况。这是一个条件分布问题。以 $f(x, y)$ 表示 (X, Y) 的联合概率密度，当给定父辈身高 $X = x$ 时，子辈身

高 Y 的条件密度 $f_{Y|X}(y)=f(x,y)/\int_{-\infty}^{+\infty}f(x,y)\mathrm{d}y$ 体现了 X 的取值对 Y 取值的影响；给定 $X=x$ 时，Y 取值的平均值，即给定 $X=x$ 条件下 Y 的条件期望

$$E(Y\mid X=x)=\int_{-\infty}^{+\infty}yf_{Y|X}(y)\mathrm{d}y \tag{4.1.2}$$

反映了 Y 取值对 X 取值依赖的总趋势。称函数 $R(x)=E(Y\mid X=x)$ 为 **Y 关于 X 的回归函数**，或简称为**回归函数**。

记 $e=Y-R(X)$，则 $E(e\mid X)=E(Y\mid X)-R(X)=0$。于是，通过回归函数，把 Y 分解成了两个部分，得到回归模型 $Y=R(X)+e$，回归函数 $R(X)$ 为回归模型中的主要部分。在已知联合概率密度时，通过式(4.1.2)可以算得回归函数。

例 4.1.1 设 (X,Y) 有联合密度

$$f_{X,Y}(x,y)=\begin{cases}y^2\mathrm{e}^{-y(x+1)} & x\geqslant 0,y\geqslant 0\\ 0 & \text{其他}\end{cases}$$

求 Y 关于 X 的回归函数 $R(x)$。

解： X 的边缘密度函数为

$$\begin{aligned}f_X(x)&=\int_{-\infty}^{+\infty}f_{X,Y}(x,y)\mathrm{d}y=\int_0^{+\infty}y^2\mathrm{e}^{-y(x+1)}\mathrm{d}y\\&=\frac{1}{(1+x)^3}\int_0^{+\infty}u^2\mathrm{e}^{-u}\mathrm{d}u\quad(\text{令 } u=y(x+1))\\&=\frac{1}{(1+x)^3}\Gamma(3)=\frac{2}{(1+x)^3}\quad x\geqslant 0\end{aligned}$$

于是给定 $X=x(x\geqslant 0)$ 时，Y 的条件密度函数为

$$f_{Y|X}(y)=\frac{f_{X,Y}(x,y)}{f_X(x)}=\frac{1}{2}(1+x)^3y^2\mathrm{e}^{-y(1+x)}\quad y\geqslant 0$$

故 Y 关于 X 的回归函数为

$$\begin{aligned}R(x)&=\int_{-\infty}^{+\infty}yf_{Y|X}(y)\mathrm{d}y\\&=\int_0^{+\infty}y\,\frac{1}{2}(1+x)^3y^2\mathrm{e}^{-y(1+x)}\mathrm{d}y\\&=\frac{3}{1+x}\quad x\geqslant 0\end{aligned}$$

现在回到身高问题，假设 (X,Y) 服从二维正态分布 $N(\mu_1,\mu_2,\sigma_1^2,\sigma_2^2,\rho)$，联合概率密度为

$$f_{X,Y}(x,y)=\frac{1}{2\pi\sigma_1\sigma_2\sqrt{1-\rho^2}}\exp\left\{-\frac{1}{2(1-\rho^2)}\left[\frac{(x-\mu_1)^2}{\sigma_1^2}-\right.\right.$$
$$\left.\left.2\rho\frac{(x-\mu_1)(y-\mu_2)}{\sigma_1\sigma_2}+\frac{(y-\mu_2)^2}{\sigma_2^2}\right]\right\}$$

容易算得 X 的边缘概率密度为

$$\begin{aligned}f_X(x)&=\int_{-\infty}^{+\infty}f_{X,Y}(x,y)\mathrm{d}y\\&=\frac{1}{\sqrt{2\pi}\ \sigma_1}\exp\left[-\frac{1}{2\sigma_1^2}(x-\mu_1)^2\right]\end{aligned}$$

给定 $X=x$ 时，Y 的条件概率密度为

$$\begin{aligned}f_{Y|X}(y)&=\frac{f_{X,Y}(x,y)}{f_X(x)}\\&=\frac{1}{\sqrt{2\pi}\ \sigma_2\sqrt{1-\rho^2}}\exp\left[-\frac{1}{2\sigma_2^2(1-\rho^2)}\left(y-\mu_2-\rho\frac{\sigma_2}{\sigma_1}(x-\mu_1)\right)^2\right]\end{aligned}$$

由此可知给定 $X=x$ 时，Y 的条件分布为正态分布 $N\left(\mu_2+\rho\frac{\sigma_2}{\sigma_1}(x-\mu_1),\right.$ $\left.\sigma_2^2(1-\rho^2)\right)$。从而知 Y 关于 X 的回归函数为

$$R(x)=\mu_2+\rho\frac{\sigma_2}{\sigma_1}(x-\mu_1)\tag{4.1.3}$$

这是一个线性回归函数。由于 $R(x)$ 是 Y 的条件期望，令 $e=Y-R(x)$，则有 $E(e\mid X=x)=0$。于是得到简单线性回归模型 $Y=R(X)+e$。F. Galton 正是利用父辈和子辈身高的观测数据看到了本章开始时说的“回归”现象：由于从数据得到的一次项系数 $\rho\frac{\sigma_2}{\sigma_1}$ 约为 1/3，当给定的父辈身高比父辈的平均身高高出 $x-\mu_1$ 时，子辈身高比子辈的平均身高只高出 $x-\mu_1$ 的 1/3。

从上面的例子可以看出，对于二维正态分布的随机向量 (X,Y) 来说，Y 关于 X 的回归函数 $R(X)$ 是 X 的线性函数，并且误差项 e 服从均值为 0 的正态分布。由于正态分布在实际应用中具有广泛的代表性，线性回归模型的研究成为最基本的。当然它也是最简单的。更一般地，有下面的结果。

定理 4.1.1　若对任意 x，

$$E(Y\mid X=x)=a+bx\tag{4.1.4}$$

则

$$E(Y \mid X = x) = \mu_2 + \rho\sqrt{\frac{\mathrm{Var}(Y)}{\mathrm{Var}(X)}}(x - \mu_1)$$

式中 $\mu_1 = EX, \mu_2 = EY, \rho = \dfrac{\mathrm{Cov}(X,Y)}{\sqrt{\mathrm{Var}(X)\mathrm{Var}(Y)}}$。

证明： 由式 (4.1.4) 得

$$E(Y \mid X) = a + bX \tag{4.1.5}$$

两端对 X 取期望，并由条件期望的平滑性质得

$$\mu_2 = E(E(Y \mid X)) = a + b\mu_1 \tag{4.1.6}$$

用式 (4.1.5) 减去式(4.1.6) 得

$$E(Y \mid X) - \mu_2 = b(X - \mu_1) \tag{4.1.7}$$

式 (4.1.7) 两端乘以 $(X - \mu_1)$ 并求期望得

$$E\{[E(Y \mid X) - \mu_2](X - \mu_1)\} = bE(X - \mu_1)^2$$

注意到

$$\begin{aligned}\mathrm{Cov}(X,Y) &= E[(X - \mu_1)(Y - \mu_2)]\\ &= E\{E[(X - \mu_1)(Y - \mu_2) \mid X]\}\\ &= E\{(X - \mu_1)[E(Y \mid X) - \mu_2]\}\end{aligned}$$

容易得到

$$\mathrm{Cov}(X,Y) = b\mathrm{Var}(X) \tag{4.1.8}$$

由式 (4.1.8) 和式(4.1.6) 得

$$b = \frac{\mathrm{Cov}(X,Y)}{\mathrm{Var}(X)} = \rho\sqrt{\frac{\mathrm{Var}(Y)}{\mathrm{Var}(X)}}$$

$$a = \mu_2 - b\mu_1$$

于是，

$$E(Y \mid X = x) = a + bx = \mu_2 + \rho\sqrt{\frac{\mathrm{Var}(Y)}{\mathrm{Var}(X)}}(x - \mu_1)$$

证毕。

该定理证明，如果回归函数是线性函数，那么回归函数完全由 (X,Y) 的数字特征所刻划。已知 $\rho = \pm 1$ 时，$P(Y = a + bX) = 1$，即 X,Y 间存在严格的线性关系。当 $\rho = 0$ 时，由定理 5.1.1 得

$$E(Y \mid X = x) = \mu_2$$

即如果回归函数是线性的，并且 $\rho = 0$，则回归函数与 x 无关。

回归函数的概念从条件期望的角度给出了回归模型的一种背景。在有些实际问题中，自变量 X 不是随机变量，而是代表可以在试验中控制的试验条件，因变量则表示试验指标的观测值。此时，可以把自变量作为一个系统的输入，而把因变量作为系统的输出，回归模型中的 $R(X)$ 解释为模型的系统部分或信号部分，它是相应于 X 的 Y 的数学期望，误差项 e 解释为测量误差或噪声部分。即便在这种情形，假设误差 e 服从正态分布也往往是具有合理性的，因为误差往往是由多种人们不知道或无法控制的因素引起的。由中心极限定理，多种因素作用的综合结果使观测误差服从或近似于正态分布。

一个有限闭区间上的连续函数可以用多项式逼近，从而一般来说 $R(X)$ 可以近似地表示为一个关于参数的线性形式

$$R(X) = a_0 + a_1X + \cdots + a_pX^p$$

这是简单线性回归模型的一个推广。因此，虽然回归模型是多种多样的，线性回归模型是最基本的。

总之，在回归模型中，不论自变量 X 是否是随机变量，我们总考虑它是给定的情况，因而 $R(X)$ 总可以说成是“给定 X 时，Y 的期望”。由于上面谈到的线性回归模型的重要性，在本章只讨论简单线性回归模型。而在线性回归模型中，不论 $R(X)$ 是回归函数还是系统模型的系统部分，都含有未知参数。要用数据建立简单线性回归模型，就要解决以下几个问题：

(1) 如何利用 (X,Y) 的观测值 $\{(x_i,y_i),i=1,\cdots,n\}$ 识别未知参数 a,b。

(2) 检查简单线性模型的假定有无问题。

(3) 如何利用得到的模型进行预测。

本章将围绕以上几个问题展开讨论。

4.2 简单线性模型

考虑简单线性回归模型 $Y = a + b\,g(X) + e$。4.1 节已经谈到，由于 $g(X)$ 完全已知，代之以 X，可以用 $Z = g(X)$ 作为新的自变量。因此，从研究方法的角度来说，只需要讨论 $Y = a + bX + e$ 的情形。从现在开始，考虑下面模型：设对给定的 $X = x$，Y 可以表示为

$$Y = a + bx + e \tag{4.2.1}$$

在试验或观测中，对于给定的 X 值 $x_1, x_2, \cdots, x_n$，观测到 Y 的相应值 $y_1, y_2, \cdots, y_n$，即观测数据是成对的：$(x_1, y_1), (x_2, y_2), \cdots, (x_n, y_n)$。相应于模型 (4.2.1)，观测数据可以表示为

$$y_i = a + bx_i + e_i \quad i = 1,2,\cdots,n \tag{4.2.2}$$

其中 $e_i (i = 1,2,\cdots,n)$ 是随机误差，满足下列条件。

$$\begin{aligned}
&\text{条件 1：} e_1,\cdots,e_n \text{ 的数学期望为 } 0;\\
&\text{条件 2：} e_1,\cdots,e_n \text{ 相互独立};\\
&\text{条件 3：} e_1,\cdots,e_n \text{ 有相同方差 } \sigma^2;\\
&\text{条件 4：} e_1 \sim N(0,\sigma^2)。
\end{aligned} \tag{4.2.3}$$

a, b, σ^2 是未知参数，a, b 常称为**回归系数**。也称满足条件 (4.2.3) 的式(4.2.2) 为**简单线性模型**。在以上条件中，条件 1 是由模型 (4.2.1) 派生的，是模型可识别的必要条件。条件 2 是假定在试验或观测中，在不同 x_i 处的 Y 是相互独立的，这在实际中往往有一定的含义，比如各次测量是相互独立进行的，或 x_i 处的试验不能依赖于其他点处的试验结果等等。

条件 3 常称为**方差齐性假定**，即在不同 x_i 处的随机变量 Y 的取值的分散程度一致，在实际问题中可能表示各次测量所用的仪器的精度一样等。条件 4 的概率含义是清楚的，实际意义已经在上节中谈到。

关于这个模型，可形象地用图 4.1 来表示。

注意，由于对于给定的 $X = x$，Y 服从均值为 $a + bx$，方差为 σ^2 的正态

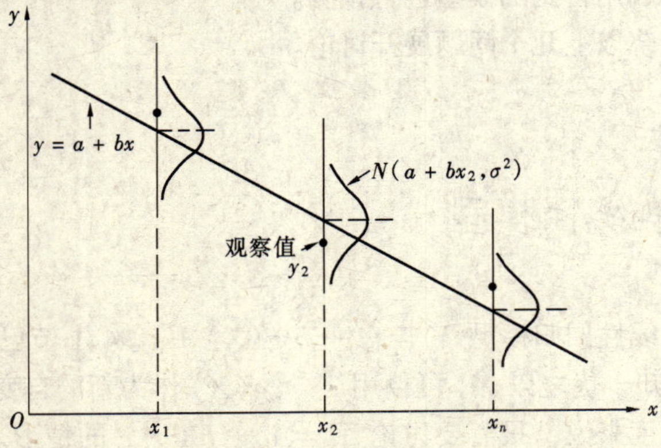

图 4.1 简单线性模型

分布，因而 y_i 是来自于分布 $N(a+bx_i,\sigma^2)$ 的一个容量为 1 的样本，$i=1,\cdots,n$。与样本的两重性一样，当讨论由 $y_1,\cdots,y_n$ 构成的统计量的性质时，视它们为随机变量。而当利用观测数据进行计算时，视它们为观测到的样本值。

本节讨论 4.1 节提到的问题(1)和(3)，问题(2)则留待 4.3 节讨论。

4.2.1　简单线性模型的参数估计

本小节介绍两种参数 a,b 和 σ^2 的估计方法：极大似然估计和最小二乘估计。

1. 极大似然估计

当假设(4.2.2)和(4.2.3)成立时，$y_i \sim N(a+bx_i,\sigma^2)$。又 $y_1,y_2,\cdots,y_n$ 相互独立，故相应于 $(y_1,\cdots,y_n)$ 的似然函数为

$$L(a,b,\sigma^2)=\prod_{i=1}^{n}\frac{1}{\sqrt{2\pi}\ \sigma}\exp\left[-\frac{(y_i-a-bx_i)^2}{2\sigma^2}\right]$$

$$=\frac{1}{(\sqrt{2\pi}\ \sigma)^n}\exp\left[-\frac{1}{2\sigma^2}\sum_{i=1}^{n}(y_i-a-bx_i)^2\right]$$

对数似然函数为

$$\ln L(a,b,\sigma^2)=-\frac{1}{2}\left[n\ln 2\pi+n\ln\sigma^2+\frac{1}{\sigma^2}\sum_{i=1}^{n}(y_i-a-bx_i)^2\right]$$

于是 a,b 和 σ^2 的极大似然估计 $\hat{a},\hat{b}$ 和 $\hat{\sigma}^2$ 满足方程组

$$\frac{\partial \ln L}{\partial a}=\frac{1}{\hat{\sigma}^2}\sum_{i=1}^{n}(y_i-\hat{a}-\hat{b}x_i)=0 \tag{4.2.4}$$

$$\frac{\partial \ln L}{\partial b}=\frac{1}{\hat{\sigma}^2}\sum_{i=1}^{n}(y_i-\hat{a}-\hat{b}x_i)x_i=0 \tag{4.2.5}$$

$$\frac{\partial \ln L}{\partial \sigma^2}=-\frac{1}{2}\left[\frac{n}{\hat{\sigma}^2}-\frac{1}{\hat{\sigma}^4}\sum_{i=1}^{n}(y_i-\hat{a}-\hat{b}x_i)^2\right]=0 \tag{4.2.6}$$

由式(4.2.4) ~ 式(4.2.6) 容易求得极大似然估计为

$$\hat{a}=\overline{y}-\hat{b}\,\overline{x} \tag{4.2.7}$$

$$\hat{b} = \frac{\sum_{i=1}^{n}(x_i - \bar{x})(y_i - \bar{y})}{\sum_{i=1}^{n}(x_i - \bar{x})^2} \tag{4.2.8}$$

$$\hat{\sigma}^2 = \frac{1}{n}\sum_{i=1}^{n}(y_i - \hat{y}_i)^2 \tag{4.2.9}$$

其中

$$\bar{x} = \frac{1}{n}\sum_{i=1}^{n}x_i;\quad \bar{y} = \frac{1}{n}\sum_{i=1}^{n}y_i;\quad \hat{y}_i = \hat{a} + \hat{b}x_i$$

2. 最小二乘估计

最小二乘法是另外一种求回归系数估计的方法。所谓**最小二乘估计**，是使下式达到最小的 a,b。

$$Q(a,b) = \sum_{i=1}^{n}(y_i - a - bx_i)^2$$

$Q(a,b)$ 是 a,b 的二次函数，它是观测值与由模型预测的值之差的平方和，表示直线 $y = a + bx$ 与所有数据点拟合的程度。选取 a，b 使 $Q(a,b)$ 达到最小相当于在所有的直线中找一条直线，使得该直线在衡量标准 $Q(a,b)$ 下与所有数据点总体上拟合得最好。容易看出 a,b 的最小二乘估计 $\hat{a},\hat{b}$ 满足式 (4.2.10)。

$$\begin{cases} \sum_{i=1}^{n}(y_i - \hat{a} - \hat{b}x_i) = 0 \\ \sum_{i=1}^{n}(y_i - \hat{a} - \hat{b}x_i)x_i = 0 \end{cases} \tag{4.2.10}$$

方程 (4.2.10) 叫做**正规方程**，其解由式 (4.2.7) 和式 (4.2.8) 给出。

与极大似然估计不同，用最小二乘法求回归系数的估计并不需要正态性假设 (条件 4)。这使得最小二乘法在建立回归模型时比极大似然估计应用广泛。从极小化 $Q(a,b)$ 并不能求得误差方差 σ^2 的估计。记 $S_e^2 = Q(\hat{a},\hat{b})$，一般用 $S_e^2/(n-2)$ 作为 σ^2 的估计，理由见本节第 3 段定理的注记。

为了记忆和计算的方便，记

$$S_{xy} = \sum_{i=1}^{n}(x_i - \bar{x})(y_i - \bar{y}) = \sum_{i=1}^{n}x_iy_i - n\bar{x}\,\bar{y}$$

$$S_{xx} = \sum_{i=1}^{n}(x_i - \bar{x})^2 = \sum_{i=1}^{n}x_i^2 - n\bar{x}^2$$

则简单线性模型 (4.2.2) 中的参数 a,b 的最小二乘估计可以表示为

$$\hat{b} = S_{xy}/S_{xx}; \ \hat{a} = \bar{y} - \hat{b}\bar{x} \tag{4.2.11}$$

注意 S_{xx},S_{xy} 的不同形式可以用于估计的计算。

称

$$\hat{Y} = \hat{a} + \hat{b}x \tag{4.2.12}$$

为**回归方程**，用来预测给定 x 时 Y 的数学期望；称 $\hat{e}_i = y_i - \hat{a} - \hat{b}x_i$ 为在 x_i 处的**残差**，视作误差的估计。

3. 估计的性质

关于估计 $\hat{a},\hat{b}$ 和 $\hat{\sigma}^2$ 的性质有以下定理。

定理 4.2.1　设式(4.2.2) ~ 式(4.2.3) 成立，则 a,b 和 σ^2 的极大似然估计满足

(1) $\hat{a} \sim N\left(a,\left(\frac{1}{n}+\frac{\bar{x}^2}{\sum_{i=1}^{n}(x_i-\bar{x})^2}\right)\sigma^2\right),\hat{b} \sim N\left(b,\frac{\sigma^2}{\sum_{i=1}^{n}(x_i-\bar{x})^2}\right)$，因此 $\hat{a}$，$\hat{b}$ 分别是 a,b 的无偏估计；

(2) $\bar{y},\hat{b},\hat{\sigma}^2$ 相互独立，且 $n\hat{\sigma}^2/\sigma^2$ 服从自由度为 $n-2$ 的 χ^2 分布。

证明：首先证明 (1)。注意由于 $\sum_{i=1}^{n}(x_i-\bar{x})\bar{y} = \bar{y}\sum_{i=1}^{n}(x_i-\bar{x}) = 0$，容易看出

$$\hat{b} = \frac{\sum_{i=1}^{n}(x_i-\bar{x})(y_i-\bar{y})}{\sum_{i=1}^{n}(x_i-\bar{x})^2} = \frac{\sum_{i=1}^{n}(x_i-\bar{x})y_i}{\sum_{i=1}^{n}(x_i-\bar{x})^2}$$

因而 $\hat{a},\hat{b}$ 都是诸 y_i 的线性组合，故 $\hat{a},\hat{b}$ 都服从正态分布。下面计算它们的均值和方差。

$$E\hat{b} = \frac{\sum_{i=1}^{n}(x_i-\bar{x})Ey_i}{\sum_{i=1}^{n}(x_i-\bar{x})^2} = \frac{\sum_{i=1}^{n}(x_i-\bar{x})(a+bx_i)}{\sum_{i=1}^{n}(x_i-\bar{x})^2} = b$$

进而，

$$E\hat{a} = E\bar{y} - (E\hat{b})\bar{x} = a + b\bar{x} - b\bar{x} = a$$

$$\operatorname{Var}(\hat{b}) = E\left[\frac{\sum_{i=1}^{n}(x_i - \bar{x})y_i}{\sum_{i=1}^{n}(x_i - \bar{x})^2} - b\right]^2$$

$$= E\left\{\frac{\sum_{i=1}^{n}(x_i - \bar{x})[y_i - b(x_i - \bar{x})]}{\sum_{i=1}^{n}(x_i - \bar{x})^2}\right\}^2$$

$$= E\left\{\frac{\sum_{i=1}^{n}(x_i - \bar{x})(y_i - a - bx_i)}{\sum_{i=1}^{n}(x_i - \bar{x})^2}\right\}^2$$

$$= \frac{\sigma^2}{\sum_{i=1}^{n}(x_i - \bar{x})^2}$$

$$\operatorname{Var}(\hat{a}) = \operatorname{Var}(\bar{y} - \hat{b}\bar{x})$$

$$= \operatorname{Var}\left[\sum_{i=1}^{n}\left(\frac{1}{n} - \frac{(x_i - \bar{x})\bar{x}}{\sum_{i=1}^{n}(x_i - \bar{x})^2}\right)y_i\right]$$

$$= \sum_{i=1}^{n}\left(\frac{1}{n} - \frac{(x_i - \bar{x})\bar{x}}{\sum_{i=1}^{n}(x_i - \bar{x})^2}\right)^2\sigma^2$$

$$= \left(\frac{1}{n} + \frac{\bar{x}^2}{\sum_{i=1}^{n}(x_i - \bar{x})^2}\right)\sigma^2$$

(1) 得证。

现证明 (2)。注意到 $e_i = y_i - a - bx_i (i = 1,2,\cdots,n)$ 相互独立，同分布 $N(0,\sigma^2)$，希望用 $\{e_i\}$ 表示

$$n\hat{\sigma}^2 = \sum_{i=1}^{n}(y_i - \hat{a} - \hat{b}x_i)^2 \tag{4.2.13}$$

容易看出

$$\hat{b}-b=\frac{\sum_{i=1}^{n}(x_i-\bar{x})y_i}{\sum_{i=1}^{n}(x_i-\bar{x})^2}-b=\frac{\sum_{i=1}^{n}(x_i-\bar{x})e_i}{\sum_{i=1}^{n}(x_i-\bar{x})^2} \tag{4.2.14}$$

以及

$$\begin{aligned} y_i-\hat{a}-\hat{b}x_i &= y_i-\bar{y}+\hat{b}\bar{x}-\hat{b}x_i \\ &= (y_i-a-bx_i)-(\bar{y}-a-b\bar{x})-(\hat{b}-b)(x_i-\bar{x}) \\ &= e_i-\bar{e}-(\hat{b}-b)(x_i-\bar{x}) \end{aligned} \tag{4.2.15}$$

其中 $\bar{e}=\frac{1}{n}\sum_{i=1}^{n}e_i=\bar{y}-a-b\bar{x}$。由式(4.2.13) 和式(4.2.15) 得

$$\begin{aligned} n\hat{\sigma}^2 &= \sum_{i=1}^{n}((e_i-\bar{e})-(\hat{b}-b)(x_i-\bar{x}))^2 \\ &= \sum_{i=1}^{n}(e_i-\bar{e})^2+\sum_{i=1}^{n}(\hat{b}-b)^2(x_i-\bar{x})^2- \\ &\quad 2(\hat{b}-b)\sum_{i=1}^{n}(e_i-\bar{e})(x_i-\bar{x}) \end{aligned} \tag{4.2.16}$$

由式 (4.2.14) 得

$$\sum_{i=1}^{n}(e_i-\bar{e})(x_i-\bar{x})=\sum_{i=1}^{n}e_i(x_i-\bar{x})=(\hat{b}-b)\sum_{i=1}^{n}(x_i-\bar{x})^2 \tag{4.2.17}$$

将式 (4.2.17) 代入式(4.2.16) 得

$$\begin{aligned} n\hat{\sigma}^2 &= \sum_{i=1}^{n}(e_i-\bar{e})^2-(\hat{b}-b)^2\sum_{i=1}^{n}(x_i-\bar{x})^2 \\ &= \sum_{i=1}^{n}e_i^2-n\bar{e}^2-(\hat{b}-b)^2\sum_{i=1}^{n}(x_i-\bar{x})^2 \\ &= \sum_{i=1}^{n}e_i^2-n\bar{e}^2-\left[\frac{\sum_{i=1}^{n}(x_i-\bar{x})e_i}{\sqrt{\sum_{i=1}^{n}(x_i-\bar{x})^2}}\right]^2 \end{aligned}$$

以 $\mathbf{1}$ 记分量均为 1 的 n 维列向量，易见向量

$$\frac{\mathbf{1}}{\sqrt{n}}=\left(\frac{1}{\sqrt{n}},\cdots,\frac{1}{\sqrt{n}}\right)^{\mathrm{T}}$$

和

$$\boldsymbol{p} = \left(\frac{x_1 - \bar{x}}{\sqrt{\sum_{i=1}^{n}(x_i - \bar{x})^2}},\cdots,\frac{x_n - \bar{x}}{\sqrt{\sum_{i=1}^{n}(x_i - \bar{x})^2}}\right)^{\mathrm{T}}$$

相正交。取正交阵 $\boldsymbol{P}$，其第一行和第二行分别是 $\mathbf{1}^{\mathrm{T}}/\sqrt{n}$ 和 $\boldsymbol{p}^{\mathrm{T}}$，并令

$$\begin{pmatrix} W_1 \\ \vdots \\ W_n \end{pmatrix} = \boldsymbol{P}\begin{pmatrix} e_1 \\ \vdots \\ e_n \end{pmatrix}$$

那么由正交变换的性质以及式(4.2.14)知，$W_i(i = 1,2,\cdots,n)$ 相互独立同分布，$W_i \sim N(0,\sigma^2)$，并且

$$\sum_{i=1}^{n} W_i^2 = \sum_{i=1}^{n} e_i^2$$

$$W_1^2 = n\bar{e}^2$$

$$W_2^2 = \sum_{i=1}^{n}(x_i - \bar{x})^2(\hat{b} - b)^2$$

于是，

$$\frac{n\hat{\sigma}^2}{\sigma^2} = \sum_{i=3}^{n}\left(\frac{W_i}{\sigma}\right)^2$$

故 $n\hat{\sigma}^2/\sigma^2$ 服从自由度为 $n-2$ 的 χ^2 分布，并且与 W_1^2,W_2^2 相互独立。注意到 W_1^2,W_2^2 分别只是 $\bar{y}$ 和 $\hat{b}$ 的函数，知 $\hat{\sigma}^2,\hat{b}$ 以及 $\bar{y}$ 三者相互独立。证毕。

定理 4.2.1 的注记

(1) 最小二乘法并不假定误差项服从正态分布；从定理 4.2.1 的证明中不难看出，在仅有式(4.2.3)中条件 1~3 成立时，$\hat{a}$，$\hat{b}$ 仍分别是 a，b 的无偏估计，并且它们的方差也有相同的表达式。另外可以证明 $s^2 = S_e^2/(n-2)$ 为误差方差 σ^2 的无偏估计，其中 $S_e^2 = \sum_{i=1}^{n}(y_i - \hat{y}_i)^2$ 称为**残差平方和**，$\hat{y}_i = \hat{a} + \hat{b}x_i$。

(2) 当式(4.2.3)成立时可以证明 $\hat{a}$，$\hat{b}$ 和 $s^2 = S_e^2/(n-2)$ 分别是 a，b 和 σ^2 的一致最小方差无偏估计。

由于(1)(2)中的事实，以后总是用 s^2 作为模型的误差方差 σ^2 的估计。

4. $\hat{a}$ 和 $\hat{b}$ 的方差的估计

以 $\sigma_{\hat{a}}^2$ 和 $\sigma_{\hat{b}}^2$ 分别记 $\hat{a}$ 和 $\hat{b}$ 的方差，即

$$\sigma_{\hat{a}}^2 = \left(\frac{1}{n} + \frac{\bar{x}^2}{S_{xx}}\right)\sigma^2;\ \sigma_{\hat{b}}^2 = \frac{\sigma^2}{S_{xx}}$$

利用 s^2 可以得到 $\sigma_{\hat{a}}^2$ 和 $\sigma_{\hat{b}}^2$ 的估计：

$$\hat{\sigma}_{\hat{a}}^2 = \left(\frac{1}{n} + \frac{\bar{x}^2}{S_{xx}}\right)s^2;\ \hat{\sigma}_{\hat{b}}^2 = \frac{s^2}{S_{xx}}$$

它们反映了 $\hat{a}$ 和 $\hat{b}$ 的估计精度。

例 4.2.1　一空调厂生产线上有问题，最后完成的框架中有许多因超重不能满足质量要求。工厂决定研究粗胚质量和成品质量间的关系，得到 25 对数据如表 4.1 所示。x_i 是粗胚质量，y_i 是相应的成品质量。求成品质量关于粗坯质量的回归方程。

表 4.1　粗胚与成品质量数据　　kg

框架号码	粗胚质量 x_i	成品质量 y_i	框架号码	粗胚质量 x_i	成品质量 y_i
1	2.745	2.080	14	2.635	1.990
2	2.700	2.045	15	2.630	1.990
3	2.690	2.050	16	2.625	1.995
4	2.680	2.005	17	2.625	1.985
5	2.675	2.035	18	2.620	1.970
6	2.670	2.035	19	2.615	1.985
7	2.665	2.020	20	2.615	1.990
8	2.660	2.005	21	2.615	1.995
9	2.655	2.010	22	2.610	1.990
10	2.655	2.000	23	2.590	1.975
11	2.650	2.000	24	2.590	1.995
12	2.650	2.005	25	2.565	1.995
13	2.645	2.015			

解：从数据容易得到

$$\sum_{i=1}^{n} x_i = 66.075;\ \sum_{i=1}^{n} x_i^2 = 174.673$$

$$\sum_{i=1}^{n} y_i = 50.160;\ \sum_{i=1}^{n} y_i^2 = 100.657$$

$$\sum_{i=1}^{n} x_i y_i = 132.593$$

代入式（4.2.11）得

$$\hat{b} = \frac{132.593 - (66.075)(50.160)/25}{174.673 - (66.075)^2/25} = 0.547$$

$$\hat{a} = \frac{50.160 - 0.547(66.075)}{25} = 0.561$$

所求回归方程为 $\hat{Y} = 0.561 + 0.547x$。

例如，若粗胚质量是 2.71，则成品件的平均质量为

$$\hat{Y} = 0.561 + 0.547 \times 2.71 = 2.043$$

如果 2.043 还是太大，那么再减轻粗胚质量。图 4.2 给出了原始数据的散点所拟合的直线。

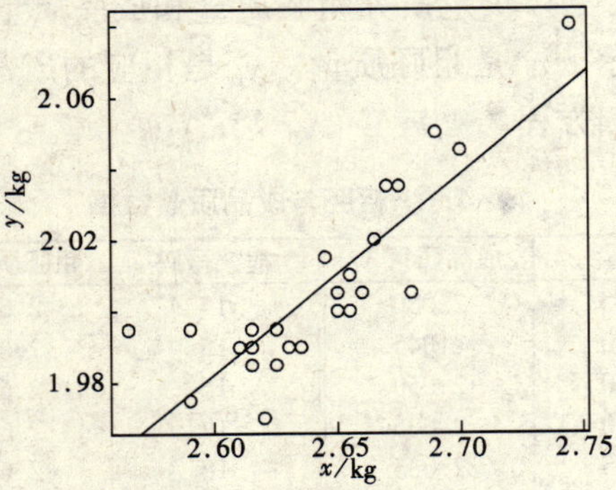

图 4.2 粗胚与成品质量间的关系

4.2.2 回归系数的假设检验

本小节讨论回归系数的假设检验。实际中应用较多的是关于参数 b 的检验，因而以 b 的假设检验为例进行讨论。关于 a 的假设检验方法类似，只给出有关的结论。

1. 回归系数的 t 检验

考虑假设检验问题

$$H_0: b = b_0; \ H_1: b \neq b_0 \tag{4.2.18}$$

假定式 (4.2.3) 成立，由定理 4.2.1 可知，$\hat{b} \sim N(b, \sigma^2/S_{xx}), S_e^2/\sigma^2 \sim \chi^2(n-2)$，并且二者相互独立。于是可用 t 检验。令

$$t = \frac{\dfrac{\hat{b} - b_0}{1/\sqrt{S_{xx}}}}{\sqrt{S_e^2/(n-2)}} = \frac{(\hat{b} - b_0)}{\hat{\sigma}_{\hat{b}}}$$

则当 $H_0: b = b_0$ 成立时，$t \sim t(n-2)$。对给定的检验水平 α，当 $|\hat{b} - b_0| \geqslant \hat{\sigma}_{\hat{b}} t_{\alpha/2}(n-2)$ 时，拒绝 H_0。

同理，对于假设检验问题 $H_0: a = a_0; H_1: a \neq a_0$，检验水平为 α 的检验的拒绝域取为 $|\hat{a} - a_0| \geqslant \hat{\sigma}_{\hat{a}} t_{\alpha/2}(n-2)$。

从上面求检验的过程，可知 b 的置信度为100(1－α)%的区间估计为

$$[\hat{b} - \hat{\sigma}_{\hat{b}} t_{\alpha/2}(n-2), \hat{b} + \hat{\sigma}_{\hat{b}} t_{\alpha/2}(n-2)]$$

类似地可由定理 4.2.1 求得 a 的置信区间，留作习题。

2. 回归方程的显著性检验

在假设检验问题(4.2.18)中，对于 $b_0 = 0$ 的情形有特殊的兴趣。如果在回归模型中 $b \neq 0$，称**回归方程是显著的**，因而所对应的关于 $b = 0$ 的检验称为**回归方程的显著性检验**。这是出于这样的考虑：如果在 Y 与 X 的关系中有明显的线性趋势，即 $b \neq 0$，则通过估计参数 a，b 得到的回归方程对于预测 Y 将有显著的作用。否则，在模型 (4.2.2) 下，如果 $b = 0$，表明 Y 的数学期望 (或条件期望) 与 x 无关，此时变量 X 对于预测变量 Y 作用不大。

由前段知，对于检验水平 α，回归方程显著性检验的拒绝域为 $|\hat{b}| \geqslant \hat{\sigma}_{\hat{b}} t_{\alpha/2}(n-2)$。

如果忽略第一、二类错误，对于检验的结论可作如下解释。

(1) 若接受 $H_0: b = 0$，意味下面事实之一：(i) 线性方程 $\bar{y} + \hat{b}(x - \bar{x})$ 对预测 Y 的值没有帮助，或与 $\bar{y}$ 的效果一样，Y 的(条件)期望与 x 无关，如图 4.3 (a) 所示。(ii) Y 的 (条件) 期望在试验数据的范围内没有线性变化趋势，但可能是 x 的其他函数形式(如二次函数等)，如图 4.3 (b) 所示。

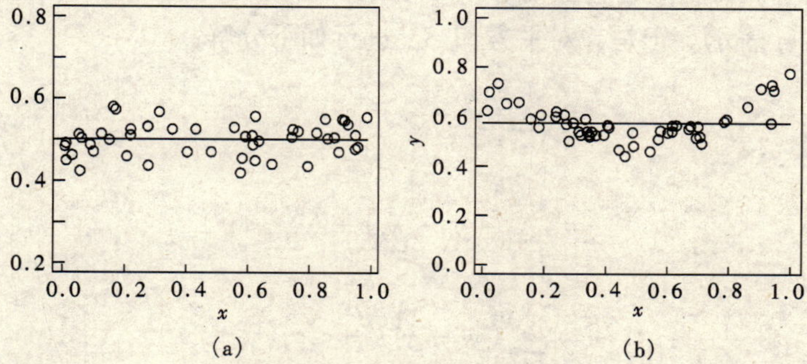

图 4.3　接受 $H_0: b = 0$

(2) 若拒绝 $H_0: b = 0$，意味着下列事实之一：(i) 对预报 Y 的值，x 的作用显著，用回归方程 $\hat{y} = \overline{y} + \hat{b}(x - \overline{x})$ 比用 $\overline{y}$ 好得多，如图 4.4 (a) 所示。(ii) 可能有更好的模型，如还含有 x 的高次项，但含有随 x 增加而增加或减小的成分，如图 4.4 (b) 所示。

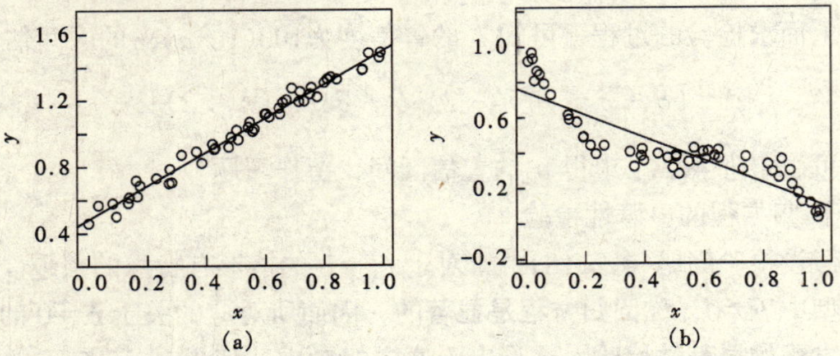

图 4.4 拒绝 $H_0: b = 0$

3. 显著性检验的方差分析法

回归方程的显著性检验还可以通过另外一个思路来进行，这就是方差分析法。

一般来说，因变量 Y 的观测值 $y_1, \cdots, y_n$ 是不尽相同的。之所以不同，可能由于两种原因，一是随机因素 e 引起的，如测量误差、噪声等，另一种可能的原因是由于 Y 受 X 的影响，而试验中 X 的取值不尽相同。方差分析的基本思想是，把因变量的观测值的变差按照以上两个来源进行分解，看两个部分的大小来判断 X 对 Y 的影响是否显著。用平方和 $S_{yy} = \sum_{i=1}^{n}(y_i - \overline{y})^2$ 表示 $y_1, \cdots, y_n$ 的总变差。S_{yy}越小，表明诸 y_i 之间越接近。Y 受 X 的影响而产生的变化由 $\hat{y}_i = \hat{a} + \hat{b}x_i$ 体现，考虑到相对于观测均值 $\overline{y}$ 进行比较，由 X 引起的 Y 的变差通过各个 $\hat{y}_i - \overline{y}$ 表示；由随机因素引起的变差则通过残差 $y_i - \hat{y}_i$ 表示。于是，对平方和 S_{yy} 进行如下分解：

$$
\begin{aligned}
S_{yy} &= \sum_{i=1}^{n}(y_i - \overline{y})^2 \\
&= \sum_{i=1}^{n}[(y_i - \hat{y}_i) + (\hat{y}_i - \overline{y})]^2 \\
&= \sum_{i=1}^{n}(y_i - \hat{y}_i)^2 + \sum_{i=1}^{n}(\hat{y}_i - \overline{y})^2
\end{aligned}
$$

交叉项

$$\sum_{i=1}^{n}(y_i - \hat{y}_i)(\hat{y}_i - \bar{y})$$

$$= \sum_{i=1}^{n} y_i\hat{b}(x_i - \bar{x}) - \sum_{i=1}^{n}(\hat{a} + \hat{b}x_i)\hat{b}(x_i - \bar{x})$$

$$= \hat{b}S_{xy} - \hat{b}^2 S_{xx}$$

$$= \hat{b}(S_{xy} - \hat{b}S_{xx}) = 0$$

记 $S_R^2 = \sum\limits_{i=1}^{n}(\hat{y}_i - \bar{y})^2$，则得到平方和的分解为

$$S_{yy} = S_e^2 + S_R^2 \tag{4.2.19}$$

不难看出，当 $H_1: b \neq 0$ 成立时，$E(\hat{y}_i - \bar{y})$ 不全为 0，S_R^2 应该比较大。另一方面，

$$S_R^2 = \sum_{i=1}^{n}(\hat{y}_i - \bar{y})^2 = \sum_{i=1}^{n}\hat{b}^2(x_i - \bar{x})^2 = \hat{b}^2\sum_{i=1}^{n}(x_i - \bar{x})^2 \tag{4.2.20}$$

由定理 4.2.1 知当 $H_0: b = 0$ 成立时，$S_R^2/\sigma^2 \sim \chi^2(1)$，且与 $S_e^2 = \sum\limits_{i=1}^{n}(y_i - \hat{y}_i)^2$ 相互独立，于是，

$$F = (n-2)S_R^2/S_e^2 \sim F(1, n-2) \tag{4.2.21}$$

对于给定的检验水平 α，当 $F \geqslant F_\alpha(1, n-2)$ 时拒绝 H_0。

称 S_R^2 为回归平方和。由式(4.2.19)可知,总变差平方和 S_{yy} 分解为回归平方和与残差平方和。由定理 4.2.1 的注(2)中知道，S_e^2 描述了误差方差的大小。若回归平方和 S_R^2 相对于 S_e^2 很大，说明线性回归方程对预测 Y 的(条件)期望有显著的作用，F 的值越大，X 对于 Y 的变化的解释作用越强，Y 随 X 的变化越接近于由线性回归方程给出的趋势。上述的检验正体现了这一点。这种分析方法叫方差分析法。在应用中，上面的检验常通过下面的方差分析表(表 4.2)给出。表中第一列表明各个平方和的来源，第二列是各个平方和的自由度，第四列是各个平方和除以其自由度，在方差分析中称为均方。

表 4.2 显著性检验的方差分析表

来 源	自由度	平方和	均 方	F 值
回 归	1	S_R^2	S_R^2	$\dfrac{S_R^2}{S_e^2/(n-2)}$
残 差	$n-2$	S_e^2	$S_e^2/(n-2)$	
总变差	$n-1$	S_{yy}	—	

在线性回归分析中另一个有意义的指标是

$$R^2 = \frac{S_R^2}{S_{yy}}$$

它表示由于 Y 随 X 的线性变化引起的变差与总变差的比值，即线性变化引起的变差占 Y 的总变差的比例，称其为回归方程的**决定系数**。残差平方和 $S_{yy}-S_R^2=S_e^2$ 作为剩余的变差是无法用 X 的线性变化来解释的。R^2 越接近于 1，X 对于 Y 的变化的解释作用越强，Y 随 X 的变化越接近于由线性回归方程给出的趋势。由于以 1 作为参照，在应用中比起 F 来更直观明了。

注：(1) 由 t 分布与 F 分布的关系知，上面给出的 t 检验和 F 检验是一致的。事实上，检验的 t 统计量的平方恰等于 F 统计量。

(2) 在方差分析表的计算中，一般可利用式(4.2.20)计算 S_R^2，然后由 $S_e^2=S_{yy}-S_R^2$ 计算残差平方和。任何回归分析的软件都附有显著性检验的程序，许多程序直接输出显著性检验的 p 值和 R^2。

例 4.2.2 取检验水平 $\alpha=0.05$，试检验例题 4.2.1 中回归方程的显著性。

解： $S_{xx}=\sum_{i=1}^{25}x_i^2-25\left(\sum_{i=1}^{25}x_i/25\right)^2=0.036\ 775, S_{yy}=\sum_{i=1}^{25}y_i^2-25\left(\sum_{i=1}^{25}y_i/25\right)^2=0.015\ 976, S_R^2=\hat{b}^2S_{xx}=0.011\ 003, S_e^2=S_{yy}-S_R^2=0.004\ 973$。于是得到方差分析表如表 4.3 所示。

表 4.3 方差分析表

来 源	自由度	平方和	均 方	F 值
回归	1	0.011 003	0.011 003	50.895
残差	23	0.004 973	0.000 216	
总和	24	0.015 976	—	

查 F 分布表得 $F_{0.05}(1,23)=4.28$,由此拒绝 H_0，所以在水平 0.05 下回归方程是显著的。

4.2.3　预测

在许多问题中，预测是建立回归模型的重要目的。利用回归方程，可以对平均值进行预测，也可以对“个体”值进行预测。设有 x_0，按模型(4.2.1)有

$$y_0 = a + bx_0 + e_0$$

对 x_0 处的平均值进行预测是指估计当 $X = x_0$ 时 Y 的(条件)期望 $a + bx_0$；对 x_0 处的“个体”值进行预测是指预测 Y 本身的值 y_0。

预测可以以两种方式进行：点预测和区间预测。下面对以上两种预测问题按两种预测方式分别给出有关结果。

1. 平均值的预测

这实际上是 $a + bx_0$ 的估计问题。显然，应该用 $\hat{y}_0 = \hat{a} + \hat{b}x_0$ 作为其点估计。

由定理 4.2.1 知

$$\hat{y}_0 \sim N\left(a + bx_0, \left(\frac{1}{n} + \frac{(x_0 - \overline{x})^2}{S_{xx}}\right)\sigma^2\right) \tag{4.2.22}$$

从而

$$\frac{\hat{y}_0 - (a + bx_0)}{\sqrt{\left[\frac{1}{n} + \frac{(x_0 - \overline{x})^2}{S_{xx}}\right]\frac{S_e^2}{n-2}}} \sim t(n-2)$$

所以 $E(Y|x_0) = a + bx_0$ 的置信度为 $100(1-\alpha)\%$ 的置信区间为

$$\left[\hat{y}_0 \mp t_{\alpha/2}(n-2)s\sqrt{\left[\frac{1}{n} + \frac{(x_0 - \overline{x})^2}{S_{xx}}\right]}\right] \tag{4.2.23}$$

其中 $s^2 = S_e^2/(n-2)$ 为 σ^2 的无偏估计。

2. y_0 的预测

y_0 本身是随机变量，一个适当的“点预测值”也是 $\hat{y}_0 = \hat{a} + \hat{b}x_0$。下面给出其区间预测。

设 e_0 与 e_i（$i = 1, \cdots, n$）相互独立。注意到

$$\begin{aligned} y_0 - \hat{y}_0 &= a + bx_0 + e_0 - \overline{y} - \hat{b}(x_0 - \overline{x}) \\ &= -\overline{y} + a + b\overline{x} + b(x_0 - \overline{x}) - \hat{b}(x_0 - \overline{x}) + e_0 \end{aligned}$$

$$= -(\overline{y} - E\overline{y}) - (\hat{b} - b)(x_0 - \overline{x}) + e_0$$

以及在假定(4.2.3)下，e_0，$\overline{y}$，$\hat{b}$相互独立，故有

$$\begin{aligned}\mathrm{Var}(y_0 - \hat{y}_0) &= \frac{1}{n}\sigma^2 + \frac{(x_0 - \overline{x})^2}{S_{xx}}\sigma^2 + \sigma^2 \\ &= \left(1 + \frac{1}{n} + \frac{(x_0 - \overline{x})^2}{S_{xx}}\right)\sigma^2\end{aligned}$$

$$y_0 - \hat{y}_0 \sim N\left(0, \left(1 + \frac{1}{n} + \frac{(x_0 - \overline{x})^2}{S_{xx}}\right)\sigma^2\right)$$

由此容易得到

$$\begin{aligned}&\frac{(y_0 - \hat{y}_0)\Big/\sqrt{1 + \frac{1}{n} + \frac{(x_0 - \overline{x})^2}{S_{xx}}}}{\sqrt{S_e^2/(n-2)}} \\ &= \frac{y_0 - \hat{y}_0}{\sqrt{\left(1 + \frac{1}{n} + \frac{(x_0 - \overline{x})^2}{S_{xx}}\right)\frac{S_e^2}{n-2}}} \sim t(n-2) \qquad (4.2.24)\end{aligned}$$

因此，对于给定的 $\alpha \in (0,1)$，y_0 落入区间

$$\left[\hat{y}_0 \mp t_{\alpha/2}(n-2)s\sqrt{\left(1 + \frac{1}{n} + \frac{(x_0 - \overline{x}_n)^2}{S_{xx}}\right)}\right] \qquad (4.2.25)$$

的概率为 $1-\alpha$。称该区间为当自变量取值为 x_0 时因变量 Y 的置信度为 100 $(1-\alpha)$%的**预测区间**。

由式(4.2.23)和式(4.2.25)可见：

(1) 预测精度和 s 的大小有直接关系，s 愈小愈精确。在模型正确的前提下，s 的大小主要由误差方差决定。因此，误差方差越大，预测越难以精确。

(2) $\mathrm{Var}(y_0 - \hat{y}_0)$ 在 $x_0 = \overline{x}$ 处达到最小，即在 $x_0 = \overline{x}$ 处预测最精确，x_0 越远离 $\overline{x}$，预测越不精确。当 x_0 在由 x_1，…，x_n 构成的范围外时的预测称为外推。一般说来，外推的精度较差，尤其是对于大范围外推要十分谨慎。

(3) $S_{xx} = \sum\limits_{i=1}^{n}(x_i - \overline{x})^2$ 越大，预测越精确。不仅如此，可以看到，S_{xx}越大，$\hat{a}$，$\hat{b}$ 的方差也越小，估计越精确。因此，一般应选取（x_i，

$i=1, \cdots, n$)使 S_{xx} 尽量大。

(4) 样本量越大，预测一般越精确。

例 4.2.3　取 $\alpha=0.05$，$x_0=2.71$，求 y_0 的预测区间。

解： 由例 4.2.1 和例 4.2.2 知，$s^2=0.000\,216$，$S_{xx}=0.036\,775$，$\hat{y}_0=2.043\,37$，查 t 分布表得 $t_{0.025}(23)=2.069$，代入式(4.2.25)得所求预测区间为 $[2.043 \mp 0.033]=[2.010, 2.076]$，即 y_0 以 0.95 的概率落入区间 $[2.010, 2.076]$。

类似可求得 y_0 的数学期望的置信度 95% 的置信区间为 $[2.031, 2.056]$。

下面再看一个例子。

例 4.2.4　在前面合同成本预测例子中，假定根据以往记录获得合同批量 X(以 10 套为单位)和相应的生产成本 Y(以万元为单位)的如下数据。

X:	20.0	25.5	35.0	38.0	40.0	42.0	45.0	50.0	58.5	65.0
Y:	26.96	32.18	46.58	43.70	47.43	50.37	59.85	62.36	70.81	79.56

(1) 用最小二乘估计求出回归方程 $\hat{Y}=\hat{a}+\hat{b}x$，并检验它的显著性。

(2) 若一新合同的批量为 68.0，预测这个合同的生产成本，取 $\alpha=0.05$。

(3) 绘制数据 (x, y) 的散点图和回归方程 $\hat{Y}=\hat{a}+\hat{b}x$ 的图像。

(4) 解释这个问题中的参数。

解：

(1)

$$\overline{x}=\frac{1}{n}\sum_{i=1}^{n}x_i=(20.0+25.5+\cdots+65.0)/10=41.9$$

$$\overline{y}=\frac{1}{n}\sum_{i=1}^{n}y_i=(26.96+32.18+\cdots+79.56)/10=51.98$$

$$\begin{aligned}S_{xx}&=\sum_{i=1}^{n}(x_i-\overline{x})^2\\&=(20.0-41.9)^2+(25.5-41.9)^2+\cdots+(65.0-41.9)^2=1\,699.4\end{aligned}$$

$$\begin{aligned}S_{xy}&=\sum_{i=1}^{n}(x_i-\overline{x})(y_i-\overline{y})\\&=(20.0-41.9)(26.96-51.98)+(25.5-41.9)(32.18-51.98)+\cdots+\\&\quad(65.0-41.9)(79.56-51.98)=2\,008.80\end{aligned}$$

因此，

$$\hat{b}=S_{sy}/S_{xx}=2\,008.80/1\,699.4=1.182\,1$$

$$\hat{a} = \overline{y} - \hat{b}\overline{x} = 51.98 - 1.182\,1 \times 41.9 = 2.450\,4$$

即回归方程为直线 $\hat{Y}=2.450\,4+1.182\,1x$。

进一步可以算得

$$S_{yy} = \sum_{i=1}^{10}(y_i - \overline{y})^2 = 2\,423.96$$

$$S_R^2 = \hat{b}^2 S_{xx} = 1.182\,1^2 \times 1\,699.4 = 237\,4.674\,0$$

$$S_e^2 = S_{yy} - S_R^2 = 49.286\,0$$

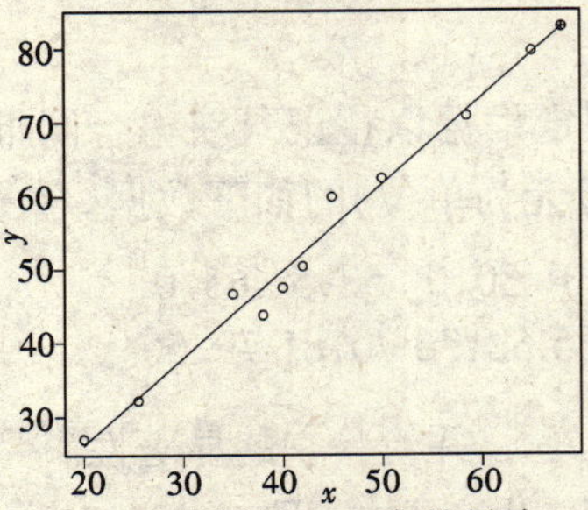

图 4.5 例 4.2.4 中的最小二乘回归直线

可以算得显著性检验的 F 统计量的值为

$$F = \frac{8 \times 2\,374.674\,0}{49.286\,0} = 385.452\,1$$

即便在 0.001 的水平下回归方程也是显著的；决定系数为 $R^2=0.979\,7$，这在通常的情况下是很高的，表明线性趋势比较明显。

(2) 题意要求预测 $x=68.0$ 时 y 的值。把 $x=68.0$ 代入回归方程进行预测，得到点预测值为

$$\hat{Y}(68.0) = 2.450\,4 + 1.182\,1 \times 68.0 = 82.832\,6\ (\text{万元})$$

置信度为 95% 的预测区间为

$$\left[82.832\,6 \mp 2.228 \times \sqrt{\frac{49.286\,0}{8}\left(1 + \frac{1}{10} + \frac{(68.0 - 41.9)^2}{1\,699.4}\right)}\right]$$

$$= [82.832\,6 \mp 6.774\,9] = [76.057\,7, 89.607\,5]$$

(3) 画出数据的散点图以及回归直线，如图 4.5 所示。为了比较起见，在图中还绘出了新合同成本的预测值（图中用 + 号表示）。由图 4.5 可见，数据表现出明显的线性趋势，与前面 R^2 的值所表现的一致。

(4) 回归方程表明，定单批量每增加 10 套，其成本增加约 1.182 万元，而当批量 X 接近于 0 时，成本接近于 2.4504 万元，或许可以认为，这是方程反映出来的生产线的固定成本。

4.3 模型检查

建立模型时一个重要的问题是模型的假定是否正确或至少可以接受。这个的问题的回答可能依赖于对问题本身科学背景的了解。但利用观测数据进行分析和判断也是一个重要的方面。4.2 节中的估计和假设检验是以模型[式(4.2.2)]及其相应的假定[式(4.2.3)]为基础的。如果这些假定出现问题，那么相应的推断就会受到影响。本节讨论如何从观测数据出发检查模型假定(4.2.3)是否存在明显的问题。

4.3.1 有重复测量数据时的模型检查

1. 模型误差的检验

首先要考虑的是模型的系统部分的假定是否有问题，即条件 1 是否成立。如果条件 1 不成立，意味着 Y 的均值不能表示成 $a+bx$ 的形式，关于模型系统部分的假定是错误的。此时，模型有误差(有时称这种均值的误差为系统误差，以便与模型中的随机误差区别开来)。

为了考察模型是否有误差，考虑残差 $\hat{e}_i=y_i-\hat{y}_i$。设 $Ey_i=\eta_i$，则 $\hat{e}_i$ 分解为两个部分：

$$\hat{e}_i=(y_i-\eta_i)+(\eta_i-\hat{y}_i)\quad i=1,\cdots,n \tag{4.3.1}$$

其中第一部分反映了随机误差，第二部分则反映了模型的误差。当模型正确时，存在常数 a，b 使得 $\eta_i=a+bx_i$ 对于所有 i 成立。此时，由最小二乘估计的性质，$E(\eta_i-\hat{y}_i)=0$，残差反映了随机误差的信息。如果模型在这些点上不对，则第二部分的数学期望不都是 0。换言之，残差中混合了随机误差和模型误差。如果能从残差中把二者分离开来，那么就能够考察模型误差是否存在。

注意，由于 η_i 未知，上述分解是形式上的。要把随机误差从残差中分离出来，需要有重复观测，即在同一 x_i 处对 Y 进行多次观测，从而得到多个 Y 的值。这些观测值不仅包含了该点处 Y 的信息，同时还包含了 Y 的方差的信息(即随机误差的信息)。此时，x_i 处观测值的平均值$\bar{y}_i$ 为 η_i 的无偏估计，可以用来在式(4.3.1)中代替 η_i，从而分离出随机误差部分。这正是在检验模型的显著性时用过的方差分析的做法。下面通过方差分析来检验模型的误差。

设在 x_i 处，对 Y 进行了 n_i 次观测，观测值为

$$y_{i1}, y_{i2}, \cdots, y_{in_i} \quad i = 1,2,\cdots,m \tag{4.3.2}$$

假定式(4.2.3)中条件 2～4 成立，这相当于假定 $\{y_{ij}\}$ 相互独立，并且都服从方差为 σ^2 的正态分布。依据上面的分析，把检验模型有无模型误差的问题归结为检验条件 1 是否成立，即检验如下的假设。

H_0：存在常数 a，b，使得 $Ey_{ij} = a + bx_i$（$i=1$，…，m）；

H_1：H_0 不成立。 (4.3.3)

记 $n = \sum\limits_{i=1}^{m} n_i$ 为所有观测值的个数，

$$\overline{x} = \frac{1}{n}\sum_{i=1}^{m} n_i x_i;\ \overline{y}_{..} = \frac{1}{n}\sum_{i=1}^{m}\sum_{j=1}^{n_i} y_{ij};\ S_{xx} = \sum_{i=1}^{m} n_i (x_i - \overline{x})^2 \tag{4.3.4}$$

则回归系数的最小二乘估计（极大似然估计）相应变化为

$$\hat{a} = \overline{y}_{..} - \hat{b}\overline{x} \tag{4.3.5}$$

$$\hat{b} = \frac{\sum\limits_{i=1}^{m}\sum\limits_{j=1}^{n_i}(x_i - \overline{x})(y_{ij} - \overline{y}_{..})}{S_{xx}} \tag{4.3.6}$$

记 $\hat{y}_i = \hat{a} + \hat{b}x_i, \overline{y}_{i\cdot} = \dfrac{1}{n_i}\sum\limits_{j=1}^{n_i} y_{ij}(i = 1,\cdots,m)$，残差平方和可以分解如下：

$$\begin{aligned} S_e^2 &= \sum_{i=1}^{m}\sum_{j=1}^{n_i}(y_{ij} - \hat{y}_i)^2 \\ &= \sum_{i=1}^{m}\sum_{j=1}^{n_i}(y_{ij} - \overline{y}_i)^2 + \sum_{i=1}^{m} n_i(\hat{y}_i - \overline{y}_{i.})^2 \end{aligned} \tag{4.3.7}$$

易见，式（4.3.7）中右端第一项反映了随机误差产生的变差大小，称其为纯误差平方和，记为 SS_e^2，它与模型的选择无关；第二项反映了模型误差产生的变差，称为模型误差平方和，记做 SS_m^2。

如果模型正确，则$E(\hat{y}_i - \overline{y}_{i.}) = 0(i=1,\cdots,m)$。否则，如果模型不正确，则可以期望$E(\hat{y}_i - \overline{y}_{i.})(i=1,\cdots,m)$中至少有一个不为 0，$SS_m^2$ 将有偏大的趋势。

在条件 2～4 下，由定理 1.5.1 知$\sum\limits_{j=1}^{n_i}(y_{ij} - \overline{y}_{i.})^2/\sigma^2 \sim \chi^2(n_i - 1)$，并且相互独立。再由 χ^2 分布的性质，知$SS_e^2/\sigma^2 \sim \chi^2(\sum\limits_{i=1}^{m}(n_i - 1)) = \chi^2(n - m)$。

由于已经假定条件 2～4 成立，由定理 4.2.1 知，在 H_0（即条件 1）下，$S_e^2/\sigma^2 \sim \chi^2(n-2)$。由定理 1.4.3 知，$SS_m^2/\sigma^2 = S_e^2/\sigma^2 - SS_e^2/\sigma^2 \sim \chi^2(m-2)$，并且与 SS_e^2 独立。故

$$F = \frac{SS_m^2/(m-2)}{SS_e^2/(n-m)} = \frac{n-m}{m-2}\frac{SS_m^2}{SS_e^2} \sim F(m-2, n-m) \tag{4.3.8}$$

对于给定的检验水平 α，当 $F > F_\alpha(m-2, n-m)$ 时，拒绝 H_0，认为模型不合适，应进一步改进。否则，认为没有充分证据说明模型不合适。检验时常用方差分析表形式给出，如表 4.4 所示。

表 4.4　模型系统误差检验的方差分析表

来　源	自由度	平方和	均　方	F　值
模型误差	$m-2$	SS_m^2	$SS_m^2/(m-2)$	
纯误差	$n-m$	SS_e^2	$SS_e^2/(n-m)$	$\frac{n-m}{m-2}\frac{SS_m^2}{SS_e^2}$
总和	$n-2$	SS（残差）		

例 4.3.1　在某试验中得到有重复观测的24个数据，列于表 4.5。试拟合 Y 关于 X 的简单线性模型，并进行模型误差的检验，取检验水平为 0.05。

解：对上述 24 组数据，按式(4.3.5)计算回归系数的最小二乘估计，得到回归直线

$$\hat{Y} = 1.436 + 0.338x$$

回归模型显著性检验的方差分析表见表 4.6。

显著性检验表明，在检验水平 0.05 下，回归方程是显著的(临界值 $F_{0.05}(1,22) = 4.30$)。也就是说，Y 随 X 有明显的线性增长趋势。下面检验模型的正确性，利用表 4.7 中的计算把残差平方和再进行分解，得到模型误差检验的方差分析表，如表 4.8。由于 $F_{0.05}(11,11) = 2.82$，无充分证据说明模型不合适。

表 4.5　例 4.3.1 中的观测数据

序号	Y	X	序号	Y	X	序号	Y	X
1	2.3	1.3	9	1.7	3.7	17	3.5	5.3
2	1.8	1.3	10	2.8	4.0	18	2.8	5.3
3	2.8	2.0	11	2.8	4.0	19	2.1	5.3
4	1.5	2.0	12	2.2	4.0	20	3.4	5.7
5	2.2	2.7	13	5.4	4.7	21	3.2	6.0
6	3.8	3.3	14	3.2	4.7	22	3.0	6.0
7	1.8	3.3	15	1.9	4.7	23	3.0	6.3
8	3.7	3.7	16	1.8	5.0	24	5.9	6.7

表 4.6　显著性检验方差分析表

来　源	自由度	平方和	均　方	F 值
回归	1	6.326	6.326	6.659
残差	22	21.192	0.963	
总和	23	27.518	—	

表 4.7　纯误差平方和及自由度的计算

X 的水平	$\sum_{j=1}^{n_i}(y_{ij}-\overline{y}_i)^2$	自由度	X 的水平	$\sum_{j=1}^{n_i}(y_{ij}-\overline{y}_i)^2$	自由度
1.3	0.125	1	4.7	6.260	2
2.0	0.845	1	5.3	0.980	2
3.3	2.000	1	6.0	0.020	1
3.7	2.000	1	总　和	12.470	11
4.0	0.240	2			

表 4.8　模型系统误差检验方差分析表

来　源	自由度	平方和	均　方	F 值
模型误差	11	8.722	0.793	0.699
纯误差	11	12.470	1.143	
总和	22	21.192	—	

值得注意的是要分清表 4.6 和表 4.8 两个方差分析的差别。表 4.6 检验的是模型的显著性，若 F 大于临界值(显著)，说明线性回归模型对预测 $E[Y|x]$ 有显著作用，但它只能说线性部分是 $E[Y|x]$ 中的主要项，但不排除有其他成份，如平方和或高次项的可能。而表 4.8 检验的是模型的系统误差，若表中的 F 大于临界值，说明确有线性以外的其他成分，意味着模型尚可改进；若表中的 F 未超过临界值，则表明在该检验水平下，未发现要引进线性以外的其他项的依据。

应该指出的是，上述的检验方法是在假定条件 2～4 成立的前提下来检验模型误差的。三个条件中任何一个受到破坏，检验结论的可靠性都会受到影响。因此，模型误差的检验常常要与其他几个条件的检查结合进行。下面讨论条件 3 即方差齐性假定的检查。条件 2 和条件 4 的检查与有无重复观测关系不很密切，将在下一小节中讨论。

2. 方差齐性假定的检查

模型的条件 3 假定各次观测是同方差的，这相当于 Y 的方差是常量。如果误差仅由测量误差构成，那么这一假定相当于说所有测量的精度一致。设在每个 x_i 处重复观测的次数 $n_i>1$，因而每个点处都有反映该点处随机误差方差的信息，这样就能够进行方差齐性假定的检验。

设条件 2 成立，并记 $\mathrm{Var}(y_{ij})=\sigma_i^2$（$i=1$，…，$m$）。要检验的假设是

$$H_0:\sigma_1^2=\cdots=\sigma_m^2;\ H_1:\sigma_i^2\ \text{不全相等} \tag{4.3.9}$$

下面介绍检验假设(4.3.9)的Levine 方法，其理论超出本书的范围。记 $\tilde{y}_i$ 为 y_{i1}，…，y_{in_i} 的样本中位数，定义如下：把它们从小到大排列为 $y_{i(1)}\leqslant\cdots\leqslant y_{i(n_i)}$，

$$\tilde{y}_i=\begin{cases} y_{i(k+1)} & n_i=2k+1 \\ \dfrac{(y_{i(k)}+y_{i(k+1)})}{2} & n_i=2k \end{cases}$$

$$z_{ij}=|y_{ij}-\tilde{y}_i|;\ \bar{z}_{i.}=\frac{1}{n_i}\sum_{j=1}^{n_i}z_{ij};\ \bar{z}_{..}=\sum_{i=1}^{m}\frac{1}{n}\sum_{j=1}^{n_i}z_{ij}$$

Levine 检验的检验统计量为

$$L=\frac{\sum_{i=1}^{m}n_i(\bar{z}_{i.}-\bar{z}_{..})^2/(m-1)}{\sum_{i=1}^{m}\sum_{j=1}^{n_i}(z_{ij}-\bar{z}_{i.})^2/(n-m)} \tag{4.3.10}$$

对于给定的检验水平 α，当 $L\geqslant F_\alpha(m-1,n-m)$时拒绝 H_0，认为各个方差不都相同。注意，该检验不需要正态性假设。

例 4.3.2　检验例4.3.1中不同 X 处 Y 的方差齐性。

解： 不难算得 z_{ij}如表 4.9 所示。

表 4.9　z_{ij}　数　据　表

i	1	2	3	4	5	6	7	8	9	10	11	12	13
z_{i1}	0.25	0.65	0.00	1.00	1.00	0.00	2.20	0.00	0.70	0.00	0.10	0.00	0.00
z_{i2}	0.25	0.65		1.00	1.00	0.00	0.00		0.00		0.10		
z_{i3}						0.60	1.30		0.70				

由此得 $L=0.519\ 5$。取 $\alpha=0.05$，查 F 分布表得$F_\alpha(12,11)=2.787\ 6$。因此，在 0.05 水平下接受方差齐性的假定。

4.3.2　残差诊断

在没有重复观测数据时，主要依靠残差来检查模型的各个假定。如前所述，残差定义为$\hat{e}_i=y_i-\hat{y}_i(i=1,2,\cdots,n)$，即为观察值与拟合值的差，是回归方程未能解释的量。若模型正确，残差就是观测误差的估计。此时，残差具有下列性质：

(1) $E\hat{e}_i = 0, i = 1,\cdots,n$;

(2) $\mathrm{Var}(\hat{e}_i) = \left[1 - \dfrac{1}{n} - \dfrac{(x_i - \overline{x})^2}{S_{xx}}\right]\sigma^2, i = 1,\cdots,n$;

(3) $\mathrm{Cov}(\hat{e}_i,\hat{e}_j) = -\left[\dfrac{1}{n} + \dfrac{(x_i - \overline{x})(x_j - \overline{x})}{S_{xx}}\right]\sigma^2, i \neq j; i,j = 1,\cdots,n$。

由此看出，一般 $\hat{e}_i$（$i=1, \cdots, n$）相互不独立。更进一步，由于残差平方和的自由度为 $n-2$，$\hat{e}_1, \cdots, \hat{e}_n$ 满足两个线性约束条件，从而只有 $n-2$个独立变化的量。尽管如此，当真实模型严重违反线性模型的假定时，还是会在残差中留下各种各样的印记。残差诊断的目的就是寻找残差中表明问题的现象，并尽量给出适当的解释，为改进模型提供有用的信息。与前面有重复观测时的情形不同，当没有重复观测时，利用残差检查模型假定的许多方法不大容易给出简明的理论解释，加之违反模型假定的现象往往相互交叉和混杂，检查犹如切脉，因此把这些方法统称为残差诊断。

在进行诊断时，有时使用**学生化残差**或称为**标准化残差**：

$$r_i = \frac{\hat{e}_i}{s\sqrt{1 - h_{ii}}} \quad i = 1,\cdots,n \tag{4.3.11}$$

其中 $s=\sqrt{S_e^2/(n-2)}$与前面相同，$h_{ii}=\dfrac{1}{n}+\dfrac{(x_i-\overline{x})^2}{S_{xx}}$. 显然，$r_i$ 的均值为0，方差为1。当条件 1～4 满足时并且 n 较大时，$r_1, \cdots, r_n$ 可以近似视为来自于$N(0,1)$的独立样本。

1. 模型误差的诊断

各种各样的残差图是残差诊断的基本工具。利用残差图进行诊断就是要寻找残差中违反模型假定的各种模式。模型系统误差的诊断，主要是看残差图中有无非线性的趋势。常用的残差图有 $x-\hat{e}$图和$\hat{y}-\hat{e}$图。

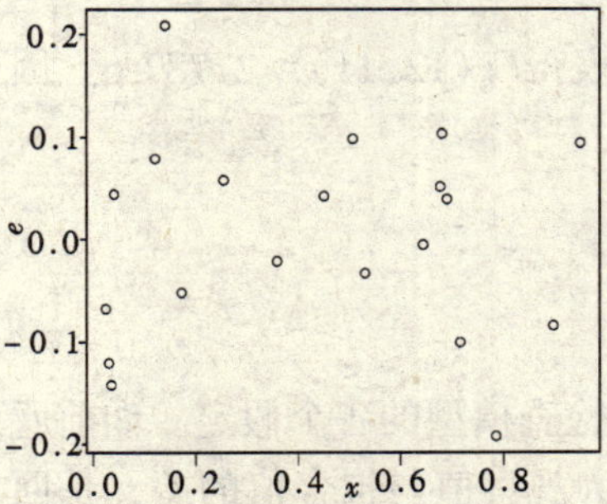

图 4.6 对 X 的残差图：正常的情形

$x-\hat{e}$图(如图 4.6 所示)是在以 X 为横坐标、以残差(或学生化残差)为纵坐标的坐标系中，画出散点$(x_i,\hat{e}_i)(i=1,\cdots,n)$。$\hat{y}-\hat{e}$图则是在 Y 为横坐标、以残差（或学生化残差）为纵坐标的坐标系中，画出散点$(\hat{y}_i,\hat{e}_i)(i=1,\cdots,n)$。两种图的识别方法类似。以 $x-\hat{e}$图为例，残差图的识别方法如下：

(1) 在满足条件 1～3 的情形下，典型特征是：散点构成的点云呈水平带状，带的宽度一致，关于横轴对称，散点杂乱出现（即不呈现前后点之间上下位置的规律性）。如果以学生化残差为纵坐标，绝大部分点应落在 $e=\pm 2$ 两条平行直线之间。

（2）模型有系统误差的症状是点云呈宽度一致的带状，但不水平而是呈现出某种趋势；或者点云带关于横轴不对称。此时，认为模型的条件 1 可能不满足。

图 4.7 给出了两个表明可能存在模型误差的残差图。残差图（a）中的点云呈倒钟形，（b）中的点云呈比较复杂的 S 形，这些都是模型有非线性成分的迹象。

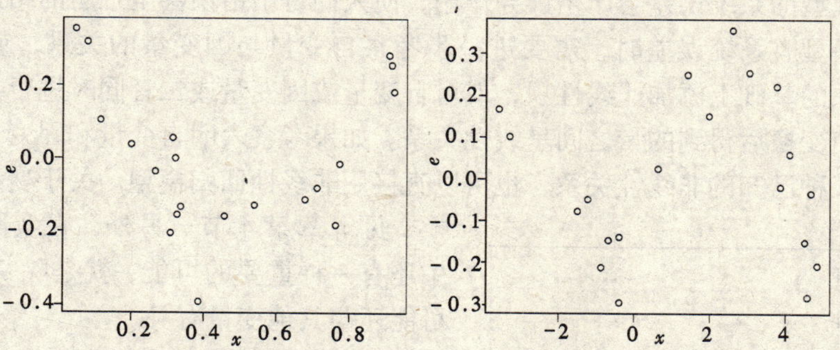

（a）倒钟形点云　（b）S形点云

图 4.7　对 X 的残差图：可能有模型误差的情形

例 4.3.3　有以下一组（X，Y）的观察数据。今用简单线性回归模型拟合得到回归方程为 $\overline{Y}=-0.1567+0.9051x$，如图 4.8 所示。得到的对自变量的残差图如图 4.9 所示。试分析上述模型可能隐含的问题。

X	0.37	0.71	0.40	0.44	0.34	0.55	0.84	0.36	0.80	0.19
Y	0.41	0.68	0.35	0.22	0.26	0.38	0.58	0.22	0.58	−0.06
X	0.16	0.02	0.99	0.94	0.46	0.93	0.39	0.33	0.29	0.10
Y	−0.15	−0.44	0.51	0.64	0.35	0.51	0.36	0.24	0.22	−0.28

解：从数据的散点图（图 4.8）可以看出，自变量和因变量之间的关系有明显的非线性趋势。用简单线性模型拟合后，所得残差图如图 4.9 所示，呈钟形。这表明简单线性模型不足以反映两个变量之间的关系。

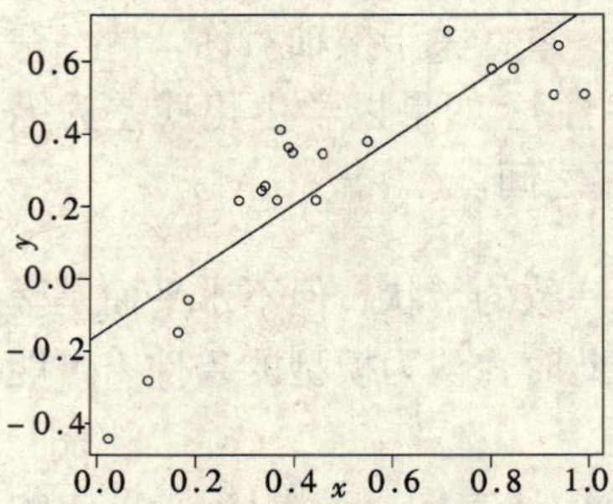

图 4.8 原始数据的散点图和拟合的直线

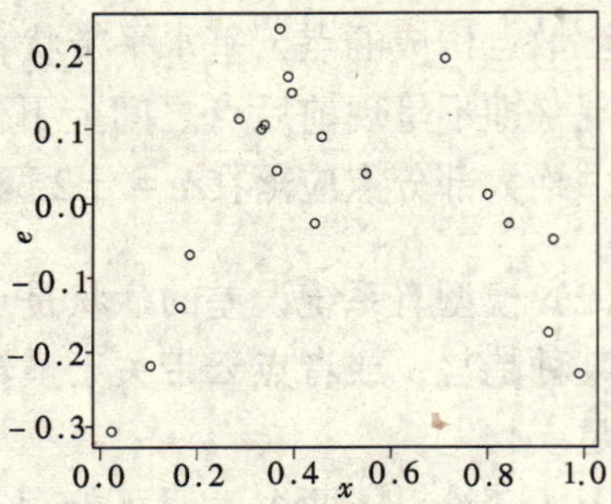

图 4.9 拟合直线模型的残差图

模型的系统误差会产生误导作用，使人们得出错误甚至荒唐的结论。当诊断模型有系统误差时，需要进一步考察自变量与因变量的关系，或在 X 线性项的基础上添加非线性项，或对自变量或因变量或二者同时进行某些变换，使变换后得到的量之间呈线性关系。如果考察表明自变量和因变量之间确有某种已知的非线性关系，也可以直接用非线性回归模型。关于变量的变换，见本章第 4 节。另外，在实际问题中还有一种重要的可能，就是除 X 外 Y 可能还与其他变量有关。

2. 方差齐性的诊断

在条件 3 下，Y 的方差与 x 无关，因此随机误差的变异性与 x 无关。表现在 $x-\hat{e}$图上，方差齐性的反映是点$(x_i, \hat{e}_i)(i=1,\cdots,n)$形成的点云呈带状、沿横轴水平分布，并且带状区域的宽度不随 x 而变化，如图 4.6。否则，如果带状宽度不等，则表明数据不满足方差齐性的假定。图 4.10 是几种典型的方差非齐性的残差图。在这些图中，点云的整体形态呈水平，未表明“模型是线性的”这一假定有问题。但另一方面，残差图(a)呈喇叭状，残差图(b)呈腰鼓状，表明误差的变异性可能与 x 有关。换言之，误差的方差可能随自变量的大小而变化，不是常数。

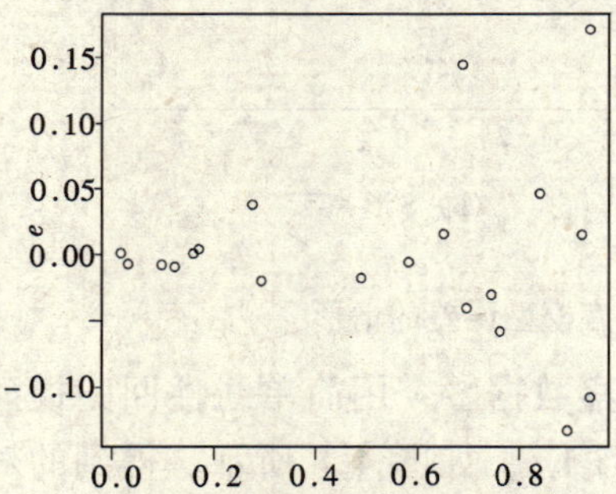

(a) 喇叭状残差图

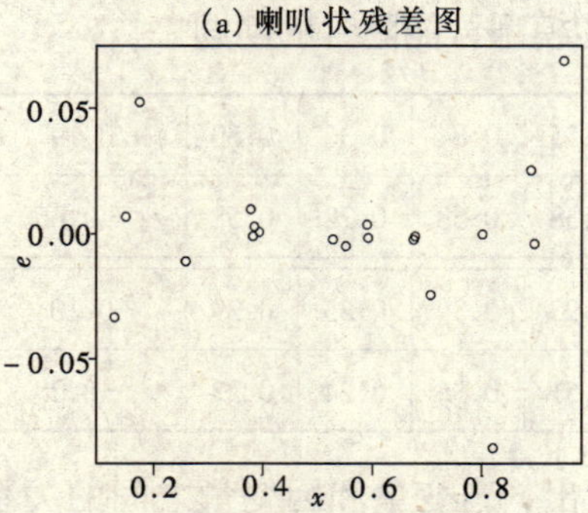

(b) 腰鼓状残差图

图 4.10 对 X 的残差图：可能有方差非齐性的情形

例 4.3.4　某一回归问题的数据如下：

X	0.5	1.0	1.2	1.4	1.7	1.8	2.0	2.3	2.5	2.8	3.0	3.1
Y	4.9	4.4	18.5	2.0	5.3	0.0	9.3	9.1	11.2	23.0	3.3	21.8
X	3.5	3.6	3.8	4.2	4.4	5.1	5.2	5.4	5.5	6.0	6.2	6.3
Y	17.4	1.1	19.0	19.2	25.2	16.1	40.9	50.1	36.7	18.7	71.4	36.3

试拟合 Y 关于 X 的简单线性回归模型，并检查方差齐性假定。

解：经过计算得到回归方程为 $\hat{y}=-5.859+7.340x$。模型显著性检验的 $F=28.19$，相应的 p 值小于 0.001；模型的决定系数为 0.561 7，误差标准差的估计为 $s=11.76$。(x_i,y_i)的散点图和拟合的直线见图 4.11。

残差如下：

序号	1	2	3	4	5	6	7	8
残差	7.09	2.92	15.55	−2.42	−1.32	−7.35	0.48	−1.92
序号	9	10	11	12	13	14	15	16
残差	−1.29	8.31	−12.86	4.91	−2.43	−19.46	−3.03	−5.77
序号	17	18	19	20	21	22	23	24
残差	−1.24	−15.47	8.59	16.33	2.19	−19.48	31.75	−4.08

$x-\hat{e}$残差图如图 4.12。图中散点具有明显的从左至右的开放趋势，表明了方差非齐性的特征。

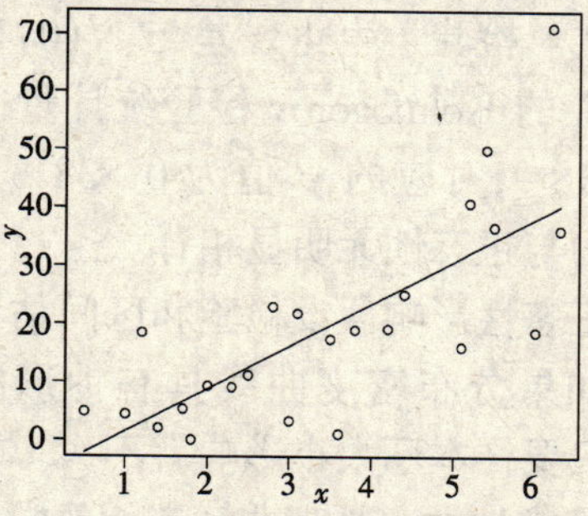

4.11　例 4.3.4 中原始数据散点图和拟合的直线

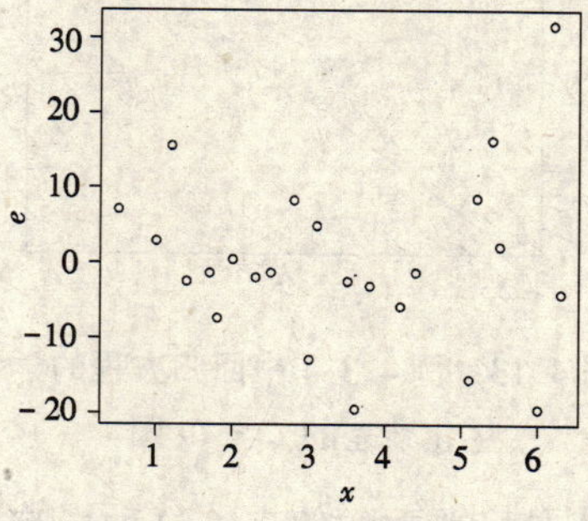

图 4.12　例 4.3.4 中回归方程的残差图

一般说来，方差非齐性对于点预测影响不大，但影响区间估计和区间预测的精度和假设检验的精度。当发现方差非齐性的证据后，需要根据具体的特征采取相应的处理方法。出现方差非齐性的现象可能有几种原因：一是 Y 在不同的 x_i 处的方差依赖于 x_i，比如方差是 x_i 的函数。这种情况下，可以采用加权回归的方法；另一种可能是 Y 与 X 不呈线性关系造成的，此时残差图可能同时出现多种症状。在这种情况下，可以尝试方差稳定化变换。我们将在 4.4 节给出通过变换处理问题的例子。至于加权回归的方法，已超出本书的范围，读者可参阅有关回归分析的专门著作。

3. 正态性假定的诊断

我们已经看到，关于模型的所有统计推断都基于条件 4，即 $e \sim N(0, \sigma^2)$。这一假定成立与否，直接关系到推断的精确程度。

当在每个 x_i 处有足够多的重复观测时，可以对每个 x_i 处的样本分别进行正态性的拟合优度检验。但在回归问题中，这种情况并不多见。因此，可以用学生化残差作为样本，选用第三章中检验标准正态分布的拟合优度检验方法，如 $Q-Q$ 图，χ^2 检验，Kolmogorov 检验等。

例 4.3.5 对例 4.3.4中的正态性进行诊断。

解：计算学生化残差得：

序号	1	2	3	4	5	6	7	8	9	10	11	12
残差	0.66	0.27	1.40	−0.22	−0.12	−0.65	0.04	−0.17	−0.11	0.72	−1.12	0.43
序号	13	14	15	16	17	18	19	20	21	22	23	24
残差	−0.21	−1.69	−0.26	−0.50	−0.11	−1.37	0.76	1.46	0.20	−1.78	2.92	−0.38

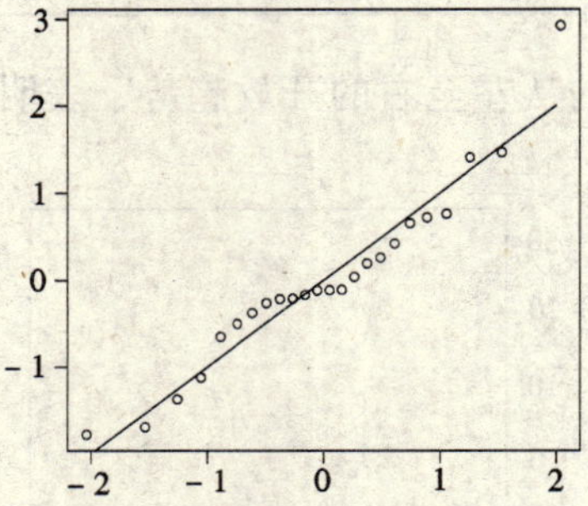

图 4.13 例 4.3.4 中回归方程的学生化残差的 $Q-Q$ 图

学生化残差的 $Q-Q$ 图如图 4.13。图形表明，散点整体上在第一象限的角分线附近，中部似乎拟合不太好，但也没有明显模式。检验学生化残差与 $N(0,1)$ 拟合优良性的 Kolmogorov 检验统计量的值 $D=0.618\,9$，对应的 p 值为 0.838 3，由此可认为与正态性无明显相背。

非正态性影响假设检验和区间估计的精度。如果分布密度曲线具有钟形的形状，则只要样本不太小影响就不大。但如果分布呈严重的偏态，这种影响可能会是根本性的。处理非正态性的常用方法之一是对变量做适当的变换。

4. 独立性假定的诊断

在许多实际问题中，独立性的假设有其实际背景。比如，独立性意味着测量的顺序仅仅是由于测量方面或其他需要而设定的，改变这些顺序不会对理解变量之间的关系造成影响。但也有时独立性受到破坏。由于不独立的情况比较复杂，独立性的诊断一般比较困难。应该充分利用实际背景来判断各次测量之间的独立性。

常见的一种非独立的情形是序列相关。当测量沿时间进行，测量值之间按时间(或次序)有前后依赖关系时，称这些测量是**序列相关**的。当观测的时间次序已知时，作为时间序列数据(即观测点是沿时间轴取得的)，可以构造残差对时间的图来观察残差是否序列相关。例如，如果存在正序列相关，在时间上相近的残差倾向于差不多；负序列相关表明相近的残差是不同的。这种正、负序列相关的示意图分别如图4.14(a)和图 4.14(b)，图 4.14(c)为无明显序列相关性的残差图。

可以用 Durbin－Watson 统计量检验序列相关性。设 $\hat{e}_i$ 为在时刻 i 的残差，n 为时间点的总数，那么检验是否有一阶序列相关(原假设为“所有值之间不相关”，对立假设为“现在的值只与前一时刻的值相关，并且相关系数为常数”)的Durbin－Watson 检验统计量为

$$d=\frac{\sum_{i=1}^{n-1}(\hat{e}_{i+1}-\hat{e}_i)^2}{\sum_{i=1}^{n}\hat{e}_i^2} \tag{4.3.12}$$

构造这个统计量的思路如下：如果存在一阶正序列相关，相近的残差应相近，它们差的平方也应比残差不相关时小一些；同样的，如果残差间存在负相关，残差间差的平方应比无相关时大。如果序列不相关，Durbin－Watson 检验统计量 d 的值接近于 2.0，正序列相关时，$d<2.0$，负序列相关时，$d>2.0$。当 $d<d_{L\alpha}$ 或 $d>4-d_{L\alpha}$ 时认为有序列相关。J.Durbin 和 G.S.Watson (1951) 年做出了 d 的临界值表。应用中当 d 小于 1.5（或大于 2.5）时，人们就怀疑存在正(负)相关。

例 4.3.6　下面是某种个人电脑的月销售额。

(单位：百万美元)

月　份	1	2	3	4	5	6	7	8	9	10	11	12	13	14
销售额	6.0	6.3	6.1	6.8	7.5	8.0	8.1	8.5	9.0	8.7	7.9	8.2	8.4	9.0

(1) 画出数据图，根据线性回归方程画出残差对时间的图。从图中看得出序列相关吗？

(2) 计算 Durbin－Watson 统计量的值。它是否证明了从图中看到的情况？

解　(1)以 X 记时间，Y 记销售量，画出样本散点图如图 4.15 (a) 所示；可以算得回归方程为 $\hat{Y}=6.1330+0.2156x$，计算出残差并画出残差

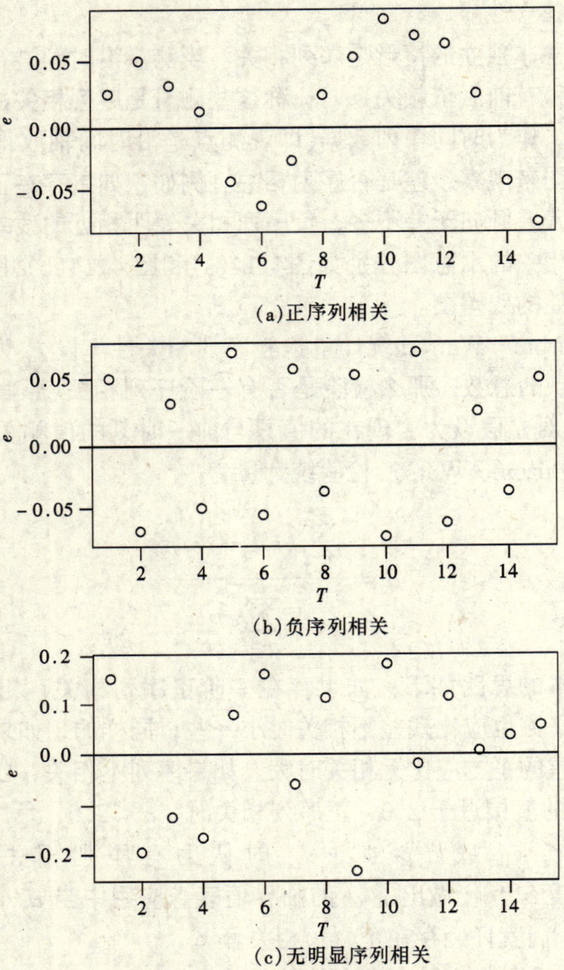

(a)正序列相关

(b)负序列相关

(c)无明显序列相关

图 4.14　正、负和无明显序列相关的残差图

图如图 4.15 (b)。这些图清楚地表明数据中存在序列相关。

(2) 利用式(4.3.12)可以算出,Durbin-Watson 统计量的值 $d=0.625$,因为这个值比 1.5 小得多,我们认为存在一阶正序列相关,残差图也表明了这一点。

随着科学研究和工程技术的发展,近年来相关数据的分析日益发展。比如在计量经济、生物医学等的研究中由于某些测量值来自于同一群体或个体而具有相关性。对于这样的数据,重要的是尽量收集关于相关性的信息。如果能够找到$(e_1,\cdots,e_n)$的协方差阵的结构,可以采用加权回归的方法。对于序列相关数据,可以采用时间序列分析的方法建立相应的模型,参见有关时间序列分析的书籍。

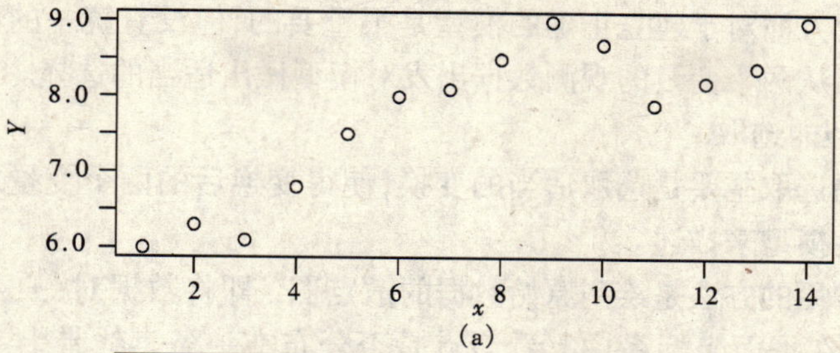

(a)

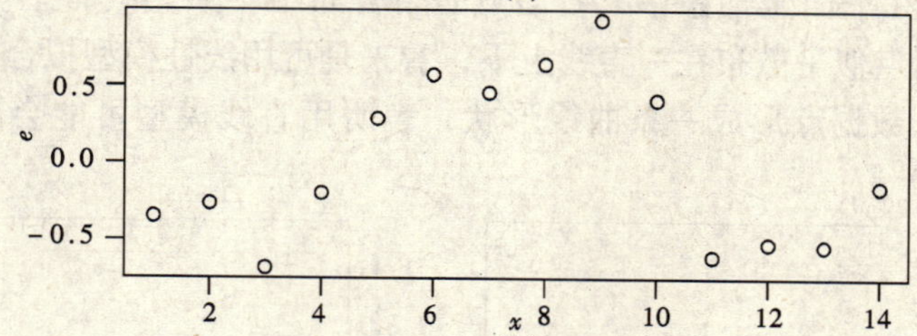

(b)

图 4.15　时间 - 销售量散点图与线性回归的残差图

4.4　*模型的选取与改进

前面讨论了线性模型的诊断,宗旨在于发现建模中的问题。本节讨论模型的选取与改进,着眼于解决问题,目的是通过选取适当的变换,使得变换后的两个变量之间的关系接近于简单线性模型并尽量满足条件 1～4。

当面对一组实际数据,首先遇到的问题是模型的选择问题。在对数据分析之前,对选用线性模型是否合适,应该有一个大概或初步的判断。判断的依据至少有:

(1)问题的实际背景,包括物理的、化学的等科学理论,这些理论可能提供变量之间关系的信息;

(2)在实际问题中所关心的变量的性质,如有意义的取值范围、量纲等,这些性质有助于理解变量的变化情况、变化的含义等;

(3)数据收集的方式、方法和过程等,包括测量的方式、仪器的精度、测量环境的稳定性、数据整理的方式等,了解这些信息对于理解观测值的独立性、同方差等分布性质以及变量之间的关系等方面是有益的;

(4)数据所表现出来的变量之间的关系模式。

前三个方面对于建立正确的模型是很重要的,但没有统一的程式。本节只考虑如何从两个变量的观测数据出发对模型做出适当的选择。

1. 模型的选取

模型的选取主要是选取适当的变换,使得变换后的两个变量之间的关系能够用线性模型来描述。

一个常用的方法是绘制原始数据的散点图,即将数据对(x_i, y_i) $(i=1,\cdots,n)$绘制在平面坐标系中,看诸点是否分布在一条直线带上。如图4.16(a)所示,诸点似乎散布在一直线上下,看来是可用线性模型拟合的。而在图4.16(b)中,数据点形成一条曲线形状,表明用直线模型可能会出现模型误差。

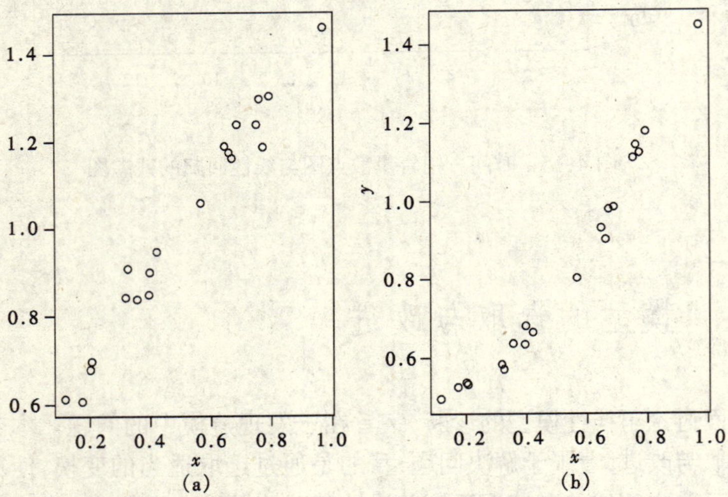

图4.16　数据散点图

当数据点不形成直线带状时,一种可能的情况是在模型中增加X的高次项,比如考虑模型$Y=a_0+a_1X+a_2X^2+e$。实际上例4.3.3中的数据用该模型拟合后,残差图的趋势消失,表明模型的系统部分不再有重要的误差。由于这类模型的拟合超出本书的范围,我们只讨论通过对两个变量的单独的变换$V=h(Y)$和$U=g(X)$,把"曲线"拉直,使得U和V之间成为线性关系的情形。

常用的变换有对数变换,指数变换,幂函数变换等等。以下是常见的可以化为简单线性回归问题的曲线关系[9]。

(1) 指数模型:$y=ae^{bx}$,取$v=\ln y$,$u=x$。

(2) 幂函数模型：$y=ax^b$，取 $v=\ln y$，$u=\ln x$。

(3) 指数模型：$y=ae^{b/x}$，取 $v=\ln y$，$u=1/x$。

(4) 双曲线模型：$1/y=a+b/x$ 取 $v=1/y$，$u=1/x$。

(5) 对数模型：$y=a+b\ln x$，取 $v=y$，$u=\ln x$。

(6) S 型曲线：$y=1/(a+be^{-x})$，取 $v=1/y$，$u=e^{-x}$。

这些曲线的图形如图 4.17 所示。

类似的关系可写出很多。选择变换时，首先要看曲线的增减性，其次，要注意变化的速率和曲线的弯曲方向（凹凸性），同时还要注意变量的取值范围。以下经验是有益的：

(1) 假如散点图显示因变量是随自变量增加而增加，但增加的幅度是逐渐减少的；且在曲线周围的变差大致是常数，则尝试对自变量 X 作平方根变换、自然对数变换或倒数变换。

(2) 假如散点图显示因变量是随自变量增加而增加，但增加的幅度是逐渐增加的；且在曲线周围的变差大致是常数，考虑在模型中加入 X^2 项。如果曲线周围的变差增大，可以试用 X 的指数变换或对 Y 的平方根变换。

(3) 假如散点图显示因变量是随自变量增加到最大值后下降，且在曲线周围的变差大致是常数，在模型中加入 X^2 项。

(4) 假如散点图显示因变量是随自变量增加而增加，但增加的幅度是逐渐减少的；且在曲线周围的变差随着因变量 Y 的增加而减小，则用 Y^2 作为因变量。

(5) 假如散点图显示因变量是随自变量增加而增加，但增加的幅度是逐渐增加的；且在曲线周围的变差随着被预测变量 Y 的增加而增加的，则用 $\ln(Y)$作为因变量。有时候也用 $\ln(X)$作为自变量。注意原始变量的自然对数增量十分接近原始变量相应的百分比变化，因此，变换后的变量的斜率可以用百分比的变化很好地解释。

选定变换以后，对数据进行变换，即从 y_i 计算出 $v_i=h(y_i)$，从 x_i 计算出 $u_i=g(x_i)$。要选得合适、快速，就要熟悉许多函数图形，以便比较挑选。但选得合适与否，还要经过初步的核实。最简单的办法是画出(u_i,v_i) $(i=1,\cdots,n)$的散点图，看诸点是否分布在一条直线带上。如果不呈直线，就需要重新选择。反复试验不同的变换是正常的，因为散点图至多只表现曲线中的一段，仅靠一段含有误差的散点带要准确判断出曲线的形式一般是不容易的。比如很难断定图4.16(b) 中的关系是指数函数还是幂函数。

经过初步核实后，下一步可以建立 V 关于 U 的线性回归模型了。得到

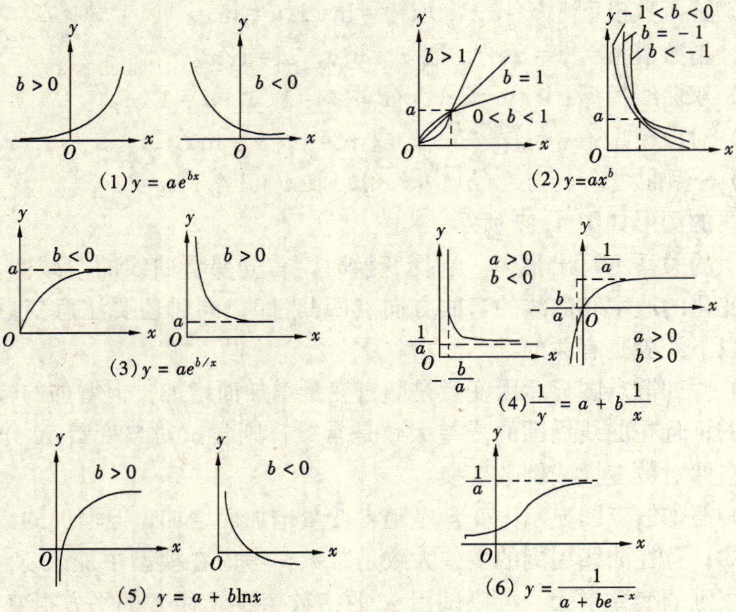

图 4.17　典型曲线

回归模型后，如果经诊断仍然认为有模型误差，那么就需要再进行一些调整，进一步改进。

例 4.4.1　图 4.16(b) 中20 个点的数据如下：

X	0.118	0.174	0.202	0.207	0.319	0.326	0.356	0.395	0.398	0.421
Y	0.498	0.528	0.539	0.534	0.584	0.572	0.636	0.634	0.680	0.664
X	0.567	0.646	0.661	0.671	0.688	0.752	0.761	0.773	0.794	0.971
Y	0.803	0.931	0.901	0.979	0.985	1.111	1.144	1.124	1.178	1.448

试对自变量或因变量做变换，使得变换以后的两个变量有近似线性关系。

解： 由图4.16(b) 知,自变量在[0,1]内取值，单增、下凸，且在数据范围内，随 X 增长 Y 的增长速度加大(曲线变陡),呈幂函数或指数增长趋势。比较符合上述经验中的第 2 条。试用 $U_1 = X^2$ 和 $U_2 = \mathrm{e}^X$。计算 $u_{1i} = x_i^2$ 和 $u_{2i} = \mathrm{e}^{x_i}$ （$i = 1$, …, n），并画出相应的散点图如图 4.18。从图上看，散点均明显呈直线带状，二者区别不大。分别拟合线性模型，得到。

$U_1 - Y$ 模型：$\hat{Y} = 0.486\ 4 + 1.059\ 3u_1$，$R^2 = 0.993\ 1$，显著性检验统计量 $F = 2\ 598$，误差标准差估计 $s = 0.023\ 59$；

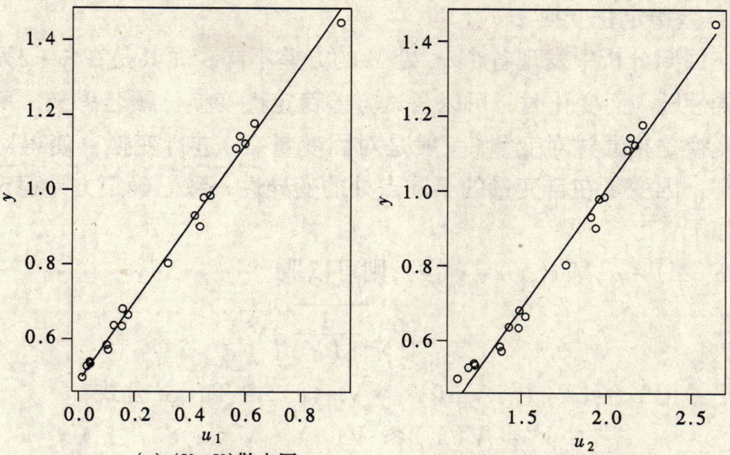

(a) (U_1, Y) 散点图　　(b) (U_2, Y) 散点图

图 4.18　例 4.4.1 散点图

U_2-Y 模型：$\hat{Y}=-0.285\,1+0.646\,8u_2$，$R^2=0.983\,8$，显著性检验统计量 $F=1\,094$，误差标准差估计 $s=0.036\,17$；

从上述结果看，两个拟合都相当不错，拟合直线见图 4.18。为了进一步比较起见，画出两个模型的 $\hat{y}-\hat{e}$ 残差图，如图 4.19 所示。从中看出，U_2-Y 模型的残差图有钟形形状，表明模型有一定误差，因此，宜选用 X 的平方变换。从图 4.18 中拟合直线和数据点的位置也可以得到同样的印象。

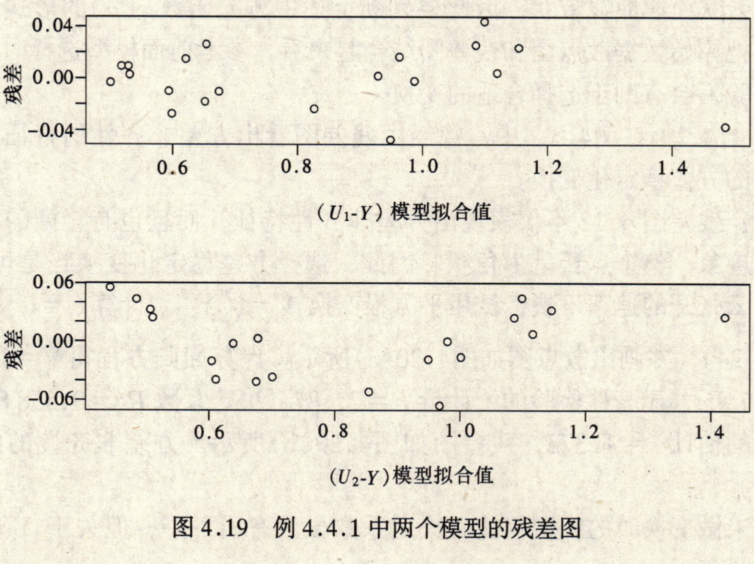

$(U_1\text{-}Y)$ 模型拟合值

$(U_2\text{-}Y)$ 模型拟合值

图 4.19　例 4.4.1 中两个模型的残差图

2. 方差稳定化变换

当在回归分析中发现各个 x_i 处 Y 的方差不同，尤其是在 $\hat{y}-\hat{e}$残差图中发现变异性随 $\hat{y}$而变化时，可以尝试方差稳定性变换。顾名思义，所谓方差稳定性变换是指通过对变量(一般是对因变量 Y)进行变换，使得对于新的变量而言，因变量在自变量的不同点处的变异性一致。确定方差稳定化变换的原则如下：

设 $E(Y)=\mu, \mathrm{Var}(Y)=g(\mu)$,则可以取

$$V=\int\sqrt{\frac{1}{g(Y)}}\mathrm{d}Y \tag{4.4.1}$$

原因如下：记 $Y=\mu+e$,则 $\mathrm{Var}(Y)=\mathrm{Var}(e)$,由 Taylor 公式,

$$V=V(Y)\approx V(\mu)+V'(\mu)e$$

从而,

$$\mathrm{Var}(V)\approx[V'(\mu)]^2\mathrm{Var}(e)=\left[\sqrt{\frac{1}{g(\mu)}}\right]^2\mathrm{Var}(Y)=1$$

特别，从式(4.4.1)得到几种常见的变换如下：

a. 当 $g(\mu)\propto\mu$ 时,取 $V=\sqrt{Y}$;

b. 当 $g(\mu)\propto\mu^2$ 时,取 $V=\ln Y$;

c. 当 $g(\mu)\propto\mu^4$ 时,取 $V=1/Y$;

d. 当 $g(\mu)\propto 1/\mu^2$ 时,取 $V=Y^2$。

与模型选择时的变换不同的是，当有方差非齐性的表现时，残差图一般表现为云状而非曲线带状，因此要判断上述中方差函数$g(\mu)$的形式更困难一些。把原始数据散点图和残差图结合起来看，参考前面模型选择时给出的几条经验，会有助于选择合适的变换。

例 4.4.2 在例4.3.4中，曾经由残差图看出方差非齐性的特征。试挑选适当的方差稳定化变换。

解：残差图 4.12 不仅表现出方差非齐性特征，而且也有轻微的模型非线性的迹象，整个点云呈牛角状。因此，选择方差稳定化变换当是可行的。鉴于点云张开的速率不快，试用平方根变换 $V=\sqrt{Y}$ 。计算$v_i=\sqrt{y_i}$（$i=1, \cdots, 24$)，并画出散点图如图4.20(a)所示。计算回归方程得 $\hat{V}=1.003\,2+0.851\,8x$，显著性检验的统计量 $F=27.87$，决定系数 $R^2=0.558\,8$，误差标准差的估计 $s=1.373$，残差图如图4.20(b)所示。方差非齐性的症状消失。

与未做变换时的模型相比，决定系数虽然有所下降，但关于 Y 的预测

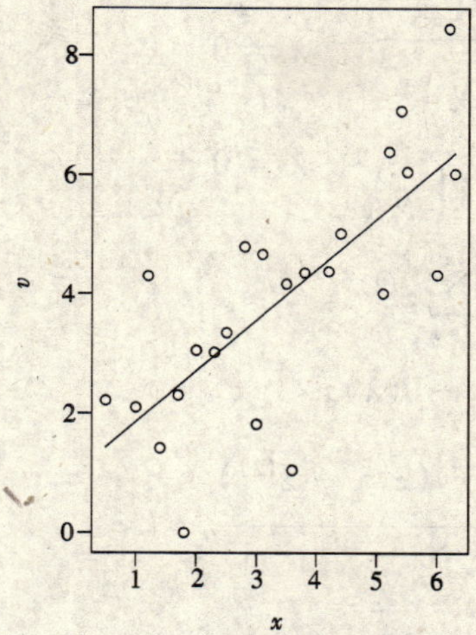

(a) 变换后的散点图

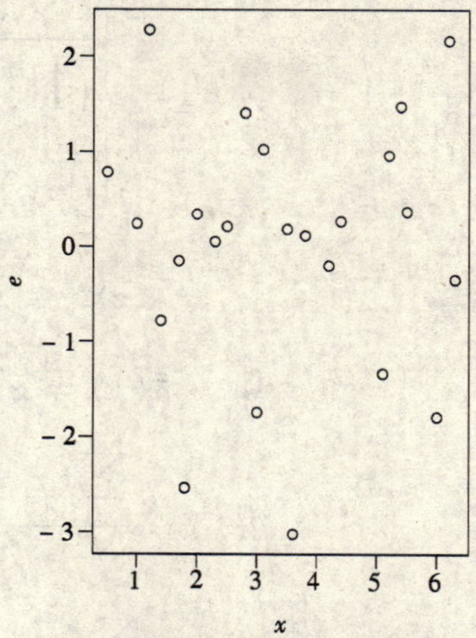

(b) 变换后回归方程的残差图

图 4.20　例 4.4.2 图

误差的平方和由原来的 3 042.547 下降到 2 857.774（对于变换后的模型，先由回归方程 $\hat{V}=1.003\ 2+0.851\ 8x$ 计算 x_i 处 V 的预测值 $\hat{v}_i=1.003\ 2+0.851\ 8x_i$，再计算相应的 $\hat{y}_i=\hat{v}_i^2$，然后算出 $\sum_{i=1}^{24}(y_i-\tilde{y}_i)^2$，可见总体来说在数据点上的预测精度有所提高。

3. 正态化变换

正态化变换的目的是使得经过变换以后的变量的分布尽量与正态分布接近。我们曾经谈到，当变量分布的概率密度具有与正态分布密度类似的形状时，利用正态分布进行的统计推断精度损失不大。因此，正态化变换是一种常用的手段，而不只是用在回归分析中。

常用的正态化变换是 Box－Cox 变换：

$$V = Y^{(\lambda)} = \begin{cases} \dfrac{Y^{\lambda}-1}{\lambda} & \lambda \neq 0 \\ \ln Y & \lambda = 0 \end{cases} \tag{4.4.2}$$

其中 λ 为待定变换参数，在回归问题中，选取 λ 的值，使得对于变换后的 $v_i=y_i^{(\lambda)}$ 满足

$$v_i = \alpha + \beta x_i + e_i \quad i = 1,\cdots,n; e_1,\cdots,e_n \quad \text{i.i.d.} \sim N(0,\sigma^2) \tag{4.4.3}$$

近似成立。λ 的确定方法如下：记

$$z_i^{(\lambda)} = \begin{cases} \dfrac{y_i^{(\lambda)}}{\left(\prod_{j=1}^n y_j\right)^{\frac{\lambda-1}{n}}} & \lambda \neq 0 \\ (\ln y_i)\left(\prod\limits_{j=1}^n y_j\right)^{\frac{1}{n}} & \lambda = 0 \end{cases}$$

$$\overline{z}^{(\lambda)} = \frac{1}{n}\sum_{i=1}^n z_i^{(\lambda)}$$

$$\hat{\alpha}(\lambda) = \overline{z}^{(\lambda)} - \hat{\beta}(\lambda)\overline{x}$$

$$\hat{\beta}(\lambda) = \frac{\sum\limits_{i=1}^n (x_i - \overline{x})(z_i^{(\lambda)} - \overline{z}^{(\lambda)})}{S_{xx}}$$

$$SS(\lambda) = \sum_{i=1}^n (z_i^{(\lambda)} - \hat{\alpha}(\lambda) - \hat{\beta}(\lambda)x_i)^2$$

取 λ 为 $SS(\lambda)$的极小点。

这个取法的解释如下。把 λ，α，β，σ^2 一起视为参数，由式(4.4.3)知似然函数为

$$\begin{aligned} L(\lambda,\alpha,\beta,\sigma^2) &= \prod_{i=1}^n \frac{1}{\sqrt{2\pi\sigma}}\exp\left[-\frac{1}{2\sigma^2}(y_i^{(\lambda)} - \alpha - \beta x_i)^2\right]J \\ &= \frac{1}{(\sqrt{2\pi\sigma})^n}\exp\left[-\frac{1}{2\sigma^2}\sum_{i=1}^n (y_i^{(\lambda)} - \alpha - \beta x_i)^2\right]J \end{aligned} \tag{4.4.4}$$

其中 J 为变换的 Jacobi 行列式

$$J = \prod_{i=1}^n \left|\frac{\mathrm{d}y_i^{(\lambda)}}{\mathrm{d}y_i}\right| = \prod_{i=1}^n y_i^{\lambda-1}$$

由于 J 与α，β，σ^2 无关，由式(4.4.4)易知它们的极大似然估计由

$$\tilde{\alpha}(\lambda) = \overline{y}^{(\lambda)} - \tilde{\beta}(\lambda)\overline{x}$$

$$\tilde{\beta}(\lambda) = \frac{\sum\limits_{i=1}^n (x_i - \overline{x})(y_i^{(\lambda)} - \overline{y}^{(\lambda)})}{S_{xx}}$$

$$\tilde{\sigma}^2(\lambda) = \frac{1}{n}\sum_{i=1}^n (y_i^{(\lambda)} - \tilde{\alpha}(\lambda) - \tilde{\beta}(\lambda)x_i)^2$$

给出。把它们代入式(4.4.4)得

$$\begin{aligned} L_{\max}(\lambda) &= L(\lambda,\tilde{\alpha}(\lambda),\tilde{\beta}(\lambda),\tilde{\sigma}^2(\lambda)) \\ &= (2\pi e)^{-\frac{n}{2}}J(\tilde{\sigma}^2(\lambda))^{-\frac{n}{2}} \end{aligned} \tag{4.4.5}$$

λ 的极大似然估计应极大化 $L_{\max}(\lambda)$，这显然等价于极小化 $\tilde{\sigma}^2(\lambda)/J^{2/n}$，此即 $SS(\lambda)$.

例 4.4.3　对例4.3.4 中的因变量进行 Box－Cox 变换。

解：在例 4.4.2 中，曾经通过平方根变换消除了方差非齐性。下面应用 Box－Cox 变换。在 λ 的范围$[-0.25,1.25]$内直接按式(4.4.5)计算 $\ln L_{\max}(\lambda)$的值，求其极大值点，得到 $\lambda=0.477$。这与平方根变换相差无几。$\ln L_{\max}(\lambda)$的图像见图 4.21。

用变换 $V=Y^{0.477}$，拟合线性模型得回归方程为 $\hat{V}=1.0409+0.7640x$，模型的预测误差平方和为 2 858.733，与平方根变换的预测误差平方和基本一致，该模型的学生化残差的 Kolmogorov 检验统计量的值为 0.769 1，p 值为 0.594 7。

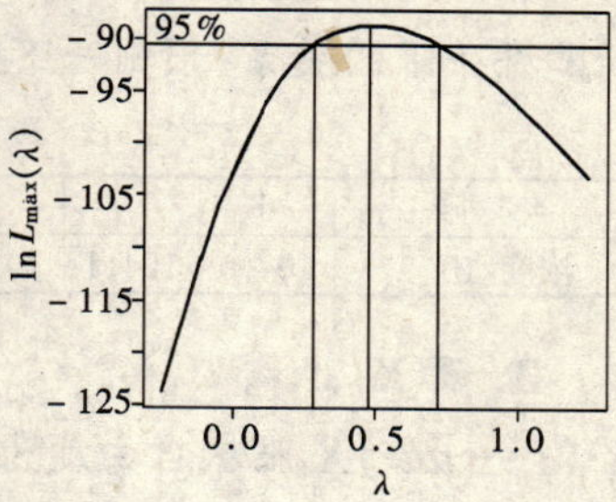

图 4.21　$\ln L_{\max}(\lambda)$ 的图像

本节讨论了如何针对诊断出的问题采取一些措施，以求在经过适当的处理后，能够通过简单线性模型的方法建立因变量和自变量之间的关系。这里给出的讨论只是初步的。应该指出，在分析实际数据的过程中，往往多种情况一同出现，有时，也会出现一种问题掩盖另一种问题的情况。建模的过程是理解变量关系的过程，一般需要经过反复的推敲和细致的考察。有兴趣的读者可以参考有关的专著。

习题 4.1

1. 设(X,Y)有联合概率密度

$$f_{XY}(x,y)=\begin{cases}2 & 0\leqslant x<y<1\\ 0 & \text{其他}\end{cases}$$

若定义 $\mathrm{Var}(Y|x)=E(Y^2|x)-[E(Y|x)]^2$，试求 $\mathrm{Var}(Y|x)$，并求 Y 对 X 的回归函数。

2. 假定你对自由落体运动进行测量，自变量为降落时间，因变量为降落高程。设高程测量有随机误差，在 n 个时间点测得高程得到数据(t_i,y_i) $(i=1,\cdots,n)$。你是否能够得到自由落体运动的规律？

3. 产品的平均寿命与产品所承载的应力有关。设在某项寿命试验中，寿

命 X 服从均值为 λ 的指数分布，以温度为应力，由 Arrhenius 方程有 $\lambda = \Lambda e^{\frac{B}{T}}$，其中 Λ 为常数，B 为与激活能有关的参数，T 为绝对温度。试建立寿命对于绝对温度的回归模型。

习题 4.2

1. 威士忌经贮存颜色变深，味道更鲜美。下表给出了威士忌酒的贮存年限及相应的浓度。试绘出原始数据散点图和拟合的直线。给出威士忌酒浓度和贮存年限的关系，预测一下贮存 9 年威士忌的浓度是什么？

威士忌酒贮存年限与浓度

年　限	0	0.5	1	2	3	4	5	6	7	8
浓度/10^{-6}	104.6	104.1	104.4	105.0	106.0	106.8	107.7	108.7	110.6	112.1

2. 设 $X_1, X_2, \cdots, X_n$ i.i.d.，且 $X_1 \sim N(0, \sigma^2)$. $\boldsymbol{u} \in R^n$，$\boldsymbol{u}^\tau \boldsymbol{u} = 1$，证明：$\boldsymbol{X}^\tau(I_n - \boldsymbol{u}\boldsymbol{u}^\tau)X$ 服从自由度为 $n-1$ 的 χ^2 分布，其中 $\boldsymbol{X}^\tau = (X_1, X_2, \cdots, X_n)$，$I_n$ 是 n 阶单位阵。

3. 考虑模型：$Y_i = \mu + \varepsilon_i (i = 1, 2, \cdots, n)$. $\{\varepsilon_i, i = 1, \cdots, n\}$ i.i.d.，Y_i 为观察值．试求 μ 的最小二乘估计。

4. 令

$$\boldsymbol{Y}^\tau = (Y_1, Y_2, \cdots, Y_n)$$

$$\boldsymbol{X}^\tau = \begin{pmatrix} 1, & 1, & \cdots, & 1 \\ x_1, & x_2, & \cdots, & x_n \end{pmatrix}^\tau$$

$$\boldsymbol{\beta}^\tau = (a, b)$$

$$\mathbf{e}^\tau = (e_1, e_2, \cdots, e_n)$$

则

(1) $\mathrm{rank}(X) = 2$ 的充要条件是 $\boldsymbol{x} = (x_1, \cdots, x_n)\tau$ 与 $(1, \cdots, 1)^\tau$ 线性无关．以下假设 $\mathrm{rank}(X) = 2$。

(2) 式(4.2.2)描述的线性模型表示为

$$\boldsymbol{Y} = X\boldsymbol{\beta} + \boldsymbol{e};\ \boldsymbol{e} \sim N_n(0, \sigma^2 I_n)$$

(3) $\boldsymbol{\beta} = (a, b)^\tau$ 的最小二乘估计 $\hat{\boldsymbol{\beta}} = (\hat{a}, \hat{b})^\tau$ 使下式达到极小。

$$\| \boldsymbol{Y} - X\hat{\boldsymbol{\beta}} \| = \min_{\beta} \| \boldsymbol{Y} - X\boldsymbol{\beta} \|$$

(4) 正规方程为 $(X^\tau X)\hat{\boldsymbol{\beta}} = X^\tau \boldsymbol{Y}$.

(5) 最小二乘估计为 $\hat{\boldsymbol{\beta}} = (X^{\tau}X)^{-1}X^{\tau}\boldsymbol{Y}$.

(6) $I_n - X(X^{\tau}X)^{-1}X^{\tau}, X(X^{\tau}X)^{-1}X^{\tau}$ 为幂等阵,即

$$(I_n - X(X^{\tau}X)^{-1}X^{\tau})^2 = I_n - X(X^{\tau}X)^{-1}X^{\tau}$$

$$[X(X^{\tau}X)^{-1}X^{\tau}]^2 = X(X^{\tau}X)^{-1}X^{\tau}$$

(7)

$$n\hat{\sigma}^2 = \boldsymbol{Y}^{\tau}(I - X(X^{\tau}X)^{-1}X^{\tau})\boldsymbol{Y}$$

5. 在天文学中,Hubble 定律说“一行星远离地球的速度和与地球间的距离间有线性关系”。下表给出了 11 个不同行星测量的距离 - 速度值,绘出散点图并求出二者间的线性关系，以距离做 X 变量。

星　座	距　离 /(1×10^6 光年)	速度 /($\mathrm{km\cdot s^{-1}}$)	星　座	距　离 /(1×10^6 光年)	速度 /($\mathrm{km\cdot s^{-1}}$)
室女座	22	1 207	Corona Borealis	390	21 561
飞马座	68	3 862	双子座	405	23 170
英仙座	108	5 149	牧夫座	685	39 421
Coma Berenices	137	7 562	小熊座	700	41 834
大熊座	255	14 964	长蛇座	1 100	61 142
狮子座	315	19 308			

6. 对第 1 题的结果作显著性检验，并对贮存 9 年后的浓度进行预测。

7. 下面数据是 18 名 5～8 岁儿童的体重和体积。

体　重 / kg	体　积 /$\mathrm{dm^3}$	体　重 / kg	体　积 /$\mathrm{dm^3}$	体　重 / kg	体　积 /$\mathrm{dm^3}$	体　重 / kg	体　积 /$\mathrm{dm^3}$
17.21	16.7	15.8	15.2	15.0	14.5	16.5	15.9
10.5	10.4	15.1	14.8	16.0	15.8	15.1	15.1
13.8	13.5	12.1	11.9	17.8	17.6	15.1	14.5
11.9	11.6	18.4	18.3	15.7	15.7		
10.4	10.2	17.1	16.7	16.7	16.6		

(1) 找出儿童的平均体积和体重间的关系。

(2) 给出置信度为 90% 的 14 kg 的儿童平均体积的置信区间。

(3) 给出置信度为 90% 的 14 kg 重的儿童的体积的预测区间。

(4) 想想该题意义所在。

8. 若假设式(4.2.3)中的(4)不成立时，定理 4.2.1 中哪些结论还成立?

习题 4.3

1. 对习题 4.2 中的第 1 题的结果做残差分析。

2. 产品颜色除臭过程的温度效应，有下面试验数据：

温度 X	460	450	440	430	420	410	450	440
颜色 Y	0.30	0.30	0.40	0.40	0.60	0.50	0.50	0.60
温度 X	430	420	410	400	420	410	400	
颜色 Y	0.60	0.60	0.70	0.60	0.60	0.60	0.60	

(1) 拟合模型 $Y=\beta_0+\beta_1 X+\varepsilon$；

(2) 检验模型是否合适；

(3) 给出置信度为 95%，求在 $X=x_0$ 处 Y 的均值的置信区间和 Y 取值的预测区间.

3. 一位种群生态学家想确定帽贝的大小与遍布密度的关系，他在 5 种不同密度：每平方米 300、500、700、900、1 100 个个体的条件下养殖帽贝，生长 5 年后，从每个密度组中随机选取 4 个并测量其最大长度（单位：mm)，观测数据见下表[12]。

密度/（个体·m^{-2}）	长　度/mm				密度/（个体·m^{-2}）	长　度/mm			
300	66	65	63	64	900	51	54	53	53
500	63	61	60	58	1100	46	48	50	47
700	55	56	57	58					

(1) 拟合直线模型，并给出密度为 1 000 时帽贝长度的 95% 的预测区间；

(2) 进行模型检查；

(3) 检验方差齐性；

(4) 利用残差诊断正态性。

4. 一家制造商要检验一台用于纤维检验的磨损检测仪的研磨效果。研磨时机器有 6 种转速：100，120，140，160，180 和 200 r/min。剪裁了 48 块同样质地的 5 in（1 in＝2.54 cm）见方的纤维织品，在每种转速下随机指定 8 块进行研磨，每块研磨 3 min，并记录下每一块织品的磨损量，数据如下：

转速（r/min）	磨	损	量					
100	23.0	23.5	24.4	25.2	25.6	26.1	24.8	25.6
120	26.7	26.1	25.8	26.3	27.2	27.9	28.3	27.4
140	28.0	28.4	27.0	28.8	29.8	29.4	28.7	29.3
160	32.7	32.1	31.9	33.0	33.5	33.7	34.0	32.5
180	43.1	41.7	42.4	42.1	43.5	43.8	44.2	43.6
200	54.2	43.7	53.1	53.8	55.6	55.9	54.7	54.5

（1）拟合磨损量对于转速的直线模型；

（2）画出残差图，从残差图你认为直线模型合适吗？

（3）仔细观察残差图，数据中有什么特殊的现象吗？

（4）如果去掉 200 r/min 一组中的 43.7，再重新拟合，结果如何？

5. 一个制药公司考察剂量与效用的关系，把 15 个注入病毒的试管在 30℃ 下培养了 5 天，3 组试管随机地分配给 5 个不同的待测剂量 2、4、8、16 和 32 mg，每个试管只注入一剂，并得到其响应（药物对培养病毒的作用强度），数据如下：

剂　量 / mg	响	应		剂　量 / mg	响	应	
2	5	7	3	16	20	21	19
4	10	12	14	32	23	24	29
8	15	17	18				

（1）拟合响关于剂量的回归直线模型；

（2）画出残差图，并进行诊断；

（3）用剂量的自然对数作为新的自变量，重新拟合直线模型，并进行模型诊断。

第 5 章　方 差 分 析

在第 3 章曾经讨论过两个(正态或非正态)总体的比较问题。本章进一步讨论多个总体的比较问题，并介绍试验设计的初步概念。

在第 4 章回归模型的检验中，曾经提到过方差分析的概念。笼统地说，方差分析是一种分析数据的方法，这种方法着眼于数据的变差(或变异)，并按不同的来源把数据中的变差进行分解，通过分析各个变差的相对大小来推断变差的来源是否呈现某种状态。方差分析是由 R.A.Fisher 建立起来的，连同同时建立的试验设计一起，至今已经发展成为一个广泛应用的统计学分支。

在本章中，假定所讨论的总体都是正态的，讨论的目的在于通过方差分析来实现对各个总体均值的比较；进一步，若诸均值之间有差异，则希望找出差异的来源。

5.1　方差分析和试验设计的基本概念

首先介绍方差分析中两个基本的概念：因子和水平。看例 5.1.1[12]。

例 5.1.1　为了改良一类小麦品种，选择了 3 个品种(分别称为品种 1 号,2 号和 3 号)进行太空试验，把它们送上太空，在由计算机控制的培养室中培育。每个品种栽培一定株数，在培养室中生长至成熟期后测量各株的高度(单位:in)。

在这个试验中，通过植株的高度作为挑选要进一步考察的小麦品种的依据，因而所关注的量是植株的高度，称之为**响应变量**，把每株小麦称为一个**试验单元**。小麦品种是可能影响响应变量的因素，称之为**因子**。试验中考虑的小麦品种有 3 个，称它们为小麦品种这个**因子的水平**。

在方差分析和试验设计中，称要测量和研究的量为**响应变量**，试验中可能影响响应变量取值的因素称为**因子**。为了解因子对响应变量的影响，在试验中一般控制因子取不同的状态，然后测量响应变量的值。因子的这些不同的状态，称为**因子的水平**。上面的小麦品种有 3 个水平。由此可见，在试验中因子是可以控制的，是独立变化的量，它可以是定量的变量(如下面的温度)，也可以是定性的变量(如小麦品种)；而响应变量是“响应”于因子的变化的，是因变量。在本章中，假定响应变量是服从正态分布的随机变量。

在一个试验中，有时有多个因子。比如，在上述试验中，如果在太空仓中有 4 个不同的培养室，每个培养室保持不同的温度环境(分别记为温度 1～4)，那么培养室的温度就是一个新的因子，有 4 个水平。试验中因子的个数取决于问题的性质和试验的条件。在试验中，所有因子各取定一个水平组成一个试验条件，称这些试验条件为**处理**。如果同时考虑品种和温度，则上例中共有 $3\times4=12$ 个处理。显然，如果只有一个因子，处理与该因子的水平一致。需要指出的是，为了可比性的需要，在试验过程中应该尽量控制因子以外的其他因素保持不变或具有某种可比性。试验中被安排在一个处理下进行试验的物理整体称为**试验单元**。上面试验中，每个试验单元为一株小麦。

如果每一个可能的处理上都做试验，称为**全面试验**。当因子比较多，或者水平数比较大时，全面试验的费用可能很高或者受到其他条件限制而无法实施。此时，往往只从所有处理中挑选一部分处理进行试验观测，这样的试验就称为**部分试验**。比如，上面的例子中，如果还考虑湿度(3 个水平)，光照条件(3 个水平)，肥力条件(4 个水平)，则共有 $3\times4\times3\times3\times4=432$ 个处理。空间站上可能没有足够的空间进行全面试验，从而需要进行部分试验。

考虑到随机误差的影响(比如同品种的种子之间的差异)，往往在一个处理上安排多个试验单元并进行观测，称为**重复观测**，比如，当只考虑品种因子和温度因子时，处理“(品种 1 号，温度 1)”上重复观测 5 次意味着把 5 粒品种 1 号的种子在温度 1 条件下培养到成熟期进行测量。由于在同一个处理上试验条件的一致性，可以把一个处理上的响应变量作为一个总体，从而通过重复观测得到该总体的一个简单随机样本。通过重复观测能够分离出源于随机误差的变异，从而对于不同处理进行有效的比较。

在进行试验时，一般都要进行**随机化**，具体地说，就是在决定哪个试验单元接受什么处理，进行试验的先后顺序、使用的测量仪器等方面实行“抓阄”的办法。随机化的目的在于通过这种手段，使得试验的条件除了处理不同外，其他方面尽量具有相同的地位，这样才能保证试验结果之间的差异只可能来源于随机误差和处理的不同，从而具有可比较性。

通常随机化的方法有2种，一是随机抽取试验单元。例如在考虑品种和温度的小麦试验中，假定我们每个处理上进行5次重复观测。为了可比性的需要，在试验时要从每个品种的一大批麦种中为每个处理随机地挑选5粒。这种方法应用的前提是每个品种有一大批麦种可以用作试验单元的侯选。有些情况并不是这样，看下面的例子。

例5.1.2 在田间进行小麦的育种试验，考虑小麦品种和耕作方式对小麦产量的影响。试验的小麦品种有3种，比较的耕作方式有4种。用50 m^2的小块地作为观测对象。

响应变量是产量，试验单元是50 m^2的地块，因子是小麦品种和耕作方式，分别有3个和4个水平，试验共有12个处理。假定每个处理重复观测5次，即在每种条件“(品种,耕作方式)”下种植5块50 m^2的小麦。共需要60块地。

显然不大可能把大田划分成50 m^2的小块并用随机抽取的办法安排试验，因为对大量分散的小块地的耕作管理要做到有效的控制很难实施。此时，用随机分配的办法，即首先决定用于试验的地块，选定的地块整体上具有一致性，比如土壤肥力、平整程度、日照条件、通风条件等应大体一致。然后将选中的地块按50 m^2划分出60小块。用下面的办法进行随机分配：(1) 把12个处理编号，把60小块地编号；(2) 随机产生1，2，⋯，60的一个排列，记为n_1，⋯，n_{60}；(3) 把n_1，⋯，n_5号地块分配给1号处理，把n_6，⋯，n_{10}分配给2号处理，等等。60个试验地块在各个方面的完全一致性只是一个理想的状态，实际中总有些差异。这种随机化的方法，使得这些不尽相同的地块接受各种处理的可能性是一样的。由此，同一种处理下的各个试验单元可以看成是来自于同一个总体的样本。

随机化在试验设计中是十分重要的，是保证能够提取有效信息的必要前提。

在上面的例子中，问题都可以归纳如下：对于某个特性指标η感兴趣，希望了解若干因素x_1，⋯，x_n中的哪些因素对η的取值有影响以及如何影响，有时，也更进一步想知道当这些有影响的因素分别取什么值时η具有所希望的性质(如有最大值或者与某个指定的值接近)。与回归分析一样，这个问题的数学模型为

$$y = \eta + e$$

其中y为观测值，它是在对指标值$\eta = f(x_1,\cdots,x_n)$进行观测时，由于受到

随机误差的影响而得到的，e 表示随机误差。这里的问题在于 $f(x_1,\cdots,x_n)$ 未知。要比较彻底地了解这个函数，需要大量的试验数据。然而在现实问题中，由于受到各种条件的限制，往往不可能进行大规模的试验，有时也不必要。比如在生产实际中，影响某个生产指标的因素很多，但往往只需要找到关键的因素，就能做到增收增益的目的，而另外大量的因素可能是不重要的，或者是无法控制的。于是，在计划一个试验时，首先要利用有关的背景知识和经验挑选认为关键的若干因子，其次选取适当的因子水平。统计方法则可以帮助决定在哪些处理上用哪些试验单元进行试验、重复次数，并提供统计分析方法，使得试验既能节省，又能得到充分的信息，这是试验设计的基本目的。

但本章注重于方差分析方法的介绍，在多数例子中省略试验中随机化过程的介绍。

5.2　单因子试验的方差分析

单因子试验是最简单的试验，只有一个因子。在单因子试验中，统计分析的主要目的是比较因子的不同水平对于响应变量均值的影响。

例 5.2.1　考虑例 5.1.1。假定在试验中只考虑品种这个因子，每个品种的小麦种植了 5 株。种子是经过随机挑选的，培养室内生长环境一致。经过培育测量结果如表 5.1。希望考察这 3 种小麦的平均高度有无差异。

表 5.1　小麦种子的太空试验

小麦品种	小麦高度 /in						
	1	2	3	4	5	合计	平均
1	17	18	17	16	18	86	17.2
2	21	19	18	19	20	97	19.4
3	18	21	20	21	19	99	19.8
—	—	—	—	—	—	282	18.8

注：1 in = 2.54 cm。

这是一个单因子试验，小麦品种为惟一的因子，3 种不同的品种为 3 个水平。由于培养室内生长环境一致，种子的随机选取表明试验是随机化的。可以认为，3 种不同种子的植株高度为 3 个不同的总体，各有其平均高度，即各总体的均值，分别记为 μ_i'（$i=1,2,3$）。因而表 5.1 可以看成是 3 个总体的样本的观测值，每个样本的容量都是5。要回答3种植株的平均高度有无差异，从统计的观点看就是检验3个总体的均值是否相同：

$$H_0:\mu'_1=\mu'_2=\mu'_3;\quad H_1:\mu'_1,\mu'_2,\mu'_3\text{不全相等}$$

单因子方差分析就是通过观测值变异的分解，给出检验上述问题的方法。当然，如果 H_0 被拒绝，人们往往希望进一步对这些均值的大小进行比较。这显然是两个总体均值比较的推广。由此不难概括一般的单因子试验问题：设因子有 k 个水平，即有 k 个总体。第 i 个总体记为 Y_i，对它进行 n_i 次观测，样本记为 y_{i1}，y_{i2}，…，y_{in_i}，其中第一下标表示总体或水平，第二下标表示第几个观察值。因此，k 水平单因子试验的观察数据有表5.2的形式。

表5.2 试验数据的形式

总 体	观 察 值	样本容量
1	y_{11}，y_{12}，…，y_{1n_1}	n_1
2	y_{21}，y_{22}，…，y_{2n_2}	n_2
⋮	⋮	⋮
k	y_{k1}，y_{k2}，…，y_{kn_k}	n_k

设 μ'_i 为第 i 个总体的数学期望，首要的问题是检验假设

$$H_0:\mu'_1=\mu'_2=\cdots=\mu'_k;\ H_1:\mu'_1,\cdots,\mu'_k\text{不全相等}\tag{5.2.1}$$

为检验(5.2.1)，对样本分布做以下假定：

(1) 样本都是简单随机样本：

$$y_{i1},y_{i2},\cdots,y_{in_i}\text{相互独立，与}Y_i\text{有相同分布；}\tag{5.2.2}$$

(2) 总体 Y_1，Y_2，…，Y_k 相互独立，且有相同的方差；

(3) 各总体均为正态分布的总体

$$Y_i\sim N(\mu'_i,\sigma^2)\quad i=1,\cdots,k\tag{5.2.3}$$

假定（1）～（3）建立了单因子方差分析问题的统计模型。

直观上，H_1 成立与否，应当在观测值 $\{y_{ij}\}$ 之间的差异上有所表现。观测值之间的差异有两个可能的来源：一是随机误差，二是可能存在的 μ'_i 之间的差异(当 H_1 成立时)。如果能够分解观测值之间的这两种可能的变异，将有利于识别 H_0 或 H_1 的情形。为此，对参数作以下简单变换：令

$$\mu=\frac{1}{n}\sum_{i=1}^{k}n_i\mu'_i;\quad \mu_i=\mu'_i-\mu$$

这里 $n=\sum\limits_{i=1}^{k}n_i$ 为总观测次数，记 $e_{ij}=y_{ij}-\mu'_{ij}=y_{ij}-\mu-\mu_i$，则由假定

(1) ～ (3) 得到新参数下的统计模型：

$$y_{ij} = \mu + \mu_i + e_{ij} \tag{5.2.4}$$

$$\{e_{ij}\}\text{i.i.d.}, \sim N(0,\sigma^2) \tag{5.2.5}$$

$$\sum_{i=1}^{k} n_i \mu_i = 0 \tag{5.2.6}$$

其中 e_{ij} 称为模型的随机误差项；μ 称为**总平均**，可以视为各水平对响应变量产生的共同效应；μ_i 称为因子第 i 水平对响应变量的**主效应**，表示相对于总平均来说该水平对响应值的贡献。

于是问题(5.2.1)等价于在约束式(5.2.6)，检验

$$H_0:\mu_1 = \mu_2 \cdots = \mu_k = 0; H_1:\text{诸 } \mu_i \text{ 不全为零} \tag{5.2.7}$$

易知，在模型(5.2.4)～(5.2.6)下，$\overline{y}_{i.} = \frac{1}{n_i}\sum_{j=1}^{n_i} y_{ij}$ 是 μ'_i 的无偏估计量，从而 $\hat{\mu} = \overline{y}_{..} = \frac{1}{n}\sum_{i=1}^{k} n_i \overline{y}_i$ 是 μ 的无偏估计，$\hat{\mu}_i = \overline{y}_{i.} - \overline{y}_{..}$ 是 μ_i 的无偏估计量。与式(5.2.4) 相对应，可以把观测值表示为

$$y_{ij} = \overline{y}_{..} + (\overline{y}_{i.} - \overline{y}_{..}) + (y_{ij} - \overline{y}_{i.})$$

另一方面，观测值之间的差异的大小，可以用**总平方和** $S_{\text{T}}^2 = \sum_{i=1}^{k}\sum_{j=1}^{n_i}(y_{ij} - \overline{y}_{..})^2$ 表示，其中下标 T 是 total 的字头。由上述表示式，可以对总平方和进行如下分解：

$$\begin{aligned} S_{\text{T}}^2 &= \sum_{i=1}^{k}\sum_{j=1}^{n_i}(y_{ij} - \overline{y}_{..})^2 \\ &= \sum_{i=1}^{k}\sum_{j=1}^{n_i}[(y_{ij} - \overline{y}_{i.}) + (\overline{y}_{i.} - \overline{y}_{..})]^2 \\ &= \sum_{i=1}^{k}\sum_{j=1}^{n_i}(y_{ij} - \overline{y}_{i.})^2 + \sum_{i=1}^{k} n_i(\overline{y}_{i.} - \overline{y}_{..})^2 \\ &= S_e^2 + S_t^2 \end{aligned} \tag{5.2.8}$$

式(5.2.8)称为**平方和分解式**，其中 $S_e^2 = \sum_{i=1}^{k}\sum_{j=1}^{n_i}(y_{ij} - \overline{y}_{i.})^2$ 称为**误差平方和**，$S_t^2 = \sum_{i=1}^{k} n_i(y_{i.} - \overline{y}_{..})^2$ 称为**处理平方和或因子平方和**，下标 t 是 treatment 的字头。关于平方和分解和模型参数的估计，有以下定理。

定理 5.2.1　在模型(5.2.4)～(5.2.6)的条件下，有以下结论：

(1) μ，$\mu_i(i=1,\cdots k)$的极大似然估计量分别为 $\hat{\mu},\hat{\mu}_i(i=1,\cdots,k)$，且它们均为一致最小方差无偏估计量。

(2) S_e^2 与 S_t^2 相互独立。

(3) $S_e^2/\sigma^2 \sim \chi^2\ (n-k)$；当 H_0 成立时，$S_t^2/\sigma^2 \sim \chi^2\ (k-1)$。

证明：(1) 的证明留为练习。由定理1.5.1知，$\sum_{j=1}^{n_i}(y_{ij}-\overline{y}_{i.})^2$ 与 $\overline{y}_{i.}$ 相互独立，从而 S_e^2 与 $\{\overline{y}_{i.}\}$ 相互独立，由此即得(2)．由定理 1.5.1 及定理 1.4.2 知 $S_e^2/\sigma^2=\sum_{i=1}^{k}\sum_{j=1}^{n_i}(y_{ij}-\overline{y}_{i.})^2/\sigma^2$ 服从自由度为 $\sum_{i=1}^{k}(n_i-1)=n-k$ 的 χ^2 分布。当 H_0 正确时，S_T^2/σ^2 服从自由度为 $n-1$ 的 χ^2 分布，又 $S_t^2=S_T^2-S_e^2$，故由 Cochran 定理知 S_t^2/σ^2 服从自由度为 $n-1-(n-k)=k-1$ 的 χ^2 分布。证毕。

由定理，在 H_0 下，

$$F=\frac{(n-k)}{(k-1)}\frac{S_t^2}{S_e^2}\sim F(k-1,n-k) \tag{5.2.9}$$

当 H_0 不成立时，存在 $\mu_i\neq 0$，S_t^2 将有偏大的趋势。由此，对给定的检验水平 α，当$F>F_\alpha(k-1,n-k)$时拒绝 H_0。

平方和分解式(5.2.8)中各项平方和的意义可以进一步解释如下：

(1) S_e^2 是由观测误差引起的观测值的变异部分；由定理 5.2.1 知，在假定(5.2.2)～(5.2.3)下，无论 H_0 成立与否，$S_e^2/(n-k)$都是 σ^2 的无偏估计量；

(2) S_t^2 反映了因子各水平(处理)上响应变量之间的变异。只有当 H_0 成立时，$S_t^2/(k-1)$才是σ^2 的无偏估计量。事实上，

$$\begin{aligned}
ES_t^2 &= \sum_{i=1}^{k}E[n_i(\overline{y}_{i.}-\overline{y}_{..})^2] \\
&= \sum_{i=1}^{k}n_iE[(\overline{y}_{i.}-\overline{y}_{..}-\mu_i)+\mu_i]^2 \\
&= \sum_{i=1}^{k}n_i[E(\overline{y}_{i.}-\overline{y}_{..}-\mu_i)^2+\mu_i^2] \\
&= \sum_{i=1}^{k}n_i\left[\frac{\sigma^2}{n_i}-\frac{\sigma^2}{n}\right]+\sum_{i=1}^{k}n_i\mu_i^2 \\
&= (k-1)\sigma^2+\sum_{i=1}^{k}n_i\mu_i^2
\end{aligned}$$

因此，只有当诸 $\mu_i=0$，即当 H_0 成立时 $ES_{\mathrm{t}}^2=(k-1)\sigma^2$；当 H_0 不成立时，$\sum_{i=1}^{k} n_i \mu_i^2 \neq 0, S_{\mathrm{t}}^2$ 有偏大的趋势。

进行检验时，常用如表 5.3 的方差分析表。

表 5.3　单因子试验的方差分析表

来　源	自由度	平方和	均　方	F　值
因　子	$k-1$	S_{t}^2	$S_{\mathrm{t}}^2/(k-1)$	$\frac{n-k}{k-1}\frac{S_{\mathrm{t}}^2}{S_e^2}$
误　差	$n-k$	S_e^2	$S_e^2/(n-k)$	
总　和	$n-1$	S_{T}^2	—	

表中的各量可按下面步骤计算：

(1) 计算分组总和

$$T_i = \sum_{j=1}^{n_i} y_{ij} \quad i = 1,2,\cdots,k$$

(2) 计算

$$G = \sum_{i=1}^{k}\sum_{j=1}^{n_i} y_{ij} = \sum_{i=1}^{k} T_i$$

$$T = \sum_{i=1}^{k}\sum_{j=1}^{n_i} y_{ij}^2$$

(3) 计算 S_{t}^2 和 S_e^2，

$$S_{\mathrm{t}}^2 = \sum_{i=1}^{k} n_i(\overline{y}_{i\cdot} - \overline{y}_{\cdot\cdot})^2 = \sum_{i=1}^{k}\frac{T_i^2}{n_i} - \frac{G^2}{n}$$

$$S_e^2 = T - G^2/n - S_t^2$$

(4) 按式(5.2.9)计算 F.

回到例 5.2.1。按上述方法计算得到方差分析表如表 5.4 所示。

表 5.4　例 5.2.1 的方差分析表

方差来源	自　由　度	平　方　和	均　方	F　值
因　子	2	19.6	9.80	7.97
误　差	12	14.8	1.23	
总　和	14	34.4	—	

取 $\alpha=0.05$，查表可得 $F_{0.05}(2,12)=3.89$。因此，在 0.05 水平下认为 3 种小麦植株的平均高度是不同的。

例 5.2.2　表 5.5 给出的数据是考察 4 种麻醉剂效果的试验结果。试验是这样进行的：为用来做试验的豚鼠随机指定所使用的麻醉剂，将麻醉剂溶液注射到豚鼠体内，测量全麻醉所需要的剂量。根据所得的试验数据，看 4 种麻醉剂的效率，即分析所需的剂量是否相同，取检验水平 $\alpha=0.05$。

表 5.5 麻醉剂效力试验结果

药 品	样本容量	剂 量/ml	总 和
A	10	29, 28, 23, 26, 26, 19, 25, 29, 26, 28	259
B	10	17, 25, 24, 19, 28, 21, 20, 25, 19, 24	222
C	10	17, 16, 21, 22, 23, 18, 20, 17, 25, 21	200
D	10	18, 20, 25, 24, 16, 20, 20, 17, 19, 17	196
总 和			8770

解：经计算得方差分析表如表 5.6 所示。

表 5.6 例 5.2.2 的方差分析表

来 源	自由度	平方和	均 方	F 值
因 子	3	249.875	85.5	
误 差	36	350.900	9.747	8.545
总 和	39	600.775	—	

查表得 $F_{0.05}(3,36)=2.87$，说明 4 种麻醉剂间有显著差异。临界水平（p 值）$\leqslant 0.001$，说明差异极显著。

5.3 均值的多重比较

若检验结果拒绝了 H_0，进一步分析哪些水平的响应值之间差异是显著的、哪些水平的效应最大、哪些水平次之，在实际应用中往往是很重要的，这就是均值的多重比较问题。本节讨论多重比较的各种常用方法。

5.3.1 均值的两两比较与 LSD 方法

一个显然的方法是通过逐对比较均值来判断哪些水平的响应值之间差异是显著的，即通过检验，

$$H_{0ij}: \mu_i = \mu_j; \quad H_{1ij}: \mu_i \neq \mu_j \quad 1 \leqslant i < j \leqslant k \tag{5.3.1}$$

来检验

$$H_0: \mu_1 = \mu_2 = \cdots = \mu_k = 0 \tag{5.3.2}$$

(5.3.1) 的检验统计量为

$$t=(\overline{y}_{i.}-\overline{y}_{j.})\Big/\sqrt{s^2\left(\frac{1}{n_i}+\frac{1}{n_j}\right)}$$

其中 $s^2=S_e^2/(n-k)$。对于 H_{0ij} 的检验水平 α'，当 $|t|>t_{\alpha'/2}(n-k)$ 时拒绝 H_{0ij}，或等价地，当置信度为 $100(1-\alpha')\%$ 的置信区间

$$(\overline{y}_{i.}-\overline{y}_{j.})\pm t_{\alpha'/2}(n-k)\cdot s\cdot\sqrt{\frac{1}{n_i}+\frac{1}{n_j}} \tag{5.3.3}$$

不包含 0 时拒绝 H_{0ij}，从而拒绝 H_0。

由于要进行一系列检验构成对于(5.3.2)的检验，要使得所有检验总的犯第一类错误的概率不超过给定的 α，就需要选取适当的 α'。检验 H_0 和检验 H_{0ij} 的交 $\bigcap_{1\leqslant i<j\leqslant k}H_{0ij}$ 等价：所有的 H_{0ij} 成立时，H_0 必成立，反之亦然。以 A_{ij} 记(5.3.1)的拒绝域，则

$$\begin{aligned}
&P(\text{拒绝 } H_0\mid H_0)=P(\text{至少有一个 } A_{ij} \text{ 发生}\mid H_0)\\
&=P(A_{12}+A_{13}+\cdots+A_{kk-1}\mid H_0)\\
&\leqslant\sum_{1\leqslant i<j\leqslant k}P(A_{ij}\mid H_0)\\
&\leqslant\sum_{1\leqslant i<j\leqslant k}P(A_{ij}\mid H_{0ij})\\
&\leqslant\binom{k}{2}\alpha'
\end{aligned}$$

要使总的犯第一类错误的概率 $P(\text{拒绝 } H_0|H_0)\leqslant\alpha$，只要取 $\alpha'=\alpha\Big/\binom{k}{2}$。

例 5.3.1　通过两两比较的方法比较例 5.2.2 中 4 种麻醉剂的效率，仍取 $\alpha=0.05$。

解： $\binom{4}{2}=6$，$\alpha'=0.05/6=0.008\,3$。利用式(5.3.3)中的公式得 $\mu_i-\mu_j$ 的区间估计公式：

$$(\overline{y}_{i.}-\overline{y}_{j.})\pm t_{0.008\,3/2}(36)\sqrt{s^2\left(\frac{1}{10}+\frac{1}{10}\right)}$$

又 $t_{0.008\,3/2}(36)\sqrt{\frac{1}{5}s^2}=3.798$，计算结果如下所示。

$$\mu_1-\mu_4{:}\ 2.502\leqslant\mu_1-\mu_4\leqslant10.098$$

$$\mu_1-\mu_3{:}\ 2.102\leqslant\mu_1-\mu_3\leqslant9.698$$

$$\mu_1-\mu_2{:}\ -0.098\leqslant\mu_1-\mu_2\leqslant7.498$$

$$\mu_2-\mu_4:-1.198\leqslant \mu_2-\mu_4\leqslant 6.398$$

$$\mu_2-\mu_3:-1.598\leqslant \mu_2-\mu_3\leqslant 5.998$$

$$\mu_3-\mu_4:-3.398\leqslant \mu_3-\mu_4\leqslant 4.198$$

上述结果可以用图 5.1 表示。

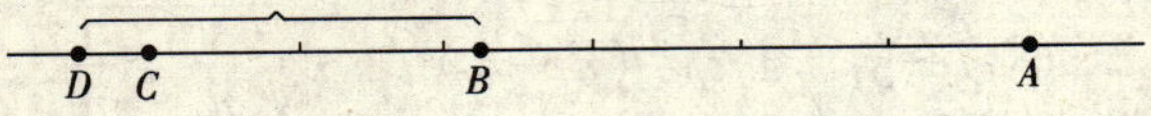

图 5.1 例 5.3.1 结果示意图

由图 5.1 看出，药品似乎应分为两组：B、C、D 为一组，这 3 种药品无显著差异。A 为一组，药力较差。按分析结果 B 和 A 也无显著差异，但 B 和 C、D 靠得更近，处于和 A 有差别的边界上。

由上例可见，通过 $\binom{k}{2}$ 个两均值比较检验假设 H_0 的优点是它不仅可知 μ_1，…，μ_k 有差别，而且知道差别在哪里。但此方法计算量大，同时由于要保证总的检验水平，α' 取的比较小，从而一般说来比起直接应用方差分析来，增大了犯第二类错误的概率，这意味着会出现这样的情形：用 F 检验结果是显著的，但用两两比较却没有任何两个水平有显著差异。下面的 LSD 方法在某种程度上可以弥补这个缺陷，但真实水平是近似的。

LSD（Least Significant Difference）方法是由 R.A.Fisher 提出，又经过后人修正的。方法如下：

（1）给定检验水平 α，用方差分析法检验 $H_0\leftrightarrow H_1$；

（2）如果拒绝 H_0，则继续比较水平之间的差异，否则停止；

（3）对于水平 i，j，μ_i 与 μ_j 的最小显著差异为

$$\mathrm{LSD}_{ij}=t_{\alpha/2}(n-k)\sqrt{s^2\left(\frac{1}{n_i}+\frac{1}{n_j}\right)}$$

（4）当 $|\overline{y}_{i.}-\overline{y}_{j.}|\geqslant \mathrm{LSD}_{ij}$ 时，认为 μ_i 与 μ_j 不同。

例 5.3.2 用 LSD 方法比较例 5.2.2 中 4 种麻醉剂的效率，取 $\alpha=0.05$。

解： 由于 F 检验是显著的，计算得

$$\mathrm{LSD}_{ij}=t_{\alpha/2}(n-k)\sqrt{s^2\left(\frac{1}{n_i}+\frac{1}{n_j}\right)}=1.688\sqrt{9.747\times 0.2}=2.357$$

把样本均值从小到大排列，把它们差的绝对值与 2.357 比较得 B、C、D 3 种麻醉剂之间无显著差异，而它们与 A 均有显著差异。这个结果可用图 5.2 表示。

$\underline{D \quad C \quad B} \quad A$

图 5.2　例 5.3.2 结果示意图

5.3.2 Tukey 方法

当各水平上的重复次数相同时，一种很有效的方法是 Tukey 方法，它基于下面的极差 t 分布。

定义 5.3.1　设 $Y_1, Y_2, \cdots, Y_k, \chi_r^2$ 相互独立，$Y_1, Y_2, \cdots, Y_k \sim N(0,1), \chi_r^2 \sim \chi^2(r)$。令 $R = \max_{1\leqslant i\leqslant k} Y_i - \min_{1\leqslant i\leqslant k} Y_i$，称

$$t^* = R / \sqrt{\chi_r^2 / r}$$

的分布为自由度是 k，r 的极差 t 分布，记为 $t^*(k,r)$，t^* 称为极差 t 统计量。

Tukey 方法的检验思想如下：当 $n_1 = n_2 = \cdots = n_k = n^*$ 时，用 5.3.1 中叙述的方法检验假设(5.2.7)，只有

$$|\sqrt{n^*}(\overline{y}_{i.} - \overline{y}_{j.})| / s \leqslant t_0 \quad \forall i < j, 1 \leqslant i, j \leqslant k$$

成立时才接受 H_0。t_0 是由检验水平确定的，在 LSD 方法中 t_0 取为 $t_{\alpha/2}(n-k)$。利用 $n_i = n^*$ 的条件，有

$$\begin{aligned}
&P(\text{接受 } H_0 \mid H_0) \\
&= P\left\{\text{对所有 } i < j, i, j \leqslant k, \frac{\sqrt{n^*}\,|\overline{y}_{i.} - \overline{y}_{j.}|}{s} \leqslant t_0 \mid H_0\right\} \\
&= P\left[\sup_{1\leqslant i<j\leqslant k} \frac{\sqrt{n^*}\,|\overline{y}_{i.} - \overline{y}_{j.}|}{s} \leqslant t_0 \mid H_0\right] \\
&= P(t^* \leqslant t_0 \mid H_0)
\end{aligned}$$

其中

$$t^* = \frac{\max\limits_{1\leqslant i\leqslant k} \sqrt{n^*}\,\overline{y}_{i.} - \min\limits_{1\leqslant i\leqslant k} \sqrt{n^*}\,\overline{y}_{i.}}{s} \tag{5.3.4}$$

由于 $S_e^2, \overline{y}_{i.}\ (i = 1, 2, \cdots, k)$ 相互独立，且在 H_0 下 $S_e^2/\sigma^2 \sim \chi_{n-k}^2$，$\sqrt{n^*}(\overline{y}_{i.} - \mu)/\sigma^2 \sim N(0,1)$，故有 t^* 服从自由度为 $k, n-k$ 的极差 t 分布，因而 t_0 可取为该分布的右侧 α 分位点 $t_\alpha^*(k,r)$，可由极差 t 分布表查得。当 $t^* > t_\alpha^*(k,r)$ 时拒绝 H_0。

分别记 $\mu_{(n)}, \mu_{(1)}$ 为与 $\max\overline{y}_{i.}$ 和 $\min\overline{y}_{i.}$ 相应的效应，则由上面的推导知 $\mu_{(n)} - \mu_{(1)}$ 的置信度为 $100(1-\alpha)\%$ 的置信区间为

$$\left[R - t_{\alpha}^{*}(k,r)\frac{s}{\sqrt{n^{*}}}, R + t_{\alpha}^{*}(k,r)\frac{s}{\sqrt{n^{*}}}\right] \tag{5.3.5}$$

上述检验等价于当该置信区间包含 0 时接受 H_0，否则拒绝 H_0。

在实际应用 Tukey 方法时，若 H_0 被拒绝，进而检验 $\overline{y}_{i.}$ 中的最大者和次最小者有无显著差异，并依次进行，直至完成所有的比较。具体步骤参看例 5.3.3。

例 5.3.3 仍看例5.2.2给出的麻醉剂的例子。

(1) 首先将样本均值从大到小（或从小到大）排列起来：

样本均值	25.9	22.2	20.0	19.6
药品	A	B	C	D

(2) 计算极差：

$$R = \max\overline{y}_{i.} - \min\overline{y}_{i.} = 25.9 - 19.6 = 6.3$$

(3) 计算区间长度：查表得 $t_{0.05}^{*}(4,36) = 3.82$，又 $s^2 = S_e^2/(n-k) = 9.747$，故

$$t_{0.05}^{*}(4,36)\cdot\frac{s}{\sqrt{n^{*}}} = 3.82\times\frac{\sqrt{9.747}}{\sqrt{10}} = 3.771$$

$\mu_1 - \mu_4$ 的区间估计为 6.3 ∓ 3.771，或者 $2.529 \leqslant \mu_1 - \mu_4 \leqslant 10.071$。该区间不含原点，故 μ_1，μ_4 间有显著差别。

若 μ_1，μ_4 间无显著差别，则检验到此结束。由于 μ_1，μ_4 有显著差别，再进行第 4 步工作。

(4) 去掉最小的平均值，重复(1)～(3)的步骤，不过此时 t^{*} 的第一自由度为 $k-1=3$，有时为计算省事仍以 $t_{\alpha}^{*}(4,36)$作为临界值。计算结果如下：

$$R = 25.9 - 20.0 = 5.9$$
$$t_{0.05}^{*}(3,36) = 3.45$$
$$t_{0.05}^{*}(3,36)\cdot\frac{s}{\sqrt{n^{*}}} = 3.416$$

故 $\mu_1 - \mu_3$ 的区间估计为 5.9 ∓ 3.416（$2.484 \leqslant \mu_1 - \mu_3 \leqslant 9.316$），它不含 0，故 μ_1，μ_3 有显著差别。

(5) 去掉前两个最小样本均值，检验 $\mu_1 = \mu_2$。计算结果为

$$R = 25.9 - 22.2 = 3.7$$
$$t_{0.05}^{*}(2,36) = 2.87$$

$$t^*_{0.05}(2,36)\cdot\frac{s}{\sqrt{n^*}}=2.87\times\frac{\sqrt{9.747}}{\sqrt{10}}=2.833$$

故 $\mu_1-\mu_2$ 的区间估计为 $0.867\leqslant\mu_1-\mu_2\leqslant6.533$，故 μ_1，μ_2 间有显著差别。

（6）再进行第二大的与最小的进行比较。

$$R=22.2-19.6=2.6$$

$$t^*_{0.05}(3,36)\cdot\frac{s}{\sqrt{n^*}}=3.416$$

于是 $\mu_2-\mu_4$ 的区间估计为 $-0.816\leqslant\mu_2-\mu_4\leqslant6.016$。该区间包含 0，故 μ_2，μ_4 及 μ_3 间无显著差别。

整个检验过程到此结束，结论是 μ_2，μ_3，μ_4 无显著差别，而 μ_1 与 μ_2，μ_3，μ_4 间有显著差别。第一种药的用药量大，效果最差。这是一个较理想的例子，最后结果与 LSD 方法一致。

5.3.3 Scheffé 方法

Scheffé 方法是用来检验线性对照的。所谓**线性对照**，是 μ_1，…，μ_k 的一个线性组合 $L=\sum_{i=1}^k a_i\mu_i$，其中 $a_1,\cdots,a_k$ 为常数，且满足 $\sum_{i=1}^k a_i=0$。实际中经常需要考虑形如 $H_{0a}:L=0$ 的假设的检验。显然，两两比较是这样的假设检验问题的特殊情形。

以例 5.2.2 为例，要判定第 1 种第 2 种麻醉剂的平均作用是否和第 3、第 4 种的平均作用一样，就是要检验

$$\frac{1}{2}(\mu_1+\mu_2)-\frac{1}{2}(\mu_3+\mu_4)=0$$

是否成立。

记 $\boldsymbol{\mu}=(\mu_1,\mu_2,\cdots,\mu_k)^\tau$，$\boldsymbol{a}=(a_1,\cdots,a_k)^\tau$。考虑检验问题

$$H_{0a}:L=\boldsymbol{a}^\tau\boldsymbol{\mu}=0;\ H_{1a}:\boldsymbol{a}^\tau\boldsymbol{\mu}\neq0 \tag{5.3.6}$$

由于 $\sum_{i=1}^k a_i=0$ 易知 $\hat{L}=\sum_{i=1}^k a_i\bar{y}_{i.}$ 服从正态分布，均值为 $L=\sum_{i=1}^k a_i\mu_i$，方差为

$$\mathrm{Var}(\hat{L})=\sum_{i=1}^k\frac{a_i^2}{n_i}\sigma^2$$

且 $\hat{L}$ 和 S_e^2 相互独立。当假设(5.3.6)成立时，$E\hat{L}=0$，

$$t=\frac{\hat{L}/\sqrt{\Sigma a_i^2/n_i}}{s}=\frac{\hat{L}}{s\sqrt{\Sigma a_i^2/n_i}}\sim t(n-k)$$

对给定的检验水平 α，当 $|t|>t_{\alpha/2}(n-k)$ 时拒绝 H_{0a}。

人们时常需要对于若干个不同的 $\boldsymbol{a}$ 同时检验形如式(5.3.6)的假设。此时，如仍用上述方法，则总的检验水平将发生变化。因此，寻求对所有 L 一致的检验，即考虑

$$H_0=\bigcap H_{0a};\quad H_1:\text{至少有一个 } H_{0a} \text{ 不成立} \tag{5.3.7}$$

的水平为 α 的检验。

考虑到在条件 $\Sigma a_i=0$ 下，$\hat{L}_a=\Sigma a_i\overline{y}_{i.}$ 是 $L_a=\Sigma a_i\mu_i$ 的无偏估计，令

$$F_a=\frac{(\hat{L}_a-L_a)^2/\Sigma(a_i^2/n_i)}{S_e^2/(n-k)}=\frac{n-k}{S_e^2}\cdot\frac{(\hat{L}_a-L_a)^2}{\Sigma a_i^2/n_i}$$

今求 η 满足

$$P(\sup_a F_a\leqslant\eta)\geqslant 1-\alpha$$

为此，先求 F_a 的上界。由 Cauchy－Schwarz 不等式

$$\begin{aligned}\frac{[\Sigma(a_i\overline{y}_{i.}-a_i\mu_i)]^2}{\Sigma a_i^2/n_i}&=\frac{[\Sigma a_i(\overline{y}_{i.}-\overline{y}_{..}-\mu_i)]^2}{\Sigma a_i^2/n_i}\\&=\frac{\left[\Sigma\frac{a_i}{\sqrt{n_i}}\cdot\sqrt{n_i}(\overline{y}_{i.}-\overline{y}_{..}-\mu_i)\right]^2}{\Sigma a_i^2/n_i}\\&\leqslant\Sigma n_i(\overline{y}_{i.}-\overline{y}_{..}-\mu_i)^2\end{aligned}$$

右端与 $\boldsymbol{a}$ 无关，且取 $a_i=n_i\ (\overline{y}_{i.}-\overline{y}_{..}-\mu_i)$ 时等号成立，于是

$$\sup_a F_a=(n-k)\frac{\Sigma n_i(\overline{y}_{i.}-\overline{y}_{..}-\mu_i)^2}{S_e^2} \tag{5.3.8}$$

又

$$\begin{aligned}\sum_{i=1}^k n_i(\overline{y}_{i.}-\mu_i-\mu)&=\sum_{i=1}^k n_i[(\overline{y}_{i.}-\overline{y}_{..}-\mu_i)+(\overline{y}_{..}-\mu)]^2\\&=\sum_{i=1}^k n_i(\overline{y}_{i.}-\overline{y}_{..}-\mu_i)^2+n(\overline{y}_{..}-\mu)^2\end{aligned}$$

由于 $\sum n_i(\overline{y}_{i.}-\mu_i-\mu)^2/\sigma^2$ 服从自由度为 k 的 χ^2 分布，因此 $\sum n_i(\overline{y}_{i.}-\overline{y}_{..}-\mu_i)^2/\sigma^2$ 服从自由度为 $k-1$ 的 χ^2 分布，且与 S_e^2 独立。令

$\eta=(k-1)F_\alpha(k-1,n-k)$，由式(5.3.8)知

$$P(\sup_a F_a \leqslant \eta)=1-a$$

于是得到 $L_a=\Sigma a_i\mu_i$ 的置信度为 $100(1-\alpha)\%$ 的同时置信区间

$$\left[\Sigma a_i\overline{y}_{i.} \mp s\sqrt{(k-1)F_\alpha(k-1,n-k)\cdot\Sigma a_i^2/n_i}\right] \tag{5.3.9}$$

同时置信区间是指对所有的线性对照，对应的 L 同时落入区间(5.3.9)内的概率是 $1-\alpha$。

当有某个 L 使区间(5.3.9)不包含 0 时，则拒绝原假设 H_0。在实际应用中，只检查我们感兴趣的 L。例如，如果仅对成对均值的比较感兴趣，只需取 $a_i=1$，$a_j=-1$，$a_p=0$，$p\neq i$，$p\neq j$。此时区间(5.3.9)成为

$$\left[(\overline{y}_{i.}-\overline{y}_{j.})\mp s\sqrt{\frac{(k-1)(n_i+n_j)F_\alpha(k-1,n-k)}{n_in_j}}\right]$$

用上述公式计算出所有区间，若有某区间不含零，则拒绝 H_0。

仍以例 5.2.2 的问题为例，做均值的两两比较。由 F 分布表查得$F_{0.05}(3,36)=2.886$，于是，

$$\sqrt{\frac{(k-1)(n_i+n_j)F_\alpha(k-1,n-k)}{n_in_j}\frac{S_e^2}{(n-k)}}$$

$$=\sqrt{\frac{3\times 20}{36\times 10\times 10}}\times 2.886\times 9.747=4.108$$

$\mu_1-\mu_4$ 的置信区间为

$$[(\overline{y}_{1.}-\overline{y}_{4.})\mp 4.108]=[6.3\mp 4.108]$$

或 $2.192\leqslant\mu_1-\mu_4\leqslant 10.408$.

同理其他均值差的置信区间分别为

$$1.792\leqslant\mu_1-\mu_3\leqslant 10.008$$
$$-0.408\leqslant\mu_1-\mu_2\leqslant 7.808$$
$$-1.508\leqslant\mu_2-\mu_4\leqslant 6.708$$
$$-1.908\leqslant\mu_2-\mu_3\leqslant 6.308$$
$$-3.708\leqslant\mu_3-\mu_4\leqslant 4.508$$

可见 μ_1 和 μ_4，μ_1 和 μ_3 有显著差别，其余各对之间无显著差别。

如果还对 μ_1 和$(\mu_2+\mu_3+\mu_4)/3$ 间有无差别感兴趣，即要检验假设

$$H_0':\mu_1-\frac{1}{3}(\mu_2+\mu_3+\mu_4)=0$$

只需取 $a_1=1$，$a_2=a_3=a_4=-\dfrac{1}{3}$。由式(5.3.9)得置信区间为

$$\left[\left(\overline{y}_{1.}-\frac{1}{3}(\overline{y}_{2.}-\overline{y}_{3.}-\overline{y}_{4.})\right)\mp\sqrt{(k-1)F_{\alpha}(k-1,n-k)\Sigma a_i^2/n_i\frac{S_e^2}{(n-k)}}\right]$$

$=[5.3\mp3.354]$

或者 $1.946\leqslant\mu_1-\frac{1}{3}(\mu_2+\mu_3+\mu_4)\leqslant8.654$，故 μ_1 和 $(\mu_2+\mu_3+\mu_4)/3$ 间有显著差别。

本节讲了几种多重比较的方法，它们的使用范围不同。在单因子试验的分析中，如果各个水平上的重复次数一致，则它们都可以用于均值的两两比较。此时，读者可以通过上述例子，体会几种多重比较方法之间的差异。由于 Scheffé 方法给出了所有线性对照的同时置信区间，它给出的两个均值差的置信区间最长，从检验的角度来说最保守（即真实水平最小）；LSD 方法是近似方法，相比来说比较不保守，而 Tukey 方法界于二者之间。选用哪种方法，要根据问题本身的性质和分析的目的决定。

5.4 两因子试验的方差分析

考虑有两个因子 A 和 B 的全面随机化试验，两个因子分别有 r 和 c 个水平 A_i，B_j $(i=1,\cdots,r,j=1,\cdots,c)$，因此试验共有 rc 个处理。为便于安排试验，通常可以把这 rc 个处理表示成表 5.7。

表 5.7 两因子全面试验的处理

行号	列号			
	1	2	…	c
1	(A_1, B_1)	(A_1, B_2)	…	(A_1, B_c)
2	(A_2, B_1)	(A_2, B_2)	…	(A_2, B_c)
⋮	⋮	⋮		⋮
r	(A_r, B_1)	(A_r, B_2)	…	(A_r, B_c)

由于这个表示形式，因子 A 和因子 B 又分别称为行因子和列因子。我们只考虑平衡试验，即各个处理上重复次数都相同的情形。

5.4.1 两因子试验的数据

设在每个处理上重复观测了 m 次。以 y_{ijp} 记在 (A_i, B_j) 上的第 p 次观测的响应值，$i=1$，…，r；$j=1$，…，c；$p=1$，…，m。共有 rcm 个响应值。直观地可将观察数据列成三维阵。

5.4.2 统计模型

假定响应变量遵从模型

$$y_{ijp} = \mu'_{ij} + e_{ijp}, p = 1,\cdots,m; i = 1,\cdots,r; j = 1,\cdots,c \tag{5.4.1}$$

其中$\{e_{ijp}\}$i. i. d. $e_{ijp} \sim N(0,\sigma^2)$。由模型可以看出，每一个处理上的响应变量是一个正态分布的随机变量。

要考察的问题是：

（1）行列因子间有无交互作用；

（2）行因子各水平对响应值的影响有无显著差别；

（3）列因子各水平对响应值的影响有无显著差别。

第一个问题是行列因子间有无交互作用。所谓**交互作用**是指一个因子对于响应值的影响依赖于另一个因子的水平。换言之，交互作用就是行列因子的搭配作用，是行列因子的组合对响应值产生的、除行列因子各自产生的影响以外的附加影响。当有交互作用时，行列因素的水平组合对响应值的影响不等于各因素相应水平产生的效应之和。例如，在例 5.1.2 中，如果某种耕作方式特别适合或特别不适合于某个品种，即耕作方式对于不同品种产生的增产作用不同，就说在品种和耕作方式之间有交互作用。再如，如果只施氮肥增产 25 kg，只施磷肥增产 15 kg，但同时施氮肥、磷肥增产 80 kg，大大超过了单施氮肥和磷肥增产之和 40 kg，就表明两种肥料同时施用有相互作用（交互作用）使产量增加。

为了便于分析，引入以下记号：

$$n = rcm; \quad \mu = \frac{1}{rc}\sum_{i=1}^{r}\sum_{j=1}^{c}\mu'_{ij}$$

$$\mu'_{i.} = \frac{1}{c}\sum_{j=1}^{c}\mu'_{ij}; \quad \mu'_{.j} = \frac{1}{r}\sum_{i=1}^{r}\mu'_{ij}$$

$$\mu_{i.} = \mu'_{i.} - \mu; \quad \mu_{.j} = \mu'_{.j} - \mu$$

$$\mu_{ij} = \mu'_{ij} - \mu'_{i.} - \mu'_{.j} + \mu = \mu'_{ij} - \mu_{i.} - \mu_{.j} - \mu$$

若两个因子间无交互作用，就可以认为用来比较行因子的差 $\mu'_{ij} - \mu'_{lj}$只与 i，l 有关，与 j 无关。此时有

$$\mu'_{ij} - \mu'_{lj} = \mu'_{i.} - \mu'_{l.} \quad i,l = 1,\cdots,r; j = 1,\cdots,c$$

故

$$\mu'_{ij} - \mu'_{i.} = \mu'_{lj} - \mu'_{l.} \quad i,l = 1,\cdots,r;j = 1,\cdots,c$$

两边对下标 l 求平均得

$$\mu'_{ij} - \mu'_{i.} = \mu'_{.j} - \mu \quad i = 1,\cdots,r;j = 1,\cdots,c$$

即当因子间无交互作用时，有

$$\mu'_{ij} - \mu'_{i.} - \mu'_{.j} + \mu = 0 \quad i, \ l = 1, \ \cdots, \ r; \ j = 1, \ \cdots, \ c$$

注意到行列因子的对称性，从列因子出发可得到同样的结论。所以考察有无交互作用相当于检验假设

$$H_{0AB}: \mu_{ij} = 0 \quad i = 1,\cdots,r;j = 1,\cdots,c; \ H_{1AB}: \text{至少有一个 } \mu_{ij} \text{ 不为 } 0 \tag{5.4.2}$$

第二个问题是要考察行因子的各个水平对于响应的影响是否一致。若行因子的各个水平都有相同的效应，则应有

$$\mu'_{ij} = \mu'_{.j} \quad i = 1,\cdots,r;j = 1,\cdots,c$$

当不存在交互作用时，这等价于

$$\mu'_{i.} - \mu = 0 \quad i = 1,\cdots,r.$$

故在无交互作用的前提下，要考察行因子的各个水平效应是否一致，等价于检验

$$H_{0A}: \mu_{i.} = 0 \quad i = 1,\cdots,r; \ H_{1A}: \text{至少有一个 } \mu_{i.} \text{ 不为 } 0 \tag{5.4.3}$$

同理，当不存在交互作用时，考察列因子的各水平效应的一致性相当于检验

$$H_{0B}: \mu_{.j} = 0 \quad j = 1,\cdots,c; \ H_{1B}: \text{至少有一个 } \mu_{.j} \text{ 不为 } 0 \tag{5.4.4}$$

于是模型(5.4.1)可以表示为

$$y_{ijp} = \mu + \mu_{i.} + \mu_{.j} + \mu_{ij} + e_{ijp}$$
$$p = 1,\cdots,m;i = 1,\cdots,r;j = 1,\cdots,c \tag{5.4.5}$$

称 μ 为**总效应**或**平均效应**；$\mu_{i.}$ 为行因子第 i 水平的**主效应**，$\mu_{.j}$ 为列因子第 j 水平的**主效应**，μ_{ij} 为行因子第 i 水平和列因子第 j 水平的**交互效应**。

由前面的分析，并注意到由于在 $\mu'_{i.}$ 中已经对列因子的各个水平取了平均，$\mu_{i.}$ 反映了行因子第 i 水平 A_i 对于响应值的影响；对于 $\mu_{.j}$ 有类似的解释。由此即知 μ_{ij} 反映了处理(A_i,B_j)的效应中除去 A_i 和 B_j 的影响后的剩余部分，即交互作用。

显然，模型(5.4.5)中的参数之间有下列关系：

$$\sum_{i=1}^{r}\mu_{i.} = 0, \sum_{j=1}^{c}\mu_{.j} = 0 \quad \sum_{i=1}^{r}\mu_{ij} = 0, j = 1,\cdots,c$$

$$\sum_{j=1}^{c}\mu_{ij} = 0 \quad i = 1,\cdots,r \tag{5.4.6}$$

约束条件式(5.4.6)实际上只有 $r+c-1$ 个独立约束。

5.4.3　两因子试验的方差分析

与单因子试验的情形类似,通过方差分析的方法,可以针对上述提出的三个问题进行检验。令

$$\overline{y}_{\dots} = \frac{1}{n}\sum_{i=1}^{r}\sum_{j=1}^{c}\sum_{p=1}^{m}y_{ijp};\ \overline{y}_{ij.} = \frac{1}{m}\sum_{p=1}^{m}y_{ijp}$$

$$\overline{y}_{i..} = \frac{1}{mc}\sum_{j=1}^{c}\sum_{p=1}^{m}y_{ijp};\ \overline{y}_{.j.} = \frac{1}{rm}\sum_{i=1}^{r}\sum_{p=1}^{m}y_{ijp} \tag{5.4.7}$$

易见

$$E\overline{y}_{\dots} = \mu;\ E\overline{y}_{ij.} = \mu_{ij} + \mu_{i.} + \mu_{.j} + \mu$$

$$E\overline{y}_{i..} = \mu_{i.} + \mu;\ E\overline{y}_{.j.} = \mu_{.j} + \mu \tag{5.4.8}$$

故 $\overline{y}_{\dots}, \overline{y}_{i..} - \overline{y}_{\dots}, \overline{y}_{.j.} - \overline{y}_{\dots}$ 和 $\overline{y}_{ij.} - \overline{y}_{i\dots} - \overline{y}_{.j.} + \overline{y}_{\dots}$ 分别是 $\mu, \mu_{i.}, \mu_{.j}$ 和 μ_{ij} 的无偏估计量。

以 $SS_T = \sum_{i=1}^{r}\sum_{j=1}^{c}\sum_{p=1}^{m}(y_{ijp} - \overline{y}_{\dots})^2$ 记响应值的总变差平方和,则有

$$SS_T = \sum_{i=1}^{r}\sum_{j=1}^{c}\sum_{p=1}^{m}[(y_{ijp} - \overline{y}_{ij.}) + (\overline{y}_{ij.} - \overline{y}_{i..} - \overline{y}_{.j.} + \overline{y}_{\dots}) + (\overline{y}_{i..} - \overline{y}_{\dots}) + (\overline{y}_{.j.} - \overline{y}_{\dots})]^2$$

将方括号中各项展开,并注意到各交叉项之和为零,得到

$$SS_T = SS_e + SS_I + SS_A + SS_B \tag{5.4.9}$$

其中

$$SS_e = \sum_{i=1}^{r}\sum_{j=1}^{c}\sum_{p=1}^{m}(y_{ijp} - \overline{y}_{ij.})^2$$

$$SS_I = \sum_{i=1}^{r}\sum_{j=1}^{c}\sum_{p=1}^{m}(\overline{y}_{ij.} - \overline{y}_{i..} - \overline{y}_{.j.} + \overline{y}_{\dots})^2$$

$$= m\sum_{i=1}^{r}\sum_{j=1}^{c}(\overline{y}_{ij.} - \overline{y}_{i..} - \overline{y}_{.j.} + \overline{y}_{\dots})^2$$

$$SS_A = cm\sum_{i=1}^{r}(\overline{y}_{i..} - \overline{y}_{\dots})^2$$

$$SS_B = rm\sum_{j=1}^{c}(\overline{y}_{.j.} - \overline{y}_{...})^2$$

由定理1.5.1和定理1.4.2知，$SS_e/\sigma^2 \sim \chi^2(rc(m-1))$，$SS_e/rc(m-1)$是 σ^2 的无偏估计，并且 SS_e 与其他三个平方和独立。

由式(5.4.5) 和式(5.4.7) 得

$$\overline{y}_{...} \sim N\left(\mu, \frac{\sigma^2}{n}\right), \overline{y}_{i..} \sim N\left(\mu + \mu_{i.}, \frac{\sigma^2}{cm}\right) \tag{5.4.10}$$

又由式(5.4.6) 易知

$$\begin{aligned} SS_A &= cm\sum_{i=1}^{r}[(\overline{y}_{i..} - \mu - \mu_{i.}) - (\overline{y}_{...} - \mu) + \mu_{i.}]^2 \\ &= cm\sum_{i=1}^{r}(\overline{y}_{i..} - \mu - \mu_{i.})^2 - cm\sum_{i=1}^{r}(\overline{y}_{...} - \mu)^2 \\ &\quad + cm\sum_{i=1}^{r}\mu_{i.}^2 + 2cm\sum_{i=1}^{r}(\overline{y}_{i..} - \mu_i)\mu_{i.} \end{aligned}$$

取期望得

$$\mathrm{E}SS_A = (r-1)\sigma^2 + cm\sum_{i=1}^{r}\mu_{i.}^2$$

同理可得

$$\mathrm{E}SS_B = (c-1)\sigma^2 + rm\sum_{j=1}^{c}\mu_{.j}^2$$

$$\mathrm{E}SS_I = (r-1)(c-1)\sigma^2 + m\sum_{i=1}^{r}\sum_{j=1}^{c}\mu_{ij}^2$$

由此，当 H_{0AB}不成立时，SS_I 有偏大的倾向；当 H_{0A}不成立时，SS_A 有偏大的倾向，对于 SS_B 有类似的结果。

不难证明，当假设 H_{0AB}成立时，SS_I/σ^2 服从自由度为$(r-1)(c-1)$的 χ^2 分布。故此时，

$$F_I = \frac{n - rc}{(r-1)(c-1)}\frac{SS_I}{SS_e} \sim F((r-1)(c-1), n - rc) \tag{5.4.11}$$

同样，当 H_{0A}, H_{0B}成立时，SS_A/σ^2，SS_B/σ^2 分别服从自由度 $r-1, c-1$ 的 χ^2 分布，故

$$F_A = \frac{n - rc}{r-1}\frac{SS_A}{SS_e} \sim F(r-1, n - rc) \tag{5.4.12}$$

$$F_B = \frac{n - rc}{c-1}\frac{SS_B}{SS_e} \sim F(c-1, n - rc) \tag{5.4.13}$$

对于给定的检验水平 α，当 $F_I > F_\alpha((r-1)(c-1), n-rc)$时，拒绝 H_{0AB}，认为有显著的交互作用。此时，应进一步分析行列因素在什么水平组合下的交互效应最大等。若 $F_I \leqslant F_\alpha((r-1)(c-1), n-rc)$，则接受 H_{0AB}，并进一步检验 H_{0A}，H_{0B}。

注意，仅当接受 H_{0AB}时，检验 H_{0A}，H_{0B}才有实际意义。当 H_{0AB}不成立时，$\mu'_{ij} = \mu'_{.j}$不等价于$\mu_{i.} = 0$，从而对于 H_{0A}的检验不能考察行因子水平影响的一致性；对于 H_{0B}有同样的解释。

上述三个检验可以归纳为方差分析表 5.8。

表 5.8　两因子试验的方差分析表

来　源	自由度	平方和	均　方	F 值
行因子	$r-1$	SS_A	$SS_A/(r-1)$	$\frac{n-r}{r-1}\frac{CSS_A}{SS_e}$
列因子	$c-1$	SS_B	$SS_B/(c-1)$	$\frac{n-rc}{c-1}\frac{SS_B}{SS_e}$
行×列	$(r-1)(c-1)$	SS_I	$SS_I/(r-1)(c-1)$	$\frac{n-rc}{(r-1)(c-1)}\frac{SS_I}{SS_e}$
误　差	$rc(m-1)$	SS_e	$SS_e/(n-rc)$	
总　和	$n-1$	SS_T		

例 5.4.1　这是模拟毒理学家研究毒素对工人健康影响的例子。响应值是工人的肺活量，这些不同工厂的工人在不同环境中工作。因子为工厂和毒素，每个因子有 3 个水平，在每种组合下取 12 人测其肺活量，数据如表 5.9 所示。

表 5.9　肺 活 量 数 据　　(10^3 mL)

工　厂	毒素 A			毒素 B			毒素 C		
1	4.64	5.92	5.25	3.21	3.17	3.88	3.75	2.50	2.65
	6.17	4.20	5.90	3.50	2.47	4.12	2.84	3.09	2.90
	5.07	4.13	4.07	3.51	3.85	4.22	2.62	2.75	3.10
	5.30	4.37	3.78	3.07	3.62	2.95	1.99	2.42	2.37
2	5.12	6.10	4.85	3.92	3.75	4.01	2.95	3.21	3.15
	4.72	5.36	5.41	4.64	3.63	3.40	3.25	2.30	2.76
	5.31	4.78	5.08	4.01	3.39	3.78	3.01	2.31	2.50
	4.97	5.85	5.26	3.51	3.19	4.04	2.02	2.64	2.27
3	4.64	4.32	4.13	4.95	5.22	5.16	2.95	2.80	2.63
	5.17	3.77	3.85	5.35	4.35	4.89	3.85	2.19	3.32
	4.12	5.07	3.25	5.61	4.98	5.77	2.68	3.35	3.12
	3.49	3.65	4.10	5.23	4.86	5.15	4.11	2.90	2.75

解： 由表 5.10 看出，工厂 1 的平均肺活量为最低 3.70，其次是工厂 2，最后是工厂 3。若 3.70 是属医疗正常的肺活量，应认为工厂的环境是卫生的，对健康无明显影响。

表 5.10　按试验单元平均肺活量

工　厂	毒　素			行平均
	A	B	C	
1	4.90	3.46	2.75	3.70
2	5.23	3.78	2.70	3.90
3	4.13	5.13	3.13	4.18
列平均	4.75	4.12	2.86	3.91

从表 5.10 又可看出，毒素 C 对肺活量影响严重。毒素 A 对三个工厂的工人作用是不同的，最高和最低的肺活量相差 $5.23-4.13=1.10$，而毒素 C 最高和最低的差仅为 $3.13-2.70=0.43$。三种毒素对工厂 1 的肺活量影响顺序是 C、B、A，而对工厂 3 依次是 C、A、B。综上分析知道，可能存在交互作用。方差分析结果如表 5.11 所示。

表 5.11　方 差 分 析 表

来　源	自 由 度	平 方 和	均　方	F　值
工　厂	2	3.299	1.649	6.14
毒　素	2	66.889	33.445	124.60
工厂×毒素	4	24.510	6.128	22.83
误　差	99	26.576	0.268	
总　和	107	121.274		

由方差分析表知，工厂和毒素间有交互作用。这时无法排出各种毒素对各工厂工人健康影响一致的顺序。换句话说，各毒素对工人健康的影响因厂而异。这时要将均值 μ'_{ij} 进行分类，说明各毒素对各工厂工人健康影响程度。用 Tukey 方法来分类。

由 SS_e 的定义知，SS_e 和诸 $\overline{y}_{ij}.$ 相互独立。于是可用极差 t 分布求 $\mu'_{ij}-\mu'_{st}$ 的置信区间，进而将 μ'_{ij} 分类。用以前用过的方法得下面的分析数据：

5.23　5.13　4.90　4.13　3.78　3.46　3.13　2.75　2.70

2.53　2.43　2.20　1.43　1.08　0.76　0.43　0.05

0.67　0.65　0.64　0.62　0.59　0.55　0.50　0.42

上述数据第一行是 $\overline{y}_{ij}$ 按大小排列，第二行是正上方的值和最小均值之差，第三行是相应的临界值，例如：

$$0.67 = \frac{SS_e}{\sqrt{99}} \cdot \frac{1}{\sqrt{12}} \cdot t^*_{9,99}(0.95) = 0.52 \times \frac{1}{\sqrt{12}} \times 4.48$$

由表 5.10 可知，3.13，2.75，2.70 三值无显著差别，这说明毒素 C 对三个工厂工人健康的影响是一样的，是对工人健康影响最严重的毒素。

今用最大的均值和其他均值作差，如下：

5.23	5.13	4.90	4.13	3.78	3.46	3.13	2.75	2.70
	0.10	0.33	0.90	1.45	1.77	2.10	2.48	2.53
	0.42	0.50	0.55	0.59	0.62	0.64	0.65	0.67

其中第二行的值是最大均值与正上方的值之差，第三行为相应的临界值。可见 5.23，5.13，4.90 三个数值应属一组。4.90 和 4.13 之差为 0.77>0.42，4.13 和 4.90 有显著差异，不能归入 4.90 所在的一类。同样分析知，4.13 也不能归入 2.70 所在的一类。而 3.46 和 3.13 无显著差异，却和 4.13 有显著差异，故 3.46 应归入 2.70 所属的一类。而 3.78 和 3.13 有显著差别，和 4.13 无显著差别，应和 4.13 归入一类。因此，将 9 个值分成三类：

第 1 类，对健康影响轻微 5.23，5.13，4.90；

第 2 类，对健康影响中等 4.13，3.78；

第 3 类，对健康影响严重 3.46，3.13，2.75，2.70。

注意到这些均值在表 5.10 中的位置，并用 * 表示对健康影响的程度，* 愈多表示对健康影响愈严重，得到表 5.12 所示的的分析结果。

表 5.12　对健康影响程度分析表

工厂	毒素		
	A	*B*	*C*
1	*	***	***
2	*	**	***
3	**	*	***

习题 5.1

1. 要比较 4 种轮胎的耐磨性，选取了 3 种路面进行试验，轮胎在每种路面的试验里程一致。在每个试验条件下，有 5 个轮胎进行试验，测量轮胎的磨损程度。

(1) 试验中有几个因子？这些因子各有几个水平？响应变量是什么？什么是试验个体？什么是处理？

(2) 要进行全面试验，在试验安排时应如何随机化?

(3) 在实际进行试验时，设试验跑道是顺时针环行，若把某种轮胎总是装在车的右前轮，你认为是否适当?

(4) 列举你能够想到的其他应该在试验中控制的因素。

2. 为了证实一种新药对于疾病的治疗效果，需要做临床试验。试验经常采用随机化双盲试验方案，在这种方案中，参加试验的患者随机地分为两组，一组服用安慰剂（一般在外观上与新药区别不大），一组服用新药，而患者和参加试验的医生都不知道谁服用的是什么。谈谈这种试验设计的好处。

习题 5.2

1. 在单因子方差分析中，用

$$\overline{\mu} = \frac{1}{k}\sum_{i=1}^{k}\mu_i'$$

代替(5.2.4)式中的 μ，则 y_{ij} 仍可写做

$$y_{ij} = \overline{\mu} + \mu_i + \in_{ij}$$

其中 $\mu_i = \mu_i' - \overline{\mu}$。

(1) $\{\mu_i\}$ 应满足什么约束条件?

(2) 假设 H_0: $\mu_1' = \mu_2' = \cdots = \mu_k'$ 与假设 H_0: $\mu_1 = \mu_2 = \cdots = \mu_k = 0$ 等价。

2. 对唇疮治疗有 5 种方式处置，包括 1 种安慰剂。下面数据给出由疮症出现到治愈所需天数。

处置方式	痊愈所需天数
1（安慰剂）	5，8，7，7，10，8
2	4，6，6，3，5，6
3	6，4，4，5，4，3
4	7，4，6，6，3，5
5	9，3，5，7，7，6

(1) 对每种处置方式计算均值和标准差;

(2) 对给定数据作方差分析;

(3) 给出总效应和处理方式效应估计值;

(4) 用 *LSD*，*Tukey*，*Scheffé* 多重比较，说明各种治疗方式的效果;

（5）谈谈处理数据的体会。

习题 5.4

1. 下表给出了 2 个工人分别用 A、B 2 台机床生产某种产品的数量（单位：个/天）。

工人	机床	
	A	B
1	69，68，72，74，75	95，98，100，96，97
2	81，88，84，87，88	105，110，187，112，118

试根据上述数据，回答下列问题：

（1）是否有某工人用某机床能生产出更多的产品？这在方差分析中称为什么作用？

（2）2 台机床性能有无差别？

（3）2 个工人的技术水平有无差别？

2. 下表数据是在 4 个地区种植的 3 种松树的直径。回答：

（1）是否有某种树特别适合在某地区种植？

（2）若（1）是否定的，各树种有无差别？哪树种最好？哪个地区最适合松树生长。

树种	地区			
	1	2	3	4
A	23，15，26，13，21	25，20，21，16，18	21，17，16，24，27	14，11，19，20，24
B	28，22，25，19，26	30，26，26，20，28	19，24，19，25，29	17，21，18，26，23
C	18，10，12，22，13	15，21，22，14，12	23，25，19，13，22	18，12，23，22，19

3. 请找出一用方差分析解决的实际问题。

附录 A 概率论基础

A.1 随机事件及其运算

在客观世界中，各种量的变化规律可以分为两大类，一类是确定性规律，一类可准确惟一地被其他量所确定，即按特定的规律变化。例如，自由落体下落的距离是下落时间的二次函数；水在标准大气压（1atm = 101 325 Pa）下 100℃时沸腾；一段导体中的电流强度与加在导体两端的电压成正比等等。这类现象的共同特点是：可由给定的条件准确地预言其结果。另一类是非确定性或偶然规律，即无法根据已知条件准确地预言其结果。例如，无法精确地预言明年 6 月份的降雨量。但也并非无规律可循，通过对往年降雨量记录及其他气象资料的分析，可预言降雨量的范围。

概率论及数理统计就是研究这类偶然规律、探索这类规律的科学。无法预言其结果的现象叫偶然现象。如掷一枚硬币，在掷之前无法预言是出现正面还是反面。但大量重复地掷，就会发现出现正面的次数和出现反面的次数大致相等，即在大量重复中表现出其规律性。

在相同条件下，可重复进行，不能预言其结果，但知其所有可能结果的试验叫**随机试验**。如掷骰子，摸扑克牌等都是随机试验。

在随机试验中，每一个可能出现的结果叫基本事件，通常用 ω 表示。全体基本事件组成的集合叫样本空间，记做 Ω。Ω 的子集叫做集件，常用 A，B，C，…表示。事件一般由若干基本事件组成。事件 A 发生是指随机试验的结果 $\omega \in A$。空集 $\varnothing$ 是 Ω 的子集。因此它也是事件，叫不可能事件，直观意义为不可能发生的事件。Ω 也是事件，叫必然事件，直观意义为必然发生的事。

随机事件的运算及它们之间的关系分别与 Ω 的子集运算和子集之间的关系相对应。事件间的运算服从以下规律。

(1) 交换律：$A \cup B = B \cup A$，$AB = BA$。

(2) 分配律：$A(B \cup C) = AB \cup AC$。

$A(B - C) = AB - AC$。

(3) 结合律：$A(BC) = (AB)C = ABC$，

$A \cup (B \cup C) = (A \cup B) \cup C = A \cup B \cup C$。

(4) $\overline{(\bigcup_{i=1}^{n} A_i)} = \bigcap_{i=1}^{n} \overline{A_i}$。

(5) $\overline{(\bigcap_{i=1}^{n} A_i)} = \bigcup_{i=1}^{n} \overline{A_i}$。

A.2　概率及其运算

对于一随机试验，各种事件发生的“可能性”是不相同的，有的大些，有的小些。观察一随机试验，不仅要观察可能发生的所有结果，而且要观察各种结果发生的“可能性”大小，揭示其内在的规律。概率就是用来刻划事件发生的可能性大小的，是事件的客观属性。以 Ω 为样本空间，$P(A)$ 记事件 A 的概率，A_1，$A_2,\cdots,A_n,\cdots$ 是事件序列，那么，概率有以下基本性质：

(1) $0 \leqslant P(A) \leqslant 1$。

(2) $P(\Omega) = 1$。

(3) 对两两互斥的事件序列 A_1，A_2，$\cdots$，A_n，有

$$P(\bigcup_{i=1}^{n} A_i) = \sum_{i=1}^{n} P(A_i) \tag{A.2.1}$$

$$P(\bigcup_{i=1}^{+\infty} A_i) = \sum_{i=1}^{+\infty} P(A_i) \tag{A.2.2}$$

式（A.2.1）称为有限可加性，式（A.2.2）称为可列可加性或 σ－可加性。上面三条性质可作为概率的公理系统，即定义在样本空间的子集族上的函数，满足上述三条性质，就视为概率。

定理 A.2.1　设 Ω 为样本空间，A、B 是两个事件，P 是定义在 Ω 上的概率，则

$(a) P(A) = 1 - P(\overline{A}), P(\varnothing) = 0$。

$(b) P(A \cup B) = P(A) + P(B) - P(AB)$。　(A.2.3)

概率的公理系统是概率论中的三条基本规律，其他的概率规律均可由此

推出。下面的定理称为概率的连续性。

定理 A.2.2 设 $\{A_n\}$ 是随机事件的递降序列，$A=\bigcap_{i=1}^{+\infty}A_i$，则

$$P(A)=\lim_{n\to+\infty}P(A_n) \tag{A.2.4}$$

证明： 由于 $\{A_n\}$ 是递降序列，即 $A_1\supset A_2\supset\cdots\supset A_n\cdots$ 故对任意的 n，有 $A_n=A\cup(\bigcup_{k=n}^{+\infty}A_k\overline{A}_{k+1})$。由公式 (A.2.3)，

$$P(A_n)=P(A)+P(\bigcup_{k=n}^{+\infty}A_k\overline{A}_{k+1})-P(A(\bigcup_{k=n}^{+\infty}A_k\overline{A}_{k+1}))$$

而 $A\ (\bigcup_{k=n}^{+\infty}A_k\overline{A}_{k+1})=\bigcup_{k=n}^{+\infty}AA_k\ \overline{A}_{k+1},A\ \overline{A}_{k+1}=\varnothing$，由可列可加性 $P(A(\bigcup_{k=n}^{+\infty}A_k\overline{A}_{k+1}))=0$。故

$$P(A_n)=P(A)+\sum_{k=n}^{+\infty}P(A_k\overline{A}_{k+1}) \tag{A.2.5}$$

令 $n=1$，$1\geqslant P(A_1)=P(A)+\sum_{k=1}^{+\infty}P(A_k\overline{A}_{k+1})$，故级数 $\sum_{k=1}^{+\infty}P(A_k\overline{A}_{k+1})$ 收敛。对式(A.2.5) 两边取极限，得 $P(A)=\lim_{n\to+\infty}P(A_n)$。

定义 A.2.1 设 A、B 是两个随机事件，且 $P(A)>0$，则

$$P(B\mid A)=P(AB)/P(A) \tag{A.2.6}$$

称为在事件 A 发生的条件下，事件 B 发生的条件概率。

设 Ω 为样本空间，附以条件 A 发生，相当于将 Ω 压缩，以 A 作为样本空间。条件概率仍满足概率的 3 条公理。计算条件概率的方法有两种：

(1) 将 A 视作样本空间，计算 B 发生的概率；

(2) 在原样本空间 Ω 中，计算 $P(AB)$、$P(A)$，再由条件概率公式 (A.2.6) 计算 $P(B|A)$。

条件概率公式经常表示为

$$P(AB)=P(A)P(B\mid A) \tag{A.2.7}$$

上式的优越性在于 $P(A)=0$ 时也成立。式 (A.2.7) 可推广到 n 个事件的情形，

$$P(\bigcap_{i=1}^{n}A_i)=\prod_{i=1}^{n}P(A_i\mid A_1,\cdots,A_{i-1}) \tag{A.2.8}$$

这只需反复运用公式 (A.2.7) 即可得到。

全概率公式是计算概率时非常有用的公式。

定义 A.2.2　设 H_1，H_2，…，H_n 是 n 个事件，若 $\Omega=\bigcup\limits_{i=1}^{n}H_i$ 且 $i\neq j$ 时 $H_iH_j=\varnothing$，则称 $\{h_i: i=1, 2, \cdots, n\}$ 为一个完备事件组。

定理 A.2.3　设 $\{H_i: i=1, 2, \cdots, n\}$ 是一个完备事件组，则对任意事件 A，都有

$$P(A)=\sum_{i=1}^{n}P(H_i)P(A\mid H_i) \tag{A.2.9}$$

式（A.2.9）称为全概率公式。

定理 A.2.4　（Bayes 公式）设 $\{H_i: 1\leqslant i\leqslant n\}$ 是完备事件组，$P(A)>0$，$P(H_i)>0(i=1,2,\cdots,n)$。则

$$P(H_i\mid A)=\frac{P(A\mid H_i)P(H_i)}{\sum\limits_{j=1}^{n}P(A\mid H_j)P(H_j)} \tag{A.2.10}$$

Bayes 公式(A.2.10)也称为逆概公式。

定义 A.2.3　若事件 A、B 满足 $P(AB)=P(A)P(B)$，则称事件 A 和 B 相互独立。

定理 A.2.5　若事件 A、B 相互独立，则下面三对事件，$A,\overline{B}$；$\overline{A},B$；$\overline{A},\overline{B}$ 也分别相互独立。

易见，$\varnothing$、Ω 与任何事件独立。独立的概念可推广到 n 个事件上。

定义 A.2.4　设 $A_1,A_2,\cdots,A_n$ 为 n 个事件，若对任意的 $r(1<r\leqslant n)$ 及任意的 $1\leqslant i_1<i_2<\cdots<i_r\leqslant n$ 有

$$P(A_{i1}A_{i2}\cdots A_{ir})=P(A_{i1})P(A_{i2})\cdots P(A_{ir})$$

则称 A_1，$A_2,\cdots,A_n$ 相互独立。

若 A_1，A_2，…，A_n 相互独立，则其中任意 r 个事件也相互独立。当然也两两独立。在定义 n 个事件相互独立时用了（2^n-n-1）个等式，这些等式是各自独立的。任一等式不能由其他等式推出。事件两两独立不能推出相互独立。

A.3　随机变量

观察一随机现象，其观察可以是数量性的，也可以是非数量性的。前者如在某时刻的候车人数，后者如产品是合格品还是次品；掷硬币出现正面或

反面。对非数量性的观察可以使其数量化。如掷硬币正面记为1，反之记为0。这实际上是引进了一个定义在样本空间上的函数 X：X（正面）$=1$，X（反面）$=0$。

定义 A.3.1 设 Ω 是样本空间，$X(\omega)$ 是定义在 Ω 上的单值实函数，则称 X 为随机变量。

例如，掷骰子的点数 ζ；火炮的弹着点和目标之间的距离 η 等等都是随机变量。

随机变量把随机试验的结果映射为实数，这样，就可以利用数学工具进一步研究随机试验。为了刻画随机试验的性质，经常考虑形如 $\{\omega:\omega\in\Omega,X(\omega)\in B\}$ 的随机事件，也经常简记为 $X\in B$，这里 B 通常是一个实数集合。

A.3.1 离散型随机变量

定义 A.3.2 若随机变量 X 只取有限个值或可列无穷个值，则称 X 为离散型随机变量。设 X 可能的取值为 $x_1,x_2,\cdots,x_n$。记 $p_n=P\{\omega:X(\omega)=x_n\}=P(X=x_n)(n=1,2,\cdots)$，则称 $p_1,p_2,\cdots$ 为随机变量 X 的概率函数或概率分布。

显然 $\{p_n\}$ 满足

(1) $p_n\geqslant 0,n=1,2,\cdots$；

(2) $\sum\limits_{n=1}^{+\infty}p_n=1$。

例 A.3.1 （单点分布）随机变量 X，概率为1地取常数值 C，即 $P(X=C)=1$。此时 X 可视为常数。该分布称为单点分布，或退化分布。

例 A.3.2 （两点分布）直观地讲，就是只取两个值的随机变量。分别以0,1表示两个取值，则分布可以表示为

x	0	1
$P(X=x)$	$1-p$	p

例如一批产品，次品率为 p。今随机地抽取一件产品，若为次品，记 $X=1$，否则记 $X=0$，则 X 服从上述的两点分布，记做 $X\sim B(1,p)$。

例 A.3.3 （二项分布）考虑 Bernoulli 概型。设在一次试验中事件 A 发生的概率为 p，X 表示 n 次独立试验中，事件 A 发生的次数，则有

$$P(X=k)=\binom{n}{k}p^k(1-p)^{n-k}\quad k=0,1,2,\cdots,n$$

称 X 服从二项分布，记做$X\sim B(n,p)$。有时把概率函数记为 $b(k,n,p)=P(X=k)$。

例 A.3.4　(Poisson 分布)设离散型随机变量 X 可能的取值为所有非负整数,且

$$P(X=k)=\frac{\lambda^k}{k!}\mathrm{e}^{-\lambda}\quad k=0,1,2,\cdots$$

其中 $\lambda>0$,则称 X 服从以 λ 为参数的 Poisson 分布,记做 $X\sim P(\lambda)$。

Poisson 分布的应用非常广泛,像纺织品单位面积上的疵点数,某时间的候车人数,电话呼唤次数,放射性物质在某段时间内放射的粒子数,容器内的细菌数等等,都可用一个服从 Poisson 分布的随机变量来描述。

Poisson 分布与二项分布之间有如下关系。

定理 A.3.1　若 $\lim\limits_{n\to+\infty}np_n=\lambda>0$,则 $\lim\limits_{n\to+\infty}b(k;n,p_n)=\frac{\lambda^k}{k!}\mathrm{e}^{-\lambda}(k=0,1,2,\cdots)$

证明:记 $\lambda_n=np_n$。当 $k\geqslant1$ 时,

$$\begin{aligned}b(k;n,p_n)&=\binom{n}{k}p_n^k(1-p_n)^{n-k}\\&=\frac{n(n-1)\cdots(n-k+1)}{k!}\left(\frac{\lambda_n}{n}\right)^k\left(1-\frac{\lambda_n}{n}\right)^{n-k}\\&=\frac{\lambda_n^k}{k!}\left(1-\frac{1}{n}\right)\left(1-\frac{2}{n}\right)\cdots\left(1-\frac{k-1}{n}\right)\left(1-\frac{\lambda_n}{n}\right)^{-\frac{n}{\lambda_n}\cdot\lambda_n\left(-\frac{n-k}{n}\right)}\end{aligned}$$

故 $\lim\limits_{n\to+\infty}b(k;n,p_n)=\frac{\lambda^k}{k!}\mathrm{e}^{-\lambda}(k=1,2,\cdots)$。

当 $k=0$ 时,

$$\begin{aligned}b(0;n,p_n)&=\binom{n}{0}p_n^0(1-p_n)^n=(1-p_n)^n\\&=\left(1-\frac{\lambda_n}{n}\right)^{-\frac{n}{\lambda_n}(-\lambda_n)}\end{aligned}$$

从而 $\lim\limits_{n\to+\infty}b(0;n,p_n)=\mathrm{e}^{-\lambda}$。

这个定理提供了一个计算二项分布的概率函数 $b(k;n,p)$的近似方法。在 p 很小而 n 很大时,可采用近似公式

$$b(k;n,p)\approx\frac{(np)^k}{k!}\mathrm{e}^{-np}\tag{A.3.1}$$

当 $p<0.1,n>10$ 时有很好的近似结果。

A.3.2 连续型随机变量

定义 A.3.3 设 X 为随机变量,若存在非负函数 $f(x)$,使$\int_{-\infty}^{+\infty} f(x)\mathrm{d}x < +\infty$,并且对任意实数 x,随机变量 X 取值于区间$(-\infty,x]$的概率可以表示为 $P(-\infty < X \leqslant x) = \int_{-\infty}^{x} f(x)\mathrm{d}x$,则称 X 为连续型随机变量,$f(x)$ 称为 X 的概率密度函数,简称为密度函数或密度。

易见,密度函数有以下性质:

(1)$f(x) \geqslant 0$;

(2)$\int_{-\infty}^{+\infty} f(x)\mathrm{d}x = 1$。

例 A.3.5 (均匀分布)若随机变量 X 的密度函数为

$$f(x) = \begin{cases} \dfrac{1}{b-a} & a \leqslant x \leqslant b \\ 0 & \text{其他} \end{cases}$$

则称 X 服从$[a,b]$上的均匀分布,或说 X 均匀分布于$[a,b]$上。记做 $X \sim U(a,b)$。

若记 $\lambda = 1/(a-b)$,则任取 c,d 满足$a \leqslant c < d \leqslant b$,有

$$\begin{aligned} P(c < X \leqslant d) &= P(-\infty < X \leqslant d) - P(-\infty < X \leqslant c) \\ &= \int_{c}^{d} f(x)\mathrm{d}x = \int_{c}^{d} \lambda \mathrm{d}x \\ &= \lambda(d-c) \end{aligned}$$

即 X 取值于$[a,b]$中任一子区间的概率与该子区间的长度成正比,而与该子区间的位置无关。这就是均匀分布的意义。

例 A.3.6 (指数分布)如果随机变量 X 的密度为

$$f(x) = \begin{cases} \lambda \mathrm{e}^{-\lambda x} & x \geqslant 0 \\ 0 & x < 0 \end{cases}$$

则称 X 服从参数为λ 的指数分布。

例 A.3.7 (正态分布)若随机变量 X 的密度函数为

$$\phi(x) = \frac{1}{\sqrt{2\pi}\sigma} \mathrm{e}^{-\frac{(x-\mu)^2}{2\sigma^2}} \quad -\infty < x < +\infty \tag{A.3.2}$$

则称 X 服从以 μ,σ^2 为参数的正态分布。记做 $X \sim N(\mu,\sigma^2)$。

正态分布的随机变量有广泛的应用。大量的实际经验与理论分析表明，测量误差及很多质量指标，如一批产品的长度、强度等，都可看作或近似看作是服从正态分布的。正态分布在概率统计的理论与应用中占有特别重要的地位。

$N(0,1)$称为标准正态分布，其密度函数的图形如图A.1所示，呈钟形。对一般的正态分布$N(\mu,\sigma^2)$，μ决定密度函数图形的位置，σ^2决定其形状，如图A.2。且有

$$P(-\sigma < X-\mu < \sigma) = 0.693,$$
$$P(-2\sigma < X-\mu < 2\sigma) = 0.956,$$
$$P(-3\sigma < X-\mu < 3\sigma) = 0.997$$

可见，正态分布的随机变量取值几乎全部落在以μ为中心，长为6σ的区间内。称σ为标准差，σ^2为方差。

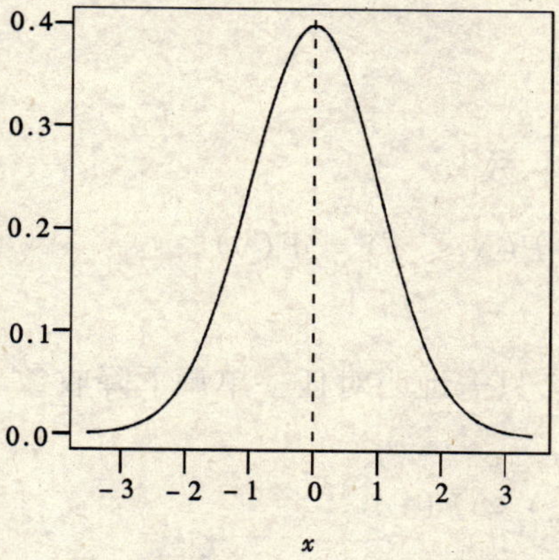

图A.1　标准正态分布的密度函数

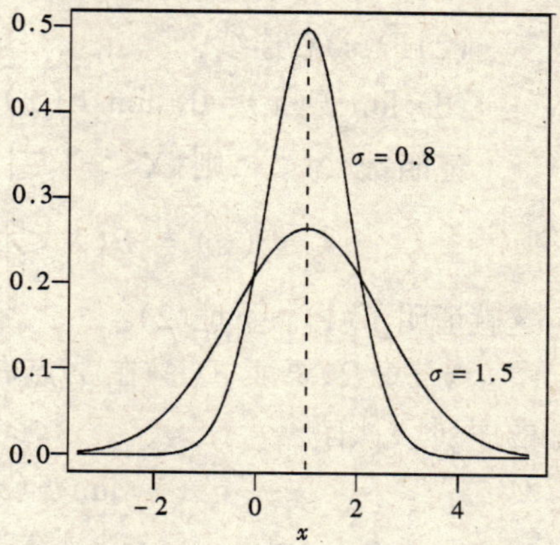

图A.2　方差对密度的影响

A.3.3　随机变量的分布函数及其性质

由前所述，连续型随机变量用密度函数描述；离散型随机变量用概率函数描述。是否有统一的方法来描述随机变量呢？回答是肯定的，分布函数就是用来刻画随机变量的通用工具。

定义A.3.4　设X为一随机变量，对任意实数x，令$F(x)=P(X\leqslant x)$，称$F(x)$为X的分布函数。

由定义易见，设a、b为实数且$a<b$，则

$$P(a < X \leqslant b) = F(b) - F(a)$$
$$P(a \leqslant X \leqslant b) = F(b) - F(a) + P(X = a)$$
$$P(a < X < b) = F(b) - F(a) - P(X = b)$$
$$P(a \leqslant X < b) = F(b) - F(a) + P(X = a) - P(x = b)$$

$$\begin{aligned} P(X = b) &= \lim_{n \to +\infty} P\left(b - \frac{1}{n} < X \leqslant b\right) \\ &= \lim_{n \to +\infty} \left[F(b) - F\left(b - \frac{1}{n}\right)\right] \\ &= F(b) - F(b - 0) \end{aligned}$$

当 $F(x)$在 b 处连续时,$F(b) = F(b-0)$。而对连续型随机变量,该条件总是满足的。故连续型随机变量取某一值的概率为 0。

定理 A.3.2 分布函数有以下性质:

(1)$F(x)$单调上升;

(2)$F(x)$右连续;

(3) $\lim\limits_{x \to -\infty} F(x) = 0$, $\lim\limits_{x \to +\infty} F(x) = 1$。

证明:设 $x < y$,则$\{X \leqslant x\} \subset \{X \leqslant y\}$,故

$$F(x) = P(X \leqslant x) \leqslant P(X \leqslant y) = F(y)$$

这就证明了(1)。下证(2)。

$\forall x \in R$,要证 $F(x)$在 x 点右连续,只需证明对任一单调下降收敛于 0 的序列$\{a_n\}$有

$$\lim_{n \to +\infty} F(x + a_n) = F(x)$$

即可。事实上,记 $A_n = \{X \leqslant x + a_n\}$,则 $A_n \supset A_{n+1}$对 $n = 1, 2, \cdots$成立。$\{X \leqslant x\} = \bigcap\limits_{n=1}^{+\infty} A_n$。由概率连续性,

$$F(x) = P(X \leqslant x) = \lim_{n \to +\infty} P(A_n) = \lim_{n \to +\infty} F(x + a_n)$$

对(3),设$\{a_n\}$为任一满足 $\lim\limits_{n \to +\infty} a_n = -\infty$的单调下降序列,记 $A_n = \{X \leqslant a_n\}$,由概率连续性,

$$\begin{aligned} \lim_{n \to +\infty} F(a_n) &= \lim_{n \to +\infty} P(X \leqslant a_n) = \lim_{n \to +\infty} F(a_n) = P\left(\bigcap_{n=1}^{+\infty} A_n\right) \\ &= P(\varnothing) = 0 \end{aligned}$$

由$\{a_n\}$的任意性即知 $\lim\limits_{x \to -\infty} F(x) = 0$。同理可证 $\lim\limits_{x \to +\infty} F(x) = 1$。

对于连续型随机变量 X,其分布函数 $F(x)$和密度函数 $f(x)$有如下关系:

$$F(x)=\int_{-\infty}^{x}f(t)\mathrm{d}t \tag{A.3.3}$$

由此可见,$F(x)$是 x 的连续函数,且在 $f(x)$的连续点有 $f(x)=F'(x)$。

对离散型随机变量 X,分布函数 $F(x)$是右连续的阶梯函数。若 $x_1,x_2,\cdots,x_n\cdots$为 X 的可能取值,则 $F(x)=\sum_{x_k\leqslant x}P(X=x_k)$。

A.4 多维随机变量

在很多随机现象中往往涉及多个随机变量。如打靶时的弹着点就由两个随机变量——弹着点的横坐标 x 和纵坐标 y 所表示。又如炼钢厂炼出的每炉钢,其硬度、含碳量、含硫量都必须考察,这就要用三个随机变量来描述。这类例子是很多的。值得强调的是,这些随机变量之间一般说来是有某种联系的,因而需要把这些随机变量作为一个整体来研究。于是,把由 n 个随机变量$X_1,X_2,\cdots,X_n$ 构成的n 维向量$\boldsymbol{X}=(X_1,X_2,\cdots,X_n)^{\mathrm{T}}$ 称为 n 维随机变量或随机向量。有时,为方便也使用行向量来表示随机向量。由于二维随机变量与多维无本质差别,本节以二维随机变量为例讨论随机向量及其分布。

A.4.1 二维随机变量及其分布

定义 A.4.1 设 X,Y 为定义在同一样本空间上的随机变量,则称(X,Y)为二维随机变量。对于任意 $x,y\in R$,令

$$F(x,y)=P\{\omega:X(\omega)\leqslant x,Y(\omega)\leqslant y\}=P(X\leqslant x,Y\leqslant y)$$

称 $F(x,y)$为(X,Y)的联合分布函数,简称(X,Y)的联合分布。

$F(x,y)$具有以下性质

(1)对于任意$(x,y)\in R^2$,$0\leqslant F(x,y)\leqslant 1$,且 $F(x,y)$分别关于 x,y 单调上升;

(2)$F(x,y)$对每个变元右连续;

(3) $\lim\limits_{x\to-\infty}F(x,y)=0$, $\lim\limits_{y\to-\infty}F(x,y)=0$, $\lim\limits_{\substack{x\to+\infty\\y\to+\infty}}F(x,y)=1$;

(4)对任意 4 个实数,$a_1\leqslant b_1,a_2\leqslant b_2$ 有

$$F(b_1,b_2)-F(a_1,b_2)-F(b_1,a_2)+F(a_1,a_2)\geqslant 0。$$

若某个二元函数满足上述4条性质,则必存在二维随机变量(X,Y)以其为联合分布函数。与一元分布函数的性质相比较,性质(4)是因维数增加而必须添加的条件,即性质(4)不能由性质(1)~(3)推出。事实上它是保证概率非负的条件。

与一维的情形一样,二维随机变量也有离散型和连续型。

定义 A.4.2 若随机向量(X,Y)只取有限或可列无穷个值,则称(X,Y)是离散型二维随机变量。

定义 A.4.3 设(X,Y)为离散型随机变量。$(x_i,y_j)(i,j=1,2,\cdots)$为$(X,Y)$可能取的值。令 $p_{ij}=P(X=x_i,Y=y_j)$,则

(1) $p_{ij}\geqslant 0\ i,j=1,2,\cdots$;

(2) $\sum\limits_{i,j}p_{ij}=1$。

称$\{p_{ij}:i,j=1,2,\cdots\}$为$(X,Y)$的概率函数。易见此时有 $F(x,y)=\sum\limits_{\substack{x_i\leqslant x\\ y_i\leqslant y}}p_{ij}$。

定义 A.4.4 若存在非负二元函数 $f(x,y)$使

$$F(x,y)=P(X\leqslant x,Y\leqslant y)=\int_{-\infty}^{x}\int_{-\infty}^{y}f(s,t)\mathrm{d}s\mathrm{d}t,\forall(x,y)\in R^2$$

则称(X,Y)为连续型二维随机变量,称 $f(x,y)$为(X,Y)的联合概率密度函数。

显见 $f(x,y)$具有性质:

(1) $f(x,y)\geqslant 0,\forall(x,y)\in R^2$;

(2) $\int_{-\infty}^{+\infty}\int_{-\infty}^{+\infty}f(x,y)\mathrm{d}x\mathrm{d}y=1$。

反之,满足性质(1)和性质(2)的二元函数必为某个二维随机变量的密度函数。在二维联合密度的连续点上有

$$\frac{\partial^2F(x,y)}{\partial x\partial y}=f(x,y) \tag{A.4.1}$$

设 G 为R^2 上的任意区域,则有

$$P((X,Y)\in G)=\iint_G f(x,y)\mathrm{d}x\mathrm{d}y$$

例 A.4.1 (均匀分布)若二维随机变量(X,Y)的联合密度函数为

$$f(x,y)=\begin{cases}\dfrac{1}{(b_1-a_1)(b_2-a_2)} & a_1<x<b_1,a_2<y<b_2\\ 0 & \text{其他}\end{cases}$$

则称(X,Y)服从矩形$\{(x,y):a_1<x<b_1,a_2<y<b_2\}$上的均匀分布。对二维的情形,其他类型区域上的均匀分布也是常见的。如圆域上、椭圆域上的均匀分布。一般地说,设 G 为R^2 中一区域,若以 $\mu(G)$记区域 G 的面积,则 G 上的均匀分布具有密度

$$f(x,y)=\begin{cases}1/\mu(G) & (x,y)\in G\\ 0 & \text{其他}\end{cases}$$

例 A.4.2 (二维正态分布)设随机变量(X,Y)的联合密度为

$$f(x,y)=\frac{1}{2\pi\sigma_1\sigma_2\sqrt{1-\rho^2}}\exp\left\{-\frac{1}{2(1-\rho^2)}\left[\frac{(x-\mu_1)^2}{\sigma_1^2}-2\rho\frac{(x-\mu_1)(y-\mu_2)}{\sigma_1\sigma_2}+\frac{(y-\mu_2)^2}{\sigma_2^2}\right]\right\} \tag{A.4.2}$$

其中 $\sigma_1,\sigma_2>0,\mu_1,\mu_2$ 为实数,$|\rho|<1$,称(X,Y)服从二维正态分布 $N(\mu_1,\mu_2,\sigma_1^2,\sigma_2^2,\rho)$。

A.4.2 边缘分布

由于随机向量的每个分量也是随机变量,因而也有它们自己的分布,称这些分量的分布为边缘分布。

定义 A.4.5 称 X 的分布函数$F_X(x)$为联合分布 $F(x,y)$的关于 X 的边缘分布;Y 的分布函数$F_Y(y)$为关于 Y 的边缘分布。

易见

$$\begin{aligned}&F_X(x)=P(X\leqslant x)=P(X\leqslant x,y<+\infty)=F(x,+\infty)\\&F_Y(y)=F(+\infty,y)\end{aligned} \tag{A.4.3}$$

若 $F(x,y)$有密度函数 $f(x,y)$,则

$$f_X(x)=\int_{-\infty}^{+\infty}f(x,y)\mathrm{d}y,f_Y(y)=\int_{-\infty}^{+\infty}f(x,y)\mathrm{d}x \tag{A.4.4}$$

分别为X、Y 的概率密度函数,称为边缘密度。若(X,Y)为离散型随机向量,则

$$F_X(x)=\sum_{x_i\leqslant x}\sum_j p_{ij}=\sum_{x_i\leqslant x}p_{i\cdot};\ F_Y(y)=\sum_{y_j\leqslant y}\sum_i p_{ij}=\sum_{y_j\leqslant y}p_{\cdot j} \tag{A.4.5}$$

其中 $p_{i\cdot}=\sum_j p_{ij},p_{\cdot j}=\sum_i p_{ij}$。

例 A.4.3 设(X,Y)服从二维正态分布,则 X 的边缘密度函数为

$$f_X(x)=\int_{-\infty}^{+\infty}f(x,y)\mathrm{d}y$$

$$=\frac{1}{\sqrt{2\pi}\,\sigma_1}\exp\left[-\frac{1}{2\sigma_1^2}(x-\mu_1)^2\right]$$

同理,

$$f_Y(y)=\frac{1}{\sqrt{2\pi}\,\sigma_2}\exp\left[-\frac{1}{2\sigma_2^2}(y-\mu_2)^2\right]$$

可见,二元正态分布的边缘分布仍为正态分布。虽然每个分量的分布函数可由联合分布求得,但一般说来,仅由各分量的分布不一定能求出联合分布。

联合分布和边缘分布的概念容易推广到 n 维情形。n 维随机变量$(X_1,X_2,\cdots,X_n)$的联合分布函数定义为

$$F(x_1,x_2,\cdots,x_n)=P(X_1\leqslant x_1,X_2\leqslant x_2,\cdots,X_n\leqslant x_n)$$

它具有以下性质:

(1)$F(x_1,x_2,\cdots,x_n)\geqslant 0\ \forall(x_1,x_2,\cdots,x_n)\in R^n$,并且 F 关于每个变元 $x_i(1\leqslant i\leqslant n)$单调不减;

(2)$F(x_1,x_2,\cdots,x_n)$对每个变元右连续;

(3)$F(x_1,x_2,\cdots,x_{i-1},-\infty,x_{i+1},\cdots,x_n)=0,\forall 1\leqslant i\leqslant n$;

$F(+\infty,+\infty,\cdots,+\infty)=1$;

(4)设 $a_i\leqslant b_i,i=1,2,\cdots,n$,则

$$F(b_1,b_2,\cdots,b_n)-\sum_{i=1}^{n}F_i+\sum_{1\leqslant i<j\leqslant n}F_{ij}-\cdots+(-1)^nF(a_1,a_2,\cdots,a_n)\geqslant 0$$

其中

$$F_i=F(b_1,\cdots,b_{i-1},a_i,b_{i+1},\cdots,b_n)$$
$$F_{ij}=F(b_1,\cdots,b_{i-1},a_i,b_{i+1},\cdots,b_{j-1},a_j,b_{j+1},\cdots,b_n)$$
$$\vdots$$

反之,具有上述性质(1)~(4)的 n 元函数 $F(x_1,x_2,\cdots,x_n)$必是某个 n 维随机向量的分布函数。

$(X_1,X_2,\cdots,X_n)$的一部分分量$(X_{i1},X_{i2},\cdots,X_{ik})$的分布称为$(X_1,X_2,\cdots,X_n)$关于$(X_{i1},X_{i2},\cdots,X_{ik})$的边缘分布。与二元相仿地有

$$F_{i_1i_2\cdots i_k}(x_{i_1},x_{i_2},\cdots,x_{i_k})=F(+\infty,\cdots,+\infty,x_{i_1},+\infty,\cdots,+\infty,x_{i_2},+\infty,\cdots,+\infty,x_{i_k},+\infty,\cdots,+\infty)$$

例 A.4.4 设一随机试验有 l 种结果:$A_1,A_2,\cdots,A_l$。A_i 发生的概率为

$p_i=P(A_i)$, $\sum_{i=1}^{l} p_i = 1$。今独立地重复该试验 n 次,X_i 表示这 n 次试验中事件 A_i 发生的次数,则

$$P(X_1 = k_1, X_2 = k_2, \cdots, X_l = k_l) = \frac{n!}{k_1!k_2!\cdots k_l!} p_1^{k_1} p_2^{k_2} \cdots p_l^{k_l} \tag{A.4.6}$$

其中 $k_i \geqslant 0$, $\sum_{i=1}^{l} k_i = n$。称此分布为多项分布,记为 $M(n, p_1, p_2, \cdots, p_l)$。多项分布是二项分布的自然推广。

A.4.3 随机变量的独立性

我们知道,边缘分布由联合分布所确定,反之一般是不成立的。但在各分量"独立"的特殊情形下,联合分布也可由其边缘分布所确定。

定义 A.4.6 设(X, Y)的联合分布函数为 $F(x,y)$,$F_X(x)$,$F_Y(y)$为其边缘分布。若对$\forall (x,y) \in R^2$,都有

$$F(x,y) = F_X(x)F_Y(y) \tag{A.4.7}$$

则称随机变量 X 与 Y 相互独立。

当(X, Y)为离散型随机变量时,式(A.4.7)等价于

$$p_{ij} = p_{i\cdot} p_{\cdot j} \tag{A.4.8}$$

当(X, Y)为连续型随机变量时,式(A.4.7)等价于

$$f(x,y) = f_X(x)f_Y(y) \tag{A.4.9}$$

"几乎处处"成立。这里,所谓"几乎处处"是指上式不成立的点的集合的面积为0。特别,当 $f(x,y)$只有有限个或可列个不连续点时,式(A.4.7)等价于式(A.4.9)在所有 $f(x,y)$的连续点上成立。

定理 A.4.1 设(X, Y)的联合密度为 $f(x,y)$,若存在非负函数 $f_1(x)$和 $f_2(y)$,使

$$f(x,y) = f_1(x)f_2(y) \tag{A.4.10}$$

则 X 与 Y 相互独立,且 $f_1(x)$,$f_2(y)$分别与 X、Y 的边缘密度至多相差一个常数因子。

随机变量的独立性可推广到有限个或可列无穷个随机变量的情形。

定义 A.4.7 设 $X_1, X_2, \cdots, X_n$ 为 n 个随机变量,$F(x_1, x_2, \cdots, x_n)$为其联合分布函数,$F_i(x_i)$是 X_i 的边缘分布函数。若对任意实数 $x_1, x_2, \cdots$,

x_n 有

$$F(x_1,x_2,\cdots,x_n) = F_1(x_1)F_2(x_2)\cdots F_n(x_n)$$

则称 $X_1,X_2,\cdots,X_n$ 是相互独立的。

称一个随机变量序列是相互独立的序列,如果其任意有限子集都是相互独立的。

A.5 条件概率分布

前面讨论过在给定事件 B 发生的条件下,事件 A 发生的条件概率 $P(A|B)$。在本节中,将把这种讨论推广到随机变量的条件概率分布。

A.5.1 离散型随机变量的条件分布

设(X,Y)为二维离散型随机变量,其概率函数为

$$p_{ij} = P(X = x_i, Y = y_j) \quad i,j = 1,2,\cdots$$

则 X、Y 的边缘概率函数分别为

$$p_{i.} = P(X = x_i) = \sum_j p_{ij} \quad i = 1,2,\cdots$$

$$p_{.j} = P(Y = y_i) = \sum_i p_{ij} \quad j = 1,2,\cdots$$

在给定 $Y=y_j$ 的条件下,$\{X=x_i\}$的条件概率为

$$p(i \mid j) = P(X = x_i \mid Y = y_j) = p_{ij}/p_{.j} \tag{A.5.1}$$

易见对于固定的 j,$\{p(i|j):i=1,2,\cdots\}$为一个概率函数。

定义 A.5.1 称概率函数$\{p(i|j):i=1,2,\cdots\}$为在 $Y=y_j$ 条件下,X 的条件概率函数。

同样可定义在给定 $X=x_i$ 的条件下,Y 的条件概率函数。式(A.5.1)在 X,Y 为随机向量时也成立,从而上述定义可以推广到多维的情形。

在下面两种情形下,给定 $Y=y_i$ 时,X 的条件概率是容易得到的。

(1)若 X 和 Y 相互独立,则 $p(i|j)=P(X=x_i|Y=y_j)=P(X=x_i)=p_i$,即条件分布与边缘分布一致。反之亦然;

(2)若 X 是 Y 的函数$X=h(Y)$,则 X 的条件分布是退化的,即

$$P(X = h(y) \mid Y = y) = 1$$

由式(A.5.1)式可得

$$p_{xy} = p(x \mid y)p_{\cdot y} \tag{A.5.2}$$

$$p(y \mid x) = \frac{p_{xy}}{p_{x\cdot}} = \frac{p(x \mid y)p_{\cdot y}}{\sum_{y} p(x \mid y)p_{\cdot y}} \tag{A.5.3}$$

式(A.5.2)就是 Bayes 公式。

A.5.2　连续型随机变量的条件分布

对连续型随机变量 X 来说，$P(X=x)=0$。因此不能用定义事件的条件概率的方法来定义 $P(Y=y|X=x)$。但可用数学分析中常用的手法来处理。即先考虑 $P(Y\leqslant y|x-h<X\leqslant x+h)$，再令 $h\to 0$。

定义 A.5.2　设(X,Y)的联合分布函数为 $F(x,y)$，且对任意 $h>0$，有 $P(x-h<X\leqslant x+h)>0$，若对 $\forall\, y\in R$，

$$\begin{aligned}&\lim_{h\to 0}P(Y\leqslant y \mid x-h<X\leqslant x+h)\\ &= \lim_{h\to 0}\frac{P(Y\leqslant y, x-h<X\leqslant x+h)}{P(x-h<X\leqslant x+h)}\end{aligned} \tag{A.5.4}$$

存在，则称该极限为在给定 $X=x$ 的条件下，Y 的条件分布函数，记作 $F(y|x)$。

不难看出，当(X,Y)为离散型时，定义 A.5.2 与前面的定义是一致的。对于连续型随机变量，式(A.5.4)中的极限一定存在。

定理 A.5.1　设(X,Y)的联合密度函数 $f(x,y)$连续，则

$$F(y \mid x) = \frac{\int_{-\infty}^{y} f(x,y)\mathrm{d}t}{\int_{-\infty}^{+\infty} f(x,t)\mathrm{d}t} \tag{A.5.5}$$

$$F(x \mid y) = \frac{\int_{-\infty}^{x} f(t,y)\mathrm{d}t}{\int_{-\infty}^{+\infty} f(t,y)\mathrm{d}t} \tag{A.5.6}$$

易见，$F(y|x)$有密度函数

$$f(y \mid x) = f(x,y)/f_X(x) \tag{A.5.7}$$

式(A.5.7)称为给定 $X=x$ 的条件下，Y 的条件密度函数。从而有 $f(x,y)=f_X(x)f(y|x)$。两边取积分得

$$\int_{-\infty}^{y} f(x,t)\mathrm{d}t = f_X(x)\int_{-\infty}^{y} f(t \mid x)\mathrm{d}t$$
$$= f_X(x)F(y \mid x)$$

对 x 在 $(-\infty,+\infty)$ 上积分得

$$F_Y(y) = \int_{-\infty}^{+\infty}\int_{-\infty}^{y} f(x,t)\mathrm{d}x\mathrm{d}t$$
$$= \int_{-\infty}^{+\infty} f_X(x)F(y \mid x)\mathrm{d}x$$

上式可视作全概率公式在连续型随机变量的推广。进一步,对于连续型随机变量,也有与式(A.5.3)相类似的公式

$$f(x \mid y) = \frac{f(x,y)}{f_Y(y)} = \frac{f(y \mid x)f_X(x)}{\int_{-\infty}^{+\infty} f_X(t)f(y \mid t)\mathrm{d}t} \tag{5.9.8}$$

式(A.5.8)可称为 Bayes 原则或 Bayes 公式。

特别地,X,Y 相互独立的充要条件是 $F(y|x)=F_Y(y)$。

A.6 随机变量的函数及其分布

在概率论的实际应用和数理统计中,经常遇到随机变量的函数,如随机变量的和、乘积、平方和、平均数等。显然,随机变量的函数仍然为随机变量。本节主要讨论如何求出随机变量函数的分布。

例 A.6.1 (和的分布)设 (X,Y) 的联合密度为 $f(x,y)$,则 $Z=X+Y$ 的分布函数为

$$F_Z(z) = P(Z \leqslant z)$$
$$= P(X+Y \leqslant z)$$
$$= \iint_{x+y\leqslant z} f(x,y)\mathrm{d}x\mathrm{d}y$$
$$= \int_{-\infty}^{+\infty}\mathrm{d}x\int_{-\infty}^{z-x} f(x,y)\mathrm{d}y$$
$$= \int_{-\infty}^{+\infty}\mathrm{d}x\int_{-\infty}^{z} f(x,u-x)\mathrm{d}u$$

$$= \int_{-\infty}^{z} \mathrm{d}u \int_{-\infty}^{+\infty} f(x, u-x)\mathrm{d}x$$

故 Z 具有密度

$$f_Z(z) = \int_{-\infty}^{+\infty} f(x, z-x)\mathrm{d}x \tag{A.6.1}$$

当 X 与 Y 相互独立、分别有密度 $f_1(x)$、$f_2(x)$时,

$$f_Z(z) = \int_{-\infty}^{+\infty} f_1(x) f_2(z-x)\mathrm{d}x \tag{A.6.2}$$

式(A.6.2)右边称为 $f_1(x)$ 与 $f_2(x)$ 的卷积,即相互独立的两个随机变量和的分布密度是两个随机变量密度函数的卷积。

例 A.6.2 (商的分布)设(X,Y)的联合密度为 $f(x,y)$,则 $Z=X/Y$ 的分布函数为

$$\begin{aligned}
F_Z(z) &= P(X/Y \leqslant z) \\
&= \iint_{x/y \leqslant z} f(x,y)\mathrm{d}x\mathrm{d}y \\
&= \int_0^{+\infty}\left[\int_{-\infty}^{yz} f(x,y)\mathrm{d}x\right]\mathrm{d}y + \int_{-\infty}^{0}\left[\int_{yz}^{+\infty} f(x,y)\mathrm{d}x\right]\mathrm{d}y \\
&= \int_0^{+\infty}\left[\int_{-\infty}^{z} f(uy,y)y\mathrm{d}u\right]\mathrm{d}y + \int_{-\infty}^{0}\left[\int_{-\infty}^{z} f(uy,y)\,|\,y\,|\,\mathrm{d}u\right]\mathrm{d}y \\
&= \int_{-\infty}^{+\infty}\left[\int_{-\infty}^{z} f(uy,y)\,|\,y\,|\,\mathrm{d}u\right]\mathrm{d}y \\
&= \int_{-\infty}^{z}\int_{-\infty}^{+\infty} f(uy,y)\,|\,y\,|\,\mathrm{d}y\mathrm{d}u
\end{aligned}$$

因此 Z 的密度为

$$f_Z(z) = \int_{-\infty}^{+\infty} f(zy,y)\,|\,y\,|\,\mathrm{d}y \tag{A.6.3}$$

如果 X、Y 相互独立,分别有密度 $f_1(x)$,$f_2(y)$,则

$$f_Z(z) = \int_{-\infty}^{+\infty} f_1(zy) f_2(y)\,|\,y\,|\,\mathrm{d}y \tag{A.6.4}$$

例 A.6.3 设 $X_1, X_2, \cdots, X_n$ 相互独立,有相同的分布函数 $F(x)$。则 $Y=\max\{X_1, X_2, \cdots, X_n\}$的分布函数为

$$\begin{aligned}
F_Y(y) &= P(Y \leqslant y) \\
&= P(X_1 \leqslant y, X_2 \leqslant y, \cdots, X_n \leqslant y) \\
&= P(X_1 \leqslant y)P(X_2 \leqslant y)\cdots P(X_n \leqslant y)
\end{aligned}$$

$$= F_n(y)$$

对一般的情形,设随机变量 $X_1, X_2, \cdots, X_n$ 经如下的变换 H 得到 $Y_1, Y_2, \cdots, Y_n$

$$\begin{cases} Y_1 = h_1(X_1, X_2, \cdots, X_n) \\ Y_2 = h_2(X_1, X_2, \cdots, X_n) \\ \quad\vdots \\ Y_n = h_n(X_1, X_2, \cdots, X_n) \end{cases} \tag{A.6.5}$$

关于$(Y_1, Y_2, \cdots, Y_n)$的联合密度有如下定理:

定理 A.6.1　设 $\boldsymbol{X} = (X_1, X_2, \cdots, X_n)$为 n 维随机向量,有密度函数 $f(x)$,此处 $\boldsymbol{x} = (x_1, x_2, \cdots, x_n) \in R_n$。$\Omega$ 为 R_n 中的开集,且 $P(\boldsymbol{X} \in \Omega) = 1$,$H$ 如式(A.6.5)为 Ω 到 R_n 中的变换,且满足条件:

(1)H 是 $\Omega \to H(\Omega)$的 1-1 变换;

(2)$h_i(1 \leqslant i \leqslant n)$在 Ω 中有连续的一阶偏导数;

(3)H 的 Jacobi 行列式

$$J_H(\boldsymbol{t}) = \left.\frac{\partial(h_1 h_2 \cdots h_n)}{\partial(x_1 x_2 \cdots x_n)}\right|_{\boldsymbol{x}=\boldsymbol{t}}$$

在 Ω 中处处不为 0,则 $\boldsymbol{Y} = (Y_1, Y_2, \cdots, Y_n)$有联合密度

$$f_Y(\boldsymbol{y}) = f(H^{-1}(\boldsymbol{y}))\,|\,J_{H^{-1}}(\boldsymbol{y})\,|,\ \boldsymbol{y} = (y_1, y_2, \cdots, y_n) \in H(\Omega) \tag{A.6.6}$$

其中 H^{-1}是 H 的逆变换。

证明:任取 $\boldsymbol{y} = (y_1, y_2, \cdots, y_n) \in H(\Omega)$,

$$\begin{aligned} F_Y(\boldsymbol{y}) &= P(Y_i \leqslant y_i, 1 \leqslant i \leqslant n) \\ &= P(h_i(X_1, \cdots, X_n) \leqslant y_i, 1 \leqslant i \leqslant n) \\ &= \int_A f(x_1, x_2, \cdots, x_n) \mathrm{d}x_1 \mathrm{d}x_2 \cdots \mathrm{d}x_n \end{aligned}$$

此处 $A = \{\boldsymbol{x} \in R^n : h_i(\boldsymbol{x}) \leqslant y_i, 1 \leqslant i \leqslant n\}$。在变换式(A.6.5)下,$A$ 变为 $H(A) = \{\boldsymbol{t} \in R^n : t_i \leqslant y_i, 1 \leqslant i \leqslant n\}$,故进行变量替换 $\boldsymbol{t} = H(\boldsymbol{x})$得到

$$\begin{aligned} F_Y(\boldsymbol{y}) &= \int_{H(A)} f(H^{-1}(\boldsymbol{t}))\,|\,J_{H^{-1}}(\boldsymbol{t})\,|\,\mathrm{d}\boldsymbol{t} \\ &= \int_{-\infty}^{y_1}\int_{-\infty}^{y_2}\cdots\int_{-\infty}^{y_n} f(H^{-1}(\boldsymbol{t}))\,|\,J_{H^{-1}}(\boldsymbol{t})\,|\,\mathrm{d}t_1 \mathrm{d}t_2 \cdots \mathrm{d}t_n \end{aligned}$$

从而 $f_Y(\boldsymbol{y}) = f(H^{-1}(\boldsymbol{y}))|J_{H^{-1}}(\boldsymbol{y})|$,　$\boldsymbol{y} \in H(\Omega)$。

A.7 随机变量的数字特征与特征函数

知道了随机变量的概率分布以后,其全部概率特性就都知道了。但在实际问题中,概率分布较难确定,而它的某些数字特征却比较容易估算出来;并且在许多问题中只需知道某些数字特征就足够了。因此数字特征在随机变量的研究中是很重要的。本节介绍最常见的数字特征,即随机变量的矩以及随机变量的特征函数。

A.7.1 随机变量的数学期望

定义 A.7.1 设 X 为离散型随机变量,概率函数为 $p_i = P(X = x_i)$ $(i=1,2,\cdots)$。若级数 $\sum_{i=1}^{+\infty} x_i p_i$ 绝对收敛,则称 $\sum_{i=1}^{+\infty} x_i p_i$ 为 X 的数学期望。

设 X 为连续型随机变量,密度函数为 $f(x)$。若积分 $\int_{-\infty}^{+\infty} xf(x)\mathrm{d}x$ 绝对收敛,则称 $\int_{-\infty}^{+\infty} xf(x)\mathrm{d}x$ 为 X 的数学期望。随机变量 X 的数学期望记作 $E(X)$。

为方便起见,定义如下的"积分"符号:以 $F(x)$ 记 X 的分布函数,

$$\int_{-\infty}^{+\infty} x\mathrm{d}F(x) = \begin{cases} \sum_{i=1}^{+\infty} x_i P(X = x_i) & \text{当 } X \text{ 为离散型随机变量} \\ \int_{-\infty}^{+\infty} xf(x)\mathrm{d}x & \text{当 } X \text{ 为连续型随机变量,密度为 } f(x) \end{cases} \tag{A.7.1}$$

于是,统一地有 $E(X) = \int_{-\infty}^{+\infty} x\mathrm{d}F(x)$。该积分收敛(或绝对收敛)时,对于离散型或连续型分布,分别指相应的级数或积分收敛(或绝对收敛)。

特别地,对于基本事件总数为 n 的古典概型,X 取 $x_1,\cdots,x_n$ 中各值的概率都为 $1/n$,故 $E(X) = \frac{1}{n}\sum_{i=1}^{n} x_i$,即数学期望为 X 所有可能取值的平均值。一般地,即使 X 取各值的概率不同,$E(X)$ 也可视作对 X 每个可能取值 x_i 以其概率 p_i 作"权"的加权平均,由此数学期望通常也称为均值,并把它作为随机变量取值"中心"的一种度量。从物理角度说,如果把 p_i 视为质量,x_i 视为放

置该质量的坐标，则数学期望即为质心的力矩，这可以视为随机变量的“矩”（见定义 5.11.3）的概念的来源。另外，由于总质量为 1，数学期望在数值上也等于质心的坐标。

对随机变量的函数，有如下定义。

定义 A.7.2 设 X 的分布函数为 $F(x)$，若积分 $\int_{-\infty}^{+\infty} g(x)\mathrm{d}F(x)$ 绝对收敛，则称 $\int_{-\infty}^{+\infty} g(x)\mathrm{d}F(x)$ 为 $g(X)$ 的数学期望，记做 $Eg(X)$。特别，若 X 为概率函数是 $p_i = P(X = x_i)$ 的离散型随机变量，则

$$Eg(X) = \sum_{i=1}^{+\infty} g(x_i)p_i$$

若 X 为密度函数是 $f(x)$ 的连续型随机变量，则

$$Eg(X) = \int_{-\infty}^{+\infty} g(x)f(x)\mathrm{d}x$$

数学期望是最基本的数字特征之一，它具有如下的性质：

(1) $E(C) = C$，C 为一个常数；

(2) 设 $C_1, C_2, \cdots, C_n$ 都为常数，则

$$E\left(\sum_{i=1}^{n} C_i X_i\right) = \sum_{i=1}^{n} C_i E(X_i);$$

(3)若 $X_1, X_2, \cdots, X_n$ 相互独立，则

$$E\left(\prod_{i=1}^{n} X_i\right) = \prod_{i=1}^{n} E(X_i)。$$

例 A.7.1 设 $X \sim B(n,p)$，则 $E(X) = np$。

例 A.7.2 设 $X \sim N(\mu,\sigma^2)$，则 $E(X) = \mu$。

A.7.2 随机变量的方差及矩

定义 A.7.3 若 X^k 的数学期望 $E(X^k)$ 存在，则称 $E(X^k)$ 为 X 的 k 阶原点矩；$E(|X|^k)$ 为 X 的 k 阶绝对原点矩；$E(X-E(X))^k$ 为 X 的 k 阶中心矩；$E|X-E(X)|^k$ 为 X 的 k 阶绝对中心矩。易见一阶原点矩就是数学期望。特别地称二阶中心矩为 X 的方差，记做 $D(X)$ 或 $\mathrm{Var}(X)$。

易知当 $E(X^k)$ 存在时，$E(|X|^k)$，$E(X-E(X))^k$，$E|X-E(X)|^k$ 都存在，反之亦然。

方差 $\mathrm{Var}(X)$ 是最基本的数字特征，它描述 X 的取值相对于 $E(X)$ 的集中或离散程度。$\mathrm{Var}(X)$ 愈大，X 取值相对于 $E(X)$ 的分散程度愈大；$\mathrm{Var}(X)$

愈小,X 取值愈集中于 $E(X)$ 附近。

由方差的定义,容易证明有

$$\mathrm{Var}(X) = E(X^2) - [E(X)]^2 \tag{A.7.2}$$

方差有如下性质:

(1) $\mathrm{Var}(C) = 0$, C 为一常数;

(2) $\mathrm{Var}(aX + b) = a^2\mathrm{Var}(X)$, a, b 为常数;

(3)若 $X_1, X_2, \cdots, X_n$ 相互独立,则

$$\mathrm{Var}\left(\sum_{i=1}^{n} X_i\right) = \sum_{i=1}^{n} \mathrm{Var}(X_i)$$

(4)若 $\mathrm{Var}(X) = 0$, 则 $P(X = E(X)) = 1$, 或者说 X 几乎处处等于一个常数。

例 A.7.3 设 $X \sim B(n, p)$, 则 $\mathrm{Var}(X) = np(1-p)$。

例 A.7.4 设 $X \sim N(\mu, \sigma^2)$, 则 $\mathrm{Var}(X) = \sigma^2$。

例 A.7.5 (切比雪夫不等式)设 X 的期望、方差都存在,则对任意 $\varepsilon > 0$ 都有

$$P(|X - E(X)| \geqslant \varepsilon) \leqslant \mathrm{Var}(X)/\varepsilon^2 \tag{A.7.3}$$

证明:以连续型随机变量为例,设其密度函数为 $f(x)$, 则

$$\begin{aligned} P(|X - E(X)| \geqslant \varepsilon) &= \int_{\{x:|x-E(X)|\geqslant\varepsilon\}} f(x)\mathrm{d}x \\ &\leqslant \int_{\{x:|x-E(X)|\geqslant\varepsilon\}} \frac{(x - E(X))^2}{\varepsilon^2} f(x)\mathrm{d}x \\ &\leqslant \frac{1}{\varepsilon^2}\int_{-\infty}^{+\infty} (x - E(X))^2 f(x)\mathrm{d}x \\ &= \mathrm{Var}(X)/\varepsilon^2 \end{aligned}$$

由切比雪夫不等式看出, $\mathrm{Var}(X)$ 越小, X 越集中在 $E(X)$ 附近。事实上,

$$\begin{aligned} &P(|X - E(X)| < 3\sqrt{\mathrm{Var}(X)}) \\ &= 1 - P(|X - E(X)| \geqslant 3\sqrt{\mathrm{Var}(X)}) \\ &\geqslant 1 - 1/9 \approx 0.89 \end{aligned}$$

可见 X 以不小于 0.89 的概率集中在以 $E(X)$ 为中心长为 $6\sqrt{\mathrm{Var}(X)}$ 的区间内。同样可以证明

$$P(|X| \geqslant \varepsilon) \leqslant E(X^2)/\varepsilon^2$$

$E\left(\dfrac{X - E(X)}{\sqrt{\mathrm{Var}(X)}}\right)^3$ 称为随机变量 X 的偏度系数。当 X 的分布关于 $E(X)$ 对称时,其值为 0;当偏度系数 > 0 时,说 X 的分布是右偏的,当它 < 0 时,称 X

的分布是左偏的。

A.7.3 协方差与相关系数

定义 A.7.4 设 (X,Y) 为随机向量，若 $E[(X-E(X))(Y-E(Y))]$ 存在，则称其为 X 与 Y 的协方差，记做 $\mathrm{Cov}(X,Y)$。若 X,Y 的方差存在，且 $\mathrm{Var}(X)\neq 0$, $\mathrm{Var}(Y)\neq 0$，则称 $\rho=\mathrm{Cov}(X,Y)/\sqrt{\mathrm{Var}(X)\mathrm{Var}(Y)}$ 为 X 与 Y 的相关系数。

相关系数是反映随机变量之间相互联系的量。可以证明，若 X 与 Y 相互独立，则其相关系数为 0，但反之一般不成立。但若(X,Y)是二维正态随机向量，则 X,Y 相互独立的充要条件是其相关系数为 0。

定理 A.7.1 设 ρ 是X 与 Y 的相关系数，则

(1) $|\rho|\leqslant 1$;

(2)若 X 与 Y 相互独立，则 $\rho=0$;

(3) $|\rho|=1$ 的充要条件是：存在常数 α,β 使

$$P(Y=\alpha X+\beta)=1。$$

证明：(1)考虑 $\forall t\in R^1$，都有

$$E[(X-E(X))-t(Y-E(Y))]^2\geqslant 0,$$

即 $\mathrm{Var}(X)-2t\mathrm{Cov}(X,Y)+t^2\mathrm{Var}(Y)\geqslant 0$, $\forall t\in R$. 故必有 $4[\mathrm{Cov}(X,Y)]^2-4\mathrm{Var}(X)\mathrm{Var}(Y)\leqslant 0$，即

$$|\mathrm{Cov}(X,Y)|\leqslant\sqrt{\mathrm{Var}(X)\mathrm{Var}(Y)} \tag{A.7.4}$$

由此即得 $|\rho|\leqslant 1$。

(2)若 X,Y 相互独立，则

$$\begin{aligned}\mathrm{Cov}(X,Y)&=E[(X-E(X))(Y-E(Y))]\\&=E(X-E(X))\cdot E(Y-E(Y))\\&=0\end{aligned}$$

故 $\rho=0$。

(3)必要性：易见 $\mathrm{Var}\left(\dfrac{X}{\sqrt{\mathrm{Var}(X)}}\pm\dfrac{Y}{\sqrt{\mathrm{Var}(Y)}}\right)=2\pm 2\rho$。当 $\rho=1$ 时，

$$\mathrm{Var}\left(\frac{X}{\sqrt{\mathrm{Var}(X)}}-\frac{Y}{\sqrt{\mathrm{Var}(Y)}}\right)=0$$

由切比雪夫不等式可知

$$P\left[\frac{X}{\sqrt{\mathrm{Var}(X)}}-\frac{Y}{\sqrt{\mathrm{Var}(Y)}}=\frac{EX}{\sqrt{\mathrm{Var}(Y)}}-\frac{EY}{\sqrt{\mathrm{Var}(Y)}}\right]=1$$

同理,当 $\rho=-1$ 时, 有

$$P\left\{\frac{X}{\sqrt{\operatorname{Var}(X)}}+\frac{Y}{\sqrt{\operatorname{Var}(Y)}}=\frac{EX}{\sqrt{\operatorname{Var}(X)}}+\frac{EY}{\sqrt{\operatorname{Var}(Y)}}\right\}=1$$

充分性:直接计算可得。

定义 A.7.5 设 $\boldsymbol{X}=(X_1,X_2,\cdots,X_n)^{\mathrm{T}}$ 为 n 维随机向量。称 $E(\boldsymbol{X})=(E(X_1),E(X_2),\cdots,E(X_n))^{\mathrm{T}}$ 为 $\boldsymbol{X}$ 的数学期望;若下式中的各个协方差存在,称

$$E[(\boldsymbol{X}-E\boldsymbol{X})(\boldsymbol{X}-E\boldsymbol{X})^{\mathrm{T}}]$$
$$=\begin{bmatrix}\operatorname{Cov}(X_1,X_1) & \operatorname{Cov}(X_1,X_2) & \cdots & \operatorname{Cov}(X_1,X_n)\\ \operatorname{Cov}(X_2,X_1) & \operatorname{Cov}(X_2,X_2) & \cdots & \operatorname{Cov}(X_2,X_n)\\ \vdots & \vdots & & \vdots\\ \operatorname{Cov}(X_n,X_1) & \operatorname{Cov}(X_n,X_2) & \cdots & \operatorname{Cov}(X_n,X_n)\end{bmatrix}$$

为 $\boldsymbol{X}$ 的协方差阵。

若以 ρ_{ij} 记 X_i 与 X_j 的相关系数,则称矩阵

$$\boldsymbol{R}=\begin{bmatrix}\rho_{11} & \rho_{12} & \cdots & \rho_{1n}\\ \rho_{21} & \rho_{22} & \cdots & \rho_{2n}\\ \vdots & \vdots & & \vdots\\ \rho_{n1} & \rho_{n2} & \cdots & \rho_{nn}\end{bmatrix}$$

为 $\boldsymbol{X}$ 的相关阵。

定理 A.7.2 随机向量的协方差阵和相关阵都是对称、半正定的。

证明:对称性显然,下面证明半正定性。

任取 $\boldsymbol{t}=(t_1,t_2,\cdots,t_n)^{\mathrm{T}}\in R^n$,有

$$\begin{aligned}&\boldsymbol{t}^{\mathrm{T}}E[(\boldsymbol{X}-E(\boldsymbol{X}))(\boldsymbol{X}-E(\boldsymbol{X}))^{\mathrm{T}}]\boldsymbol{t}\\ &=E[\boldsymbol{t}^{\mathrm{T}}[(\boldsymbol{X}-E(\boldsymbol{X}))(\boldsymbol{X}-E(\boldsymbol{X}))^{\mathrm{T}}\boldsymbol{t}]]\\ &=E[(\boldsymbol{t}^{\mathrm{T}}\boldsymbol{X}-E(\boldsymbol{t}^{\mathrm{T}}\boldsymbol{X}))(\boldsymbol{X}^{\mathrm{T}}\boldsymbol{t}-E(\boldsymbol{X}^{\mathrm{T}}\boldsymbol{t}))]\\ &=E[(\boldsymbol{t}^{\mathrm{T}}\boldsymbol{X}-E(\boldsymbol{t}^{\mathrm{T}}\boldsymbol{X}))]^2\\ &=\operatorname{Var}(\boldsymbol{t}^{\mathrm{T}}\boldsymbol{X})\geqslant 0\end{aligned}$$

即协方差阵是半正定的。

由于 $\boldsymbol{t}^*=(t_1/\sqrt{\operatorname{Var}(X_1)},t_2/\sqrt{\operatorname{Var}(X_2)},\cdots,t_n/\sqrt{\operatorname{Var}(X_n)})^{\mathrm{T}}\in R^n$,故

$$\boldsymbol{t}^{*\mathrm{T}}E[(\boldsymbol{X}-E\boldsymbol{X})(\boldsymbol{X}-E\boldsymbol{X})^{\mathrm{T}}]\boldsymbol{t}^*\geqslant 0$$

即 $\boldsymbol{t}^{\mathrm{T}}R\boldsymbol{t}\geqslant 0$, $\forall\,\boldsymbol{t}\in R^n$, 从而相关阵 R 是半正定的。

A.7.4 条件数学期望

定义 A.7.6 设随机变量 X 有数学期望，当给定 $Y=y$ 时 X 的条件分布 $F(x|y)$ 存在。则称 $\int_{-\infty}^{+\infty} x\mathrm{d}F(x \mid y)$ 为给定 $Y=y$ 时 X 的条件期望，记作 $E[X \mid y]$ 或 $E[X \mid Y=y]$。令 $g(y)=E[X \mid Y=y]$，称随机变量 $g(Y)$ 为给定 Y 时 X 的条件期望，记作 $E[X \mid Y]$。

在这个定义中，积分 $\int_{-\infty}^{+\infty} x\mathrm{d}F(x \mid y)$ 的定义按数学期望定义中注解的理解。

条件数学期望可以推广到任意随机变量的函数上，并且有与数学期望相似的性质。

(1) $E[h(Y) \mid Y]=h(Y)$；

(2) $E[g_1(X,Y)+g_2(X,Y) \mid Y]=E[g_1(X,Y) \mid Y]+E[g_2(X,Y) \mid Y]$；

(3) $E[h(Y)g(X,Y) \mid Y]=h(Y)E[g(X,Y) \mid Y]$；

(4) $E[g(X,Y)]=E[E[g(X,Y) \mid Y]]$。

第(4)公式称为平滑公式。其意义是，在求平均值时，可按 Y 将进行“分组”，先求各组的平均值，再求各组平均值的平均即得总平均。

A.7.5 特征函数

定义 A.7.7 设随机变量 X 的分布函数为 $F(x)$，则称函数

$$\phi(t)=\int_{-\infty}^{+\infty} \mathrm{e}^{\mathrm{i}tx}\mathrm{d}F(x)=\int_{-\infty}^{+\infty}\cos(tx)\mathrm{d}F(x)+\mathrm{i}\int_{-\infty}^{+\infty}\sin(tx)\mathrm{d}F(x)$$

为 X 的特征函数，这里 $\mathrm{i}=\sqrt{-1}$。

有时，为了标明是哪个随机变量的特征函数，用 $\phi_X(t)$ 表示 X 的特征函数。由上述定义，X 的特征函数 $\phi(t)=E\mathrm{e}^{\mathrm{i}tX}=E[\cos(tX)]+\mathrm{i}E[\sin(tX)]$。若 X 具有密度 $f(x)$，则

$$\phi(t)=\int_{-\infty}^{+\infty}\mathrm{e}^{\mathrm{i}tx}f(x)\mathrm{d}x=\int_{-\infty}^{+\infty}\cos(tx)f(x)\mathrm{d}x+\mathrm{i}\int_{-\infty}^{+\infty}\sin(tx)f(x)\mathrm{d}x$$

例 A.7.6 设 $X\sim B(n,p)$，则

$$\phi_X(t)=\mathrm{E}\mathrm{e}^{\mathrm{i}tX}=\sum_{k=0}^{n}\binom{n}{k}p^k(1-p)^{n-k}\mathrm{e}^{\mathrm{i}tk}$$

$$= \sum_{k=0}^{n} \binom{n}{k} (pe^{it})^k (1-p)^{n-k}$$

$$= (pe^{it} + 1 - p)^n$$

例 A.7.7　设 $X \sim N(\mu, \sigma^2)$，则 X 的特征函数为

$$\phi(t) = \int_{-\infty}^{+\infty} e^{itx} \frac{1}{\sqrt{2\pi}\sigma} \exp\left[-\frac{(x-\mu)^2}{2\sigma^2}\right] dx$$

作变量替换 $y = \dfrac{x-\mu}{\sigma}$,得

$$\phi(t) = \frac{1}{\sqrt{2\pi}} e^{i\mu t} \int_{-\infty}^{+\infty} \exp\left[it\sigma y - \frac{1}{2}y^2\right] dy$$

令 $I(\alpha) = \int_{-\infty}^{+\infty} e^{i\alpha y - \frac{1}{2}y^2} dy$，则 $I'(\alpha) = \int_{-\infty}^{+\infty} iy\exp\left[i\alpha y - \frac{1}{2}y^2\right] dy$。易见

$$i\alpha I(\alpha) + iI'(\alpha) = \int_{-\infty}^{+\infty} (i\alpha - y)\exp\left[i\alpha y - \frac{1}{2}y^2\right] dy = 0$$

故

$$\alpha I(\alpha) + I'(\alpha) = 0$$

$$\alpha I(\alpha) e^{\frac{\alpha^2}{2}} + I'(\alpha) e^{\frac{\alpha^2}{2}} = 0$$

即 $[I(\alpha)e^{\frac{\alpha^2}{2}}]' = 0$。由此

$$I(\alpha)e^{\frac{\alpha^2}{2}} = C \quad [C\text{ 为一常数}]$$

$$I(\alpha) = Ce^{-\frac{\alpha^2}{2}}$$

而 $C = I(0) = \int_{-\infty}^{+\infty} e^{-\frac{y^2}{2}} dy = \sqrt{2\pi}$，故 $I(\alpha) = \sqrt{2\pi}\ e^{-\frac{\alpha^2}{2}}$。取 $\alpha = t\sigma$，有

$$\begin{aligned}\phi(t) &= \frac{1}{\sqrt{2\pi}} e^{i\mu t} I(t\sigma) \\ &= \frac{1}{\sqrt{2\pi}} e^{i\mu t} \sqrt{2\pi}\ e^{-\frac{\sigma^2}{2}t^2} \\ &= e^{i\mu t - \frac{1}{2}\sigma^2 t^2}\end{aligned}$$

定理 A.7.3　特征函数有如下性质：

(1) $\phi(t)$必存在且在$(-\infty, +\infty)$上一致连续；

(2) $|\phi(t)| \leqslant \phi(0) = 1$；

(3) $\phi(-t) = \overline{\phi(t)}$；

(4) 设 $X_1, X_2, \cdots, X_n$ 相互独立，$\phi_1(t), \phi_2(t), \cdots, \phi_n(t)$分别是它们的

特征函数，则 $X=\sum_{j=1}^{n}X_j$ 的特征函数为 $\phi(t)=\prod_{j=1}^{n}\phi_j(t)$；

(5) 对于任意常数 a,b，$aX+b$ 的特征函数为 $e^{itb}\phi(at)$，其中 $\phi(t)$ 为 X 的特征函数；

(6) X 的特征函数 $\phi(t)$ 与其各阶矩之间有下列关系：若 X 有 k 阶矩，则 $E(X^k)=\frac{1}{i^k}\phi^{(k)}(0)$；若 X 各阶矩都存在，则 $\phi(t)=1+\sum_{k=1}^{+\infty}(EX^k)\frac{(it)^k}{k!}$。

由定义知特征函数被分布函数惟一确定。反之亦然，即分布函数可通过特征函数表达出来。

定理 A.7.4 （反演公式）设 X 的分布函数是 $F(x)$，特征函数是 $\phi(t)$，若 a,b 是 $F(x)$ 的连续点，且 $a<b$，则

$$F(b)-F(a)=\frac{1}{2\pi}\lim_{T\to+\infty}\int_{-T}^{T}\frac{e^{-ita}-e^{-itb}}{it}\phi(t)dt \tag{A.7.5}$$

证明：

$$\begin{aligned}
&\frac{1}{2\pi}\int_{-T}^{T}\frac{e^{-ita}-e^{-itb}}{it}\phi(t)dt\\
=&\frac{1}{2\pi}\int_{-T}^{T}\frac{e^{-ita}-e^{-itb}}{it}\int_{-\infty}^{+\infty}e^{itx}dF(x)dt\\
=&\frac{1}{2\pi}\int_{-\infty}^{+\infty}dF(x)\int_{-T}^{T}\frac{e^{-it(x-a)}-e^{-it(x-b)}}{it}dt\\
=&\frac{1}{2\pi}\int_{-\infty}^{+\infty}dF(x)\cdot 2\int_{0}^{T}\frac{\sin(x-a)t-\sin(x-b)t}{t}dt\\
=&\frac{1}{\pi}\int_{-\infty}^{+\infty}dF(x)\int_{0}^{T}\frac{\sin(x-a)t+\sin(b-x)t}{t}dt
\end{aligned}$$

由数学分析知 $\lim_{T\to+\infty}\int_0^T\frac{\sin\alpha t}{t}dt=\frac{\pi}{2}\mathrm{sgn}\alpha$，可见 $\int_0^T\frac{\sin\alpha t}{t}dt$ 对 α、T 有界，故

$$\begin{aligned}
&\lim_{T\to+\infty}\frac{1}{2\pi}\int_{-T}^{T}\frac{e^{-ita}-e^{-itb}}{it}\phi(t)dt\\
=&\lim_{T\to+\infty}\frac{1}{\pi}\int_{-\infty}^{+\infty}dF(x)\cdot\int_{0}^{a}\frac{\sin(x-a)t+\sin(b-x)t}{t}dt\\
=&\frac{1}{\pi}\int_{-\infty}^{+\infty}\left[\lim_{T\to\infty}\int_{0}^{T}\frac{\sin(x-a)t+\sin(b-x)t}{t}dt\right]dF(x)\\
=&\frac{1}{\pi}\int_{-\infty}^{+\infty}\frac{\pi}{2}[\mathrm{sgn}(x-a)+\mathrm{sgn}(b-x)]dF(x)\\
=&\frac{1}{2}\left[\int_{-\infty}^{a}[\mathrm{sgn}(x-a)+\mathrm{sgn}(b-x)]dF(x)\right.
\end{aligned}$$

$$\int_{a}^{+b}[\mathrm{sgn}(x-a)+\mathrm{sgn}(b-x)]\mathrm{d}F(x)$$

$$\int_{b}^{++\infty}[\mathrm{sgn}(x-a)+\mathrm{sgn}(b-x)]\mathrm{d}F(x)]$$

$$=\frac{1}{2}\left[2\int_{a}^{b}\mathrm{d}F(x)\right]$$

$$=F(b)-F(a)$$

由定理知,若两个随机变量的特征函数相等,则其分布函数必相等。可见分布函数和特征函数呈一一对应关系。

对 n 维随机向量可类似地定义其特征函数。

定义 A.7.8　设 n 维随机向量 $\boldsymbol{X}=(X_1,X_2,\cdots,X_n)^{\mathrm{T}}$ 的联合分布函数为 $F(x_1,x_2,\cdots,x_n)$,则称函数

$$\begin{aligned}\phi(t_1,t_2,\cdots,t_n)&=\int \mathrm{e}^{\mathrm{i}(t_1x_1+t_2x_2+\cdots+t_nx_n)}\mathrm{d}F(x_1,x_2,\cdots,x_n)\\&=E[\cos(t_1X_1+t_2X_2+\cdots+t_nX_n)]+\\&\quad \mathrm{i}E[\sin(t_1X_1+t_2X_2+\cdots+t_nX_n)]\end{aligned}$$

为 $\boldsymbol{X}$ 的特征函数。

A.8　大数定律和中心极限定理

定义 A.8.1　设 $\{X_n\}$ 为一随机变量序列,数学期望 EX_n 存在,$\overline{X_n}=\frac{1}{n}\sum_{i=1}^{n}X_i$,若对于任意的 $\varepsilon>0$,都有

$$\lim_{n\to+\infty}P(|\overline{X}_n-E\overline{X}_n|>\varepsilon)=0 \tag{A.8.1}$$

则说随机变量序列 $\{X_n\}$ 服从大数定律。若

$$P(\lim_{n\to+\infty}(\overline{X}_n-E\overline{X}_n)=0)=1 \tag{A.8.2}$$

则称 $\{X_n\}$ 服从强大数定律。

定理 A.8.1　设 $X_n(n=1,2,\cdots)$,是 i. i. d. 随机变量序列,若 X_n 有有穷的数学期望,则 $\{X_n\}$ 服从(强)大数定律。

定理 A.8.2　设 $X_n(n=1,2,\cdots)$,是 i. i. d. 序列,且 $\sigma^2=\mathrm{Var}(X_i)$

$<+\infty$,以 $F_n(\cdot)$ 记 $Y_n=\frac{1}{\sqrt{n}\sigma}\sum_{i=1}^{n}(X_i-EX_i)$ 的分布函数,则

$$\sup_{-\infty<x<+\infty}|F_n(x)-\Phi(x)|\to 0\quad(n\to+\infty)\tag{A.8.3}$$

其中 Φ 是标准正态分布函数。

对满足式(A.8.3)的随机变量序列 Y_n,常说 Y_n 渐近于正态分布,记做 $Y_n\xrightarrow{L}N(0,1)$。称定理 A.8.2 为中心极限定理。

定义 A.8.3 设$(X_{n1},X_{n2},\cdots,X_{nr})=X_n$ 服从多项分布 $M(n;\theta_1,\theta_2,\cdots,\theta_r)$, $\sum_{i=1}^{r}\theta_i=1,\theta_i\geqslant 0$, 即

$$P(X_{n1}=x_1,X_{n2}=x_2,\cdots,X_{nr}=x_r)=\frac{n!}{x_1!x_2!\cdots x_r!}\theta_1^{x_1}\theta_2^{x_2}\cdots\theta_r^{x_r}$$

令 $Y_n=\left[\frac{X_{n1}-n\theta_1}{\sqrt{n\theta_1(1-\theta_1)}},\frac{X_{n2}-n\theta_2}{\sqrt{n\theta_2(1-\theta_2)}},\cdots,\frac{X_{nr}-n\theta_r}{\sqrt{n\theta_r(1-\theta_r)}}\right]^{\mathrm{T}}$, 则

$$Y_n\xrightarrow{L}N(0,A),$$

其中

$$A=(A_{ij}),A_{ij}=\begin{cases}1 & 若\ i=j\\ -\dfrac{\theta_i\theta_j}{\sqrt{(1-\theta_i)(1-\theta_j)}} & 若\ i\neq j\end{cases}$$

本附录收集了概率论中的基本概念和基本事实,供读者参考。若需进一步了解有关的详细内容,请参见参考文献[13]中山大学数学系梁之舜等编写的《概率论及数理统计》(第二版)上册,人民教育出版社,1988。

附录B 统 计 表

B.1 标准正态分布函数的数值表

$$\Phi(u)=\frac{1}{\sqrt{2\pi}}\int_{-\infty}^{u}e^{-\frac{x^2}{2}}dx \quad (u\geqslant 0)$$

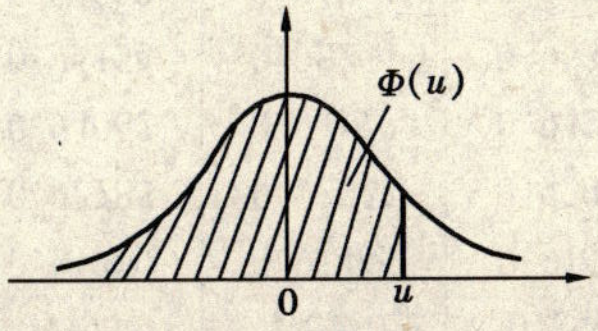

u	0.00	0.01	0.02	0.03	0.04	0.05	0.06	0.07	0.08	0.09
0.0	0.5000	0.5040	0.5080	0.5120	0.5160	0.5199	0.5239	0.5279	0.5319	0.5359
0.1	0.5398	0.5438	0.5478	0.5517	0.5557	0.5596	0.5636	0.5675	0.5714	0.5753
0.2	0.5793	0.5832	0.5871	0.5910	0.5948	0.5987	0.6026	0.6064	0.6103	0.6141
0.3	0.6179	0.6217	0.6255	0.6293	0.6331	0.6368	0.6406	0.6443	0.6480	0.6517
0.4	0.6554	0.6591	0.6628	0.6664	0.6700	0.6736	0.6772	0.6808	0.6844	0.6879

续表

u	0.00	0.01	0.02	0.03	0.04	0.05	0.06	0.07	0.08	0.09
0.5	0.6915	0.6950	0.6985	0.7019	0.7054	0.7088	0.7123	0.7157	0.7190	0.7224
0.6	0.7257	0.7291	0.7324	0.7357	0.7389	0.7422	0.7454	0.7486	0.7517	0.7549
0.7	0.7580	0.7611	0.7642	0.7673	0.7703	0.7734	0.7764	0.7794	0.7823	0.7852
0.8	0.7881	0.7910	0.7939	0.7967	0.7995	0.8023	0.8051	0.8078	0.8106	0.8133
0.9	0.8159	0.8186	0.8212	0.8238	0.8264	0.8289	0.8315	0.8340	0.8365	0.8389
1.0	0.8413	0.8438	0.8461	0.8485	0.8508	0.8531	0.8554	0.8577	0.8599	0.8621
1.1	0.8643	0.8665	0.8686	0.8708	0.8729	0.8749	0.8770	0.8790	0.8810	0.8830
1.2	0.8849	0.8869	0.8888	0.8907	0.8925	0.8944	0.8962	0.8980	0.8997	0.90147
1.3	0.90320	0.90490	0.90658	0.90824	0.90988	0.91149	0.91309	0.91466	0.91621	0.91774
1.4	0.91924	0.92073	0.92220	0.92364	0.92507	0.92647	0.92785	0.92922	0.93056	0.93189
1.5	0.93319	0.93448	0.93574	0.93699	0.93822	0.93943	0.94062	0.94179	0.94295	0.94408
1.6	0.94520	0.94630	0.94738	0.94845	0.94950	0.95053	0.95154	0.95254	0.95352	0.95449
1.7	0.95543	0.95637	0.95728	0.95818	0.95907	0.95994	0.96080	0.96164	0.96246	0.96327
1.8	0.96407	0.96485	0.96562	0.96638	0.96712	0.96784	0.96856	0.96926	0.96995	0.97062
1.9	0.97128	0.97193	0.97257	0.97320	0.97381	0.97441	0.97500	0.97558	0.97615	0.97670
2.0	0.97725	0.97778	0.97831	0.97882	0.97932	0.97982	0.98030	0.98077	0.98124	0.98169
2.1	0.98214	0.98257	0.98300	0.98341	0.98382	0.98422	0.98461	0.98500	0.98537	0.98574
2.2	0.98610	0.98645	0.98679	0.98713	0.98745	0.98778	0.98809	0.98840	0.98870	0.98899
2.3	0.98928	0.98956	0.98983	$0.9^20097$①	0.9^20358	0.9^20613	0.9^20863	0.9^21106	0.9^21344	0.9^21576
2.4	0.9^21802	0.9^22024	0.9^22240	0.9^22451	0.9^22656	0.9^22857	0.9^23053	0.9^23244	0.9^23431	0.9^23613
2.5	0.9^23790	0.9^23963	0.9^24132	0.9^24297	0.9^24457	0.9^24614	0.9^24766	0.9^24915	0.9^25060	0.9^25201
2.6	0.9^25339	0.9^25473	0.9^25604	0.9^25731	0.9^25855	0.9^25975	0.9^26093	0.9^26207	0.9^26319	0.9^26427

① 本表各栏数字中的 $9^2,9^3,\cdots,9^6$ 分别表示 99,999,…,999999。例如,0.9^20097 则为 0.990097。

续表

u	0.00	0.01	0.02	0.03	0.04	0.05	0.06	0.07	0.08	0.09
2.7	$0.9^{2}6533$	$0.9^{2}6636$	$0.9^{2}6736$	$0.9^{2}6833$	$0.9^{2}6928$	$0.9^{2}7020$	$0.9^{2}7110$	$0.9^{2}7197$	$0.9^{2}7282$	$0.9^{2}7365$
2.8	$0.9^{2}7445$	$0.9^{2}7523$	$0.9^{2}7599$	$0.9^{2}7673$	$0.9^{2}7744$	$0.9^{2}7814$	$0.9^{2}7882$	$0.9^{2}7948$	$0.9^{2}8012$	$0.9^{2}8074$
2.9	$0.9^{2}8134$	$0.9^{2}8193$	$0.9^{2}8250$	$0.9^{2}8305$	$0.9^{2}8359$	$0.9^{2}8411$	$0.9^{2}8462$	$0.9^{2}8511$	$0.9^{2}8559$	$0.9^{2}8605$
3.0	$0.9^{2}8650$	$0.9^{2}8694$	$0.9^{2}8736$	$0.9^{2}8777$	$0.9^{2}8817$	$0.9^{2}8856$	$0.9^{2}8893$	$0.9^{2}8930$	$0.9^{2}8965$	$0.9^{2}8999$
3.1	$0.9^{3}0324$	$0.9^{3}0646$	$0.9^{3}0957$	$0.9^{3}1260$	$0.9^{3}1553$	$0.9^{3}1836$	$0.9^{3}2112$	$0.9^{3}2378$	$0.9^{3}2636$	$0.9^{3}2886$
3.2	$0.9^{3}3129$	$0.9^{3}3363$	$0.9^{3}3590$	$0.9^{3}3810$	$0.9^{3}4024$	$0.9^{3}4230$	$0.9^{3}4429$	$0.9^{3}4623$	$0.9^{3}4810$	$0.9^{3}4991$
3.3	$0.9^{3}5166$	$0.9^{3}5335$	$0.9^{3}5499$	$0.9^{3}5658$	$0.9^{3}5811$	$0.9^{3}5959$	$0.9^{3}6103$	$0.9^{3}6242$	$0.9^{3}6376$	$0.9^{3}6505$
3.4	$0.9^{3}6631$	$0.9^{3}6752$	$0.9^{3}6869$	$0.9^{3}6982$	$0.9^{3}7091$	$0.9^{3}7197$	$0.9^{3}7299$	$0.9^{3}7398$	$0.9^{3}7493$	$0.9^{3}7585$
3.5	$0.9^{3}7674$	$0.9^{3}7559$	$0.9^{3}7842$	$0.9^{3}7922$	$0.9^{3}7999$	$0.9^{3}8074$	$0.9^{3}8146$	$0.9^{3}8215$	$0.9^{3}8282$	$0.9^{3}8347$
3.6	$0.9^{3}8409$	$0.9^{3}8469$	$0.9^{3}8527$	$0.9^{3}8583$	$0.9^{3}8637$	$0.9^{3}8689$	$0.9^{3}8739$	$0.9^{3}8787$	$0.9^{3}8834$	$0.9^{3}8879$
3.7	$0.9^{3}8922$	$0.9^{3}8964$	$0.9^{4}0039$	$0.9^{4}0426$	$0.9^{4}0799$	$0.9^{4}1158$	$0.9^{4}1504$	$0.9^{4}1838$	$0.9^{4}2159$	$0.9^{4}2468$
3.8	$0.9^{4}2765$	$0.9^{4}3052$	$0.9^{4}3327$	$0.9^{4}3593$	$0.9^{4}3848$	$0.9^{4}4094$	$0.9^{4}4331$	$0.9^{4}4558$	$0.9^{4}4777$	$0.9^{4}4988$
3.9	$0.9^{4}5190$	$0.9^{4}5385$	$0.9^{4}5573$	$0.9^{4}5753$	$0.9^{4}5926$	$0.9^{4}6092$	$0.9^{4}6253$	$0.9^{4}6406$	$0.9^{4}6554$	$0.9^{4}6696$
4.0	$0.9^{4}6833$	$0.9^{4}6964$	$0.9^{4}7090$	$0.9^{4}7211$	$0.9^{4}7327$	$0.9^{4}7439$	$0.9^{4}7546$	$0.9^{4}7649$	$0.9^{4}7748$	$0.9^{4}7843$
4.1	$0.9^{4}7934$	$0.9^{4}8022$	$0.9^{4}8106$	$0.9^{4}8186$	$0.9^{4}8263$	$0.9^{4}8338$	$0.9^{4}8409$	$0.9^{4}8477$	$0.9^{4}8542$	$0.9^{4}8605$
4.2	$0.9^{4}8665$	$0.9^{4}8723$	$0.9^{4}8778$	$0.9^{4}8832$	$0.9^{4}8882$	$0.9^{4}8931$	$0.9^{4}8978$	$0.9^{5}0226$	$0.9^{5}0655$	$0.9^{5}1066$
4.3	$0.9^{5}1460$	$0.9^{5}1837$	$0.9^{5}2199$	$0.9^{5}2545$	$0.9^{5}2876$	$0.9^{5}3193$	$0.9^{5}3497$	$0.9^{5}3788$	$0.9^{5}4066$	$0.9^{5}4332$
4.4	$0.9^{5}4587$	$0.9^{5}4831$	$0.9^{5}5065$	$0.9^{5}5288$	$0.9^{5}5502$	$0.9^{5}5706$	$0.9^{5}5902$	$0.9^{5}6089$	$0.9^{5}6268$	$0.9^{5}6439$
4.5	$0.9^{5}6602$	$0.9^{5}6759$	$0.9^{5}6908$	$0.9^{5}7051$	$0.9^{5}7187$	$0.9^{5}7318$	$0.9^{5}7442$	$0.9^{5}7561$	$0.9^{5}7675$	$0.9^{5}7784$
4.6	$0.9^{5}7888$	$0.9^{5}7987$	$0.9^{5}8081$	$0.9^{5}8172$	$0.9^{5}8258$	$0.9^{5}8340$	$0.9^{5}8419$	$0.9^{5}8494$	$0.9^{5}8566$	$0.9^{5}8634$
4.7	$0.9^{5}8699$	$0.9^{5}8761$	$0.9^{5}8821$	$0.9^{5}8877$	$0.9^{5}8931$	$0.9^{5}8983$	$0.9^{6}0320$	$0.9^{6}0789$	$0.9^{6}1235$	$0.9^{6}1661$
4.8	$0.9^{6}2067$	$0.9^{6}2453$	$0.9^{6}2822$	$0.9^{6}3173$	$0.9^{6}3508$	$0.9^{6}3827$	$0.9^{6}4131$	$0.9^{6}4420$	$0.9^{6}4696$	$0.9^{6}4958$
4.9	$0.9^{6}5208$	$0.9^{6}5446$	$0.9^{6}5673$	$0.9^{6}5889$	$0.9^{6}6094$	$0.9^{6}6289$	$0.9^{6}6475$	$0.9^{6}6652$	$0.9^{6}6821$	$0.9^{6}6981$

B.2 χ^2 分布的上侧分位点表

$$P\{\chi^2(n) > \chi^2_\alpha(n)\} = \alpha$$

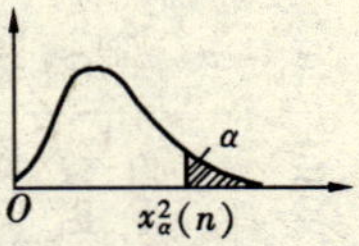

n	$\alpha=0.995$	0.99	0.975	0.95	0.90	0.75
1	—	—	0.001	0.004	0.016	0.102
2	0.010	0.020	0.051	0.103	0.211	0.575
3	0.072	0.115	0.216	0.352	0.584	1.213
4	0.207	0.297	0.484	0.711	1.064	1.923
5	0.412	0.554	0.831	1.145	1.610	2.675
6	0.676	0.872	1.237	1.635	2.204	3.455
7	0.989	1.239	1.690	2.167	2.833	4.255
8	1.344	1.646	2.180	2.733	3.490	5.071
9	1.735	2.088	2.700	3.325	4.168	5.899
10	2.156	2.558	3.247	3.940	4.865	6.737
11	2.603	3.053	3.816	4.575	5.578	7.584
12	3.074	3.571	4.404	5.226	6.304	8.438
13	3.565	4.107	5.009	5.892	7.042	9.299
14	4.075	4.660	5.629	6.571	7.790	10.165
15	4.601	5.229	6.262	7.261	8.547	11.037
16	5.142	5.812	6.908	7.962	9.312	11.912
17	5.697	6.408	7.564	8.672	10.085	12.792
18	6.265	7.015	8.231	9.390	10.865	13.675
19	6.844	7.633	8.907	10.117	11.651	14.562
20	7.434	8.260	9.591	10.851	12.443	15.452
21	8.034	8.897	10.283	11.591	13.240	16.344
22	8.643	9.542	10.982	12.338	14.042	17.240
23	9.260	10.196	11.689	13.091	14.848	18.137
24	9.886	10.856	12.401	13.848	15.659	19.037
25	10.520	11.524	13.120	14.611	16.473	19.939

续表

n	$\alpha=0.995$	0.99	0.975	0.95	0.90	0.75
26	11.160	12.198	13.844	15.379	17.292	20.843
27	11.808	12.879	14.573	16.151	18.114	21.749
28	12.461	13.565	15.308	16.928	18.939	22.657
29	13.121	14.257	16.047	17.708	19.768	23.567
30	13.787	14.954	16.791	18.493	20.599	24.478
31	14.458	15.655	17.539	19.281	21.434	25.390
32	15.134	16.362	18.291	20.072	22.271	26.304
33	15.815	17.074	19.047	20.807	23.110	27.219
34	16.501	17.789	19.806	21.664	23.952	28.136
35	17.192	18.509	20.569	22.465	24.797	29.054
36	17.887	19.233	21.336	23.269	25.643	29.973
37	18.586	19.960	22.106	24.075	26.492	30.893
38	19.289	20.691	22.878	24.884	27.343	31.815
39	19.996	21.426	23.654	25.695	28.196	32.737
40	20.707	22.164	24.433	26.509	29.051	33.660
41	21.421	22.906	25.215	27.326	29.907	34.585
42	22.138	23.650	25.999	28.144	30.765	35.510
43	22.859	24.398	26.785	28.965	31.625	36.436
44	23.584	25.148	27.575	29.787	32.487	37.363
45	24.311	25.901	28.366	30.612	33.350	38.291
n	$\alpha=0.25$	0.10	0.05	0.025	0.01	0.005
1	1.323	2.706	3.841	5.024	6.635	7.879
2	2.773	4.605	5.991	7.378	9.210	10.597
3	4.108	6.251	7.815	9.348	11.345	12.838
4	5.385	7.779	9.488	11.143	13.277	14.860
5	6.626	9.236	11.071	12.833	15.086	16.750
6	7.841	10.645	12.592	14.449	16.812	18.548
7	9.037	12.017	14.067	16.013	18.475	20.278
8	10.219	13.362	15.507	17.535	20.090	21.955
9	11.389	14.684	16.919	19.023	21.666	23.589
10	12.549	15.987	18.307	20.483	23.209	25.188
11	13.701	17.275	19.675	21.920	24.725	26.757
12	14.845	18.549	21.026	23.337	26.217	28.299
13	15.984	19.812	22.362	24.736	27.688	29.819

续表

n	$\alpha=0.25$	0.10	0.05	0.025	0.01	0.005
14	17.117	21.064	23.685	26.119	29.141	31.319
15	18.245	22.307	24.996	27.488	30.578	32.801
16	19.369	23.542	26.296	28.845	32.000	34.267
17	20.489	24.769	27.587	30.191	33.409	35.718
18	21.605	25.989	28.869	31.526	34.805	37.156
19	22.718	27.204	30.144	32.852	36.191	38.582
20	23.828	28.412	31.410	34.170	37.566	39.997
21	24.935	29.615	32.671	36.479	38.932	41.401
22	26.039	30.813	33.924	36.781	40.289	42.796
23	27.141	32.007	35.172	38.076	41.638	44.181
24	28.241	33.196	36.415	39.364	42.980	45.559
25	29.339	34.382	37.652	40.646	44.314	46.928
26	30.435	35.563	38.885	41.923	45.642	48.290
27	31.528	36.741	40.113	43.194	46.963	49.645
28	32.620	37.916	41.337	44.461	48.278	50.993
29	33.711	39.087	42.557	45.722	49.588	52.336
30	34.800	40.256	43.773	46.979	50.892	53.672
31	35.887	41.422	44.985	48.232	52.191	55.003
32	36.973	42.585	46.194	49.480	53.486	56.328
33	38.058	43.745	47.400	50.725	54.776	57.648
34	39.141	44.903	48.602	51.966	56.061	58.964
35	40.223	46.059	49.802	53.203	57.342	60.275
36	41.304	47.212	50.998	54.437	58.619	61.581
37	42.383	48.363	52.192	55.668	59.892	62.883
38	43.462	49.513	53.384	56.896	61.162	64.181
39	44.539	50.660	54.572	58.120	62.428	65.476
40	45.616	51.805	55.758	59.342	63.691	66.766
41	46.692	52.949	53.942	60.561	64.950	68.053
42	47.766	54.090	58.124	61.777	66.206	69.336
43	48.840	55.230	59.304	62.990	67.459	70.616
44	49.913	56.369	60.481	64.201	68.710	71.893
45	50.985	57.505	61.656	65.410	69.957	73.166

B.3 t 检验的临界值表 $\left(t_f\left(\frac{\alpha}{2}\right)\right)$

$$P\left(|t| > t_f\left(\frac{\alpha}{2}\right)\right) = \alpha$$

f \ α	0.9	0.8	0.7	0.6	0.5	0.4	0.3	0.2	0.1	0.05	0.02	0.01	0.001	α / f
1	0.158	0.325	0.510	0.727	1.000	1.376	1.963	3.078	6.314	12.706	31.821	63.657	636.619	1
2	0.142	0.289	0.445	0.617	0.816	1.061	1.386	1.886	2.920	4.303	6.965	9.925	31.598	2
3	0.137	0.277	0.424	0.584	0.765	0.978	1.250	1.638	2.353	3.182	4.541	5.841	12.924	3
4	0.134	0.271	0.414	0.569	0.741	0.941	1.190	1.533	2.132	2.776	3.747	4.604	8.610	4
5	0.132	0.267	0.408	0.559	0.727	0.920	1.156	1.476	2.015	2.571	3.365	4.032	6.859	5
6	0.131	0.265	0.404	0.553	0.718	0.906	1.134	1.400	1.943	2.447	3.143	3.707	5.959	6
7	0.130	0.263	0.402	0.549	0.711	0.896	1.119	1.415	1.895	2.365	2.998	3.499	5.405	7
8	0.130	0.262	0.399	0.546	0.706	0.889	1.108	1.397	1.860	2.306	2.896	3.355	5.041	8
9	0.129	0.261	0.398	0.543	0.703	0.883	1.100	1.383	1.833	2.262	2.821	3.250	4.781	9
10	0.129	0.260	0.397	0.542	0.700	0.879	1.093	1.372	1.812	2.228	2.764	3.169	4.587	10
11	0.129	0.260	0.396	0.540	0.697	0.876	1.088	1.363	1.796	2.201	2.718	3.106	4.437	11
12	0.128	0.259	0.395	0.539	0.695	0.872	1.083	1.356	1.782	2.179	2.681	3.055	4.318	12
13	0.128	0.259	0.394	0.538	0.694	0.870	1.079	1.350	1.771	2.160	2.650	3.012	4.221	13
14	0.128	0.258	0.393	0.537	0.692	0.868	1.076	1.345	1.761	2.145	2.624	2.977	4.140	14
15	0.128	0.258	0.393	0.536	0.691	0.866	1.074	1.341	1.753	2.131	2.602	2.947	4.073	15

续表

f \ α	0.9	0.8	0.7	0.6	0.5	0.4	0.3	0.2	0.1	0.05	0.02	0.01	0.001	α / f
16	0.128	0.258	0.392	0.535	0.690	0.895	1.071	1.337	1.746	2.120	2.583	2.921	4.015	16
17	0.128	0.257	0.392	0.534	0.689	0.863	1.069	1.333	1.740	2.110	2.567	2.898	3.965	17
18	0.127	0.257	0.392	0.534	0.688	0.862	1.067	1.330	1.734	2.101	2.552	2.878	3.922	18
19	0.127	0.257	0.391	0.533	0.688	0.861	1.066	1.328	1.729	2.093	2.539	2.861	3.883	19
20	0.127	0.257	0.391	0.533	0.687	0.860	1.064	1.325	1.725	2.086	2.528	2.845	3.850	20
21	0.127	0.257	0.391	0.532	0.686	0.859	1.063	1.323	1.721	2.080	2.518	2.831	3.819	21
22	0.127	0.256	0.390	0.532	0.686	0.858	1.061	1.321	1.717	2.074	2.508	2.819	3.792	22
23	0.127	0.256	0.390	0.532	0.685	0.858	1.060	1.319	1.714	2.069	2.500	2.807	3.767	23
24	0.127	0.256	0.390	0.531	0.685	0.857	1.059	1.318	1.711	2.064	2.492	2.797	3.745	24
25	0.127	0.256	0.390	0.531	0.684	0.856	1.058	1.316	1.708	2.060	2.485	2.787	3.725	25
26	0.127	0.256	0.390	0.531	0.684	0.856	1.058	1.315	1.706	2.056	2.479	2.779	3.707	26
27	0.127	0.256	0.389	0.531	0.684	0.855	1.057	1.314	1.703	2.052	2.473	2.771	3.690	27
28	0.127	0.256	0.389	0.530	0.683	0.855	1.056	1.313	1.701	2.048	2.467	2.763	3.674	28
29	0.127	0.256	0.389	0.530	0.683	0.854	1.055	1.311	1.699	2.045	2.462	2.756	3.659	29
30	0.127	0.256	0.389	0.530	0.683	0.854	1.055	1.310	1.697	2.042	2.457	2.750	3.646	30
40	0.126	0.255	0.388	0.529	0.681	0.851	1.050	1.303	1.684	2.021	2.423	2.704	3.551	40
60	0.126	0.254	0.387	0.527	0.679	0.848	1.046	1.296	1.671	2.000	2.390	2.660	3.460	60
120	0.126	0.254	0.386	0.526	0.677	0.845	1.041	1.289	1.658	1.980	2.358	2.617	3.373	120
∞	0.126	0.253	0.385	0.524	0.674	0.842	1.036	1.282	1.645	1.960	2.326	2.576	3.291	∞

B.4 F 分布的上侧分位点表

$$P(F > F_\alpha(f_1, f_2)) = \alpha$$

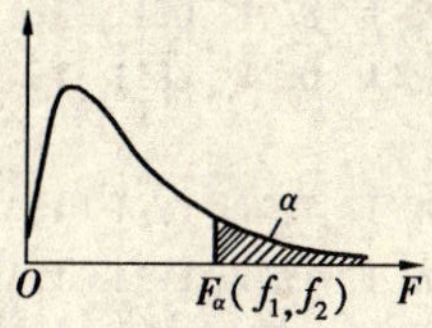

$\alpha = 0.25$

f_2 \ f_1	1	2	3	4	5	6	7	8	9	10	12	15	20	24	30	40	60	120	∞	f_1 / f_2
1	5.83	7.50	8.20	8.58	8.82	8.98	9.10	9.19	9.26	9.32	9.41	9.49	9.58	9.63	9.67	9.71	9.76	9.80	9.85	1
2	2.57	3.00	3.15	3.23	3.28	3.31	3.34	3.35	3.37	3.38	3.39	3.41	3.43	3.43	3.44	3.45	3.46	3.47	3.48	2
3	2.02	2.28	2.36	2.39	2.41	2.42	2.43	2.44	2.44	2.44	2.45	2.46	2.46	2.46	2.47	2.47	2.47	2.47	2.47	3
4	1.81	2.00	2.05	2.06	2.07	2.08	2.08	2.08	2.08	2.08	2.08	2.08	2.08	2.08	2.08	2.08	2.08	2.08	2.08	4
5	1.69	1.85	1.88	1.89	1.89	1.89	1.89	1.89	1.89	1.89	1.89	1.89	1.88	1.88	1.88	1.88	1.87	1.87	1.87	5
6	1.62	1.76	1.78	1.79	1.79	1.78	1.78	1.78	1.77	1.77	1.77	1.76	1.76	1.75	1.75	1.75	1.74	1.74	1.74	6
7	1.57	1.70	1.72	1.72	1.71	1.71	1.70	1.70	1.69	1.69	1.68	1.68	1.67	1.67	1.66	1.66	1.65	1.65	1.65	7
8	1.54	1.66	1.67	1.66	1.66	1.65	1.64	1.64	1.63	1.63	1.62	1.62	1.61	1.60	1.60	1.59	1.59	1.58	1.58	8
9	1.51	1.62	1.63	1.63	1.62	1.61	1.60	1.60	1.59	1.59	1.58	1.57	1.56	1.56	1.55	1.54	1.54	1.53	1.53	9
10	1.49	1.60	1.60	1.59	1.59	1.58	1.57	1.56	1.56	1.55	1.54	1.53	1.52	1.52	1.51	1.51	1.50	1.49	1.48	10
11	1.47	1.58	1.58	1.57	1.56	1.55	1.54	1.53	1.53	1.52	1.51	1.50	1.49	1.49	1.48	1.47	1.47	1.46	1.45	11
12	1.46	1.56	1.56	1.55	1.54	1.53	1.52	1.51	1.51	1.50	1.49	1.48	1.47	1.46	1.45	1.45	1.44	1.43	1.42	12
13	1.45	1.55	1.55	1.53	1.52	1.51	1.50	1.49	1.49	1.48	1.147	1.46	1.45	1.44	1.43	1.42	1.42	1.41	1.40	13
14	1.44	1.53	1.53	1.52	1.51	1.50	1.49	1.48	1.47	1.46	1.45	1.44	1.43	1.42	1.41	1.41	1.40	1.39	1.38	14

续表

$\alpha = 0.25$

f_2 \ f_1	1	2	3	4	5	6	7	8	9	10	12	15	20	24	30	40	60	120	∞	f_1 / f_2
15	1.43	1.52	1.52	1.51	1.49	1.48	1.47	1.46	1.46	1.45	1.44	1.43	1.41	1.41	1.40	1.39	1.38	1.37	1.36	15
16	1.42	1.51	1.51	1.50	1.48	1.47	1.46	1.45	1.44	1.44	1.43	1.41	1.40	1.39	1.38	1.37	1.36	1.35	1.34	16
17	1.42	1.51	1.50	1.49	1.47	1.46	1.45	1.44	1.43	1.43	1.41	1.40	1.39	1.38	1.37	1.36	1.35	1.34	1.33	17
18	1.41	1.50	1.49	1.48	1.46	1.45	1.44	1.43	1.42	1.42	1.40	1.39	1.38	1.37	1.36	1.35	1.34	1.33	1.32	18
19	1.41	1.49	1.49	1.47	1.46	1.44	1.43	1.42	1.41	1.41	1.40	1.38	1.37	1.36	1.35	1.34	1.33	1.32	1.30	19
20	1.40	1.49	1.48	1.47	1.45	1.44	1.43	1.42	1.41	1.40	1.39	1.37	1.36	1.35	1.34	1.33	1.32	1.31	1.29	20
21	1.40	1.48	1.48	1.46	1.44	1.43	1.42	1.41	1.40	1.39	1.38	1.37	1.35	1.34	1.33	1.32	1.31	1.30	1.28	21
22	1.40	1.48	1.47	1.45	1.44	1.42	1.41	1.40	1.39	1.39	1.37	1.36	1.34	1.33	1.32	1.31	1.30	1.29	1.28	22
23	1.39	1.47	1.47	1.45	1.43	1.42	1.41	1.40	1.39	1.38	1.37	1.35	1.34	1.33	1.32	1.31	1.30	1.28	1.27	23
24	1.39	1.47	1.46	1.44	1.43	1.41	1.40	1.39	1.38	1.38	1.36	1.35	1.33	1.32	1.31	1.30	1.29	1.28	1.26	24
25	1.39	1.47	1.46	1.44	1.42	1.41	1.40	1.39	1.38	1.37	1.36	1.34	1.33	1.32	1.31	1.29	1.28	1.27	1.25	25
26	1.38	1.46	1.45	1.44	1.42	1.41	1.39	1.38	1.37	1.37	1.35	1.34	1.32	1.31	1.30	1.29	1.28	1.26	1.25	26
27	1.38	1.46	1.45	1.43	1.42	1.40	1.39	1.38	1.37	1.36	1.35	1.33	1.32	1.31	1.30	1.28	1.27	1.26	1.24	27
28	1.38	1.46	1.45	1.43	1.41	1.40	1.39	1.38	1.37	1.36	1.34	1.33	1.31	1.30	1.29	1.28	1.27	1.25	1.24	28
29	1.38	1.45	1.45	1.43	1.41	1.40	1.38	1.37	1.36	1.35	1.34	1.32	1.31	1.30	1.29	1.27	1.26	1.25	1.23	29
30	1.38	1.45	1.44	1.42	1.41	1.39	1.38	1.37	1.36	1.35	1.34	1.32	1.30	1.29	1.28	1.27	1.26	1.24	1.23	30
40	1.36	1.44	1.42	1.40	1.39	1.37	1.36	1.35	1.34	1.33	1.31	1.30	1.28	1.26	1.25	1.24	1.22	1.21	1.19	40
60	1.35	1.42	1.41	1.38	1.37	1.35	1.33	1.32	1.31	1.30	1.29	1.27	1.25	1.24	1.22	1.21	1.19	1.17	1.15	60
120	1.34	1.40	1.39	1.37	1.35	1.33	1.31	1.30	1.29	1.28	1.26	1.24	1.22	1.21	1.19	1.18	1.16	1.13	1.10	120
∞	1.32	1.39	1.37	1.35	1.33	1.31	1.29	1.28	1.27	1.25	1.24	1.22	1.19	1.18	1.16	1.14	1.12	1.08	1.00	∞

续表

$\alpha=0.10$

f_2 \ f_1	1	2	3	4	5	6	7	8	9	10	15	20	30	50	100	200	500	∞	f_1 / f_2
1	39.9	49.5	53.6	55.8	57.2	58.2	58.9	59.4	59.9	60.2	61.2	61.7	62.3	62.7	63.0	63.2	63.3	63.3	1
2	8.53	9.00	9.16	9.24	9.29	9.33	9.35	9.37	9.38	9.39	9.42	9.44	9.46	9.47	9.48	9.49	9.49	9.49	2
3	5.54	5.46	5.39	5.34	5.31	5.28	5.27	5.25	5.24	5.23	5.20	5.18	5.17	5.15	5.14	5.14	5.14	5.13	3
4	4.54	4.32	4.19	4.11	4.05	4.01	3.98	3.95	3.94	3.92	3.87	3.84	3.82	3.80	3.78	3.77	3.76	3.76	4
5	4.06	3.78	3.62	3.52	3.45	3.40	3.37	3.34	3.32	3.30	3.24	3.21	3.17	3.15	3.13	3.12	3.11	3.10	5
6	3.78	3.46	3.29	3.18	3.11	3.05	3.01	2.98	2.96	2.94	2.87	2.84	2.80	2.77	2.75	2.73	2.73	2.72	6
7	3.59	3.26	3.07	2.96	2.88	2.83	2.78	2.75	2.72	2.70	2.63	2.59	2.56	2.52	2.50	2.48	2.48	2.47	7
8	3.46	3.11	2.92	2.81	2.73	2.67	2.62	2.59	2.56	2.54	2.46	2.42	2.38	2.35	2.32	2.31	2.30	2.29	8
9	3.36	3.01	2.81	2.69	2.61	2.55	2.51	2.47	2.44	2.42	2.34	2.30	2.25	2.22	2.19	2.17	2.17	2.16	9
10	3.28	2.92	2.73	2.61	2.52	2.46	2.41	2.38	2.35	2.32	2.24	2.20	2.16	2.12	2.09	2.07	2.06	2.06	10
11	3.23	2.86	2.66	2.54	2.45	2.39	2.34	2.30	2.27	2.25	2.17	2.12	2.08	2.04	2.00	1.99	1.98	1.97	11
12	3.18	2.81	2.61	2.48	2.39	2.33	2.28	2.24	2.21	2.19	2.10	2.06	2.01	1.97	1.94	1.92	1.91	1.90	12
13	3.14	2.76	2.56	2.43	2.35	2.28	2.23	2.20	2.16	2.14	2.05	2.01	1.96	1.92	1.88	1.86	1.85	1.85	13
13	3.10	2.73	2.52	2.39	2.31	2.24	2.19	2.15	2.12	2.10	2.01	1.96	1.91	1.87	1.83	1.82	1.80	1.80	14
15	3.07	2.70	2.49	2.36	2.27	2.21	2.16	2.12	2.09	2.06	1.97	1.92	1.87	1.83	1.79	1.77	1.76	1.76	15
16	3.05	2.67	2.46	2.33	2.24	2.18	2.13	2.09	2.06	2.03	1.94	1.89	1.84	1.79	1.76	1.74	1.73	1.72	16

续表

$\alpha=0.10$

f_2 \ f_1	1	2	3	4	5	6	7	8	9	10	15	20	30	50	100	200	500	∞	f_1 / f_2
17	3.03	2.64	2.44	2.31	2.22	2.15	2.10	2.06	2.03	2.00	1.91	1.86	1.81	1.76	1.73	1.71	1.69	1.69	17
18	3.01	2.62	2.42	2.29	2.20	2.13	2.08	2.04	2.00	1.98	1.89	1.84	1.78	1.74	1.70	1.68	1.67	1.66	18
19	2.99	2.61	2.40	2.27	2.18	2.11	2.06	2.02	1.98	1.96	1.86	1.81	1.76	1.71	1.67	1.65	1.64	1.63	19
20	2.97	2.59	2.38	2.25	2.16	2.09	2.04	2.00	1.96	1.94	1.84	1.79	1.74	1.69	1.65	1.63	1.62	1.61	20
22	2.95	2.56	2.35	2.22	2.13	2.06	2.01	1.97	1.93	1.90	1.81	1.76	1.70	1.65	1.61	1.59	1.58	1.57	22
24	2.93	2.54	2.33	2.19	2.10	2.04	1.98	1.94	1.91	1.88	1.78	1.73	1.67	1.62	1.58	1.56	1.54	1.53	24
26	2.91	2.52	2.31	2.17	2.08	2.01	1.96	1.92	1.88	1.86	1.76	1.71	1.65	1.59	1.55	1.53	1.51	1.50	26
28	2.89	2.50	2.29	2.16	2.06	2.00	1.94	1.90	1.87	1.84	1.74	1.69	1.63	1.57	1.53	1.50	1.49	1.48	28
30	2.88	2.49	2.28	2.14	2.05	1.98	1.93	1.88	1.85	1.82	1.72	1.67	1.61	1.55	1.51	1.48	1.47	1.46	30
40	2.84	2.44	2.23	2.09	2.00	1.93	1.87	1.83	1.79	1.76	1.66	1.61	1.54	1.48	1.43	1.41	1.39	1.38	40
50	2.81	2.41	2.20	2.06	1.97	1.90	1.84	1.80	1.76	1.73	1.63	1.57	1.50	1.44	1.39	1.36	1.34	1.33	50
60	2.79	2.39	2.18	2.04	1.95	1.87	1.82	1.77	1.74	1.71	1.60	1.54	1.48	1.41	1.36	1.33	1.31	1.29	60
80	2.77	2.37	2.15	2.02	1.92	1.85	1.79	1.75	1.71	1.68	1.57	1.51	1.44	1.38	1.32	1.28	1.26	1.24	80
100	2.76	2.36	2.14	2.00	1.91	1.83	1.78	1.73	1.70	1.66	1.56	1.49	1.42	1.35	1.29	1.26	1.23	1.21	100
200	2.73	2.33	2.11	1.97	1.88	1.80	1.75	1.70	1.66	1.63	1.52	1.46	1.38	1.31	1.24	1.20	1.17	1.14	200
500	2.72	2.31	2.10	1.96	1.86	1.79	1.73	1.68	1.64	1.61	1.50	1.44	1.36	1.28	1.21	1.16	1.12	1.09	500
∞	2.71	2.30	2.08	1.94	1.85	1.77	1.72	1.67	1.63	1.60	1.49	1.42	1.34	1.26	1.18	1.13	1.08	1.00	∞

续表

$\alpha=0.05$

f_1 / f_2	1	2	3	4	5	6	7	8	9	10	12	14	16	18	20	f_1 / f_2
1	161	200	216	225	230	234	237	239	241	242	244	245	246	247	248	1
2	18.5	19.0	19.2	19.2	19.3	19.3	19.4	19.4	19.4	19.4	19.4	19.4	19.4	19.4	19.4	2
3	10.1	9.55	9.28	9.12	9.01	8.94	8.89	8.85	8.81	8.79	8.74	8.71	8.69	8.67	8.66	3
4	7.71	6.94	6.59	6.39	6.26	6.16	6.09	6.04	6.00	5.96	5.91	5.87	5.84	5.82	5.80	4
5	6.61	5.79	5.41	5.19	5.05	4.95	4.88	4.82	4.77	4.74	4.68	4.64	4.60	4.58	4.56	5
6	5.99	5.14	4.76	4.53	4.39	4.28	4.21	4.15	4.10	4.06	4.00	3.96	3.92	3.90	3.87	6
7	5.59	4.74	4.35	4.12	3.97	3.87	3.79	3.73	3.68	3.64	3.57	3.53	3.49	3.47	3.44	7
8	5.32	4.46	4.07	3.84	3.69	3.58	3.50	3.44	3.39	3.35	3.28	3.24	3.20	3.17	3.15	8
9	5.12	4.26	3.86	3.63	3.48	3.37	3.29	3.23	3.18	3.14	3.07	3.03	2.99	2.96	2.94	9
10	4.96	4.10	3.71	3.48	3.33	3.22	3.14	3.07	3.02	2.98	2.91	2.86	2.83	2.80	2.77	10
11	4.84	3.98	3.59	3.36	3.20	3.09	3.01	2.95	2.90	2.85	2.79	2.74	2.70	2.67	2.65	11
12	4.75	3.89	3.49	3.26	3.11	3.00	2.91	2.85	2.80	2.75	2.69	2.64	2.60	2.57	2.54	12
13	4.67	3.81	3.41	3.18	3.03	2.92	2.83	2.77	2.71	2.67	2.60	2.55	2.51	2.48	2.46	13
14	4.60	3.74	3.34	3.11	2.96	2.85	2.76	2.70	2.65	2.60	2.53	2.48	2.44	2.41	2.39	14
15	4.54	3.68	3.29	3.06	2.90	2.79	2.71	2.64	2.59	2.54	2.48	2.42	2.38	2.35	2.33	15
16	4.49	3.63	3.24	3.01	2.85	2.74	2.66	2.59	2.54	2.49	2.42	2.37	2.33	2.30	2.28	16
17	4.45	3.59	3.20	2.96	2.81	2.70	2.61	2.55	2.49	2.45	2.38	2.33	2.29	2.26	2.23	17
18	4.41	3.55	3.16	2.93	2.77	2.66	2.58	2.51	2.46	2.41	2.34	2.29	2.25	2.22	2.19	18
19	4.38	3.52	3.13	2.90	2.74	2.63	2.54	2.48	2.42	2.38	2.31	2.26	2.21	2.18	2.16	19
20	4.35	3.49	3.10	2.87	2.71	2.60	2.51	2.45	2.39	2.35	2.28	2.22	2.18	2.15	2.12	20
21	4.32	3.47	3.07	2.84	2.68	2.57	2.49	2.42	2.37	2.32	2.25	2.20	2.16	2.12	2.10	21
22	4.30	3.44	3.05	2.82	2.66	2.55	2.46	2.40	2.34	2.30	2.23	2.17	2.13	2.10	2.07	22
23	4.28	3.42	3.03	2.80	2.64	2.53	2.44	2.37	2.32	2.27	2.20	2.15	2.11	2.07	2.05	23
24	4.26	3.40	3.01	2.78	2.62	2.51	2.42	2.36	2.30	2.25	2.18	2.13	2.09	2.05	2.03	24

续表

$\alpha=0.05$

f_2 \ f_1	1	2	3	4	5	6	7	8	9	10	12	14	16	18	20	f_1 / f_2
25	4.24	3.30	2.99	2.76	2.60	2.49	2.40	2.34	2.28	2.24	2.16	2.11	2.07	2.04	2.01	25
26	4.23	3.37	2.98	2.74	2.59	2.47	2.39	2.32	2.27	2.22	2.15	2.09	2.05	2.02	1.99	26
27	4.21	3.35	2.96	2.73	2.57	2.46	2.37	2.31	2.25	2.20	2.13	2.08	2.04	2.00	1.97	27
28	4.20	3.34	2.95	2.71	2.56	2.45	2.36	2.29	2.24	2.19	2.12	2.06	2.02	1.99	1.96	28
29	4.18	3.33	2.93	2.70	2.55	2.43	2.35	2.28	2.22	2.18	2.10	2.05	2.01	1.97	1.94	29
30	4.17	3.32	2.92	2.69	2.53	2.42	2.33	2.27	2.21	2.16	2.09	2.04	1.99	1.96	1.93	30
32	4.15	3.29	2.90	2.67	2.51	2.40	2.31	2.24	2.19	2.14	2.07	2.01	1.97	1.94	1.91	32
34	4.13	3.28	2.88	2.65	2.49	2.38	2.29	2.23	2.17	2.12	2.05	1.99	1.95	1.92	1.89	34
36	4.11	3.26	2.87	2.63	2.48	2.36	2.28	2.21	2.15	2.11	2.03	1.98	1.93	1.90	1.87	36
38	4.10	3.24	2.85	2.62	2.46	2.35	2.26	2.19	2.14	2.09	2.02	1.96	1.92	1.88	1.85	38
40	4.08	3.23	2.84	2.61	2.45	2.34	2.25	2.18	2.12	2.08	2.00	1.95	1.90	1.87	1.84	40
42	4.07	3.22	2.83	2.59	2.44	2.32	2.24	2.17	2.11	2.06	1.99	1.93	1.89	1.86	1.83	42
44	4.06	3.21	2.82	2.58	2.43	2.31	2.23	2.16	2.10	2.05	1.98	1.92	1.88	1.84	1.81	44
46	4.05	3.20	2.81	2.57	2.42	2.30	2.22	2.15	2.09	2.04	1.97	1.91	1.87	1.83	1.80	46
48	4.04	3.19	2.80	2.57	2.41	2.29	2.21	2.14	2.08	2.03	1.96	1.90	1.86	1.82	1.79	48
50	4.03	3.18	2.79	2.56	2.40	2.29	2.20	2.13	2.07	2.03	1.95	1.89	1.85	1.81	1.78	50
60	4.00	3.15	2.76	2.53	2.37	2.25	2.17	2.10	2.04	1.99	1.92	1.86	1.82	1.78	1.75	60
80	3.96	3.11	2.72	2.49	2.33	2.21	2.13	2.06	2.00	1.95	1.88	1.82	1.77	1.73	1.70	80
100	3.94	3.09	2.70	2.46	2.31	2.19	2.10	2.03	1.97	1.93	1.85	1.79	1.75	1.71	1.68	100
125	3.92	3.07	2.68	2.44	2.29	2.17	2.08	2.01	1.96	1.91	1.83	1.77	1.72	1.69	1.65	125
150	3.90	3.06	2.66	2.43	2.27	2.16	2.07	2.00	1.94	1.89	1.82	1.76	1.71	1.67	1.64	150
200	3.89	3.04	2.65	2.42	2.26	2.14	2.06	1.98	1.93	1.88	1.80	1.74	1.69	1.66	1.62	200
300	3.87	3.03	2.63	2.40	2.24	2.13	2.04	1.97	1.91	1.86	1.78	1.72	1.68	1.64	1.61	300
500	3.86	3.01	2.62	2.89	2.23	2.12	2.03	1.96	1.90	1.85	1.77	1.71	1.66	1.62	1.59	500
1000	3.85	3.00	2.61	2.38	2.22	2.11	2.02	1.95	1.89	1.84	1.76	1.70	1.65	1.61	1.58	1000
∞	3.84	3.00	2.60	2.37	2.21	2.10	2.01	1.94	1.88	1.83	1.75	1.69	1.64	1.60	1.57	∞

续表

$\alpha=0.05$

f_2 \ f_1	22	24	26	28	30	35	40	45	50	60	80	100	200	500	∞	f_1 / f_2
1	249	249	249	250	250	251	251	251	252	252	252	253	254	254	254	1
2	19.5	19.5	19.5	19.5	19.5	19.5	19.5	19.5	19.5	19.5	19.5	19.5	19.5	19.5	19.5	2
3	8.65	8.64	8.63	8.62	8.62	8.60	8.59	8.59	8.58	8.57	8.56	8.55	8.54	8.53	8.53	3
4	5.79	5.77	5.76	5.75	5.75	5.73	5.72	5.71	5.70	5.69	5.67	5.66	5.65	5.64	5.63	4
5	4.54	4.53	4.52	4.50	4.50	4.48	4.46	4.45	4.44	4.43	4.41	4.41	4.39	4.37	4.37	5
6	3.86	3.84	3.83	3.82	3.81	3.79	3.77	3.76	3.75	3.74	3.72	3.71	3.69	3.68	3.67	6
7	3.43	3.41	3.40	3.39	3.38	3.36	3.34	3.33	3.32	3.30	3.29	3.27	3.25	3.24	3.23	7
8	3.13	3.12	3.10	3.09	3.08	3.06	3.04	3.03	3.02	3.01	2.99	2.97	2.95	2.94	2.93	8
9	2.92	2.90	2.89	2.87	2.86	2.84	2.83	2.81	2.80	2.79	2.77	2.76	2.73	2.72	2.71	9
10	2.75	2.74	2.72	2.71	2.70	2.68	2.66	2.65	2.64	2.62	2.60	2.59	2.56	2.55	2.54	10
11	2.63	2.61	2.59	2.58	2.57	2.55	2.53	2.52	2.51	2.49	2.47	2.46	2.43	2.42	2.40	11
12	2.52	2.51	2.49	2.48	2.47	2.44	2.43	2.41	2.40	2.38	2.36	2.35	2.32	2.31	2.30	12
13	2.44	2.42	2.41	2.39	2.38	2.36	2.34	2.33	2.31	2.30	2.27	2.26	2.23	2.22	2.21	13
14	2.37	2.35	2.33	2.32	2.31	2.28	2.27	2.25	2.24	2.22	2.20	2.19	2.16	2.14	2.13	14
15	2.31	2.29	2.27	2.26	2.25	2.22	2.20	2.19	2.18	2.16	2.14	2.12	2.10	2.08	2.07	15
16	2.25	2.24	2.22	2.21	2.19	2.17	2.15	2.14	2.12	2.11	2.08	2.07	2.04	2.02	2.01	16
17	2.21	2.19	2.17	2.16	2.15	2.12	2.10	2.09	2.08	2.06	2.03	2.02	1.99	1.97	1.96	17
18	2.17	2.15	2.13	2.12	2.11	2.08	2.06	2.05	2.04	2.02	1.99	1.98	1.95	1.93	1.92	18
19	2.13	2.11	2.10	2.08	2.07	2.05	2.03	2.01	2.00	1.98	1.96	1.94	1.91	1.89	1.88	19
20	2.10	2.08	2.07	2.05	2.04	2.01	1.99	1.98	1.97	1.95	1.92	1.91	1.88	1.86	1.84	20
21	2.07	2.05	2.04	2.02	2.01	1.98	1.96	1.95	1.94	1.92	1.89	1.88	1.84	1.82	1.81	21
22	2.05	2.03	2.01	2.00	1.98	1.96	1.94	1.92	1.91	1.89	1.86	1.85	1.82	1.80	1.78	22
23	2.02	2.00	1.99	1.97	1.96	1.93	1.91	1.90	1.88	1.86	1.84	1.82	1.79	1.77	1.76	23

续表

$\alpha=0.05$

f_2 \ f_1	22	24	26	28	30	35	40	45	50	60	80	100	200	500	∞	f_1 / f_2
24	2.00	1.98	1.97	1.95	1.94	1.91	1.89	1.88	1.86	1.84	1.82	1.80	1.77	1.75	1.73	24
25	1.98	1.96	1.95	1.93	1.92	1.89	1.87	1.86	1.84	1.82	1.80	1.78	1.75	1.73	1.71	25
26	1.97	1.95	1.93	1.91	1.90	1.87	1.85	1.84	1.82	1.80	1.78	1.76	1.73	1.71	1.69	26
27	1.95	1.93	1.91	1.90	1.88	1.86	1.84	1.82	1.81	1.79	1.76	1.74	1.71	1.69	1.67	27
28	1.93	1.91	1.90	1.88	1.87	1.84	1.82	1.80	1.79	1.77	1.74	1.73	1.69	1.67	1.65	28
29	1.92	1.90	1.88	1.87	1.85	1.83	1.81	1.79	1.77	1.75	1.73	1.71	1.67	1.65	1.64	29
30	1.91	1.89	1.87	1.85	1.84	1.81	1.79	1.77	1.76	1.74	1.71	1.70	1.66	1.64	1.62	30
32	1.88	1.86	1.85	1.83	1.82	1.79	1.77	1.75	1.74	1.71	1.69	1.67	1.63	1.61	1.59	32
34	1.86	1.84	1.82	1.80	1.80	1.77	1.75	1.73	1.71	1.69	1.66	1.65	1.61	1.59	1.57	34
36	1.85	1.82	1.81	1.79	1.78	1.75	1.73	1.71	1.69	1.67	1.64	1.62	1.59	1.56	1.55	36
38	1.83	1.81	1.79	1.77	1.76	1.73	1.71	1.69	1.68	1.65	1.62	1.61	1.57	1.54	1.53	38
40	1.81	1.79	1.77	1.76	1.74	1.72	1.69	1.67	1.66	1.64	1.61	1.59	1.55	1.53	1.51	40
42	1.80	1.78	1.76	1.74	1.73	1.70	1.68	1.66	1.65	1.62	1.59	1.57	1.53	1.51	1.49	42
44	1.79	1.77	1.75	1.73	1.72	1.69	1.67	1.65	1.63	1.61	1.58	1.56	1.52	1.49	1.48	44
46	1.78	1.76	1.74	1.72	1.71	1.68	1.65	1.64	1.62	1.60	1.57	1.55	1.51	1.48	1.46	46
48	1.77	1.75	1.73	1.71	1.70	1.67	1.64	1.62	1.61	1.59	1.56	1.54	1.49	1.47	1.45	48
50	1.76	1.74	1.72	1.70	1.69	1.66	1.63	1.61	1.60	1.58	1.54	1.52	1.48	1.46	1.44	50
60	1.72	1.70	1.68	1.66	1.65	1.62	1.59	1.57	1.56	1.53	1.50	1.48	1.44	1.41	1.39	60
80	1.68	1.65	1.63	1.62	1.60	1.57	1.54	1.52	1.51	1.48	1.45	1.43	1.38	1.35	1.32	80
100	1.65	1.63	1.61	1.59	1.57	1.54	1.52	1.49	1.48	1.45	1.41	1.39	1.34	1.31	1.28	100
125	1.63	1.60	1.58	1.57	1.55	1.52	1.49	1.47	1.45	1.42	1.39	1.36	1.31	1.27	1.25	125
150	1.61	1.59	1.57	1.55	1.53	1.50	1.48	1.45	1.44	1.41	1.37	1.34	1.29	1.25	1.22	150
200	1.60	1.57	1.55	1.53	1.52	1.48	1.46	1.43	1.41	1.39	1.35	1.32	1.26	1.22	1.19	200
300	1.58	1.55	1.53	1.51	1.50	1.46	1.43	1.41	1.39	1.36	1.32	1.30	1.23	1.19	1.15	300
500	1.56	1.54	1.52	1.50	1.48	1.45	1.42	1.40	1.38	1.34	1.30	1.28	1.21	1.16	1.11	500
1000	1.55	1.53	1.51	1.49	1.47	1.44	1.41	1.38	1.36	1.33	1.29	1.26	1.19	1.13	1.08	1000
∞	1.54	1.52	1.50	1.48	1.46	1.42	1.39	1.37	1.35	1.32	1.27	1.24	1.17	1.11	1.00	∞

续表

$\alpha=0.01$

f_2 \ f_1	1	2	3	4	5	6	7	8	9	10	12	14	16	18	20	f_1 / f_2
1	405	500	540	563	576	586	593	598	602	606	611	614	617	619	621	1
2	98.5	99.0	99.2	99.2	99.3	99.3	99.4	99.4	99.4	99.4	99.4	99.4	99.4	99.4	99.4	2
3	34.1	30.8	29.5	28.7	28.2	27.9	27.7	27.5	27.3	27.2	27.1	26.9	26.8	26.8	26.7	3
4	21.2	18.0	16.7	16.0	15.5	15.2	15.0	14.8	14.7	14.5	14.4	14.2	14.2	14.1	14.0	4
5	16.3	13.3	12.1	11.4	11.0	10.7	10.5	10.3	10.2	10.1	9.89	9.77	9.68	9.61	9.55	5
6	13.7	10.9	9.78	9.15	8.75	8.47	8.26	8.10	7.98	7.87	7.72	7.60	7.52	7.45	7.40	6
7	12.2	9.55	8.45	7.85	7.46	7.19	6.99	6.84	6.72	6.62	6.47	6.36	6.27	6.21	6.16	7
8	11.3	8.65	7.59	7.01	6.63	6.37	6.18	6.03	5.91	5.81	5.67	5.56	5.48	5.41	5.36	8
9	10.6	8.02	6.99	6.42	6.06	5.80	5.61	5.47	5.35	5.26	5.11	5.00	4.92	4.86	4.81	9
10	10.0	7.56	6.55	5.99	5.64	5.39	5.20	5.06	4.94	4.85	4.71	4.60	4.52	4.46	4.41	10
11	9.65	7.21	6.22	5.67	5.32	5.07	4.89	4.74	4.63	4.54	4.40	4.29	4.21	4.15	4.10	11
12	9.33	6.93	5.95	5.41	5.06	4.82	4.64	4.50	4.39	4.30	4.16	4.05	3.97	3.91	3.86	12
13	9.07	6.70	5.74	5.21	4.86	4.62	4.44	4.30	4.19	4.10	3.96	3.86	3.78	3.71	3.66	13
14	8.86	6.51	5.56	5.04	4.70	4.46	4.28	4.14	4.03	3.94	3.80	3.70	3.62	3.56	3.51	14
15	8.68	6.36	5.42	4.89	4.56	4.32	4.14	4.00	3.89	3.80	3.67	3.56	3.49	3.42	3.37	15
16	8.53	6.23	5.29	4.77	4.44	4.20	4.03	3.89	3.78	3.69	3.55	3.45	3.37	3.31	3.26	16
17	8.40	6.11	5.18	4.67	4.34	4.10	3.93	3.79	3.68	3.59	3.46	3.35	3.27	3.21	3.16	17
18	8.29	6.01	5.09	4.58	4.25	4.01	3.84	3.71	3.60	3.51	3.37	3.27	3.19	3.13	3.08	18
19	8.18	5.93	5.01	4.50	4.17	3.94	3.77	3.63	3.52	3.43	3.30	3.19	3.12	3.05	3.00	19
20	8.10	5.85	4.94	4.43	4.10	3.87	3.70	3.56	3.46	3.37	3.23	3.13	3.05	2.99	2.94	20
21	8.02	5.78	4.87	4.37	4.04	3.81	3.64	3.51	3.40	3.31	3.17	3.07	2.99	2.93	2.88	21
22	7.95	5.72	4.82	4.31	3.99	3.76	3.59	3.45	3.35	3.26	3.12	3.02	2.94	2.88	2.83	22
23	7.88	5.66	4.76	4.26	3.94	3.71	3.54	3.41	3.30	3.21	3.07	2.97	2.89	2.83	2.78	23

续表

$\alpha=0.01$

f_1 / f_2	1	2	3	4	5	6	7	8	9	10	12	14	16	18	20	f_1 / f_2
24	7.82	5.61	4.72	4.22	3.90	3.67	3.50	3.36	3.26	3.17	3.03	2.93	2.85	2.79	2.74	24
25	7.77	5.57	4.68	4.18	3.86	3.63	3.46	3.32	3.22	3.13	2.99	2.89	2.81	2.75	2.70	25
26	7.72	5.53	4.64	4.14	3.82	3.59	3.42	3.29	3.18	3.09	2.96	2.86	2.78	2.72	2.66	26
27	7.68	5.49	4.60	4.11	3.78	3.56	3.39	3.26	3.15	3.06	2.93	2.82	2.75	2.68	2.63	27
28	7.64	5.45	4.57	4.07	3.75	3.53	3.36	3.23	3.12	3.03	2.90	2.79	2.72	2.65	2.60	28
29	7.60	5.42	4.54	4.04	3.73	3.50	3.33	3.20	3.09	3.00	2.87	2.77	2.69	2.62	2.57	29
30	7.56	5.39	4.51	4.02	3.70	3.47	3.30	3.17	3.07	2.98	2.84	2.74	2.66	2.60	2.55	30
32	7.50	5.34	4.46	3.97	3.65	3.43	3.26	3.13	3.02	2.93	2.80	2.70	2.62	2.55	2.50	32
34	7.44	5.29	4.42	3.93	3.61	3.39	3.22	3.09	2.98	2.89	2.76	2.66	2.58	2.51	2.46	34
36	7.40	5.25	4.38	3.89	3.57	3.35	3.18	3.05	2.95	2.86	2.72	2.62	2.54	2.48	2.43	36
38	7.35	5.21	4.34	3.86	3.54	3.32	3.15	3.02	2.92	2.83	2.69	2.59	2.51	2.45	2.40	38
40	7.31	5.18	4.31	3.83	3.51	3.29	3.12	2.99	2.89	2.80	2.66	2.56	2.48	2.42	2.37	40
42	7.28	5.15	4.29	3.80	3.49	3.27	3.10	2.97	2.86	2.78	2.64	2.54	2.46	2.40	2.34	42
44	7.25	5.12	4.26	3.78	3.47	3.24	3.08	2.95	2.84	2.75	2.62	2.52	2.44	2.37	2.32	44
46	7.22	5.10	4.24	3.76	3.44	3.22	3.06	2.93	2.82	2.73	2.60	2.50	2.42	2.35	2.30	46
48	7.20	5.08	4.22	3.74	3.43	3.20	3.04	2.91	2.80	2.72	2.58	2.48	2.40	2.33	2.28	48
50	7.17	5.06	4.20	3.72	3.41	3.19	3.02	2.89	2.79	2.70	2.56	2.46	2.38	2.32	2.27	50
60	7.08	4.98	4.13	3.65	3.34	3.12	2.95	2.82	2.72	2.63	2.50	2.39	2.31	2.25	2.20	60
80	6.96	4.88	4.04	3.56	3.26	3.04	2.87	2.74	2.64	2.55	2.42	2.31	2.23	2.17	2.12	80
100	6.90	4.82	3.98	3.51	3.21	2.99	2.82	2.69	2.59	2.50	2.37	2.26	2.19	2.12	2.07	100
125	6.84	4.78	3.94	3.47	3.17	2.95	2.79	2.66	2.55	2.47	2.33	2.23	2.15	2.08	2.03	125
150	6.81	4.75	3.92	3.45	3.14	2.92	2.76	2.63	2.53	2.44	2.31	2.20	2.12	2.06	2.00	150
200	6.76	4.71	3.88	3.41	3.11	2.89	2.73	2.60	2.50	2.41	2.27	2.17	2.09	2.02	1.97	200
300	6.72	4.68	3.85	3.38	3.08	2.86	2.70	2.57	2.47	2.38	2.24	2.14	2.06	1.99	1.94	300
500	6.69	4.65	3.82	3.36	3.05	2.84	2.68	2.55	2.44	2.36	2.22	2.12	2.04	1.97	1.92	500
1000	6.66	4.63	3.80	3.34	3.04	2.82	2.66	2.53	2.43	2.34	2.20	2.10	2.02	1.95	1.90	1000
∞	6.63	4.61	3.78	3.32	3.02	2.80	2.64	2.51	2.41	2.32	2.18	2.08	2.00	1.93	1.88	∞

续表

$\alpha=0.01$

f_2 \ f_1	22	24	26	28	30	35	40	45	50	60	80	100	200	500	∞	f_2 \ f_1
1	622	623	624	625	626	628	629	630	630	631	633	633	635	636	637	1
2	99.5	99.5	99.5	99.5	99.5	99.5	99.5	99.5	99.5	99.5	99.5	99.5	99.5	99.5	99.5	2
3	26.6	26.6	26.6	26.5	26.5	26.5	26.4	26.4	26.4	26.3	26.3	26.2	26.2	26.1	26.1	3
4	14.0	13.9	13.9	13.9	13.8	13.8	13.7	13.7	13.7	13.7	13.6	13.6	13.5	13.5	13.5	4
5	9.51	9.47	9.43	9.40	9.38	9.33	9.29	9.26	9.24	9.20	9.16	9.13	9.08	9.04	9.02	5
6	7.35	7.31	7.28	7.25	7.23	7.18	7.14	7.11	7.09	7.06	7.01	6.99	6.93	6.90	6.88	6
7	6.11	6.07	6.04	6.02	5.99	5.94	5.91	5.88	5.86	5.82	5.78	5.75	5.70	5.67	5.65	7
8	5.32	5.28	5.25	5.22	5.20	5.15	5.12	5.00	5.07	5.03	4.99	4.96	4.91	4.88	4.86	8
9	4.77	4.73	4.70	4.67	4.65	4.60	4.57	4.54	4.52	4.48	4.44	4.42	4.36	4.33	4.31	9
10	4.36	4.33	4.30	4.27	4.25	4.20	4.17	4.14	4.12	4.08	4.04	4.01	3.96	3.93	3.91	10
11	4.06	4.02	3.99	3.96	3.94	3.89	3.86	3.83	3.81	3.78	3.73	3.71	3.66	3.62	3.60	11
12	3.82	3.78	3.75	3.72	3.70	3.65	3.62	3.59	3.57	3.54	3.49	3.47	3.41	3.38	3.36	12
13	3.62	3.59	3.56	3.53	3.51	3.46	3.43	3.40	3.38	3.34	3.30	3.27	3.22	3.19	3.17	13
14	3.46	3.43	3.40	3.37	3.35	3.30	3.27	3.24	3.22	3.18	3.14	3.11	3.06	3.03	3.00	14
15	3.33	3.29	3.26	3.24	3.21	3.17	3.13	3.10	3.08	3.05	3.00	2.98	2.92	2.89	2.87	15
16	3.22	3.18	3.15	3.12	3.10	3.05	3.02	2.99	2.97	2.93	2.89	2.86	2.81	2.78	2.75	16
17	3.12	3.08	3.05	3.03	3.00	2.96	2.92	2.89	2.87	2.83	2.79	2.76	2.71	2.68	2.65	17
18	3.03	3.00	2.97	2.94	2.92	2.87	2.84	2.81	2.78	2.75	2.70	2.68	2.62	2.59	2.57	18
19	2.96	2.92	2.89	2.87	2.84	2.80	2.76	2.73	2.71	2.67	2.63	2.60	2.55	2.51	2.49	19
20	2.90	2.86	2.83	2.80	2.78	2.73	2.69	2.67	2.64	2.61	2.56	2.54	2.48	2.44	2.42	20
21	2.84	2.80	2.77	2.74	2.72	2.67	2.64	2.61	2.58	2.55	2.50	2.48	2.42	2.38	2.36	21
22	2.78	2.75	2.72	2.69	2.67	2.62	2.58	2.55	2.53	2.50	2.45	2.42	2.36	2.33	2.31	22
23	2.74	2.70	2.67	2.64	2.62	2.57	2.54	2.51	2.48	2.45	2.40	2.37	2.32	2.28	2.26	23

续表

$\alpha=0.01$

f_2 \ f_1	22	24	26	28	30	35	40	45	50	60	80	100	200	500	∞	f_1 / f_2
24	2.70	2.66	2.63	2.60	2.58	2.53	2.49	2.46	2.44	2.40	2.36	2.33	2.27	2.24	2.21	24
25	2.86	2.62	2.59	2.56	2.54	2.49	2.45	2.42	2.40	2.36	2.32	2.29	2.23	2.19	2.17	25
26	2.62	2.58	2.55	2.53	2.50	2.45	2.42	2.39	2.36	2.33	2.28	2.25	2.19	2.16	2.13	26
27	2.59	2.55	2.52	2.49	2.47	2.42	2.38	2.35	2.33	2.29	2.25	2.22	2.16	2.12	2.10	27
28	2.56	2.52	2.49	2.46	2.44	2.39	2.35	2.32	2.30	2.26	2.22	2.19	2.13	2.09	2.06	28
29	2.53	2.46	2.46	2.44	2.41	2.36	2.33	2.30	2.27	2.23	2.19	2.16	2.10	2.06	2.03	29
30	2.51	2.47	2.44	2.41	2.39	2.34	2.30	2.27	2.25	2.21	2.16	2.13	2.07	2.03	2.01	30
32	2.46	2.42	2.39	2.36	2.34	2.29	2.25	2.22	2.20	2.16	2.11	2.08	2.02	1.98	1.96	32
34	2.42	2.38	2.35	2.32	2.30	2.25	2.21	2.18	2.16	2.12	2.07	2.04	1.98	1.94	1.91	34
36	2.38	2.35	2.32	2.29	2.26	2.21	2.17	2.14	2.12	2.08	2.03	2.00	1.94	1.90	1.87	36
38	2.35	2.32	2.28	2.26	2.23	2.18	2.14	2.11	2.09	2.05	2.00	1.97	1.90	1.86	1.84	38
40	2.33	2.29	2.26	2.23	2.20	2.15	2.11	2.08	2.06	2.02	1.97	1.94	1.87	1.83	1.80	40
42	2.30	2.26	2.23	2.20	2.18	2.13	2.09	2.06	2.03	1.99	1.94	1.91	1.85	1.80	1.78	42
44	2.28	2.24	2.21	2.18	2.15	2.10	2.06	2.03	2.01	1.97	1.92	1.89	1.82	1.78	1.75	44
46	2.26	2.22	2.19	2.16	2.13	2.08	2.04	2.01	1.99	1.95	1.90	1.86	1.80	1.75	1.73	46
48	2.24	2.20	2.17	2.14	2.12	2.06	2.02	1.99	1.97	1.93	1.88	1.84	1.78	1.73	1.70	48
50	2.22	2.18	2.15	2.12	2.10	2.05	2.01	1.97	1.95	1.91	1.86	1.82	1.76	1.71	1.68	50
60	2.15	2.12	2.08	2.05	2.03	1.98	1.94	1.90	1.88	1.84	1.78	1.75	1.68	1.63	1.60	60
80	2.07	2.03	2.00	1.97	1.94	1.89	1.85	1.81	1.79	1.75	1.69	1.66	1.58	1.53	1.49	80
100	2.02	1.98	1.94	1.92	1.89	1.84	1.80	1.76	1.73	1.69	1.63	1.60	1.52	1.47	1.43	100
125	1.98	1.94	1.91	1.88	1.85	1.80	1.76	1.72	1.69	1.65	1.59	1.55	1.47	1.41	1.37	125
150	1.96	1.92	1.88	1.85	1.83	1.77	1.73	1.69	1.66	1.62	1.56	1.52	1.43	1.38	1.33	150
200	1.93	1.89	1.85	1.82	1.79	1.74	1.69	1.66	1.63	1.58	1.52	1.48	1.39	1.33	1.28	200
300	1.89	1.85	1.82	1.79	1.76	1.71	1.66	1.62	1.59	1.55	1.48	1.44	1.35	1.28	1.22	300
500	1.87	1.83	1.79	1.76	1.74	1.68	1.63	1.60	1.56	1.52	1.45	1.41	1.31	1.23	1.16	500
1000	1.85	1.81	1.77	1.74	1.72	1.66	1.61	1.57	1.54	1.50	1.43	1.38	1.28	1.19	1.11	1000
∞	1.83	1.79	1.76	1.72	1.70	1.64	1.59	1.55	1.52	1.47	1.40	1.36	1.25	1.15	1.00	∞

B.5　Shapiro-Wilk 检验：为计算检验统计量 W 而用的系数 a_k

k	n									
								8	9	10
1	—	—	—	—	—	—	—	0.605 2	0.588 8	0.573 9
2	—	—	—	—	—	—	—	0.316 4	0.324 4	0.329 1
3	—	—	—	—	—	—	—	0.174 3	0.197 6	0.214 1
4	—	—	—	—	—	—	—	0.056 1	0.094 7	0.122 4
5	—	—	—	—	—	—	—	—	—	0.039 9
	11	12	13	14	15	16	17	18	19	20
1	0.560 1	0.547 5	0.535 9	0.525 1	0.515 0	0.505 6	0.496 8	0.488 6	0.480 8	0.473 4
2	0.331 5	0.332 5	0.332 5	0.331 8	0.330 6	0.329 0	0.327 3	0.325 3	0.323 2	0.321 1
3	0.226 0	0.234 7	0.241 2	0.246 0	0.249 5	0.252 1	0.254 0	0.255 3	0.256 1	0.256 5
4	0.142 9	0.158 6	0.170 7	0.180 2	0.187 8	0.193 9	0.198 8	0.202 7	0.205 9	0.208 5
5	0.069 5	0.092 2	0.109 9	0.124 0	0.135 3	0.144 7	0.152 4	0.158 7	0.164 1	0.168 6
6	—	0.030 3	0.053 9	0.072 7	0.098 0	0.100 5	0.110 9	0.119 7	0.127 1	0.133 4
7	—	—	—	0.024 0	0.043 3	0.059 3	0.072 5	0.083 7	0.093 2	0.101 3
8	—	—	—	—	—	0.019 6	0.035 9	0.049 6	0.061 2	0.071 1
9	—	—	—	—	—	—	—	0.016 3	0.030 3	0.042 2
10	—	—	—	—	—	—	—	—	—	0.014 0
	21	22	23	24	25	26	27	28	29	30
1	0.464 3	0.459 0	0.454 2	0.449 3	0.445 0	0.440 7	0.436 6	0.432 8	0.429 1	0.425 4
2	0.318 5	0.315 6	0.312 6	0.309 8	0.306 9	0.304 3	0.301 8	0.299 2	0.296 8	0.294 4
3	0.257 8	0.257 1	0.256 3	0.255 4	0.254 3	0.253 3	0.252 2	0.251 0	0.249 9	0.248 7
4	0.211 9	0.213 1	0.213 9	0.214 5	0.214 8	0.215 1	0.215 2	0.215 1	0.215 0	0.214 8
5	0.173 6	0.176 4	0.178 7	0.180 7	0.182 2	0.183 6	0.184 8	0.185 7	0.186 4	0.187 0
6	0.139 9	0.144 3	0.148 0	0.151 2	0.153 9	0.156 3	0.158 4	0.160 1	0.161 6	0.163 0
7	0.109 2	0.115 0	0.120 1	0.124 5	0.128 3	0.131 6	0.134 6	0.137 2	0.139 5	0.141 5
8	0.080 4	0.087 8	0.094 1	0.099 7	0.104 6	0.108 9	0.112 8	0.116 2	0.119 2	0.121 9
9	0.053 0	0.061 8	0.069 6	0.076 4	0.082 3	0.087 6	0.092 3	0.096 5	0.100 2	0.103 6
10	0.026 3	0.036 8	0.045 9	0.053 9	0.061 0	0.067 2	0.072 8	0.077 8	0.082 2	0.086 2
11	—	0.012 2	0.022 8	0.032 1	0.040 3	0.047 6	0.054 0	0.059 8	0.065 0	0.069 7
12	—	—	—	0.010 7	0.020 0	0.028 4	0.035 8	0.042 4	0.048 3	0.053 7
13	—	—	—	—	—	0.009 4	0.017 8	0.025 3	0.032 0	0.038 1
14	—	—	—	—	—	—	—	0.008 4	0.015 9	0.022 7
15	—	—	—	—	—	—	—	—	—	0.007 6
	31	32	33	34	35	36	37	38	39	40
1	0.422 0	0.418 8	0.415 6	0.412 7	0.409 8	0.406 8	0.404 0	0.401 5	0.398 9	0.396 4
2	0.292 1	0.289 8	0.287 6	0.285 4	0.283 4	0.281 3	0.279 4	0.277 4	0.275 5	0.273 7

续表

k	n=31	32	33	34	35	36	37	38	39	40
3	0.247 5	0.246 3	0.245 1	0.243 9	0.242 7	0.241 5	0.240 3	0.239 1	0.238 0	0.236 8
4	0.214 5	0.214 1	0.213 7	0.213 2	0.212 7	0.212 1	0.211 6	0.211 0	0.210 4	0.209 8
5	0.187 4	0.187 8	0.188 0	0.188 2	0.188 3	0.188 3	0.188 3	0.188 1	0.188 0	0.187 8
6	0.164 1	0.165 1	0.166 0	0.166 7	0.167 3	0.167 8	0.168 3	0.168 6	0.168 9	0.169 1
7	0.143 3	0.144 9	0.146 3	0.147 5	0.148 7	0.149 6	0.150 5	0.151 3	0.152 0	0.152 6
8	0.124 3	0.126 5	0.128 4	0.130 1	0.131 7	0.133 1	0.134 4	0.135 6	0.136 6	0.137 6
9	0.106 6	0.109 3	0.111 8	0.114 0	0.116 0	0.117 9	0.119 6	0.121 1	0.122 5	0.123 7
10	0.089 9	0.093 1	0.096 1	0.098 8	0.101 3	0.103 6	0.105 6	0.107 5	0.109 2	0.110 8
11	0.073 9	0.077 7	0.081 2	0.084 4	0.087 3	0.090 0	0.092 4	0.094 7	0.096 7	0.098 6
12	0.058 5	0.062 9	0.066 9	0.070 6	0.073 9	0.077 0	0.079 8	0.082 4	0.084 8	0.087 0
13	0.043 5	0.048 5	0.053 0	0.057 2	0.061 0	0.064 5	0.067 7	0.070 6	0.073 3	0.075 9
14	0.028 9	0.034 4	0.039 5	0.044 1	0.048 4	0.052 3	0.055 9	0.059 2	0.062 2	0.065 1
15	0.014 4	0.020 6	0.026 2	0.031 4	0.036 1	0.040 4	0.044 4	0.048 1	0.051 5	0.054 6
16	—	0.006 8	0.013 1	0.018 7	0.023 9	0.028 7	0.033 1	0.037 2	0.040 9	0.044 4
17	—	—	—	0.006 2	0.011 9	0.017 2	0.022 0	0.026 4	0.030 5	0.034 3
18	—	—	—	—	—	0.005 7	0.11 0	0.015 8	0.020 3	0.024 4
19	—	—	—	—	—	—	—	0.005 3	0.010 1	0.014 6
20	—	—	—	—	—	—	—	—	—	0.004 9

k	41	42	43	44	45	46	47	48	49	50
1	0.394 0	0.391 7	0.389 4	0.387 2	0.385 0	0.383 0	0.380 8	0.378 9	0.377 0	0.375 1
2	0.271 9	0.270 1	0.268 4	0.266 7	0.265 1	0.263 5	0.262 0	0.260 4	0.258 9	0.257 4
3	0.235 7	0.234 5	0.233 4	0.232 3	0.231 3	0.230 2	0.229 1	0.228 1	0.227 1	0.226 0
4	0.209 1	0.208 5	0.207 8	0.207 2	0.206 5	0.205 8	0.205 2	0.204 5	0.203 8	0.203 2
5	0.187 6	0.187 4	0.187 1	0.186 8	0.186 8	0.186 2	0.186 9	0.185 5	0.185 1	0.184 7
6	0.169 3	0.169 4	0.169 5	0.169 5	0.169 5	0.169 5	0.169 5	0.169 3	0.169 2	0.269 1
7	0.153 1	0.153 5	0.153 9	0.154 2	0.154 5	0.154 8	0.155 0	0.155 1	0.155 3	0.155 4
8	0.138 4	0.139 2	0.139 8	0.140 5	0.141 0	0.141 5	0.142 0	0.142 3	0.142 7	0.143 0
9	0.124 9	0.125 9	0.126 9	0.127 8	0.128 6	0.129 3	0.130 0	0.130 6	0.131 2	0.131 7
10	0.112 3	0.113 6	0.114 9	0.116 0	0.117 0	0.118 0	0.118 9	0.119 7	0.120 5	0.121 2
11	0.100 4	0.102 0	0.103 5	0.104 9	0.106 2	0.107 3	0.108 5	0.109 5	0.110 5	0.111 3
12	0.089 1	0.090 9	0.092 7	0.094 3	0.095 9	0.097 2	0.098 6	0.099 8	0.101 0	0.102 0
13	0.078 2	0.080 4	0.082 4	0.084	0.086 0	0.087 6	0.089 2	0.090 6	0.091 9	0.093 2
14	0.067 7	0.070 1	0.072 4	0.074 5	0.076 5	0.078 3	0.080 1	0.081 7	0.083 2	0.084 6
15	0.057 5	0.060 2	0.062 8	0.065 1	0.067 3	0.069 4	0.071 3	0.073 1	0.074 8	0.076 4
16	0.047 6	0.050 6	0.053 4	0.056 0	0.058 4	0.060 7	0.062 8	0.064 8	0.066 7	0.068 5
17	0.037 9	0.041 1	0.044 2	0.047 1	0.049 7	0.052 2	0.054 6	0.056 8	0.058 8	0.060 8
18	0.028 3	0.031 8	0.035 2	0.038 3	0.041 2	0.043 9	0.046 5	0.048 9	0.051 1	0.053 2
19	0.018 8	0.022 7	0.026 3	0.029 6	0.032 8	0.035 7	0.038 5	0.041 1	0.043 6	0.045 9
20	0.009 4	0.013 6	0.617 5	0.021 1	0.024 5	0.027 7	0.030 7	0.033 5	0.036 1	0.038 6
21	—	0.004 5	0.008 7	0.012 6	0.016 3	0.019 7	0.022 9	0.025 9	0.028 8	0.031 4
22	—	—	—	0.004 2	0.008 1	0.011 8	0.015 3	0.018 5	0.021 5	0.024 4
23	—	—	—	—	—	0.003 9	0.007 6	0.011 1	0.014 3	0.017 4
24	—	—	—	—	—	—	—	0.003 7	0.007 1	0.010 4
25	—	—	—	—	—	—	—	—	—	0.003 5

B.6 Shapiro-Wilk 检验：检验统计量 W 的 α 分位数

（α=0.01 和 0.05）

n	α		n	α	
	0.01	0.05		0.01	0.05
			26	0.891	0.920
			27	0.894	0.923
			28	0.896	0.924
			29	0.898	0.926
			30	0.900	0.927
			31	0.902	0.929
			32	0.904	0.930
8	0.749	0.818	33	0.906	0.931
9	0.764	0.829	34	0.908	0.933
10	0.781	0.842	35	0.910	0.934
11	0.792	0.850	36	0.912	0.335
12	0.805	0.859	37	0.914	0.936
13	0.814	0.866	38	0.916	0.938
14	0.825	0.874	39	0.917	0.939
15	0.835	0.881	40	0.919	0.940
16	0.844	0.887	41	0.920	0.941
17	0.851	0.892	42	0.922	0.942
18	0.858	0.897	43	0.923	0.943
19	0.863	0.901	44	0.924	0.944
20	0.868	0.905	45	0.926	0.945
21	0.873	0.908	46	0.927	0.945
22	0.878	0.911	47	0.928	0.946
23	0.881	0.914	48	0.929	0.947
24	0.884	0.916	49	0.929	0.947
25	0.888	0.918	50	0.930	0.947

B.7 Mann-Whitney-Wilcoxon 检验临界值 $P(W_{m,n} \leqslant W_\alpha) = \alpha$

m	α	n=2	3	4	5	6	7	8	9	10	11	12	13	14	15	16	17	18	19	20
	.001	0	0	0	0	0	0	0	0	0	0	0	0	0	0	0	0	0	0	0
	.005	0	0	0	0	0	0	0	0	0	0	0	0	0	0	0	0	0	1	1
2	.01	0	0	0	0	0	0	0	0	0	0	0	1	1	1	1	1	1	2	2
	.025	0	0	0	0	0	0	1	1	1	1	2	2	2	2	2	3	3	3	3
	.05	0	0	0	1	1	1	2	2	2	2	3	3	4	4	4	4	5	5	5
	.10	0	1	1	2	2	2	3	3	4	4	5	5	5	6	6	7	7	8	8
	.001	0	0	0	0	0	0	0	0	0	0	0	0	0	0	0	1	1	1	1
	.005	0	0	0	0	0	0	0	1	1	1	2	2	2	3	3	3	3	4	4
3	.01	0	0	0	0	0	1	1	2	2	2	3	3	3	4	4	5	5	5	5
	.025	0	0	0	1	2	2	3	3	4	4	5	5	6	6	7	7	8	8	9
	.05	0	1	1	2	3	3	4	5	5	6	6	7	8	8	9	10	10	11	12
	.10	1	2	2	3	4	5	6	6	7	8	9	10	11	11	12	13	14	15	16
	.001	0	0	0	0	0	0	0	0	1	1	1	2	2	2	3	3	4	4	4
	.005	0	0	0	0	1	1	2	2	3	3	4	4	5	6	6	7	7	8	9
4	.01	0	0	0	1	2	2	3	4	4	5	6	6	7	9	8	9	10	10	11
	.025	0	0	1	2	3	4	5	5	6	7	8	9	10	11	12	12	13	14	15
	.05	0	1	2	3	4	5	6	7	8	9	10	11	12	13	15	16	17	18	19
	.10	1	2	4	5	6	7	8	10	11	12	13	14	16	17	18	19	21	22	23
	.001	0	0	0	0	0	0	1	2	2	3	3	4	4	5	6	6	7	8	8
	.005	0	0	0	1	2	2	3	4	5	6	7	8	8	9	10	11	12	13	14
5	.01	0	0	1	2	3	4	5	6	7	8	9	10	11	12	13	14	15	16	17
	.025	0	1	2	3	4	6	7	8	9	10	12	13	14	15	16	18	19	20	21
	.05	1	2	3	5	6	7	9	10	12	13	14	16	17	19	20	21	23	24	26
	.10	2	3	5	6	8	9	11	13	14	16	18	19	21	23	24	26	28	29	31
	.001	0	0	0	0	0	0	2	3	4	5	5	6	7	8	9	10	11	12	13
	.005	0	0	1	2	3	4	5	6	7	8	10	11	12	13	14	16	17	18	19
6	.01	0	0	2	3	4	5	7	8	9	10	12	13	14	16	17	19	20	21	23
	.025	0	2	3	4	6	7	9	11	12	14	15	17	18	20	22	23	25	26	28
	.05	1	3	4	6	8	9	11	13	15	17	18	20	22	24	26	27	29	31	33
	.10	2	4	6	8	10	12	14	16	18	20	22	24	26	28	30	32	35	37	39
	.001	0	0	0	0	1	2	3	4	6	7	8	9	10	11	12	14	15	16	17
	.005	0	0	1	2	4	5	7	8	10	11	13	14	16	17	19	20	22	23	25
7	.01	0	1	2	4	5	7	8	10	12	13	15	17	18	20	22	24	25	27	29
	.025	0	2	4	6	7	9	11	13	15	17	19	21	23	25	27	29	31	33	35
	.05	1	3	5	7	9	12	14	16	18	20	22	25	27	29	31	34	36	38	40
	.10	2	5	7	9	12	14	17	19	22	24	27	29	32	34	37	39	42	44	47
	.001	0	0	0	1	2	3	5	6	7	9	10	12	13	15	16	18	19	21	22
	.005	0	0	2	3	5	7	8	10	12	14	16	18	19	21	23	25	27	29	31

续表

m	α	n=2	3	4	5	6	7	8	9	10	11	12	13	14	15	16	17	18	19	20
8	.01	0	1	3	5	7	8	10	12	14	16	18	21	23	25	27	29	31	33	35
	.025	1	3	5	7	9	11	14	16	18	20	23	25	27	30	32	35	37	39	42
	.05	2	4	6	9	11	14	16	19	21	24	27	29	32	34	37	40	42	45	48
	.10	3	6	8	11	14	17	20	23	25	28	31	34	37	40	43	46	49	52	55
	.001	0	0	0	2	3	4	6	8	9	11	13	15	16	18	20	22	24	26	27
	.005	0	1	2	4	6	8	10	12	14	17	19	21	23	25	28	30	32	34	37
9	.01	0	2	4	6	8	10	12	15	17	19	22	24	27	29	32	34	37	39	41
	.025	1	3	5	8	11	13	16	18	21	24	27	29	32	35	38	40	43	46	49
	.05	2	5	7	10	13	16	19	22	25	28	31	34	37	40	43	46	49	52	55
	.10	3	6	10	13	16	19	23	26	29	32	36	39	42	46	49	53	56	59	63
	.001	1	1	0	2	4	6	7	9	11	13	15	18	20	22	24	26	28	30	33
	.005	0	1	3	5	7	10	12	14	17	19	22	25	27	30	32	35	38	40	43
10	.01	0	2	4	7	9	12	14	17	20	23	25	28	31	34	37	39	42	45	48
	.025	1	4	6	9	12	15	18	21	24	27	30	34	37	40	43	46	49	53	56
	.05	2	5	8	12	15	18	21	25	28	32	35	38	42	45	49	52	56	59	63
	.10	4	7	11	14	18	22	25	29	33	37	40	44	48	52	55	59	63	67	71
	.001	0	0	1	3	5	7	9	11	13	16	18	21	23	25	28	30	33	35	38
	.005	0	1	3	6	8	11	14	17	19	22	25	28	31	34	37	40	43	46	49
11	.01	0	2	5	8	10	13	16	19	23	26	29	32	35	38	42	45	48	51	54
	.25	1	4	7	10	14	17	20	24	27	31	34	38	41	45	48	52	56	59	63
	.05	2	6	9	13	17	20	24	28	32	35	39	43	47	51	55	58	62	66	70
	.10	4	8	12	16	20	24	28	32	37	41	45	49	53	58	62	66	70	74	79
	.001	0	0	1	3	5	8	10	13	15	18	21	24	26	29	32	35	38	41	43
	.005	0	2	4	7	10	13	16	19	22	25	28	32	35	38	42	45	48	52	55
12	.01	0	3	6	9	12	15	18	22	25	29	32	36	39	43	47	50	54	57	61
	.025	2	5	8	12	15	19	23	27	30	34	38	42	46	50	54	58	62	66	70
	.05	3	6	10	14	18	22	27	31	35	39	43	48	52	56	61	65	69	73	78
	.10	5	9	13	18	22	27	31	36	40	45	50	54	59	64	68	73	78	82	87
	.001	0	0	2	4	6	9	12	15	18	21	24	27	30	33	36	39	43	46	49
	.005	0	2	4	8	11	14	18	21	25	28	32	35	39	43	46	50	54	58	61
13	.01	1	3	6	10	13	17	21	24	28	32	36	40	44	48	52	56	60	64	68
	.025	2	5	9	13	17	21	25	29	34	38	42	46	51	55	60	64	68	73	77
	.05	3	7	11	16	20	25	29	34	38	43	48	52	57	62	66	71	76	81	85
	.10	5	10	14	19	24	29	34	39	44	49	54	59	64	69	75	80	85	90	95
	.001	0	0	2	4	7	10	13	16	20	23	26	30	33	37	40	44	47	51	55
	.005	0	2	5	8	12	16	19	23	27	31	35	39	43	47	51	55	59	64	68
14	.01	1	3	7	11	14	18	23	27	31	35	39	44	48	52	57	61	66	70	64
	.025	2	6	10	14	18	23	27	32	37	41	46	51	56	60	65	70	75	79	84

续表

m	α	n=2	3	4	5	6	7	8	9	10	11	12	13	14	15	16	17	18	19	20
	.05	4	8	12	17	22	27	32	37	42	47	52	57	62	67.	72	78	83	88	93
	.10	5	11	16	21	26	32	37	42	48	53	59	64	70	756	81	86	92	98	103
	.001	0	0	2	5	8	11	15	18	22	25	29	33	37	41	44	48	52	56	60
	.005	0	3	6	9	13	17	21	25	30	34	38	43	47	52	56	61	65	70	74
15	.01	1	4	8	12	16	20	25	29	34	38	43	48	52	57	62	67	71	76	81
	.025	2	6	11	15	20	25	30	35	40	45	50	55	60	65	71	76	81	86	91
	.05	4	8	13	19	24	29	34	40	45	51	56	62	67	73	78	84	89	95	101
	.10	6	11	17	23	28	34	40	46	52	58	64	69	75	81	87	93	99	105	111
	.001	0	0	3	6	9	12	16	20	24	28	32	36	40	44	49	53	57	61	66
	.005	0	3	6	10	14	19	23	28	32	37	42	46	51	56	61	66	71	75	80
16	.01	1	4	8	13	17	22	27	32	37	42	47	52	57	62	67	72	77	83	88
	.025	2	7	12	16	22	27	32	38	43	48	54	60	65	71	76	82	87	93	99
	.05	4	9	15	20	26	31	37	43	49	55	61	66	72	78	84	90	96	102	108
	.10	6	12	18	24	30	37	43	49	55	62	68	75	81	87	94	100	107	113	120
	.001	0	1	3	6	10	14	18	22	26	30	35	39	44	48	53	58	62	67	71
	.005	0	3	7	11	16	20	25	30	35	40	45	50	55	61	66	71	76	82	87
17	.01	1	5	9	14	19	24	29	34	39	45	50	56	61	67	72	78	83	89	94
	.025	3	7	12	18	23	29	35	40	46	52	58	64	70	76	82	88	94	100	106
	.05	4	10	16	21	27	34	40	46	52	58	65	71	78	84	90	97	103	110	116
	.10	7	13	19	26	32	39	46	53	59	66	73	80	86	93	100	107	114	121	128
	.001	0	1	4	7	11	15	19	24	28	33	38	43	47	52	57	62	67	72	77
	.005	0	3	7	12	17	22	27	32	38	43	48	54	59	65	71	76	82	88	93
18	.01	1	5	10	15	20	25	31	37	42	48	54	60	66	71	77	83	89	95	101
	.025	3	8	13	19	25	31	37	43	49	56	62	68	75	81	87	94	100	107	113
	.05	5	10	17	23	29	36	42	49	56	62	69	76	83	89	96	103	110	117	124
	.10	7	14	21	28	35	42	49	56	63	70	78	85	92	99	107	114	121	129	136
	.001	0	1	4	8	12	16	21	26	30	35	41	46	51	56	61	67	72	78	83
	.005	1	4	8	13	18	23	29	34	40	46	52	58	64	70	75	82	88	94	100
19	.01	2	5	10	16	21	27	33	39	45	51	57	64	70	76	83	89	95	102	108
	.025	3	8	14	20	26	33	39	46	53	59	66	73	79	86	93	100	107	114	120
	.05	5	11	18	24	31	38	45	52	59	66	73	81	88	95	102	110	117	124	131
	.10	8	15	22	29	37	44	52	59	67	74	82	90	98	105	113	121	129	136	144
	.001	0	1	4	8	13	17	22	27	33	38	43	49	55	60	66	71	77	83	89
	.005	1	4	9	14	19	25	31	37	43	49	55	61	68	74	80	87	93	100	106
20	.01	2	6	11	17	23	29	35	41	48	54	61	68	74	81	88	94	101	108	115
	.025	3	9	15	21	28	35	42	49	56	63	70	77	84	91	99	106	113	120	128
	.05	5	12	19	26	33	40	48	55	63	70	78	85	93	101	108	116	124	131	139
	.10	8	16	23	31	39	47	55	63	71	79	87	95	103	111	120	128	136	144	152

注：当为双边检验时，$c_1 = W_\alpha$，$c_2 = mn - W_\alpha$

B.8 链检验的临界值表

表中列出了游程检验中的 $C_{1-\alpha}(m,n)$ 值

$\alpha=0.025$

m \ n	2	3	4	5	6	7	8	9	10	11	12	13	14	15	16	17	18	19	20
2																			
3																			
4																			
5			2	2															
6		2	2	3	3														
7		2	2	3	3	3													
8		2	3	3	3	4	4												
9		2	3	3	4	4	5	5											
10		2	3	3	4	5	5	5	6										
11		2	3	4	4	5	5	6	6	7									
12	2	2	3	4	4	5	6	6	7	7	7								
13	2	2	3	4	5	5	6	6	7	7	8	8							
14	2	2	3	4	5	5	6	7	7	8	8	9	9						
15	2	3	3	4	5	6	6	7	7	8	8	9	9	10					
16	2	3	4	4	5	6	6	7	8	8	9	9	10	10	11				
17	2	3	4	4	5	6	7	7	8	9	9	10	10	11	11	11			
18	2	3	4	5	5	6	7	8	8	9	9	10	10	11	11	12	12		
19	2	3	4	5	6	6	7	8	8	9	10	10	11	11	12	12	13	13	
20	2	3	4	5	6	6	7	8	9	9	10	10	11	12	12	13	13	13	14

$\alpha=0.05$

m \ n	2	3	4	5	6	7	8	9	10	11	12	13	14	15	16	17	18	19	20
2																			
3																			
4			2																
5		2	2	3															
6		2	3	3	3														
7		2	3	3	4	4													
8	2	2	3	3	4	4	5												
9	2	2	3	4	4	5	5	6											
10	2	3	3	4	5	5	6	6	6										
11	2	3	3	4	5	5	6	6	7	7									
12	2	3	4	4	5	6	6	7	7	8	8								
13	2	3	4	4	5	6	6	7	8	8	9	9							
14	2	3	4	5	5	6	7	7	8	8	9	9	10						
15	2	3	4	5	6	6	7	8	8	9	9	10	10	11					
16	2	3	4	5	6	6	7	8	8	9	10	10	11	11	11				
17	2	3	4	5	6	7	7	8	9	9	10	10	11	11	12	12			
18	2	3	4	5	6	7	8	8	9	10	10	11	11	12	12	13	13		
19	2	3	4	5	6	7	8	8	9	10	10	11	12	12	13	13	14	14	
20	2	3	4	5	6	7	8	9	9	10	11	11	12	12	13	13	14	14	15

B.9 极差 t 分布分位点表

v	k / $1-\alpha$	2	3	4	5	6	7	8	9	10	11	12	13	14	15	16
1	0.95	18.0	27.0	32.8	37.1	40.4	43.1	45.4	47.4	49.1	50.6	52.0	53.2	54.3	55.4	56.3
	0.99	90.0	135	164	186	202	216	227	237	246	253	260	266	272	277	282
2	0.95	6.09	8.3	9.8	10.9	11.7	12.4	13.0	13.5	14.0	14.4	14.7	15.1	15.4	15.7	15.9
	0.99	14.0	19.0	22.3	24.7	26.6	28.2	29.5	30.7	31.7	32.6	33.4	34.1	34.8	35.4	36.0
3	0.95	4.50	5.91	6.82	7.50	8.04	8.48	8.85	9.18	9.46	9.72	9.95	10.2	10.4	10.5	10.7
	0.99	8.26	10.6	12.2	13.3	14.2	15.0	15.6	16.2	16.7	17.1	17.5	17.9	18.2	18.5	18.8
4	0.95	3.93	5.04	5.76	6.29	6.71	7.05	7.35	7.60	7.83	8.03	8.21	8.37	8.52	8.66	8.79
	0.99	6.51	8.12	9.17	9.96	10.6	11.1	11.5	11.9	12.3	12.6	12.8	13.1	13.3	13.5	13.7
5	0.95	3.64	4.60	5.22	5.67	6.03	6.33	6.58	6.80	6.99	7.17	7.32	7.47	7.60	7.72	7.83
	0.99	5.70	6.97	7.80	8.42	8.91	9.32	9.67	9.97	10.2	10.5	10.7	10.9	11.1	11.2	11.4
6	0.95	3.46	4.34	4.90	5.31	5.63	5.89	6.12	6.32	6.49	6.65	6.79	6.92	7.03	7.14	7.24
	0.99	5.24	6.33	7.03	7.56	7.97	8.32	8.61	8.87	9.10	9.30	9.49	9.65	9.81	9.95	10.1
7	0.95	3.34	4.16	4.68	5.06	5.36	5.61	5.82	6.00	6.16	6.30	6.43	6.55	6.66	6.76	6.85
	0.99	4.95	5.92	6.54	7.01	7.37	7.68	7.94	8.17	8.37	8.55	8.71	8.86	9.00	9.12	9.24
8	0.95	3.26	4.04	4.53	4.89	5.17	5.40	5.60	5.77	5.92	6.05	6.18	6.29	6.39	6.48	6.57
	0.99	4.74	5.63	6.20	6.63	6.96	7.24	7.47	7.68	7.87	8.03	8.18	8.31	8.44	8.55	8.66
9	0.95	3.20	3.95	4.42	4.76	5.02	5.24	5.43	5.60	5.74	5.87	5.98	6.09	6.19	6.28	6.36
	0.99	4.60	5.43	5.96	6.35	6.66	6.91	7.13	7.32	7.49	7.65	7.78	7.91	8.03	8.13	8.23
10	0.95	3.15	3.88	4.33	4.65	4.91	5.12	5.30	5.46	5.60	5.72	5.83	5.93	6.03	6.11	6.20
	0.99	4.48	5.27	5.77	6.14	6.43	6.67	6.87	7.05	7.21	7.36	7.48	7.60	7.71	7.81	7.91
11	0.95	3.11	3.82	4.26	4.57	4.82	5.03	5.20	5.35	5.49	5.61	5.71	5.81	5.90	5.99	6.06
	0.99	4.39	5.14	5.62	5.97	6.25	6.48	6.67	6.84	6.99	7.13	7.25	7.36	7.46	7.56	7.65
12	0.95	3.08	3.77	4.20	4.51	4.75	4.95	5.12	5.27	5.40	5.51	5.62	5.71	5.80	5.88	5.95
	0.99	4.32	5.04	5.50	5.84	6.10	6.32	6.51	6.67	6.81	6.94	7.06	7.17	7.26	7.36	7.44
13	0.95	3.06	3.73	4.15	4.45	4.69	4.88	5.05	5.19	5.32	5.43	5.53	5.63	5.71	5.79	5.86
	0.99	4.26	4.96	5.40	5.73	5.98	6.19	6.37	6.53	6.67	6.79	6.90	7.01	7.10	7.19	7.27

续表

v	k / $1-\alpha$	2	3	4	5	6	7	8	9	10	11	12	13	14	15	16
14	0.95	3.03	3.70	4.11	4.41	4.64	4.83	4.99	5.13	5.25	5.36	5.46	5.55	5.64	5.72	5.79
	0.99	4.21	4.89	5.32	5.63	5.88	6.08	6.26	6.41	6.54	6.66	6.77	6.87	6.96	7.05	7.12
15	0.95	3.01	3.67	4.08	4.37	4.60	4.78	4.94	5.08	5.20	5.31	5.40	5.49	5.58	5.65	5.72
	0.99	4.17	4.83	5.25	5.56	5.80	5.99	6.16	6.31	6.44	6.55	6.66	6.76	6.84	6.93	7.00
16	0.95	3.00	3.65	4.05	4.33	4.56	4.74	4.90	5.03	5.15	5.26	5.35	5.44	5.52	5.59	5.66
	0.99	4.13	4.78	5.19	5.49	5.72	5.92	6.08	6.22	6.35	6.46	6.56	6.66	6.74	6.82	6.90
17	0.95	2.98	3.63	4.02	4.30	4.52	4.71	4.86	4.99	5.11	5.21	5.31	5.39	5.47	5.55	5.61
	0.99	4.10	4.74	5.14	5.43	5.66	5.85	6.01	6.15	6.27	6.38	6.48	6.57	6.66	6.73	6.80
18	0.95	2.97	3.61	4.00	4.28	4.49	4.67	4.82	4.96	5.07	5.17	5.27	5.35	5.43	5.50	5.57
	0.99	4.07	4.70	5.09	5.38	5.60	5.79	5.94	6.08	6.20	6.31	6.41	6.50	6.58	6.65	6.72
19	0.95	2.96	3.59	3.98	4.25	4.47	4.65	4.79	4.92	5.04	5.14	5.23	5.32	5.39	5.46	5.53
	0.99	4.05	4.67	5.05	5.33	5.55	5.73	5.89	6.02	6.14	6.25	6.34	6.43	6.51	6.58	6.65
20	0.95	2.95	3.58	3.96	4.23	4.45	4.62	4.77	4.90	5.01	5.11	5.20	5.28	5.36	5.43	5.49
	0.99	4.02	4.64	5.02	5.29	5.51	5.69	5.84	5.97	6.09	6.19	6.29	6.37	6.45	6.52	6.59
24	0.95	2.92	3.53	3.90	4.17	4.37	4.54	4.68	4.81	4.92	5.01	5.10	5.18	5.25	5.32	5.38
	0.99	3.96	4.54	4.91	5.17	5.37	5.54	5.69	5.81	5.92	6.02	6.11	6.19	6.26	6.33	6.39
30	0.95	2.89	3.49	3.84	4.10	4.30	4.46	4.60	4.72	4.83	4.92	5.00	5.08	5.15	5.21	5.27
	0.99	3.89	4.45	4.80	5.05	5.24	5.40	5.54	5.65	5.76	5.85	5.93	6.01	6.08	6.14	6.20
40	0.95	2.86	3.44	3.79	4.04	4.23	4.39	4.52	4.63	4.74	4.82	4.91	4.98	5.05	5.11	5.16
	0.99	3.82	4.37	4.70	4.93	5.11	5.27	5.39	5.50	5.60	5.69	5.77	5.84	5.90	5.96	6.02
60	0.95	2.83	3.40	3.74	3.98	4.16	4.31	4.44	4.55	4.65	4.73	4.81	4.88	4.94	5.00	5.06
	0.99	3.76	4.28	4.60	4.82	4.99	5.13	5.25	5.36	5.45	5.53	5.60	5.67	5.73	5.79	5.84
120	0.95	2.80	3.36	3.69	3.92	4.10	4.24	4.36	4.48	4.56	4.64	4.72	4.78	4.84	4.90	4.95
	0.99	3.70	4.20	4.50	4.71	4.87	5.01	5.12	5.21	5.30	5.38	5.44	5.51	5.56	5.61	5.66
∞	0.95	2.77	3.31	3.63	3.86	4.03	4.17	4.29	4.39	4.47	4.55	4.62	4.68	4.74	4.80	4.85
	0.99	3.64	4.12	4.40	4.60	4.76	4.88	4.99	5.08	5.16	5.23	5.29	5.35	5.40	5.45	5.49

参 考 文 献

1 陈希孺.高等数理统计.合肥:中国科技大学出版社,1997

2 陈希孺.概率论与数理统计.合肥:中国科技大学出版社,1992

3 陈希孺.数理统计学简史.长沙:湖南教育出版社,2002

4 方开泰,许建伦.统计分布.北京:科学出版社,1987

5 Bishop Y M ,Fienberg S E and Holland P W .离散多元分析——理论与实践.张尧庭译.北京:中国统计出版社,1998

6 Lehmann E L . Testing Statistical Hypotheses(2nd edition). John Wiley & Sons. World Publishing Corporation,1990

7 Stephens M A . Tests based on EDF Statistics. In Goodness-of-Fit Techniques,D,Agostino R B, Stephens M A. eds. ,97～195. Macel Dekker,New York,1986

8 杨振海.拟合优度检验.合肥:安徽教育出版社,1994

9 茆诗松主编.统计手册.北京:科学出版社,2003

10 王梓坤.概率论基础及其应用.北京:科学出版社,1978

11 Ott R L,Longnecker M .统计学方法与数据分析引论(上、下).张忠占等译.北京:科学出版社,2003

12 Bernstein S,Bernstein R.统计学原理(上、下).史道济译.北京:科学出版社,2002

13 梁之舜等.概率论及数理统计(第2版)上册.北京:高等教育出版社,1988